"十二五"普通高等教育本科国家级规划教材

U0655620

发电厂变电所电气部分
（第三版）

刘宝贵　叶　鹏　马仕海　编

许　珉　主审

中国电力出版社
CHINA ELECTRIC POWER PRESS

内 容 提 要

本书为"十二五"普通高等教育本科国家级规划教材。

本书按照应用型本科电气工程及其自动化专业所要求的专业知识和技能进行编写，较全面地叙述了发电厂变电所电气部分的基本原理。本书内容上紧紧围绕培养电力技术应用型专门人才的目标，着重加强教学内容的针对性和实用性，淡化繁琐的理论推导及设计论证；各章后均配有小结、思考题；配有包括录像、动画的多媒体课件，可使教学过程更为灵活、生动；个别内容设置了二维码，读者可扫描观看相关教学视频。

本书主要作为普通高等学校电气工程及其自动化专业和电力系统及其自动化方向的教材，也可作为高职高专及函授教材，还可作为工程技术人员的参考书。

图书在版编目（CIP）数据

发电厂变电所电气部分/刘宝贵，叶鹏，马仕海编 . —3 版 . —北京：中国电力出版社，2016.9
（2024.12 重印）

"十二五"普通高等教育本科国家级规划教材

ISBN 978 - 7 - 5123 - 8896 - 3

Ⅰ.①发⋯　Ⅱ.①刘⋯ ②叶⋯③马⋯　Ⅲ.①发电厂—电气设备—高等学校—教材 ②变电所—电气设备—高等学校—教材　Ⅳ.①TM6

中国版本图书馆 CIP 数据核字（2016）第 026804 号

出版发行：中国电力出版社
地　　址：北京市东城区北京站西街 19 号（邮政编码 100005）
网　　址：http://www.cepp.sgcc.com.cn
责任编辑：陈　硕（010—63412532）
责任校对：黄　蓓
装帧设计：赵姗姗
责任印制：吴　迪

印　　刷：固安县铭成印刷有限公司
版　　次：2012 年 8 月第一版　2016 年 9 月第三版
印　　次：2024 年 12 月北京第十九次印刷
开　　本：787 毫米×1092 毫米　16 开本
印　　张：20.75
字　　数：505 千字
定　　价：49.00 元

前　言

本书第二版自 2012 年 8 月问世以来，承蒙各应用技术型本科院校、电气工程技术人员的厚爱，选用本书作为电气工程及其自动化专业本科生的教材或参考书。本书于 2013 年被评为辽宁省首批"十二五"普通高等教育本科省级规划教材，2014 年被评为"十二五"普通高等教育本科国家级规划教材。

本书是根据培养电气工程及其自动化专业应用技术型人才的需要，在总结应用技术型院校转型教学改革经验、汲取以往教材长处、广泛征求电力工程技术人员意见的基础上进行编写的。

本书的特色是：

（1）按照电气工程及其自动化专业应用技术型人才培养方案和课程教学大纲所要求的专业知识和技能进行编写，着力体现"工程教育、职业取向"的现代职业教育理念。

（2）在教材内容的选择上，根据专业培养方案对相关专业课程教学内容的界定，对教学内容进行了科学的整合和取舍，淡化繁琐的理论推导及设计论证，着重加强教学内容的针对性和实用性，做到内容精练、重点突出。

（3）与时俱进，增加了教学内容的先进性。书中强化了重合器、分段器、智能电器、电子式互感器、模块化配电装置、火电厂微机监控、变电所综合自动化、智能变电所等发电厂变电所电气部分新技术、新设备的内容。

（4）在教材结构体系上，采用了先介绍设备结构模块，再过渡到电气主系统构成模块，最后到电气部分的控制模块，按照学生学习专业知识的认知规律，循序渐进，逐步深入。

（5）本书还配有多媒体课件和电子教案。多媒体课件采用了录像、动画、配音、配乐等多种技术，制作精良，画面生动，形象逼真，可对教师提高课堂教学效果和方便学生课后学习提供有效的帮助。书中个别内容设置了二维码，读者可扫描观看相关教学视频。

（6）为了帮助学生更好地理解和掌握相关教学内容，每章都配有小结，并设置了一定数量的思考题与习题；书后还附有两套模拟试卷和常用电气设备数据与系数表。

本书共 11 章，其中第 1～4 章、第 7 章、第 9～11 章由沈阳工程学院刘宝贵教授编写，第 5～6 章由叶鹏教授编写，第 8 章及全部附录由马仕海高级工程师编写。与教材相配套的多媒体课件和电子教案由刘宝贵和马仕海完成。全书由刘宝贵教授统稿。

郑州大学许珉教授担任本书主审，对本书的总体结构和编写内容提出了许多宝贵的意见和建议，在此表示衷心的感谢。在本书编写过程中，参阅了书末所列的参考文献，在此一并谨致诚挚谢意。

限于编者水平，书中缺点和疏漏之处在所难免，热诚希望读者批评指正、提出宝贵意见。

编　者

2016 年 8 月

目　　录

第1章 概 述

本章简要介绍发电厂变电所的类型及生产过程，以及主要电气设备的作用。

1.1 发 电 厂 的 类 型

电力系统由发电厂、变电所、线路及用户组成。发电厂是将各种天然能源（化学能、水能、原子能等）转换成电能的工厂。变电所是联系发电厂和用户的中间环节，起着变换和分配电能的作用。发电厂生产的电能，一般先由发电厂的升压变电所升压，经高压输电线路进行远距离输送，再通过降压变电所若干次的降压后，才能供给用户使用。

1.1.1 火力发电厂

火力发电厂是将化石燃料（煤、油、天然气、油页岩等）的化学能转换成电能的工厂。火力发电厂（或简称火电厂）的原动机大都采用汽轮机，也有用燃气轮机、柴油机等作为原动机的。火力发电厂可分为以下几种。

一、凝汽式火力发电厂

凝汽式火力发电厂的生产过程概括地说是将煤中含有的化学能转变为电能的过程。整个生产过程可分为三个阶段：①燃烧系统将燃料的化学能通过在锅炉内燃烧的过程中转变为热能，加热锅炉中的水使之变为蒸汽；②汽水系统将锅炉产生的蒸汽送入汽轮机，冲动汽轮机的转子旋转，将热能转变为机械能；③电气系统将由汽轮机转子旋转的机械能利用发电机变成电能。凝汽式火力发电厂电能生产过程示意图如图1.1所示。

（一）燃烧系统

燃烧系统由运煤、磨煤、燃烧、风烟、灰渣系统等组成，其流程示意图如图1.2所示。

（1）运煤系统。用于发电的煤主要靠火车、汽车和轮船运输。为保证火力发电厂安全生产，一般要求火力发电厂储备10天以上的用煤量。

（2）磨煤系统。煤运至火力发电厂的储煤场后，经初步筛选处理，用输煤皮带送到锅炉间的原煤仓；煤从原煤仓落入煤斗，由给煤机送入磨煤机磨成煤粉，再经由空气预热器来的一次风烘干并带至粗粉分离器；在粗粉分离器中将不合格的粗粉分离返回磨煤机再行磨制，合格的细煤粉被一次风带入旋风分离器，使煤粉与空气分离后进入煤粉仓。

（3）燃烧系统。煤粉由可调节的给粉机按锅炉需要送入一次风管，同时由旋风分离器送来的气体（含有10%左右未能分离出的细煤粉），由排粉风机提高压头后作为一次风将进入一次风管的煤粉经喷燃器喷入锅炉炉膛内燃烧。

（4）风烟系统。送风机将冷空气送到空气预热器加热，加热后的空气一部分经磨煤机、排粉风机进入炉壁，另一部分经喷燃器外侧套筒直接进入炉膛。炉膛内燃烧形成的高温烟气沿烟道经过热器、省煤器、空气预热器逐渐降温，再经除尘器除去90%～99%（电除尘器

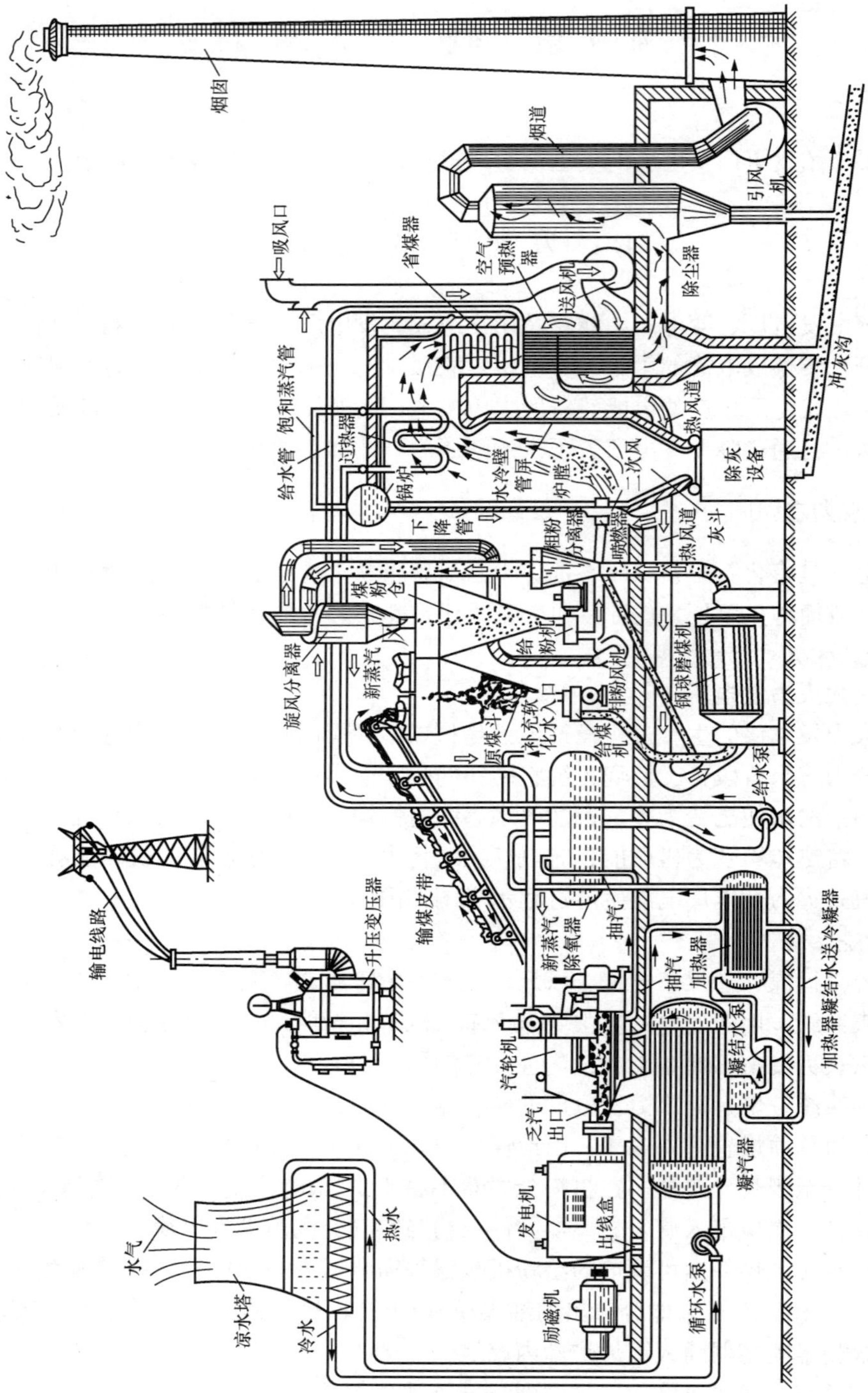

图1.1 凝汽式火力发电厂电能生产过程示意图

可除去 99%）的灰尘，经引风机送入烟囱，排向大气。

（5）灰渣系统。炉膛内煤粉燃烧后生成的小灰粒，经除尘器收集成细灰排入冲灰沟。燃烧中因结焦形成的大块炉渣，下落到锅炉底部的渣斗内，经碎渣机破碎后也排入冲灰沟。细灰和碎炉渣再经灰渣泵由冲灰管道排往灰场。

（二）汽水系统

火力发电厂的汽水系统由锅炉、汽轮机、凝汽器、除氧器、加热器等设备及管道构成，包括给水系统、循环水系统和补充给水系统，如图 1.3 所示。

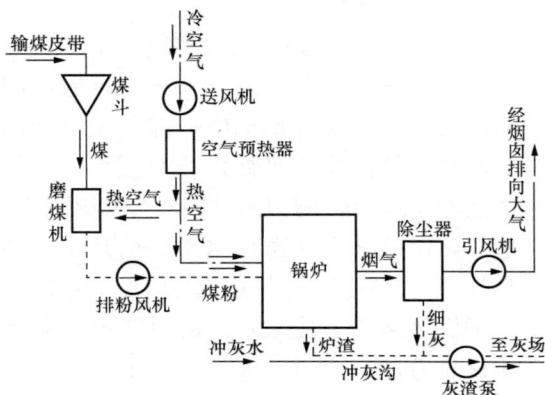

图 1.2　火力发电厂燃烧系统流程示意图　　　　图 1.3　火力发电厂汽水系统流程示意图

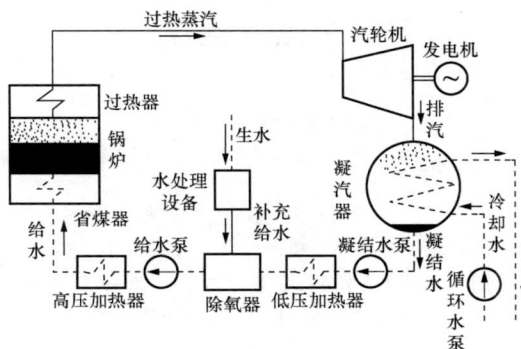

（1）给水系统。由锅炉产生的过热蒸汽沿主蒸汽管道进入汽轮机，高速流动的蒸汽冲动汽轮机叶片转动，带动发电机旋转产生电能。在汽轮机内做功后的蒸汽，其温度和压力大大降低，最后排入凝汽器并被冷却水（循环水）冷却凝结成水（称为凝结水），汇集在凝汽器的热水井中。凝结水由凝结水泵打至低压加热器中加热，再经除氧器除氧并继续加热。由除氧器出来的水（称为锅炉给水），经给水泵升压和高压加热器加热，最后送入锅炉汽包。

（2）补充给水系统。在汽水循环过程中总难免有汽、水泄漏等损失，为维持汽水循环的正常进行，必须不断地向系统补充经过化学处理的软化水，这些补充给水一般补入除氧器或凝汽器中，即为补充给水系统。

（3）循环水系统。为了将汽轮机中做过功后排入凝汽器中的乏汽冷却凝结成水，需由循环水泵从凉水塔抽取大量的冷却水送入凝汽器，冷却水吸收乏汽的热量后再回到凉水塔冷却。冷却水是循环使用的，因此称为循环水系统。

（三）电气系统

发电厂的电气系统包括发电机、励磁装置、厂用电系统和升压变电所等，如图 1.4 所示。

发电机的机端电压和电流随着容量的不同而各不相同，额定电压一般在 $10\sim20\text{kV}$ 之间，而额定电流可达 20kA 及以上。发电机发出

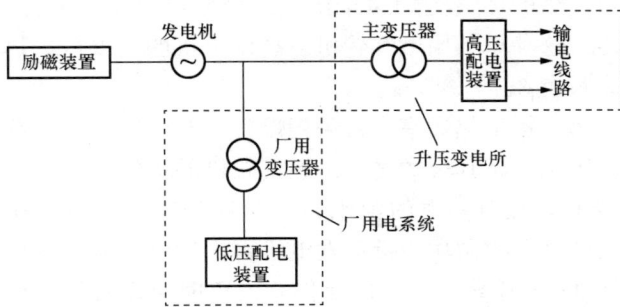

图 1.4　火力发电厂电气系统示意图

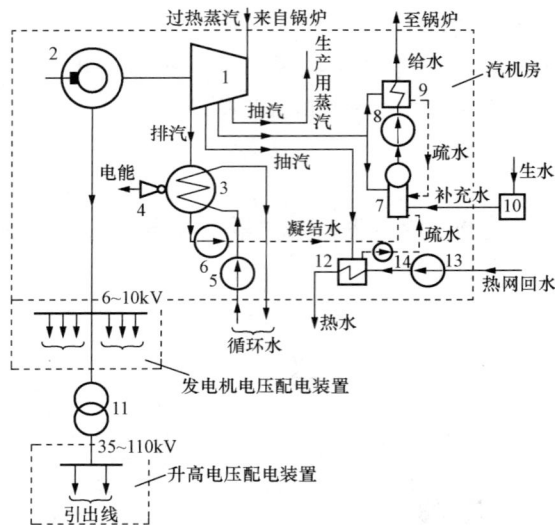

图 1.5　热电厂生产过程示意图

1—汽轮机；2—发电机；3—凝汽器；4—抽汽器；5—循环
水泵；6—凝结水泵；7—除氧器；8—给水泵；9—加热器；
10—水处理设备；11—升压变压器；12—加热器；
13—回水泵；14—泵

的电能，其中一小部分（占发电机容量的 $4\%\sim8\%$）由厂用变压器降低电压后，经厂用配电装置由电缆供给水泵、送风机、磨煤机等各种辅机和电厂照明等用电（称为厂用电或自用电）；其余大部分电能由主变压器升压后，经高压配电装置、输电线路送入电力系统。

二、热电厂

热电厂生产过程示意图如图 1.5 所示。由图可见，热电厂与凝汽式火力发电厂的不同之处，是将汽轮机中一部分做过功的蒸汽从中段抽出来直接供给热用户，或经加热器 12 将水加热后，将热水供给用户。这样，便可减少被循环水带走的热量，提高效率，现代热电厂的效率达 $60\%\sim70\%$。由于供热网络不能太长，所以热电厂总是建在热力用户附近。此外，为了使热电厂维持较高的效率，一般采用"以热定电"的运行方式，即当热力负荷增加时，热电机组相应地多发电；而当热力负荷减少时，热电机组相应地少发电。因而，其运行方式不如凝汽式火力发电厂灵活。

三、燃气轮机发电厂

用燃气轮机或燃气—蒸汽联合循环中的燃气轮机和汽轮机驱动发电机的发电厂，称为燃气轮机发电厂。前者一般用作电力系统的调峰机组，后者则用来带中间负荷和基本负荷。这类发电厂可燃用液体燃料或气体燃料。以天然气为燃料的燃气轮机和联合循环发电，具有效率高、污染物排放低、初投资少、工期短及易于调节负荷等优点。

燃气轮机的工作原理与汽轮机相似，不同的是其工质不是蒸汽，而是高温高压气体，其基本循环示意图如图 1.6 所示。空气经压气机 1 压缩增压后送入燃烧室 3，燃料经燃料泵 2 打入燃烧室。燃烧产生的高温高压气体进入燃气轮机中膨胀做功，推动燃气轮机旋转，带动发电机发电。做过功后的尾气经烟囱排出，或分流部分用于制热、制冷。这种单纯用燃气轮机驱动发电机的发电厂，热效率只有 $35\%\sim40\%$。

为了提高热效率，常采用燃气—蒸汽联合循环系统，图 1.7 是其模式之一。燃气轮机的排气进入余热锅炉 10，加热其中的给水并产生高温高压蒸汽，送到汽轮机 5 中做功，带动发电机再次发电；从汽轮机 5 中抽取低压蒸汽（发电机停止发电时启动备用燃气锅炉 8 提供汽源），通过蒸汽型溴冷机 6（溴化锂作为吸收剂）或汽—水热交换器 7 制取冷、热水。这是

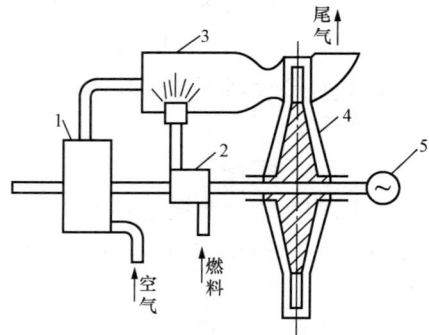

图 1.6　燃气轮机基本循环示意图

1—压气机；2—燃料泵；3—燃烧室；
4—燃气轮机；5—发电机

电、热、冷三联供模式。联合循环系统的热效率可达 56%～85%。

1.1.2　水力发电厂

水力发电厂是将水的位能和动能转换成电能的工厂（简称水电厂或水电站）。水电站的原动机为水轮机，通过水轮机将水能转换为机械能，再由水轮机带动发电机将机械能转换为电能。

水电站的总装机容量 P 的计算式为

$$P = 9.81QH\eta \quad (kW) \quad (1.1)$$

式中　Q——通过水轮机的水流量，m^3/s；

　　　H——水电站的水头（上游与下游的落差），m；

　　　η——水电站的总效率，一般为 0.85～0.86。

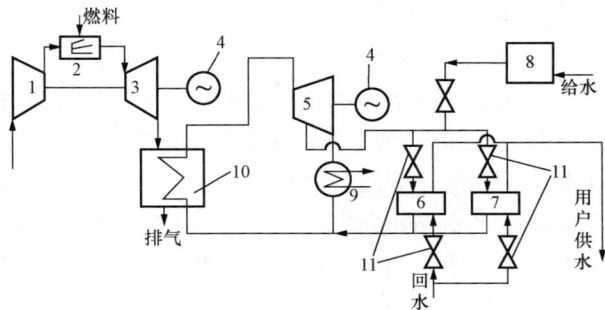

图1.7　燃气—蒸汽联合循环系统
1—压气机；2—燃料室；3—燃气轮机；4—发电机；
5—汽轮机；6—蒸汽型溴冷机；7—汽—水热交换器；
8—备用燃气锅炉；9—凝汽器；10—余热
锅炉；11—制冷采暖切换阀

由式（1.1）可见，总装机容量 P 与水流量 Q 及水头 H 是成正比的，在水流量 Q 一定时，要提高总装机容量 P，必须有较高的水头 H。但多数情况下，水位的落差是沿河流分散的，因此，必须用人工方法造成较大的集中落差。

按照是否建造拦河坝，水电站可分为坝式水电站、引水式水电站和抽水蓄能电站。

（一）坝式水电站

在河流上的适当地方建筑拦河坝，形成水库，抬高上游水位，使坝的上、下游形成大的水位差，这种水电站称为坝式水电站。坝式水电站适宜建在河道坡降较缓且流量较大的河段。坝式水电站按厂房与坝的相对位置又可分为坝后式水电站、溢流式水电站、岸边式水电站、地下式水电站、坝内式水电站和河床式水电站等。

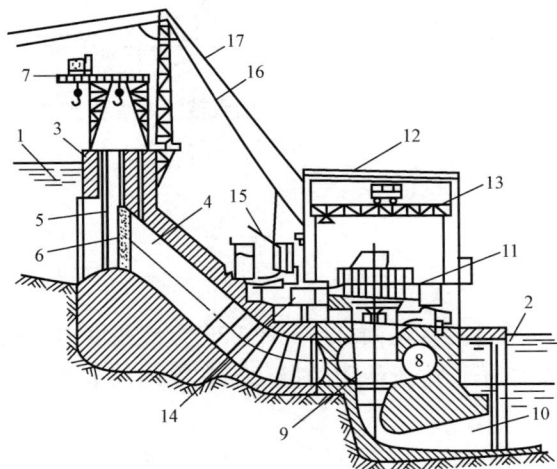

图1.8　坝后式水电站断面图
1—上游水位；2—下游水位；3—坝；4—压力进水管；5—检修闸门；6—闸门；7、13—吊车；8—水轮机蜗壳；9—水轮机转子；10—尾水管；11—发电机；12—发电机间；14—发电机电压配电装置；15—升压变压器；16—架空线；17—避雷线

图1.8 所示为坝后式水电站断面图。其厂房建在拦河坝非溢流坝段的后面（下游侧），不承受水的压力，压力管道通过坝体，适用于高、中水头。

水电站的生产过程较简单，发电机 11 与水轮机转子 9 同轴连接，水由上游沿压力进水管 4 进入水轮机蜗壳 8，冲动水轮机转子 9，水轮机带动发电机转动即发出电能；做过功的水通过尾水管 10 流到下游；生产出来的电能经变压器 15 升压并沿架空线 16 至屋外配电装置，而后送入电力系统。

（二）引水式水电站

由引水系统将天然河道的落差集中进行发电的水电站，称为引水式水电站。引水式水电站适宜建在河道多弯曲或河道坡降较陡的河段，用较短的引水系统可集中较大的水头；也适用于高水头水电站，避免建设过高的挡水建筑物。

引水式水电站示意图如图 1.9 所示。在河流适当地段建低堰 1（挡水低坝），水经引水渠 2 和压力水管 3 引入厂房 4，从而获得较大的水位差。

（三）抽水蓄能电站

利用电力系统低谷负荷时的剩余电力抽水到高处蓄存，在高峰负荷时放水发电的水电站，称为抽水蓄能电站。它是电力系统的填谷调峰电源。在以火电、核电为主的电力系统中，建设适当比例的抽水蓄能电站可以提高电力系统运行的经济性和可靠性。

抽水蓄能电站示意图如图 1.10 所示。当电力系统处于低谷负荷时，抽水蓄能电站机组以电动机—水泵方式工作，吸收电力系统的有功功率将下游的水抽至上游水库蓄存起来，将电能转换为水能，这时它是用户；当电力系统处于高峰负荷时，其机组按水轮机—发电机方式运行，使所蓄的水用于发电，以满足调峰需要，这时它是发电站。抽水蓄能电站可能是堤坝式或引水式。

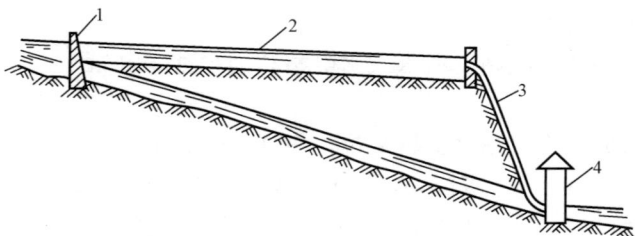

图 1.9　引水式水电站示意图
1—堰；2—引水渠；3—压力水管；4—厂房

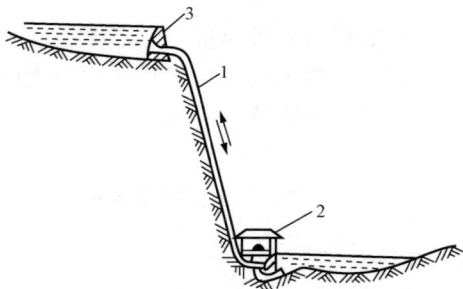

图 1.10　抽水蓄能电站示意图
1—压力水管；2—厂房；3—坝

1.1.3　核电厂

一、核电厂的核反应堆

核电厂是将原子核的裂变能转换为电能，燃料主要是铀-235。铀-235 容易在慢中子的撞击下裂变，释放出巨大能量，同时释放出新的中子。按所使用的慢化剂和冷却剂不同，核电厂的核反应堆可分为以下几种。

（1）轻水堆：以轻水（普通水）作慢化剂和冷却剂，又分压水堆和沸水堆，分别以高压欠热轻水及沸腾轻水作慢化剂和冷却剂。

（2）重水堆：以重水作慢化剂，重水或沸腾轻水作冷却剂。重水的分子式和普通水相同，都是 H_2O，但重水中的氢为重氢，其原子核中多含有一个中子，重水较难获得。

（3）石墨气冷堆及石墨沸水堆：均以石墨作慢化剂，分别以二氧化碳（或氦气）及沸腾轻水作冷却剂。

（4）液态金属冷却快中子堆：无慢化剂，通常以液态金属钠作冷却剂。

图 1.11 所示为压水堆核电厂示意图。压水堆核电厂的最大特点是整个系统分成两大部分，即一回路系统和二回路系统。一回路系统中压力为 15MPa 的高压水被冷却剂主泵送进反应堆，吸收燃料元件的释热后，进入蒸汽发生器下部的 U 形管内，将热量传给二回路系统的水，再返回冷却剂主泵入口，形成一个闭合回路。二回路系统的水在 U 形管外部流过，吸收一回路系统的水的热量后沸腾，产生的蒸汽进入汽轮机的高压缸做功；高压缸的排汽经再热器再热提高温度后，再进入汽轮机的低压缸做功；膨胀做功后的蒸汽在凝汽器中被凝结成水，再送回蒸汽发生器，形成一个闭合回路。一回路系统和二回路系统是彼此隔绝的，一旦燃料元件的包壳破损，只会使一回路系统的水的放射性增加，而不致影响二回路系统的水的品质。这样就大大增加了核电厂的安全性。

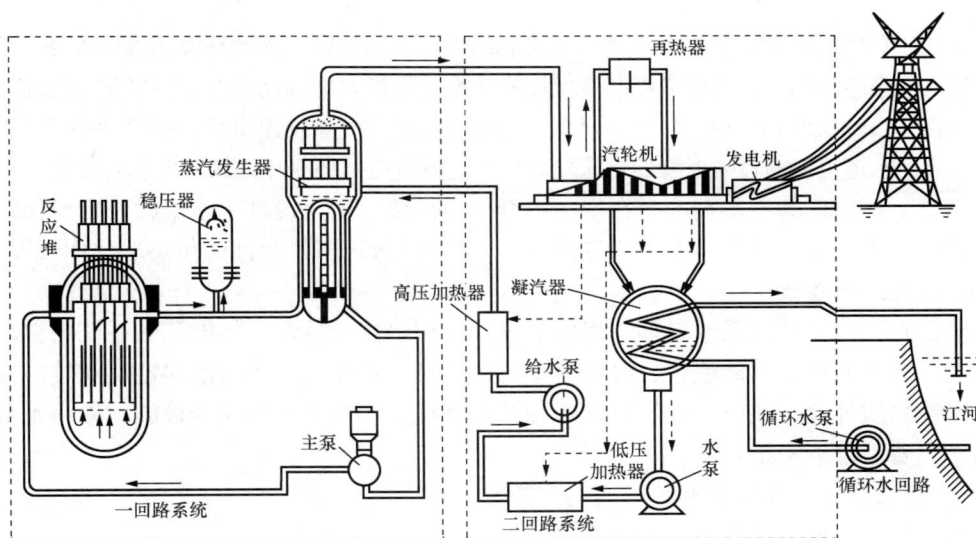

图 1.11　压水堆核电厂示意图

稳压器的作用是使一回路系统的水压力维持恒定。它是一个底部带电加热器，顶部有喷水装置的压力容器，其上部充满蒸汽，下部充满水。如果一回路系统的压力低于额定压力，则接通电加热器，增加稳压器内的蒸汽，使系统的压力提高；反之，如果系统的压力高于额定压力，则喷水装置启动，喷冷却水，使蒸汽冷凝，从而降低系统压力。

通常一个压水堆有 2～4 个并联的一回路系统（又称环路），但只有一个稳压器。每一个环路都有一台蒸汽发生器和 1～2 台冷却剂主泵。

压水堆核电厂由于以轻水作慢化剂和冷却剂，反应堆体积小，建设周期短，造价较低；加之一回路系统和二回路系统分开，运行维护方便，需处理的放射性废气、废液、废物少。因此其在核电厂中占主导地位。

图 1.12 所示为沸水堆核电厂示意图。在沸水堆核电厂中，堆芯产生的饱和蒸汽经分离器与干燥器除去水分后直接送入汽轮机做功。与压水堆核电厂相比，省去了既大又贵的蒸汽发生器，但有将放射性物质带入汽轮机的危险。由于沸水堆芯下部含汽量低，堆芯上部含汽量高，因此下部核裂变的反应性高于上部。为使堆芯功率沿轴向分布均匀，与压水堆不同，

沸水堆的控制棒是从堆芯下部插入的。

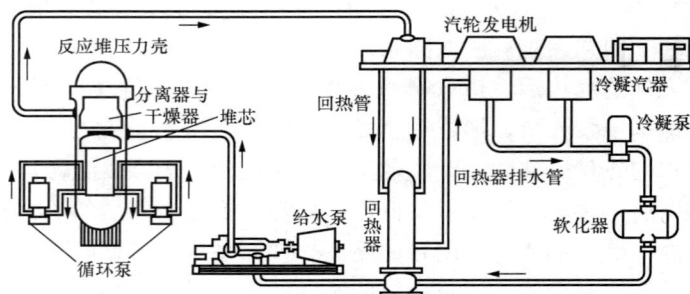

图 1.12　沸水堆核电厂示意图

在沸水堆核电厂中反应堆的功率主要由堆芯的含汽量来控制，因此在沸水堆中配备一组喷射泵。通过改变堆芯水的再循环率来控制反应堆的功率。当需要增加功率时，可增加通过堆芯水的再循环率，将汽泡从堆芯中扫除，从而提高反应堆的功率。一旦发生事故，如冷却循环泵突然断电时，堆芯的水还可以通过喷射泵的扩压段对堆芯进行自然循环冷却，保证堆芯的安全。

由于沸水堆中作为冷却剂的水在堆芯中会产生沸腾，因此设计沸水堆时一定要保证堆芯的最大热流密度低于所谓沸腾的"临界热流密度"，以防止燃料元件因传热恶化而烧毁。

二、核电厂的组成

核电厂是一个复杂的系统工程，集中了当代的许多高新技术。核电厂的系统由核岛和常规岛组成。为了使核电厂能稳定、经济地运行，以及一旦发生事故时能保证反应堆的安全和防止放射性物质外泄，核电厂还设置有各种辅助系统、控制系统和安全设施。以压水堆核电厂为例，主要由以下系统构成。

（一）核岛的核蒸汽供应系统

核蒸汽供应系统包括以下子系统。

（1）一回路系统：包括压水堆、冷却剂主泵、蒸汽发生器和稳压器等。

（2）化学和容积控制系统：用于实现一回路冷却剂的容积控制和调节冷却剂中的硼浓度，以控制压水堆的反应性变化。

（3）余热排出系统：又称停堆冷却系统，其作用是在反应堆停堆、装卸料或维修时，用以导出燃料元件发出的余热。

（4）安全注射系统：又称紧急堆芯冷却系统，其作用是在反应堆发生严重事故时，如一回路系统管道破裂而引起失水事故时为堆芯提供应急和持续的冷却。

（5）控制、保护和检测系统，为上述四个系统提供检测数据，并对系统进行控制和保护。

（二）核岛的辅助系统

核岛的辅助系统包括以下子系统。

（1）设备冷却水系统：用于冷却所有位于核岛内的带放射性水的设备。

（2）硼回收系统：用于对一回路系统的排水进行储存、处理和监测，将其分离成符合一回路系统水质要求的水及浓缩的硼酸溶液。

（3）反应堆的安全壳及喷淋系统：核蒸汽供应系统大都置于安全壳内，一旦发生事故安全壳既可以防止放射性物质外泄，又能防止外来袭击（如飞机坠毁等）；安全壳喷淋系统则保证因事故发生引起安全壳内压力和温度升高时能对安全壳进行喷淋冷却。

（4）核燃料的装换料及储存系统：用于实现对燃料元件的装卸料和储存。

（5）安全壳及核辅助厂房通风和过滤系统：用于实现安全壳和辅助厂房的通风，同时防止放射性外泄。

（6）柴油发电机组：为核岛提供应急电源。

（三）常规岛的系统

常规岛的系统与火力发电厂的系统相似，通常包括：

（1）二回路系统，又称汽轮发电机系统，由蒸汽系统、汽轮发电机组、凝汽器、蒸汽排放系统、给水加热系统及辅助给水系统等组成。

（2）循环冷却水系统。

（3）电气系统及厂用电设备。

1.1.4　新能源发电

一、风力发电

流动空气所具有的能量，称为风能。将风能转换为电能的发电方式，称为风力发电。风力发电装置如图 1.13 所示。

风力机 1 将风能转化为机械能（属于低速旋转机械），升速齿轮箱 2 将风力机轴上的低速旋转变为高速旋转，带动发电机 3 发出电能，经电缆线路 10 引至配电装置 11，然后送入电网。

风力机的叶片（2～3 叶）多数由聚酯树脂增强玻璃纤维材料制成；升速齿轮箱一般为 3 级齿轮传动；风力发电机组的单机容量为几十瓦至几兆瓦，100kW 以上的风力发电机为同步发电机或异步发电机；塔架 7 由钢材制成（锥形筒状式或桁架式）；大、中型风力发电机组皆配有由微机或可编程控制器（PLC）组成的控制系统，以实现控制、自检、显示等功能。

在风能丰富的地区，按一定的排列方式成群安装风力发电机组，组成集群，称为风力发电场。其机组可多达几十台、几百台，甚至数千台，是大规模开发利用风能的有效形式。

二、海洋能发电

海洋能是蕴藏在海水中的可再生能源，如潮汐能、波浪能、海流能、海洋温差能、海洋盐差能等。

由于月球、太阳对地球各处的引力不同，使海洋水面发生周期性（平均周期为 12h 25min）升降的现象，在白天称为潮，在夜间称为汐。潮汐发

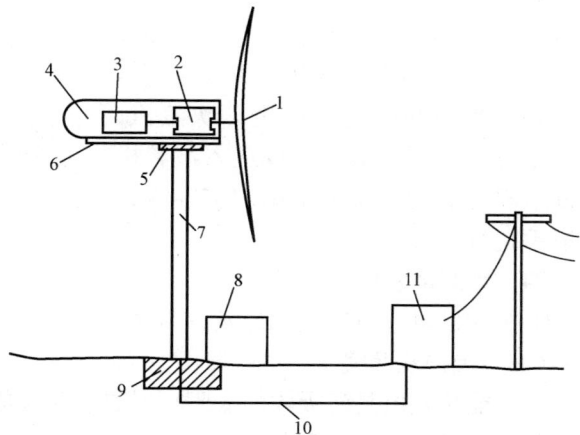

图 1.13　风力发电装置

1—风力机；2—升速齿轮箱；3—发电机；4—控制系统；5—改变方向的驱动装置；6—底板和外罩；7—塔架；8—控制和保护装置；9—土建基础；10—电缆线路；11—配电装置

图 1.14　单库单向式潮汐电站

电就是利用潮汐的位能发电，即在潮差大的海湾入口或河口筑堤构成水库，在坝内或坝侧安装水轮发电机组，利用堤坝两侧的潮差驱动水轮发电机组发电。它通常分为单库单向式和单库双向式两种。

图 1.14 所示为单库单向式潮汐电站。电站只建一个水库，安装单向水轮发电机组（发电机安装于密封的灯泡体内），在落潮时发电。当涨潮至库内水位时，开

闸向水库充水，至库内外在更高的水位齐平时关闸，等待潮水逐渐下降；当库内外水位差达机组启动水头时开闸发电（这时水库水位逐渐下降），直到库内外水位差小于机组发电所需的最低水头，再次关闸等待，转入下一周期。

三、地热发电

利用地下蒸汽或热水等地球内部热能资源发电，称为地热发电。利用地下蒸汽发电的原理和设备与火力发电厂基本相同。利用地下热水发电的系统，分为闪蒸地热发电系统和双循环地热发电系统两种类型。

图 1.15 所示为闪蒸地热发电系统（又称减压扩容法）。此方法是使地下热水变为低压蒸汽供汽轮机做功。地下热水经除氧器除氧后，进入第一级扩容器进行减压扩容，产生一次蒸汽（约占热水量的 10%），送入汽轮机的高压部分做功；余下的热水进入第二级扩容器，再进行二次减压扩容，产生二次蒸汽，因其压力低于第一级，所以送入汽轮机的低压部分做功。实际采用的扩容级数一般不超过四级。

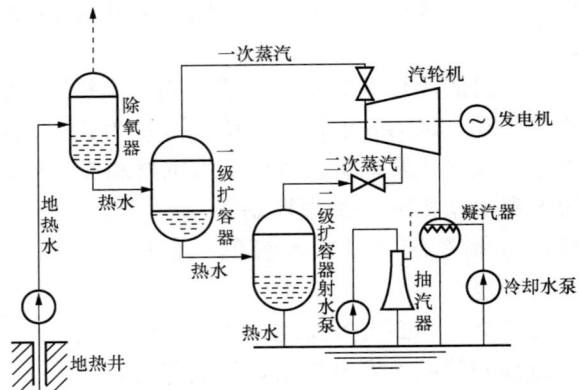

图 1.15　闪蒸地热发电系统

四、太阳能发电

太阳能发电有热发电和光发电两种方式。

（一）太阳能热发电

太阳能热发电是将吸收的太阳辐射热能转换成电能的装置，其基本组成与常规火电厂设备类似。它又分集中式和分散式两类。

集中式太阳能热发电又称塔式太阳能热发电，其热力系统流程如图 1.16 所示。它在很大面积的场地上整齐地布设大量的定日镜（反射镜）阵列，且每台都配有跟踪系统，准确地将太阳光反射集中到一个高塔顶部的吸热器（又称接收器）上，把吸收的光能转换成热能，使吸热器内的工质（水）变成蒸汽，经管道送到汽轮机，驱动发电机组发电。

（二）太阳能光发电

太阳能光发电是不通过热过程而直接将太阳的光能转变成电能，有多种发电方式，其中光伏发电方式是主流。光伏发电是把照射到太阳能电池（也称光伏电池，是一种半导体器件，受光照射会产生伏打效应）上的光直接变换成电能输出。

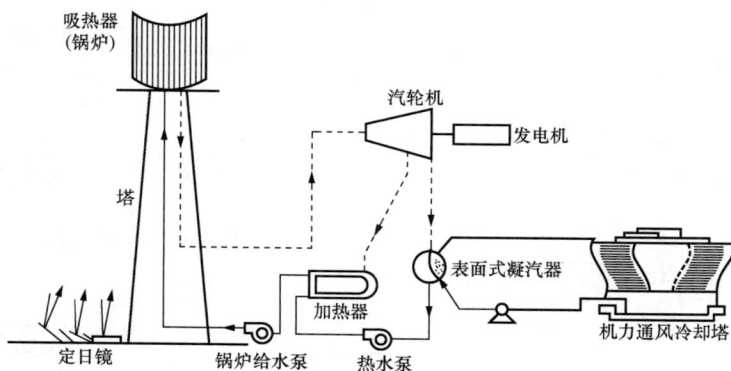

图 1.16　塔式太阳能热发电热力系统流程

-----------蒸汽；————水

五、生物质能发电

生物质能是绿色植物通过叶绿素将太阳能转化为化学能而储存在生物质内部的能量，属可再生能源。薪柴、农作物秸秆、人畜粪便、有机垃圾及工业有机废水等，是主要的生物质能资源。生物质发电系统是以生物质能为能源的发电工程，如垃圾焚烧发电、沼气发电、蔗渣发电等。

六、磁流体发电

磁流体发电亦称等离子体发电，是使极高温度并高度电离的气体高速（1000m/s）流经强磁场而直接发电。这时气体中的电子受磁力作用和气体中活化金属粒子（钾、铯）相互碰撞，沿着与磁力线成垂直的方位流向电极而发出直流电。

1.2　变 电 所 的 类 型

变电所有多种分类方法，可以根据电压等级、升压或降压及在电力系统中的地位分类。

图 1.17 为某电力系统的原理接线图。图中系统接有大容量的水电厂和火电厂，其中水电厂发出的电力经升压后由 500kV 超高压输电线路送至枢纽变电所，220kV 电网构成三角环形，可提高供电可靠性。

根据在电力系统中的地位不同，变电所可分成以下几类。

一、枢纽变电所

枢纽变电所位于电力系统的枢纽点，连接电力系统高、中压的几个部分，汇集有多个电源和多回大容量联络线，变电容量大，电压（指其高压侧，下同）等级为 330～500kV。全所停电时，将引起系统解列，甚至瘫痪。

二、中间变电所

中间变电所一般位于系统的主要环路线路中或系统主要干线的接口处，汇集有 2～3 个电源，高压侧以交换潮流为主，同时又降压供给当地用户，主要起中间环节作用，电压等级为 220～330kV。全所停电时，将引起区域电网解列。

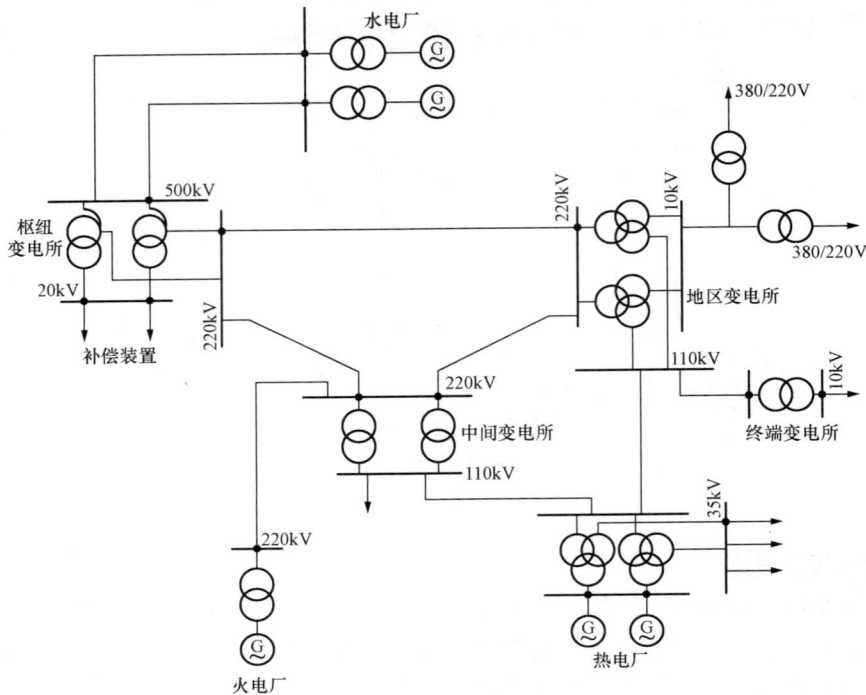

图 1.17　某电力系统原理接线图

三、地区变电所

地区变电所以对地区用户供电为主，是一个地区或城市的主要变电所，电压等级一般为 110～220kV。全所停电时，仅使该地区中断供电。

四、终端变电所

终端变电所位于输电线路终端，接近负荷点，电力经降压后直接向用户供电，不承担功率转送任务，电压等级为 110kV 及以下。全所停电时，仅使其所供的用户中断供电。

1.3　发电厂和变电所电气设备简述

为了满足电能的生产、转换、输送和分配的需要，发电厂和变电所中安装有各种电气设备。

1.3.1　一次设备

直接生产、转换和输配电能的电气设备，称为一次设备。

一、生产和转换电能的电气设备

生产和转换电能的电气设备有同步发电机、变压器及电动机，它们都是按电磁感应原理工作的。

（1）同步发电机：作用是将机械能转换成电能。

（2）变压器：作用是将电压升高或降低，以满足输配电需要。

（3）电动机：作用是将电能转换成机械能，用于拖动各种机械。发电厂、变电所使用的电动机，绝大多数是异步电动机，或称感应电动机。

二、开关电器

开关电器的作用是接通或断开电路。高压开关电器主要有以下几种。

（1）断路器（俗称开关）：可用来接通或断开电路的正常工作电流、过负荷电流或短路电流，设有专门的灭弧装置，是电力系统中最重要的控制和保护电器。

（2）隔离开关（俗称刀闸）：用来在检修设备时隔离电压，进行电路的切换操作及接通或断开小电流电路。它没有灭弧装置，一般只有在电路断开的情况下才能操作。在各种电气设备中，隔离开关的使用量是最多的。

（3）熔断器（俗称保险）：用来断开电路的过负荷电流或短路电流，保护电气设备免受过负荷电流和短路电流的危害。熔断器不能用来接通或断开正常工作电流，必须与其他电器配合使用。

此外，开关电器还有负荷开关、重合器、分段器等。

三、限流电器

限流电器包括串联在电路中的普通电抗器和分裂电抗器，作用是限制短路电流，使发电厂或变电所能够选择轻型电器。

四、载流导体

（1）母线：用来汇集和分配电能或将发电机、变压器与配电装置连接，有敞露母线和封闭母线之分。

（2）架空线和电缆线：用来传输电能。

五、补偿设备

（1）调相机：是一种不带机械负荷运行的同步电动机，主要用来向系统输出感性（或容性）无功功率，以调节电压控制点或地区的电压。

（2）电力电容器：用于无功补偿的电力电容器补偿分为并联补偿和串联补偿两类。并联补偿是将电容器与用电设备并联，它发出感性无功功率，供给本地区需要，避免长距离输送感性无功功率，减少线路电能损耗和电压损耗，提高系统供电能力；串联补偿是将电容器与线路串联，抵消系统的部分感抗，提高系统的电压水平，也相应地减少系统的功率损失。

（3）消弧线圈：用来补偿小接地电流系统的单相接地电容电流，以利于熄灭电弧。

（4）并联电抗器：一般装设在 330kV 及以上超高压配电装置的某些线路侧。其作用主要是吸收过剩的无功功率，改善沿线电压分布和无功分布，降低有功损耗，提高送电效率。

六、仪用互感器

电流互感器的作用是将交流大电流变成小电流（5A 或 1A），供电给测量仪表和继电保护装置的电流线圈；电压互感器的作用是将交流高电压变成低电压（100V 或 $100/\sqrt{3}\text{V}$），供电给测量仪表和继电保护装置的电压线圈。它们使测量仪表和保护装置标准化和小型化，使测量仪表和保护装置等二次设备与高电压部分隔离，且互感器二次侧均接地，从而保证设备和人身安全。

七、防御过电压设备

（1）避雷线（架空地线）：可将雷电流引入大地，保护输电线路免受雷击。

（2）避雷器：可防止雷电过电压及内过电压对电气设备的危害。

（3）避雷针：可防止雷电直接击中配电装置的电气设备或建筑物。

八、绝缘子

绝缘子用来支持和固定载流导体，并使载流导体与地绝缘，或使装置中不同电位的载流导体间绝缘。

九、接地装置

接地装置用来保证电力系统正常工作或保护人身安全。前者称工作接地，后者称保护接地。

常用一次设备的图形符号及文字符号见表 1.1。

表 1.1　　　　　　　　　常用一次设备的图形符号及文字符号

名　称	图形符号	文字符号	名　称	图形符号	文字符号
交流发电机		G	电容器		C
双绕组变压器		T	三绕组自耦变压器		T
三绕组变压器		T	电动机		M
隔离开关		QS	断路器		QF
熔断器		FU	调相机		G
普通电抗器		L	消弧线圈		L
分裂电抗器		L	双绕组、三绕组电压互感器		TV
负荷开关		Q	具有两个铁芯和两个二次绕组、一个铁芯两个二次绕组的电流互感器		TA
接触器的主动合、主动断触头		K	避雷器		F
母线、导线和电缆		W	火花间隙		F
电缆终端头		—	接地		E

注　分裂电抗器和电缆终端头的图形符号在最新标准中已取消，为便于读者理解现有电路图，一并列出。

1.3.2　二次设备

对一次设备进行监察、测量、控制、保护、调节的辅助设备，称为二次设备。

（1）测量表计：用来监视、测量电路的电流、电压、功率、电量、频率及设备的温度等，如电流表、电压表、功率表、电能表、频率表、温度表等。

（2）绝缘监察装置：用来监察交、直流电网的绝缘状况。

（3）控制和信号装置：控制主要是指采用手动（用控制开关或按钮）或自动（继电保护或自动装置）方式通过操作回路实现配电装置中断路器的合、跳闸。断路器都有位置信号灯，有些隔离开关有位置指示器。主控制室设有中央信号装置，用来反映电气设备的事故或异常状态。

（4）继电保护及自动装置：继电保护的作用是当系统发生故障时，作用于断路器跳闸，自动切除故障元件；当出现异常情况时发出信号。自动装置的作用是实现发电厂的自动并列、发电机自动调节励磁、电力系统频率自动调节、按频率启动水轮机组；实现发电厂或变电所的备用电源自动投入、输电线路自动重合闸及按频率自动减负荷、变压器分接头的自动调整、并联电容器的自动投切等。

（5）直流电源设备：包括蓄电池组和硅整流装置，用作开关电器的操作、信号、继电保护及自动装置的直流电源，以及事故照明和直流电动机的备用电源。

（6）塞流线圈（又称高频阻波器）：是电力载波通信设备中必不可少的组成部分，与耦合电容器、结合滤波器、高频电缆、高频通信机等组成输电线路高频通信通道。塞流线圈起到阻止高频电流向变电所或支线泄漏、减小高频能量损耗的作用。

1.4　本课程的目的和任务

本课程的目的和任务是通过课堂讲授、多媒体教学、课外作业、课外自学、课程设计及发电厂和变电所认识实习等教学环节，使学生掌握发电厂和变电所电气主系统及高压电器的工作原理及应用、电气主系统的设计方法以及发电厂和变电所的控制与信号原理，培养学生分析和解决发电厂和变电所电气部分技术问题的基本专业素质。

小　　结

（1）发电的类型包括火力发电、水力发电、核能发电、风力发电、地热发电、太阳能发电、海洋能发电、生物质能发电、磁流体发电等。

（2）火力发电厂有凝汽式火力发电厂、热电厂和燃气轮机发电厂之分。

凝汽式火力发电厂主要由燃烧系统、汽水系统和电气系统三个系统组成。燃烧系统由运煤、磨煤、燃烧、风烟、灰渣系统等组成。汽水系统由锅炉、汽轮机、凝汽器、除氧器、加热器等设备及管道构成，包括给水系统、循环水系统和补充给水系统。电气系统由发电机、励磁装置、厂用电系统和升压变电所等组成。

热电厂与凝汽式火力发电厂的不同之处是将汽轮机中一部分做过功的蒸汽从中段抽出来直接供给热用户，或经热交换器将水加热后，把热水供给用户。

燃气轮机发电厂用燃气轮机或燃气—蒸汽联合循环中的燃气轮机和汽轮机驱动发电机发电。

（3）水电站按照是否建造拦河坝划分，可分为坝式水电站、引水式水电站和抽水蓄能电站。

（4）核电厂将原子核的裂变能转换为电能。核电厂的核反应堆按所使用的慢化剂和冷却剂不同，又分为轻水堆、重水堆、石墨气冷堆及石墨沸水堆。

（5）风力发电、地热发电、太阳能发电、海洋能发电、生物质能发电、磁流体发电等均属于新能源发电范畴。

（6）变电所根据在电力系统中地位的不同，可分成枢纽变电所、中间变电所、地区变电所、终端变电所。

（7）发电厂和变电所中所使用的电气设备可划分为一次设备和二次设备。

一次设备包括生产和转换电能的设备、开关电器、限流电器、载流导体、补偿设备、仪用互感器、防御过电压设备、绝缘子和接地装置等。

二次设备包括测量表计、绝缘监察装置、控制和信号装置、继电保护及自动装置、直流电源设备和塞流线圈等。

思 考 题

1.1　发电厂的作用是什么？都有哪些类型？

1.2　火力发电厂的种类有哪些？其电能生产过程及其特点是什么？

1.3　凝汽式火力发电厂主要由哪些部分构成？

1.4　水力发电厂的种类有哪些？其电能生产过程及其特点是什么？

1.5　抽水蓄能电厂在电力系统中的作用及功能是什么？

1.6　核电厂的电能生产过程及其特点是什么？

1.7　以压水堆核电厂为例，说明核电厂主要由哪些系统构成？

1.8　变电所的作用是什么？都有哪些类型？

1.9　什么是一次设备？哪些设备属于一次设备？

1.10　什么是二次设备？哪些设备属于二次设备？

1.11　本课程的目的和任务是什么？

第2章　高压开关电器

2.1　开关电器中的电弧

开关电器切断电路时，在分离的触头间不可避免地要产生电弧。电弧是由数量很多的正负带电质点形成的良导体。开关电器触头间的电弧未熄灭时，虽然触头已分离，但电路并未真正开断，电路中的电流始终保持流通，直到电弧完全熄灭后，电路才真正开断。为了快速开断电路，应当采取各种有效的方法使电弧加速熄灭。

2.1.1　电弧的产生和维持

现以高压断路器为例来说明电弧的产生和维持过程。设断路器触头置于气体介质中，如六氟化硫（SF_6）气体，当断路器分闸时，其触头间的气体从原先的绝缘状态转变为导电状态，存在一个游离过程。游离就是使电子从围绕原子核运动的轨道中解脱出来，成为自由电子。而中性原子失去了一个外层轨道上的电子，就转变成一个正离子。触头之间的气体因为游离而形成大量的自由电子（带负电荷）和正离子（带正电荷），产生光和热，变为导电状态，这就是电弧放电。

当触头分离时，设 A 端为阳极，B 端为阴极，如图 2.1 所示。

首先在阴极表面发射出一定数量的自由电子。阴极表面发射自由电子的方式有：

（1）热电子发射。断路器的触头开始分离时，动触头与静触头之间的接触压力逐渐减少，接触电阻显著增加，由于电流流过接触电阻产生大量的热量，使触头接触处温度急剧升高。动触头与静触头一旦分离，在触头表面温度很高的地方就有热电子发射。高温的阴极表面能够向四周空间发射电子。阴极表面发射电子的数量与阴极表面温度有关。

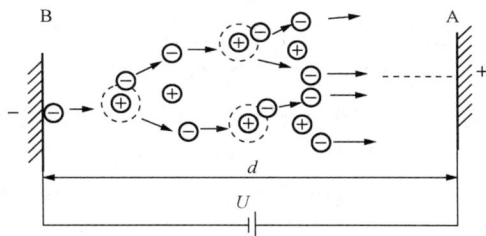

图 2.1　电极触头分离发射自由电子

（2）强电场发射。当触头刚分离时，动、静触头之间的距离极小，即使触头间所加电压数值不高，也会在阴极表面形成很高的电场强度。当触头间的电场强度超过强电场发射所需的数值，那么金属（电极材料）内部的自由电子在电场力作用下能被拉出来，使阴极产生强电场发射。

由此可知，在断路器的触头分离过程中，阴极表面能发射出一定数量的电子。但是当断路器触头继续分离时，只依靠阴极表面发射电子不能形成电弧。阴极表面发射电子只能产生少量的自由电子，只能使阴极表面附近成为导体，在动、静触头的间隙内气体还是绝缘的。要使间隙良好导电，必须使间隙内的气体游离，产生大量自由电子。

触头间隙的游离过程主要是电场游离和热游离。

（1）电场游离。阴极表面发射出来的和间隙原有的自由电子在强电场作用下速度不断增加，最后碰撞到气体的中性分子或中性原子上。碰撞时，自由电子的速度取决于电场强度和自由电子在碰撞前的自由运动距离（平均自由行程）。如果电场强度很高，自由电子的动能很大，碰撞时足以将中性原子外层轨道上的电子撞击出来，脱离原子核内正电荷吸引力的束缚，成为新的自由电子。失去自由电子的原子则带正电，称为正离子。新的自由电子又在电场中加速积累动能，去碰撞另外的中性原子，产生新的游离。游离的过程不断产生，此过程愈演愈烈，如雪崩似的进行着。在极短促的时间内，在触头间隙形成强烈的放电现象，大量的自由电子和正离子出现，产生了电弧，这便是电场游离。游离时，气体原子释放能量，产生光和热。所以电弧温度很高，可达 9000～10000℃。

对于一种气体，能否产生电场游离主要取决于电子运动速度，也就是取决于电场强度、电子的平均自由行程及气体的性质。

触头间电压越高，电场强度也越高，则气体容易被击穿。在常温下，在 1 个标准大气压（1atm，1atm＝101.325kPa）的条件下，空气击穿的电场强度为 3000V/m。

气体的压力越高时，其中自由电子的平均自由行程就越小，因而也就不容易产生电场游离。不同的气体要从其中性原子外层轨道撞击出自由电子，所需能量值是不同的。

（2）热游离。气体内的各种粒子，如分子、原子、少数自由电子等，无时无刻都在不断地运动。各粒子运动的方向是杂乱无章的。粒子的运动速度与温度有关。温度增高时，气体中粒子的运动速度也随着增大。速度很高的中性分子或其他粒子相互碰撞时，分子先分裂为原子，温度更高时就可能使原子外层轨道的电子脱离原子核内正电荷的束缚力（吸引力）成为自由电子，这种游离方式称为热游离。气体温度越高，粒子运动速度越大，原子热游离的可能性也越大；温度比较低时，气体热游离现象是不显著的。

电弧的导电性很好，电弧电阻很小。所以由于电场游离作用，一旦触头间隙形成电弧放电后，断路器的触头间隙的电压立刻降至最小，因而触头间隙的电场强度也大大降低，这时电场游离在间隙不复存在。又因为电弧温度很高，此温度足以使间隙中的气体产生热游离，所以一旦电弧产生之后将由热游离作用来维持电弧燃烧。

可见，在断路器触头间隙中，由电场游离产生电弧，由热游离维持电弧燃烧。

2.1.2 电弧的熄灭

电弧的熄灭是断路器触头间电弧区域内已电离的质点不断发生去游离的结果。去游离是异号带电质点相互中和，成为中性质点的过程。由于去游离使弧隙正离子和自由电子大量消失，触头间隙失去导电性。如果去游离作用比游离作用更强烈，则电弧熄灭。

去游离的方式主要有两种，即复合与扩散。

异号带电质点的电荷发生中和，称为复合。在电弧区域内，异号带电质点聚合在一起的可能性是存在的，有时复合现象很强烈。同处在一个电场中的自由电子和正离子，电荷量相同但质量相差很大，电子的运动速度比正离子运动速度大很多，两者聚合在一起的可能性小。复合的方式是电子附着在一个中性质点上成为负离子，然后与正离子中和。

扩散是另一种去游离方式。它是由于游离质点的热运动，或由于外来作用使自由电子和正离子从电弧区域逸出，到达电弧区域以外。不断扩散的结果，是使电弧区域导电质点减少，电弧的导电性减小或减至零。

综上所述可知，要使电弧熄灭，必须使电弧区域游离作用减弱，去游离作用加强。

影响游离作用的物理因素主要有以下几点：

（1）气体介质的温度。温度降低时，不易发生热游离。

（2）气体介质的压力。压力增大时，自由电子的平均自由行程减小，发生碰撞游离的可能性减小。

（3）触头之间的外加电压。电压低时就不容易将间隙击穿。

（4）触头之间的开断距离。开断距离增大就相当于减小间隙中的电场强度。

（5）触头之间的介质种类。各类介质游离电位不同，热电离温度也不一样。

（6）开关电器的触头材料。不同金属的蒸气有不同的游离电位，有些触头材料耐高温，不易产生金属蒸气。

影响复合和扩散的物理因素如下：

（1）游离质点的密度。在电弧区域内两种游离质点（带异号电荷）的密度越大，复合作用越强。

（2）电弧的温度。电弧温度降低，质点热运动速度降低，复合作用加强。用气体或液体吹拂电弧，还能增强扩散作用。

（3）电弧区域的气体压力。增大电弧区的气体压力，使离子间的距离减小，可以增加复合作用。

（4）电弧区域的质点密度。电弧区域内外的质点密度差越大，越能增强扩散作用。

2.1.3　交流电弧的特性和熄灭条件

一、交流电弧的特性

在交流电路中产生的电弧称为交流电弧，交流电弧是动态的电弧。其特点是：

（1）电弧电流数值随时间变动，电弧的功率也跟随电弧电流变动。电弧功率增大时，电弧的温度要增加；反之，当电弧的功率减小时，电弧的温度要减小。

（2）电弧有热惯性。电弧的温度不是紧跟电弧电流变化的，存在一个滞后过程。

（3）交流电流每隔半个周期要经过零值一次，称为"自然过零"。电弧电流跟随外电路电流每隔半个周期经过零点。当电弧电流过零时，电弧自然熄灭。又因电流接近零值时输入电弧的能量减少，电流过零后去游离作用继续进行，弧隙的导电性很快减小，绝缘强度因而增大。若以后触头间电压不足以使间隙击穿，电弧就不再产生。所以交流电流经过零值的时刻是熄灭交流电弧的良好时机。

二、弧隙介质强度恢复过程

电流过零使电弧自然熄灭后，触头之间的去游离过程仍继续进行，所以弧隙（触头之间的间隙）的电阻不断增大。弧隙的电阻增加得越快越好。要使弧隙电阻增加快些，必须加强去游离作用。弧隙从导电状态转变成绝缘状态所经历的过程，称为介质强度（单位：V）恢复过程。在此过程中弧隙的击穿电压逐渐增高，弧隙的电阻也逐渐增大。

电弧电流过零后，在极短时间内（$0.1 \sim 1.0 \mu s$），弧隙就立刻出现 $150 \sim 250V$ 的介质强度。这个起始介质强度是由近阴极效应产生的。如图 2.2 所示，当电流自然过零电极极性改变时，弧隙中剩余带电质点的运动方向随之改变，当电极极性改变的瞬间，质量较轻的自由电子因带负电荷迅速转向新的阳极；而此时质量比电子大得多的正离

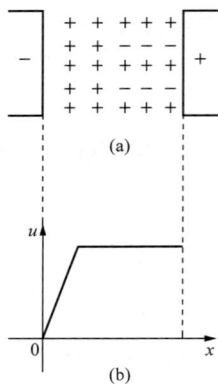

图 2.2　近阴极效应说明
(a) 电荷分布；(b) 电压分布

子虽然因带正电荷运动方向也要改变，但由于惯性较大，来不及改变运动方向，还停留在原处未动，这就使新阴极附近被正的空间电荷充满，缺少导电的自由电子，从而使阴极附近出现了介质强度。根据测试，其值为 $150 \sim 250 V$。此种现象称为近阴极效应。近阴极效应使弧隙在电弧自然熄灭后的极短瞬间能耐受 $150 \sim 250 V$ 的外加电压。

　　图 2.3 所示为交流电弧自然熄灭后弧隙介质强度的增大曲线。图中所示线段 0a 就是弧隙由近阴极效应产生的起始介质强度值。出现起始介质强度以后，弧隙的介质强度还会继续增高，如图 2.3 中的 u_j 曲线。u_j 曲线称为弧隙介质强度恢复曲线，u_r 为弧隙恢复电压。u_j 的继续增高是由于弧隙温度降低，热电离减弱，去游离作用加强，弧隙的电导逐渐丧失，以及触头开距的不断增大。

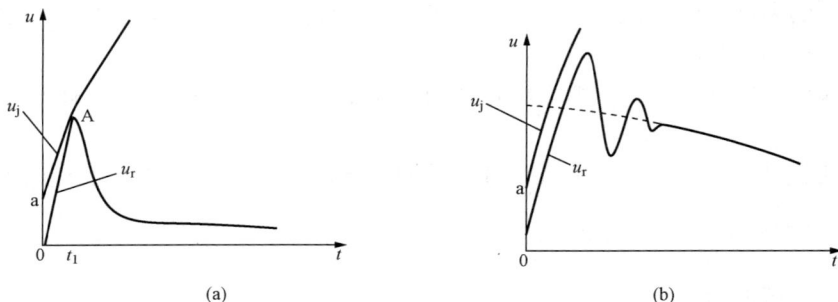

图 2.3　交流电弧过零值后的重燃与熄灭
(a) 重燃；(b) 熄灭

　　直接或间接地影响弧隙介质强度恢复速率的物理因素主要有：

　　(1) 弧隙温度。弧隙温度降低越快，弧隙介质强度恢复速率就越大。

　　(2) 弧隙介质的特性。不同的灭弧介质（如 SF_6 气体、真空等）对弧隙介质强度恢复速率有很大影响。有些介质击穿后，当外加电压撤除后，能很快恢复绝缘，而且恢复后介质强度值较大，不易再击穿。

　　(3) 灭弧介质的压力。如前所述，气体压力高不易击穿产生电弧。

　　(4) 断路器跳闸时，触头的分断速度。触头开距越大，弧隙介质强度恢复速率也越大。

三、弧隙电压恢复过程

　　电弧电流自然过零使电弧熄灭后，加于断路器动、静触头之间的电压称为恢复电压。电弧刚熄灭时，触头之间的电压等于熄弧电压，用 u_{xh} 表示。以后触头电压逐渐增大，达到电源电压。触头上的电压从熄弧电压变成电源电压的过程，称为弧隙电压恢复过程。

　　弧隙电压恢复过程和弧隙介质强度恢复过程是同时进行的，是一个过程的两个方面。

　　通过理论分析获知，弧隙恢复电压的变化规律可以分两种情况来考虑。一种情况是弧隙恢复电压按指数规律变化，如图 2.4 所示。图中 U_0 是电弧自然熄灭瞬间的电源相电压，u_{xh}

为熄弧电压，u_r 为弧隙恢复电压，i 为电路电流。由图 2.4 可见，这时的弧隙恢复电压是非周期性的，依指数规律上升的恢复电压最大值不会超过 U_0，这就是说，不会在电压恢复过程中出现过电压。

另一种情况是弧隙恢复电压呈现出周期性振荡的变化规律，如图 2.5 所示。这时的弧隙恢复电压的最大值理论上可达到 $2U_0$，如图 2.5 曲线 1 所示。实际上，由于电网存在电阻，使得弧隙恢复电压振荡有所衰减，实际的最大值为 $(1.3\sim1.6)U_0$，如图 2.5 曲线 2 所示。

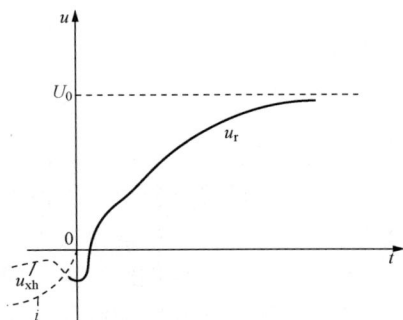

图 2.4　弧隙恢复电压非周期性变化过程　　　图 2.5　弧隙恢复电压周期性振荡变化过程

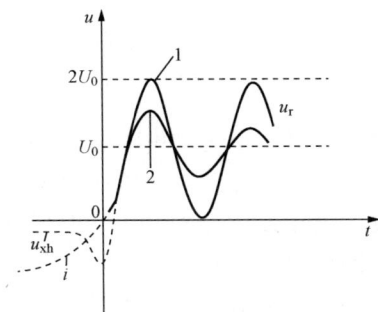

比较两种情况下的弧隙恢复电压可得出下列结论：

（1）周期性振荡的弧隙恢复电压最大值，比指数规律的弧隙恢复电压最大值大得多。所以周期性振荡的弧隙恢复电压更容易发生再击穿现象，因为它最终有可能超过弧隙介质强度。

（2）振荡型弧隙恢复电压的上升速率，比指数规律弧隙恢复电压的上升速率大得多。振荡频率越大，弧隙恢复电压的上升速率也越大。因此，振荡型弧隙恢复电压可能很快超过弧隙介质强度，造成电弧重新燃烧。

四、交流电弧的熄灭条件

交流电弧在电流过零电弧自然熄灭后，发生再击穿使电弧重燃，有两种不同的产生方式。

第一种情况称为"热击穿"。热击穿往往发生在电流过零以后的附近。交流电流过零以前弧隙的温度很高，可达 7000～8000K，甚至超过热力学温度 10000K。当交流电流通过零点时，电流停止流动，于是弧隙暂时不从电源取得能量，但温度很高的弧隙仍不断地向外界散发热量，弧隙温度会很快下降。因为温度下降是需要时间的，所以电流过零后短时间内，弧隙温度可能仍然保持在 3000～4000K 以上。在这样高的温度下，弧隙的热游离作用还很显著，弧隙的导电性仍然存在。因此当恢复电压由零值开始增大时，在弧隙中会有一个很小的电流通过，此小电流称为残余电流。出现残余电流就意味着电源又向弧隙输入能量。若残余电流很微小，弧隙从电源取得的能量小于弧隙散发到外界的热量，则弧隙的温度仍然继续下降，弧隙导电性也下降，弧隙电阻不断增加，使弧隙变成介质，电弧就不会重燃。反过来，如果残余电流比较大，使电源输入弧隙的能量大于弧隙散发到外界的热量，那么弧隙导电性会越来越强，最终导致电弧重燃。这种使电弧重燃的方式，称为热击穿。图 2.6 所示为弧隙电流过零后，引起间隙热击穿的残余电流示波图。

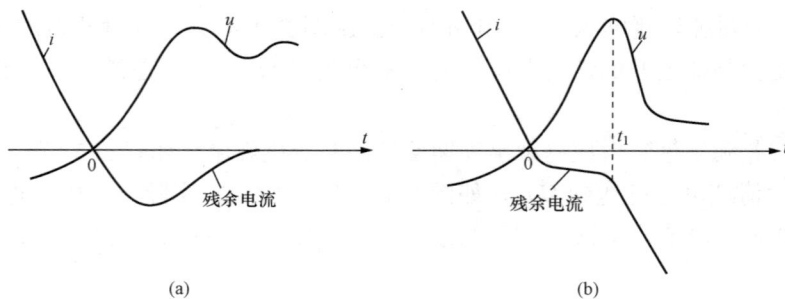

图 2.6　引起间隙热击穿的残余电流示波图
（a）有残余电流，电弧熄灭；（b）有残余电流但在 t_1 时引起热击穿，电弧重燃

第二种情况称为"电击穿"。如果弧隙残余电流比较小，弧隙电阻不断增大，弧隙介质强度迅速升高。如果恢复电压增大很快，超过介质强度增加速度，而且恢复电压数值大于介质强度，就要发生再击穿，使电弧重燃，这种情况称为"电击穿"。电击穿是否发生，取决于触头间恢复电压和弧隙介质强度之间的"竞赛"结果。若弧隙的去游离作用极强，使弧隙的介质强度恢复得很快，相对地恢复电压增加得比较慢，使得在弧隙两端所加恢复电压始终小于弧隙的介质强度，即 $u_j > u_r$，那么弧隙不会再击穿，电弧不会重燃，就是交流电弧熄灭的条件。反之，如果 $u_j < u_r$，就会出现再击穿和重燃。

图 2.3 所示说明了交流电弧的熄灭条件。图 2.3（a）中，在 A 点以后 $u_j < u_r$，电弧重燃。重燃以后，触头电压开始下降。图 2.3（b）中，保持 $u_j > u_r$，电弧不再重燃，最终熄灭。

综上所述，在交流电流过零，电弧自然熄灭后的极短时间内，弧隙内的物理过程是很复杂的，能否熄弧不再重燃，要由许多物理因素决定。再击穿也有电击穿和热击穿的区别。要使得电弧迅速熄灭，重要的是在断路器中安装良好有效的灭弧装置，在灭弧装置中采用各种有效的灭弧方法，而迅速降低电弧的温度是很关键性的措施。

2.1.4　熄灭交流电弧的常用方法

（1）拉长电弧。拉长电弧可使电弧表面积增大，散热快，使热游离作用减弱；电弧区域离子和自由电子容易扩散；长度长的电弧，其电阻也大；触头开距大，要重新击穿也不容易。

（2）油吹灭弧。高温电弧与绝缘油接触，能使绝缘油气化成油蒸气或分解成其他种类的气体。大量油蒸气和气体被绝缘油包围，形成几个大气压或几十个大气压的高压力封闭气泡。油蒸气和气体一旦被释放成为气流去吹动电弧，可使电弧迅速地冷却，也把电弧区域已电离的质点吹到弧区以外，造成强烈的去游离作用。

油吹灭弧方式又可分为油纵吹灭弧、油横吹灭弧、油环吹灭弧，以及双向吹弧等几种方式，在各种油断路器中采用。

（3）压缩空气吹弧。此法用于空气断路器中。压缩空气的压力在 $10 \sim 40$ atm，目前在我国应用 20atm。吹动方式也有纵吹、横吹、双向吹等。

（4）用 SF_6 气体灭弧。利用 SF_6 气体灭弧的 SF_6 断路器也是一种气吹断路器，只因 SF_6 气体的灭弧特性和绝缘特性比绝缘油和压缩空气更好，所以在工程上 SF_6 气体越来越多地被使用。

（5）真空灭弧。断路器的动、静触头置于真空中，断路器分闸时，使电弧在真空中形成，在真空中熄灭。利用此原理熄灭电弧的断路器称为真空断路器。在这种断路器中，气体绝对压力保持低于 133.3×10^{-4} Pa。高真空条件下，气体中的自由行程大得多，碰撞游离很难产生，绝缘强度很高，电弧容易熄灭。

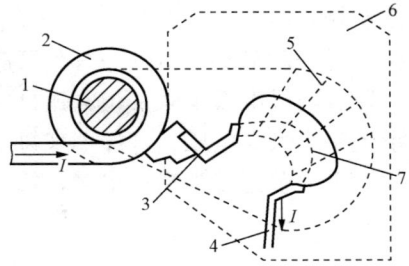

图 2.7 磁吹线圈灭弧原理

1—磁吹铁芯；2—磁吹线圈；3—静
触头；4—动触头；5—灭弧片；
6—灭弧罩；7—电弧移动位置

（6）磁吹灭弧。电弧如同一段载流导体，在磁场中会受到电动力作用，作用力大小和方向与载流导体所受电磁力相同。

图 2.7 所示为磁吹线圈灭弧原理。断路器分闸时，动触头与静触头分离，其间产生电弧。电弧受磁场力作用向上运动（左手定则）。因触头制成羊角状，所以电弧向上运动的同时也被拉长。上部空气是未电离的冷空气。电弧进入上部时，受冷却和扩散作用而熄灭。图 2.7 中磁场由螺管线圈通电流产生，此线圈称为磁吹线圈。线圈中的电流实际是被开断电路的电流（把磁吹线圈与电路串联或并联）。利用电磁力使电弧移动的方法在许多高低压断路器中应用（如磁吹断路器）。

（7）用窄缝灭弧。窄缝由耐高温的绝缘材料（如陶土或石棉水泥）制作，通常称为灭弧罩。电弧形成后，用磁吹线圈产生的磁场作用于电弧。电弧受电动力作用升入窄缝中并继续向上运动。窄缝对电弧有下列影响：电弧断面积被窄缝挤成很小，又因窄缝中的气体被加热使弧中压力很大，于是加强了弧中的复合过程。电弧与灭弧罩内表面接触，热量被冷的灭弧罩吸收，电弧温度下降，复合作用加强。

（8）将长电弧截成多段串联的短电弧（利用灭弧栅）。此种灭弧方法是建立在近阴极效应基础上的。用灭弧栅可把长电弧截断成许多段串联的短弧，如图 2.8 所示。灭弧栅用许多金属片制成，触头间产生的电弧被磁吹线圈驱入灭弧栅，每两个栅片间就是一个短弧。每段短弧在电流过零时阴极附近产生 150～250V 的起始介质强度。要维持电弧继续燃烧，恢复电压必须克服串联短弧的起始介质强度之和，使其击穿重燃。但在低压电路中，电源电压远小于起始介质强度之和，因而电弧不能重燃。灭弧栅熄弧法常用于低压电路中，如低压断路器（又称自动空气开关）和电磁接触器等。

（9）多断口灭弧。在许多高压和超高压断路器中，常将每相断路器的主触头设计为几对触头串联，图 2.9 所示就是每相两对触头串联的情况。合闸操作时，提升杆向上运动，横担

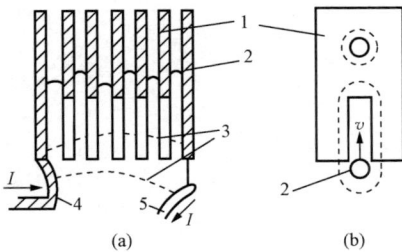

图 2.8 用灭弧栅熄灭电弧

（a）灭弧栅；（b）栅片

1—灭弧栅片；2—电弧；3—电弧移动位置；
4—静触头；5—动触头

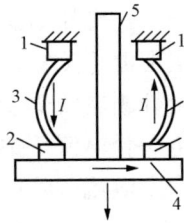

图 2.9 多断口串联灭弧示意

1—静触头；2—动触头；3—电弧；
4—导电横担；5—提升杆

带动动触头向上，直至两对动、静触头接通。电流从一只套管的芯棒流到第一对触头，再经横担和另一对触头，由另一只套管芯棒流出。断路器跳闸时，提升杆向下运动，两对触头断开，形成两段电弧串联。当电弧自然熄灭后，恢复电压作用在两个串联的弧隙上，每个弧隙只承受一半恢复电压。这样一来每个弧隙都不可能再击穿重燃，很容易熄弧。灭弧室的工作条件大为改善是因为断口增多，每个断口电弧电压降低，输入电弧的功率和能量减小。

2.2　高压断路器

2.2.1　高压断路器的基本知识

一、高压断路器的作用和种类

高压断路器是电力系统中最重要的控制和保护电器。它具有完善的灭弧装置，不仅可以用来在正常情况下接通和断开各种负载电路，而且在故障情况下能自动迅速地开断故障电流，还能实现自动重合闸的功能。

我国目前电力系统中使用的高压断路器，依据装设地点不同可分为户内和户外两种型式。根据断路器所采用的灭弧介质及作用原理的不同，它又可分为以下几种类型：

（1）油断路器：以绝缘油作为灭弧介质和绝缘介质。

（2）空气断路器：利用压缩空气作为灭弧介质和绝缘介质，并采用压缩空气作为分、合闸的操作动力。

（3）SF_6断路器：采用具有优良灭弧性能和绝缘性能的SF_6气体作为灭弧介质和绝缘介质。

（4）真空断路器：利用压力低于 1atm（1 个标准大气压）的空气作为灭弧介质。这种断路器中的触头不易氧化，寿命长，行程短。

（5）自产气断路器：利用固体绝缘材料在电弧的作用下分解出大量的气体进行气吹灭弧。常用的灭弧材料有聚氯乙烯和有机玻璃等。

（6）磁吹断路器：靠磁力吹弧，将电弧吹入狭缝中，使电弧熄灭。

二、断路器的技术参数

为了描述高压断路器的特性，制造厂家给出了高压断路器的技术参数，以便在进行发电厂和变电所电气部分的设计及运行中正确使用。高压断路器主要的技术参数包括：

（1）额定电压 $U_N(kV)$；

（2）最高工作电压 $U_{wmax}(kV)$；

（3）额定电流 $I_N(A)$；

（4）额定开断电流 $I_{Nbr}(kA)$；

（5）额定关合电流 $I_{Ncl}(kA)$；

（6）动稳定电流（峰值）$i_{ds}(kA)$；

（7）热稳定电流（有效值）$I_r(kA)$；

（8）热稳定时间 $t_r(s)$；

（9）近区故障开断电流（kA）；

（10）失步开断电流（kA）；

（11）空载长线开断电流（kA）；

（12）合闸时间 t_{on}（s）；

（13）分闸时间 t_{off}（s）；

（14）自动重合闸性能。

除了以上几个主要的技术参数，一台高压断路器往往还有许多其他技术参数。例如，对于一台 SF_6 断路器，还应该有 SF_6 气体的压力、耐压值及 SF_6 气体水分含量等参数。这些参数对评价断路器的性能，对合理选用断路器都很重要。

下面对部分主要技术参数进行说明。

（一）额定电压 U_N

额定电压是容许断路器连续工作的工作电压（指线电压），标于断路器的铭牌上。额定电压的大小决定着断路器的绝缘水平和外形尺寸，同时也决定着断路器的熄弧条件。国家标准规定，断路器额定电压等级有 10、20、35、60、110、220、330、500kV 等。

（二）最高工作电压 U_{wmax}

考虑到输电线路上有电压降，变压器出口端电压应高于线路额定电压，断路器可能在高于额定电压的装置中长期工作，因此又规定了断路器的最高工作电压。按国家标准规定，对于额定电压为 220kV 及以下的断路器，其最高工作电压为额定电压的 1.15 倍；对于额定电压为 330kV 及 500kV 的断路器最高工作电压为其额定电压的 1.1 倍。

（三）额定电流 I_N

额定电流是指断路器长期允许通过的电流，在该电流下断路器各部分的温升不会超过容许数值。额定电流决定了断路器触头及导电部分的截面积，并且在某种程度上也决定了它的结构。

（四）额定开断电流 I_{Nbr}

开断电流是指在一定的电压下断路器能够安全无损地进行开断的最大电流。在额定电压下的开断电流称为额定开断电流。当电压低于额定电压时，容许开断电流可以超过额定开断电流，但不是按电压降低成比例地增加，而是有一个极限值，这个值是由某一种断路器的灭弧能力和承受内部气体压力的机械强度所决定的，称为极限开断电流。

（五）动稳定电流 i_{ds}

动稳定电流是指断路器在合闸位置时允许通过的最大短路电流。这个数值是由断路器各部分所能承受的最大电动力所决定的。动稳定电流又称为极限通过电流。

（六）热稳定电流 I_r

热稳定电流是表明断路器承受短路电流热效应能力的一个参数。它采用在一定热稳定时间内断路器允许通过的最大电流（有效值）表示。

（七）额定关合电流 I_{Ncl}

断路器关合有故障的电路时，在动、静触头接触前后的瞬间，强大的短路电流可能引起触头弹跳、熔化、焊接，甚至使断路器爆炸。断路器能够可靠接通的最大电流称为额定关合电流，一般取额定开断电流的 $1.8\sqrt{2}$ 倍。断路器关合短路电流的能力除与断路器的灭弧装置性能有关外，还与断路器操动机构合闸功率的大小有关。

（八）合闸时间 t_{on} 和分闸时间 t_{off}

对有操动机构的断路器，自发出合闸信号（即合闸线圈加上电压）到断路器三相触头接通时为止所经过的时间，称为断路器的合闸时间。

分闸时间是指从发出跳闸信号起（即跳闸线圈加上电压）到三相电弧完全熄灭时所经过的时间。一般合闸时间大于分闸时间。分闸时间是由固有分闸时间和燃弧时间两部分组成。固有分闸时间是指从加上分闸信号起直到触头开始分离时为止的一段时间。燃弧时间是指触头开始分离产生电弧时起直到三相的电弧完全熄灭时为止的一段时间。

（九）自动重合闸性能

装设在输、配电线路上的高压断路器，如果配备自动重合闸装置必能明显地提高供电可靠性，但断路器实现自动重合闸的工作条件比较严格。这是因为自动重合闸不成功时，断路器必须连续两次跳闸灭弧，两次跳闸之间还必须关合于短路故障。为此要求高压断路器满足自动重合闸的操作循环，即进行下列试验合格：

$$\text{合分} -\theta- \text{合分} -t- \text{合分} \tag{2.1}$$

式中 θ——断路器切断短路故障后，从电弧熄灭时刻起到电路重新接通为止所经过的时间，

　　　　　称为无电流间隔时间，通常 θ 为 $0.3\sim0.5s$；

　　　　t——强送电时间，通常 $t=180s$。

式（2.1）的意义：原先处在合闸送电状态中的高压断路器，在继电保护装置作用下分闸（第一个"合分"），经时间 θs 后断路器又重新合闸，如果短路故障是永久性的，则在继电保护装置作用下无限时立即分闸（第二个"合分"），经强送电时间 $t(180s)$ 后手动合闸，如短路故障仍未消除，则随即又跳闸（第三个"合分"）。

对于有重要负荷的供电线路，增加一次强送电是很有必要的。图 2.10 所示为高压断路器自动重合闸额定操作顺序的示意图。图中波形表示短路电流。

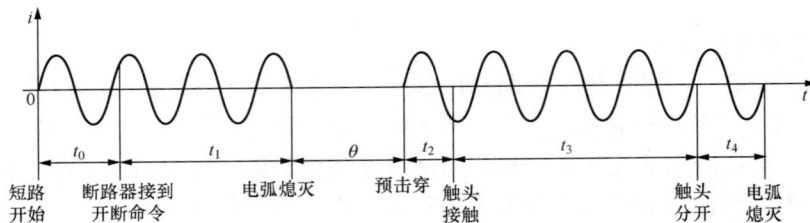

图 2.10   高压断路器自动重合闸额定操作顺序的示意图

t_0—继电保护动作时间；t_1—断路器全分闸时间；θ—自动重合闸的无电流间隔时间；

t_2—预击穿时间；t_3—金属短接时间；t_4—燃弧时间

三、对断路器的基本要求

由于断路器要在正常工作时接通或切断负荷电流，短路时切断短路电流，并受环境变化影响，故对高压断路器有以下几方面基本要求：

（1）断路器在额定条件下，应能长期可靠地工作。

（2）应具有足够的断路能力。由于电网电压较高，正常负荷电流和短路电流都很大，当断路器断开电路时，触头间会产生强烈的电弧，只有当电弧完全熄灭，电路才能真正断开。因此要求断路器应具有足够的断路能力，尤其在短路故障时，应能可靠地切断短路电流，并保证具有足够的热稳定度和动稳定度。

（3）具有尽可能短的开断时间。当电网发生短路故障时，要求断路器迅速切断故障电

路，这样可以缩短电网的故障时间和减轻短路电流对电气设备的损害。在超高压电网中迅速切断故障电路还可以提高电力系统的稳定性。

（4）结构简单，价格低廉。在要求安全可靠的同时，还应考虑到经济性。因此，断路器应力求结构简单、尺寸小、质量轻、价格低。

四、断路器的型号表示法

各种高压断路器的结构和性能是不一样的，即使是同一种类的高压断路器也具有不同的技术参数。为了标志断路器的型号、规格，通常用文字符号和数字写成下列形式：

$$\boxed{1}\ \boxed{2}\ \boxed{3}-\boxed{4}\ \boxed{5}/\boxed{6}\ \boxed{7}\ \boxed{8}$$

上述各方格依一定次序排列，各方格代表的意义如下：

1——产品类型字母代号：S 表示少油断路器，D 表示多油断路器，K 表示空气断路器，L 表示 SF_6 断路器，Z 表示真空断路器；

2——安装场所代号：N 表示屋内，W 表示屋外；

3——设计系列顺序号：以数字"1、2、3、…"表示；

4——额定电压，kV；

5——其他标志，通常以字母表示，如 G 表示改进型；

6——额定电流，A；

7——额定开断电流，kA；

8——特殊环境代号。

例如，某台高压断路器的型号和规格为 LW6 - 220H/3150 - 40，即说明这台断路器是 SF_6 断路器，安装场所为屋外，设计序列号为 6，额定电压为 220kV；字母 H 表示液压操动机构采用特殊结构，可用于高寒地区；额定电流为 3150A，额定开断电流为 40kA。

五、高压断路器的典型结构

高压断路器的典型结构如图 2.11 所示。它的核心部件是开断元件，包括动触头、静触头、导电部件和灭弧室等。动触头和静触头处于灭弧室中，它们的作用是开断和关合电路，是断路器的执行元件。断路器断口的引入载流导体和引出载流导体通过接线座连接。开断元件是带电的，放置在绝缘支柱上，使处在高电位状态下的触头和导电部分保证与接地的零电位部分绝缘。动触头的运动（开断动作和关合动作）由操动机构提供动力。操动机构与动触头的连接由传动机构和提升杆来实现。操动机构使断路器合闸、分闸。当断路器合闸后，操动机构使断路器维持在合闸状态。

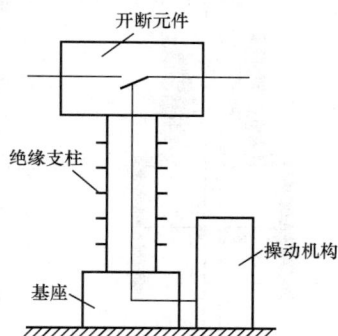

2.2.2 SF_6 断路器

一、SF_6 气体的绝缘性能

SF_6 断路器利用 SF_6 气体作为绝缘介质和灭弧介质。SF_6 气体是无色、无味、不燃、无毒的惰性气体，在常温下

图 2.11 高压断路器典型结构示意图

不易液化。SF_6 气体具有较高的介电强度，在均匀电场和正常状态下，它的绝缘强度是空气的 2.5～3 倍。在 3atm 下，SF_6 气体的绝缘强度与变压器油的绝缘强度相同。因而，采用 SF_6 气体作为高压电器的绝缘介质和灭弧介质，可以大大缩小电器的外形尺寸，减少占地

面积。

SF$_6$ 气体具有良好的灭弧性能。其主要原因有三个：第一是弧柱的导电率高，燃弧电压很低，弧柱的能量较小；第二是电流过零后，介质绝缘强度恢复很快，其恢复时间常数只有空气的 1%，即其灭弧能力比空气高 100 倍；第三是 SF$_6$ 气体的绝缘强度高。

二、SF$_6$ 断路器的特点

（1）断口耐压高。由于单断口耐压高，所以对于同一电压等级，SF$_6$ 断路器的断口数目比少油断路器和空气断路器的断口数目少。这就必然使结构简化，减少占地面积，有利于断路器的制造和运行管理。

（2）开断容量大。目前世界范围内，500kV 及以上电压等级的 SF$_6$ 断路器，其额定开断电流一般为 40～60kA，最大已达 80kA。

（3）电寿命长、检修间隔周期长。由于 SF$_6$ 断路器开断电路时触头烧损轻微，所以电寿命长，一般连续（累计）开断电流 4000～8000kA 可以不检修。

（4）开断性能优异。SF$_6$ 断路器不仅可以切断空载长线不重燃，切断空载变压器不截流，而且可以比较容易地切断近区短路故障。

三、SF$_6$ 断路器的分类

（1）按其使用地点分为敞开型和全封闭组合电器型。

（2）按其结构形式可分为瓷绝缘支柱型和落地罐型。瓷绝缘支柱型 SF$_6$ 断路器类同少油断路器，只是用 SF$_6$ 气体代替了少油断路器中的油。这种 SF$_6$ 断路器可做成积木式结构，系列性、通用性强。落地罐型 SF$_6$ 断路器类同多油断路器，但气体被封闭在一个罐内。这种 SF$_6$ 断路器的整体性强，机械稳固性好，防震能力强，还可以组装电流互感器等其他元件，但系列性差。

（3）按其灭弧方式可分为双压式和单压式。双压式 SF$_6$ 断路器的特点是断路器灭弧装置设有高压和低压两个气压系统。低压系统主要用作灭弧室的绝缘介质，而高压系统只在灭弧过程中才起作用。单压式 SF$_6$ 断路器的特点是灭弧装置只有一种压力的 SF$_6$ 气体，开断过程中利用动触头及活塞的运动产生压气作用，在触头和喷嘴间产生高速气流吹动电弧。图 2.12 所示为单压式 SF$_6$ 断路器灭弧室的工作原理图。图中，断路器在合闸状态时，压气罩、喷嘴及动触头三者处于虚线位置；分闸时，动触头向下运动，与静触头分离产生电弧，与此同时，压气罩和喷嘴也向下运动，当压气罩到达下部位置时（黑色部分），原先被静触头堵塞住的喷嘴打开，高压力的 SF$_6$ 气体向上吹拂电弧（纵吹），使电弧熄灭。双压式 SF$_6$ 断路器是早期产品，现在国内外 SF$_6$ 断路器都已采用单压式。

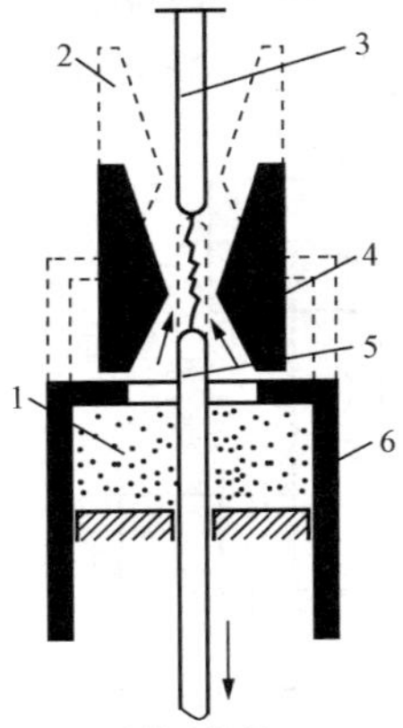

图 2.12　单压式 SF$_6$ 断路器的灭弧室工作原理图

1—压气腔；2—合闸时喷嘴位置；3—静触头；4—喷嘴；5—动触头；6—压气罩

（4）按触头动作方式分为定开距和变开距两类。定开距灭弧室结构如图 2.13（a）所示。静触头 3 和 5 是管状的，压气罩 1 和固定活塞 6 用绝缘材料制成，围成一个压气室 4。桥式动触头 2 与压气罩 1 形成一个整体。该灭弧室的灭弧过程如图 2.13 所示。

图 2.13（a）表示断路器在合闸状态，此时两个静触头 3 和 5 被动触头 2 跨接着，主回路电流被接通。断路器分闸时，操动机

构（图 2.13 中未示出）通过拉杆 7 将压气罩 1 连同动触头 2 拉向右方，使压气室 4 内的 SF_6 气体受压缩并提高压力，如图 2.13（b）所示。等到动触头 2 离开静触头 3 时便产生电弧，这时压气室在两个静触头之间打开喷嘴，高压力的 SF_6 气体从压气室中喷出，射向电弧，进行纵吹，并经过静触头 3 和 5 的管腔向左右排出，如图 2.13（c）所示。电弧熄灭后，灭弧室保持在分闸位置，如图 2.13（d）所示。断口间的绝缘由 SF_6 气体和压气罩的绝缘来维持。

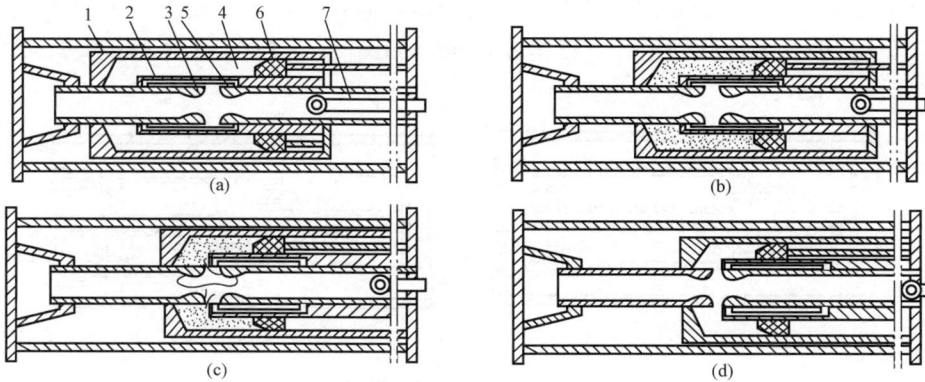

图 2.13　定开距灭弧室灭弧过程示意图

(a) 合闸位置；(b) 压气过程；(c) 吹弧过程；(d) 分闸位置

1—压气罩；2—桥式动触头；3、5—静触头；4—压气室；
6—固定活塞；7—拉杆

定开距灭弧室的特点如下：

（1）开距小，电弧长度小。触头从分离到电弧熄灭行程很短，所以在灭弧过程中电弧能量小，燃弧时间短，可以达到较大的额定开断电流。

（2）分闸后，断口两个电极间的电场分布比较均匀，可以提高两个电极间的击穿强度。

（3）气流状态随设计喷口而定，气流状态好。

（4）喷嘴用耐电弧合金制成，受电弧烧损轻微，多次开断仍能保持性能稳定。

（5）压气室体积大，SF_6 气体压力提高到所需值的时间较长，所以使断路器的动作时间加长。

图 2.14 所示为变开距灭弧室的构造。触头系统分为工作触头（含主动触头、主静触头）、弧触头（含弧动触头、弧静触头）和中间触头。工作触头和中间触头放在外侧，有利于散热，也可提高断路器的热稳定性。灭弧室的可动部分由动触头、喷嘴（用绝缘材料制成）和压气缸组成。为了在分闸过程中使压气室的气体集中向喷嘴吹弧，在合闸过

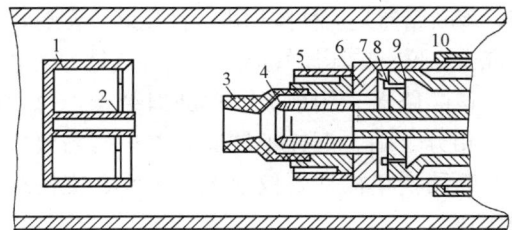

图 2.14　变开距灭弧室的构造

1—主静触头；2—弧静触头；3—喷嘴；4—弧动触头；5—主动触头；6—压气缸；7—逆止阀；8—压气室；9—固定活塞；10—中间触头

程中压气室内不致形成真空，所以在固定活塞 9 上设有逆止阀 7。合闸时逆止阀打开，压气室 8 与活塞内腔相通，SF₆ 气体从活塞的小孔充入压气室；分闸时逆止阀堵住小孔，使 SF₆ 气体集中向喷嘴吹弧。

变开距灭弧室的灭弧过程如图 2.15 所示。图 2.15（a）为合闸位置。分闸时可动部分向右运动，压气室内的 SF₆ 气体开始受压缩并提高压力。随着可动部分的运动，工作触头首先分离，由于弧触头还未断开，所以这时不产生电弧，喷口也未形成，也无吹弧作用。直到可动部分向右移动到一定位置时，弧触头开始分离，电弧产生，在喷嘴与弧动触头间形成喷口，SF₆ 气体从两个方向吹向电弧，使电弧熄灭，如图 2.15（b）所示。电弧熄灭后的分闸位置如图 2.14 所示。

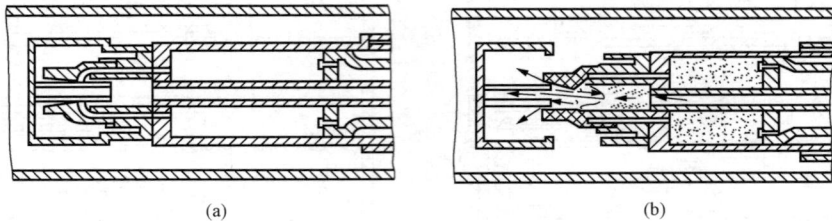

图 2.15　变开距灭弧室的灭弧过程示意图
（a）合闸位置；（b）吹弧过程

变开距灭弧室的优点是触头开距在分闸过程中不断增大，最终开距很大，断口电压可以作得很高，起始介质强度恢复较快；喷嘴与触头是分开的，喷嘴的形状不受限制，可以设计得比较合理，有利于改善吹弧效果，提高开断能力。其缺点是绝缘喷嘴容易被电弧烧坏。

四、SF₆ 断路器的总体结构实例

下面以 LW11-220 型 SF₆ 断路器为例介绍 SF₆ 断路器的总体结构。

LW11-220 型 SF₆ 断路器主要用于输电线路的控制和保护，也可作联络断路器使用。它采用三相独立，分相操作，配用气动操动机构，可使断路器进行手动分、合操作，电动分、合操作，三相电气联动操作和一次自动重合闸操作；同时，借助手动操作杆可以进行手动慢分、慢合操作。该断路器是一种体积小、性能好、密封式断路器，采用 SF₆ 气体作为灭弧和绝缘介质，灭弧系统为双喷、单压压气形式。其特点是开断电流大，机构简单，操作方便。

该断路器采用单极、单断口结构，每台断路器由 3 个单极组成，由一个独立的汇控柜控制三相分合闸。汇控柜的安装可根据需要放在断路器一侧或断路器正面。

断路器单极主要包括灭弧单元、支持绝缘子、绝缘拉杆和操动机构，在灭弧单元上装有均压环。

（一）LW11-220 型 SF₆ 断路器灭弧单元

LW11-220 型 SF₆ 断路器灭弧单元主要包括灭弧绝缘子，动、静触头，喷嘴和压气缸。为了吸收 SF₆ 气体的电弧分解物，在灭弧单元上部装有吸附剂。为了进一步减少水分含量，在支持瓷套下部还装有吸附剂。LW11-220 型 SF₆ 断路器灭弧单元结构如图 2.16 所示。

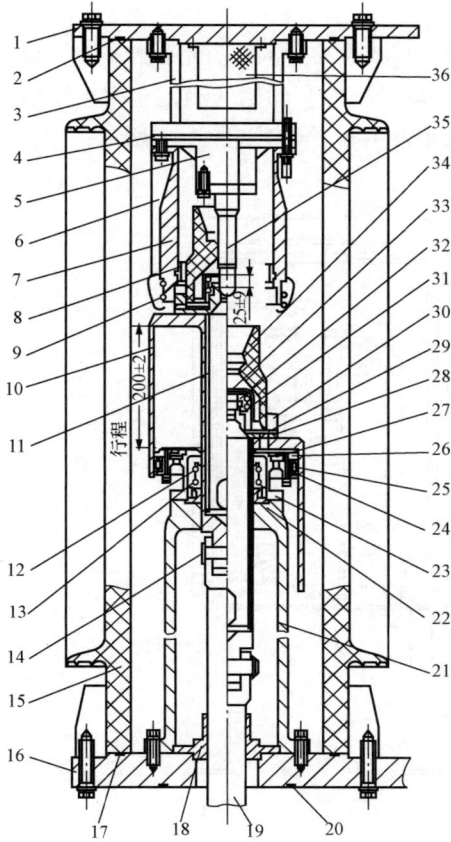

图 2.16　LW11-220 型 SF$_6$ 断路器灭弧
单元结构图

1—盖板；2、17、20—密封圈；3—上支持筒；
4—调节垫；5、16—法兰；6—均压环；7、
28—触头座；8—导向套；9、12、31—弹簧；
10—压气缸；11—管；13—触指；14—轴销；
15—灭弧绝缘子；18—弹簧座；19—绝缘拉杆；
21—下支持筒；22、24—导体；23—活塞；
25—压缩弹簧；26—挡板；27—逆止阀片；
29—压环；30—环形触头；32—弧触指；33—
罩；34—喷嘴；35—静弧触头；36—吸附剂

图 2.17　LW11-220 型 SF$_6$ 断路器灭弧单元工作原理图
（a）合闸状态；（b）开断过程；（c）电弧熄灭
1—静触头；2—均压环；3—压气缸；4—导电回路；
5—弧触头；6—喷嘴；7—弧触指；8—动触头；
9—逆止阀片；10—压气活塞；11—电弧；
12—被压缩的 SF$_6$ 气体；13—SF$_6$ 气流

断路器的开断采用单压、轴向同步吹弧原理，利用每相操动机构操作连杆驱动，机械地使压气和开断同时进行。LW11-220 型 SF$_6$ 断路器灭弧单元工作原理如图 2.17 所示。

　　断路器分闸时，压气缸在绝缘拉杆的带动下运动，压气缸内 SF$_6$ 气体被压缩，压力骤然增加，当动、静触头分离瞬间产生电弧时，下排气口打开，SF$_6$ 即通过压气缸中空轴末端吹出，当开距达到熄弧距离时（约为全程的 1/4），主喷嘴突然打开，强大的气流猛烈吹拂弧柱，使电弧迅速拉长和冷却，直至电流过零时电弧熄灭。这种滞后喷气的优点在于能使压气缸内压力充分建立起来，并得到最大的开断容量。

　　在压气活塞上装有逆止阀片，其在合闸过程中开启，给压气缸充气，分闸过程中关闭，保证压气缸内有足够的压力。

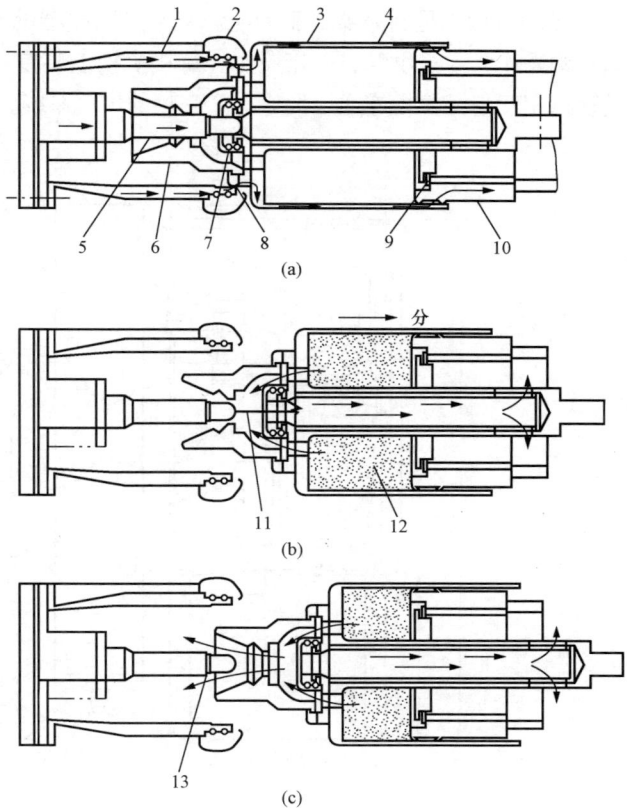

（二）LW11-220 型 SF$_6$ 断路器操动机构

操动机构既是断路器的驱动能源，又是断路器的基础。LW11-220 型 SF$_6$ 断路器采用气动操动机构操作，单机供气、分相操作，每相机构上装有一个容积为 250L 的储气罐，三相储气罐通过管路相互与汇控柜连通，形成一个完整的供气系统。气动操动机构结构如图 2.18 所示。

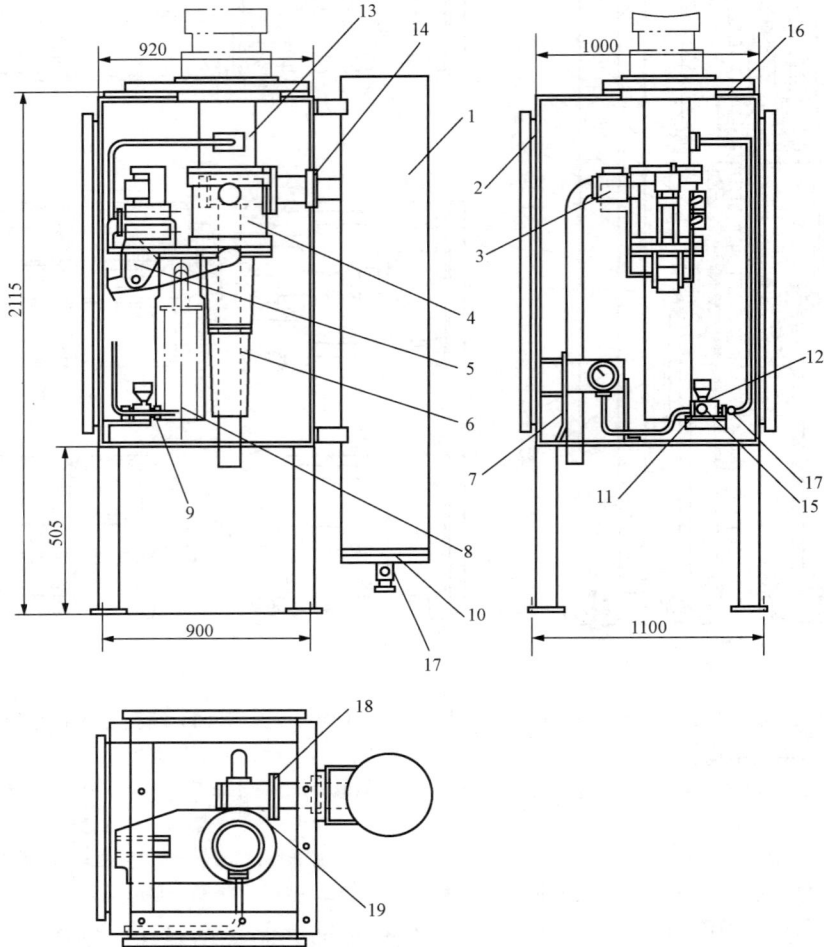

图 2.18　气动操动机构结构图

1—储气罐；2—箱体；3—电磁阀；4—气缸；5—传动机构；6—油缓冲器；
7—接线端子；8—合闸弹簧；9—密度继电器；10～19—密封圈

气动操动机构主要由储气罐、箱体、电磁阀、气缸、传动机构、油缓冲器、接线端子等组成。操作方式可分为远控和近控操作。远控操作在控制室执行，近控操作在机构箱内手动分合闸。气动操动机构传动原理如图 2.19 所示。

合闸操作：当合闸线圈受电时，吸动衔铁、掣子和脱扣，拐臂在合闸弹簧的作用下，带动活塞向上运动，通过与之相连的活塞杆驱动断路器合闸。合闸后，辅助开关转换，同时与拐臂相连的凸轮解脱，做好分闸准备。

分闸操作：当分闸线圈受电时，吸动衔铁，带动扣板转动，拨动掣子，使扣板脱落，在弹簧的作用下，推动阀杆顶开活塞，高压气体即通过阀门进入活塞的左侧，推动活塞向右运

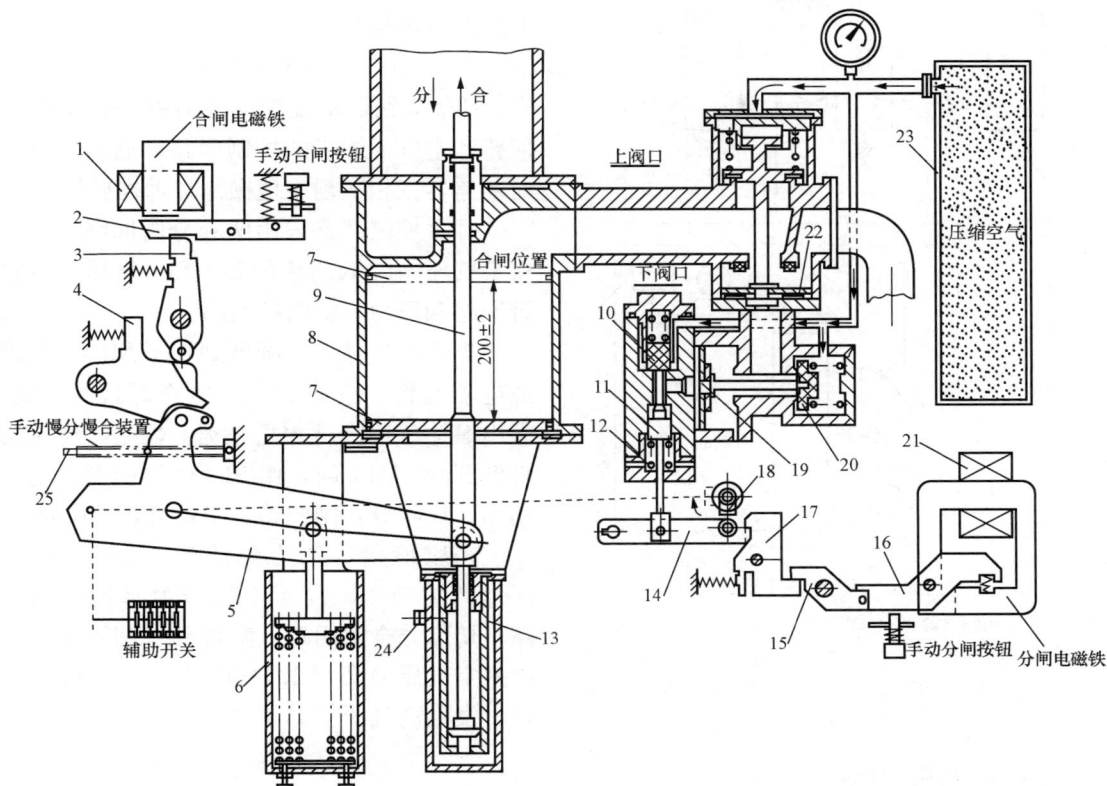

图 2.19 气动操动机构传动原理图（断路器处于分闸位置）

1—合闸线圈；2、16—衔铁；3、4、17—掣子；5—拐臂；6—合闸弹簧；
7、10、19、20、22—活塞；8—气缸；9—活塞杆；11—锥阀；12—弹簧；
13—油缓冲器；14、15—扣板；18—凸轮；21—分闸线圈；
23—储气罐；24—螺塞；25—手动操作杆

动，打开活塞高压气体即进入主阀活塞的底部，推动活塞向上运行，打开上阀口，同时关闭下阀口，高压气体直接进入气缸，推动气缸活塞向下运动，通过与之相连的活塞杆驱动断路器分闸。分闸后凸轮在拐臂带动下顶起扣板，阀杆返回，各阀口复位，气缸内残余气体通过排气管排出，分闸后辅助开关转换，准备下次合闸。为了减少分闸时的冲击，还装有油缓冲器，吸收分闸临终时的功能。

手动操作：本机构除电动分、合闸外，在机构箱内还备有手动分、合闸按钮，只要按动按钮，即可进行手动分、合闸操作。

手动操作杆操作：在安装、调试阶段（充气之前）可进行手动慢分、慢合操作，以检查各传动部分的运行情况。

压缩空气系统图如图 2.20 所示。

为了保证断路器长期工作在额定压力下不受环境温度的影响，人们将气动操动机构设计成自然泄漏结构，每分钟泄漏 300～700mL，因此压缩机的工作是比较频繁的。正常运行时，压缩机的补压时间在 10min 左右。为了监视由于压缩机系统或控制回路异常造成长时间补压，特设电机运转时间控制回路，当电机运转时间超过整定值时，将自动切断电机控制

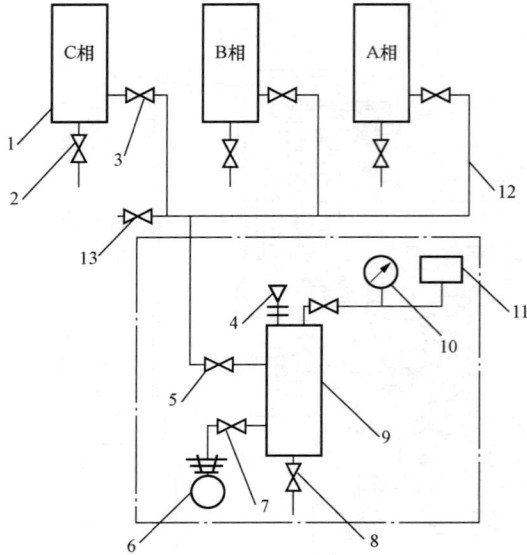

图 2.20　压缩空气系统图

1—操动机构储气罐；2—放气阀（排水阀）；3、5—截止阀；
4—安全阀；6—空气压缩机；7—止回阀；8—排气阀
（排水阀）；9—汇控柜；10—压力表；11—压力开关；
12—空气管道；13—放水阀

回路并发出信号。

（三）SF₆ 断路器监控单元

SF₆ 断路器汇控柜内装有断路器的控制回路和空气压缩机的控制回路，通过它可以对断路器三相实现就地操作和远控操作。

开关控制回路采用两套分闸回路，并设有空气压力降低闭锁回路、SF₆ 气压降低报警回路和压力降低闭锁回路。

当 SF₆ 气体压力降低到 0.45MPa，密度继电器动作，接通 SF₆ 气压降低报警回路，发出 SF₆ 气压降低报警信号。SF₆ 气体压力降低到 0.4MPa 时，由 SF₆ 气体密度继电器动作，切除分合闸回路，实现分合闸闭锁。

当压缩空气压力降低到 1.28MPa 时，压力开关动作，接通空气压力降低闭锁回路，切除分合闸回路，实现分合闸闭锁。当压缩空气压力高于 1.7MPa 时，压力开关动作，发出高气压报警信号。

2.2.3　真空断路器

一、真空断路器的特点

真空断路器利用"真空"作为灭弧介质和绝缘介质，断路器的触头在真空中开断，电弧在真空中熄灭。

真空断路器主要有以下优点：

（1）因为真空状态下的击穿强度比较大，所以真空断路器的触头开距可以作得比较小，其尺寸和体积也就比较小；

（2）在真空中电弧熄灭得很快，真空断路器开断时触头烧损极微小，可以开断多次而不必检修，适用于需要频繁操作的电路中；

（3）检修和维护工作量少。

二、真空断路器的结构

图 2.21 所示为 ZN12-12 型真空断路器的整体结构图。断路器主要由真空灭弧室 12、操动机构及支撑部分组成。在用钢板焊接而成的操动机构箱 11 上固定 6 只环氧树脂浇注绝缘子 1。3 只灭弧室通过由钢板弯成的或铸铝的上、下出线端 2、3 固定在绝缘子上。下出线端上装有软连接，软连接 4 与真空灭弧室动导电杆上的导电夹 5 相连。在动导电杆的底部装有方向杆端轴承 6，该杆端轴承通过一轴销 7 与下出线端上的拐臂 8 相连，主轴 9 通过 3 根绝缘拉杆 10 把力传递给动导电杆，使断路器实现分、合闸动作。

真空灭弧室是真空断路器的核心元件，承担着导电、开断电路和绝缘功能。ZN12-12 型真空断路器的灭弧室结构如图 2.22 所示。灭弧室由一个金属圆筒屏蔽罩和两只瓷管封在一起作为外壳，上、下两只瓷管分别封在静、动法兰盘上，动、静触头分别焊在动、静导电杆上。静导电杆焊在静法兰盘上，动导电杆上焊一波纹管，波纹管的另一端焊在动法兰盘上，由此而形成一个密封的腔体。该腔体经过了抽真空，灭弧室的真空度一般在 10^{-6}Pa 以上。当合、分闸操作时，动导电杆上、下运动，波纹管被压缩或拉伸，使真空灭弧室内的真空度得到保持。

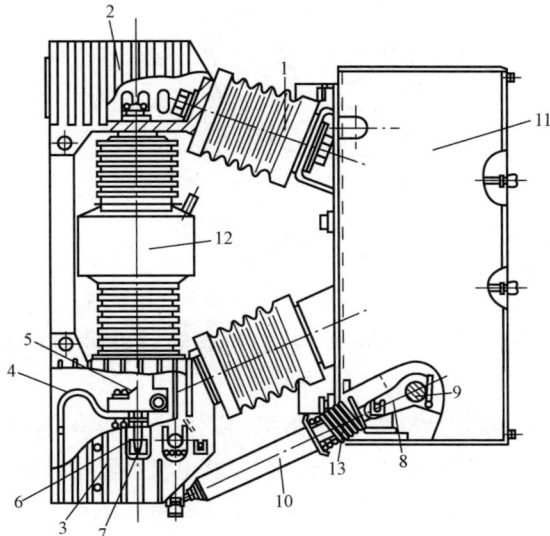

图 2.21　ZN12-12 型真空断路器的整体结构图

1—绝缘子；2—上出线端；3—下出线端；4—软连接；
5—导电夹；6—方向杆端轴承；7—轴销；8—拐臂；
9—主轴；10—绝缘拉杆；11—操动机构箱；
12—真空灭弧室；13—触头弹簧

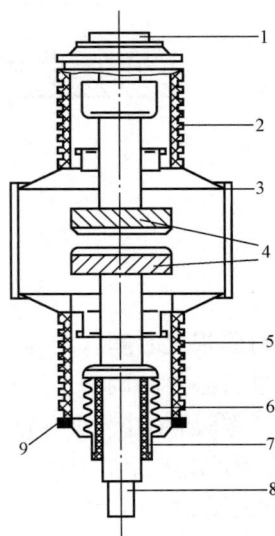

图 2.22　ZN12-12 型真空断路
器的灭弧室结构

1—静法兰盘；2—瓷管；3—屏蔽罩；4—触头；
5—瓷管；6—波纹管；7—导向套；
8—动导电杆；9—动法兰盘

　　下面介绍真空灭弧室的灭弧原理。在真空中，由于气体分子的平均自由行程很大，气体不容易产生游离，真空的绝缘强度比大气的绝缘强度要高得多。当断路器分闸时，触头间产生电弧，触头表面在高温下挥发出金属蒸气，由于触头设计为特殊形状，在电流通过时产生一磁场，电弧在此磁场力的作用下沿触头表面切线方向快速运动，在金属圆筒（即屏蔽罩）上凝结了部分金属蒸气，电弧在自然过零时就熄灭了，触头间的介质强度又迅速恢复。

　　图 2.23 所示为真空断路器螺旋槽形横向磁场触头结构。动、静触头形状和结构是相同的。每个触头做成圆盘形状，圆盘上开有螺旋形沟槽，称为外螺旋槽形触头。沟槽把触头分成许多个"翼"，每个"翼"互相分离。圆盘触头中央部分有局部凹陷区，触头开断时凹陷区迫使动、静触头之间的电流线呈 π 形，如图 2.23（a）中虚线所示。刚开断时，电流线在图 2.23（a）中 a 的位置，电弧在靠近触头中心部位燃烧；但因受电流线产生的磁场作用，电弧受电动力推动向着触头圆盘外侧移动，到达位置 b。电弧在快速移动和旋转中被冷却，最后被熄灭。图 2.23（b）为下触头顶视图。

三、真空断路器的调整与维修

　　（1）断路器投入运行后应进行巡回检查，主要是检查有无异常的声音和气味，真空灭弧室有无损坏；检查内部零件是否光亮，若失去光亮则说明真空灭弧室已漏气，应立即更换灭弧室；观察触头超行程，应在规定范围内。

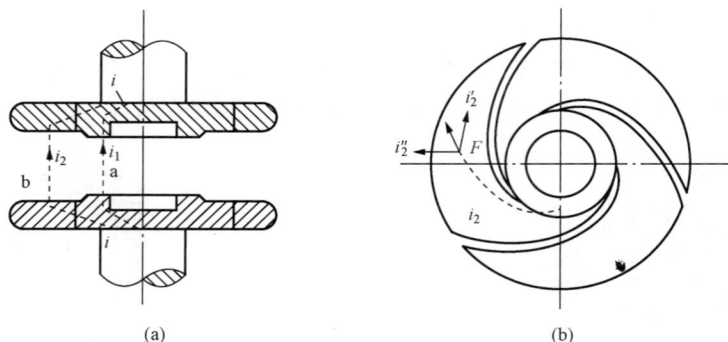

图 2.23　真空断路器螺旋槽形横向磁场触头结构

（a）纵剖面图；（b）下触头顶视图

（2）每隔规定时间（约为 1 年），断路器应定期进行检查。主要检查断路器的机械和电气性能，进行必要的调整、清扫和润滑等。

（3）在巡回检查中发现有异常现象时，或动作次数达到规定寿命时，或分、合短路电流之后，都应将断路器退出进行临时检查。检查项目视其具体情况而定，如分、合短路电流后要检查触头超行程和真空灭弧室的耐压水平。断路器达到规定寿命次数后应进行全面检修。重新投入运行后必须缩短定期检修周期，特别是要经常用工频耐压法检查真空灭弧室的绝缘性能，观察触头质量和超行程。

四、真空灭弧室的更换

真空灭弧室在使用 20 年、达到技术要求中规定的短路电流开断次数或机械寿命后即需更换。以 ZN12-12 型断路器为例，更换灭弧室时，首先将断路器分闸，然后按以下顺序进行：

（1）如图 2.24 所示，拧松上出线端螺钉 1，卸下上出线端 2；

（2）如图 2.25 所示，卸下轴销 1，拧松导电夹螺钉 2 及固定板 4 螺钉 3；

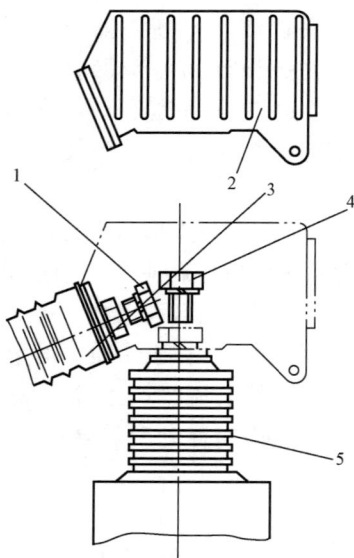

图 2.24　卸下上出线端示意图

1—螺栓；2—上出线端；3—绝缘子；
4—螺栓；5—灭弧室

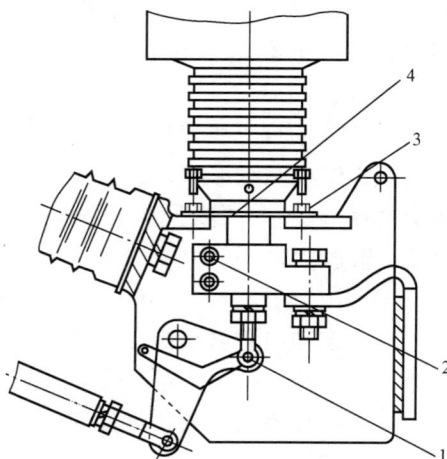

图 2.25　卸轴销松螺钉示意图

1—轴销；2、3—螺钉；4—固定板

（3）双手握住灭弧室往上提即可卸下；

（4）将新灭弧室导电杆用钢刷刷出金属光泽后涂上工业凡士林；

（5）双手握紧新灭弧室往下装入固定板大孔中，导电杆插入导向套中；

（6）装好上出线端，注意三相垂直及水平位置不超过 1mm，拧紧螺钉；

（7）装上轴销；

（8）拧紧固定板及导电夹螺钉。

五、触头行程的测量与调整

灭弧室更换后应测量触头行程，量出分、合闸位置时的 X_{off}、X_{on}，则触头行程 $X = X_{off} - X_{on}$。量出分、合闸位置时的 L_{off}、L_{on}，触头超行程 $L = L_{off} - L_{on}$。X、L 测量部位如图 2.26 所示。

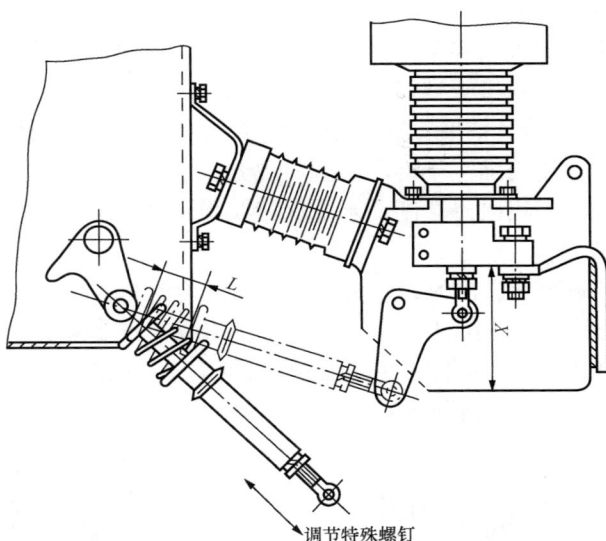

图 2.26　调整触头行程示意图

当触头行程不符合要求时，可卸下绝缘拉杆处轴销，调整绝缘拉杆的长度。行程偏小时，将特殊螺钉往里拧入，使拉杆变短；行程偏大时，则将特殊螺钉往外拧出，使拉杆变长。

2.2.4　断路器的操动机构

一、操动机构的作用及类型

操动机构是用来使断路器合闸、分闸，并维持在合闸状态的设备。操动机构由合闸机构、分闸机构和维持合闸机构（搭钩）三部分组成。

同一台断路器可配用不同型式的操动机构，因此操动机构通常与断路器的本体分离开来，具有独立的型号，使用时用传动机构与断路器连接。

由于操动机构是断路器分、合运动的驱动装置，对断路器的工作性能影响很大，为此，对操动机构的工作性能有下列要求：

（1）在各种规定的使用条件下，均应可靠地合闸，并维持在合闸位置；

（2）接到分闸命令后应迅速、可靠地分闸；

（3）任何型式的操动机构都应具备自由脱扣的性能，即不管合闸顶杆运动到什么位置，即使合闸信号没有撤消，断路器接到分闸信号时，都能迅速可靠地分闸，并保持在分闸位置，为此需要有防跳跃措施；

（4）满足断路器对分、合闸速度的要求。

总之，断路器所配用的操动机构应当具有工作可靠、动作迅速、结构简单、质量轻和操作方便等特点。

根据断路器合闸所需能量的不同，操动机构可分为以下类型。

（1）手动操动机构：用人力合闸，用已储能的分闸弹簧分闸。其适用于 10kV、开断电流为 6kA 以下的断路器。

（2）电磁操动机构：用直流螺管电磁铁产生的电磁力进行合闸，靠已储能的分闸弹簧或分闸线圈分闸，可进行远距离控制和自动重合闸。

（3）弹簧操动机构：用合闸弹簧（事先用电动机或人力储能）进行合闸，靠已储能的分闸弹簧进行分闸。其动作快，可实现快速自动重合闸。

（4）液压操动机构：用高压油推动活塞实现分、合闸操作。动作迅速，可实现自动重合闸。

（5）气动操动机构：用压缩空气推动活塞实现分、合闸操作。

（6）永磁操动机构：采用电磁合闸、永磁保持及弹簧分闸。

二、电磁操动机构

下面以 CD10 型电磁操动机构为例介绍电磁操动机构的基本结构和动作原理。

CD10 型电磁操动机构由自由脱扣机构、电磁系统组成，其结构图如图 2.27 所示。自由脱扣机构位于操动机构的上部，由铸铁弯板和五连杆机构组成。在自由脱扣机构的左右两侧分别装有 F4-8Ⅲ/W 型和 F4-2Ⅱ/W 型辅助开关，在右下端装有分闸电磁铁，中间装有接线端子板。

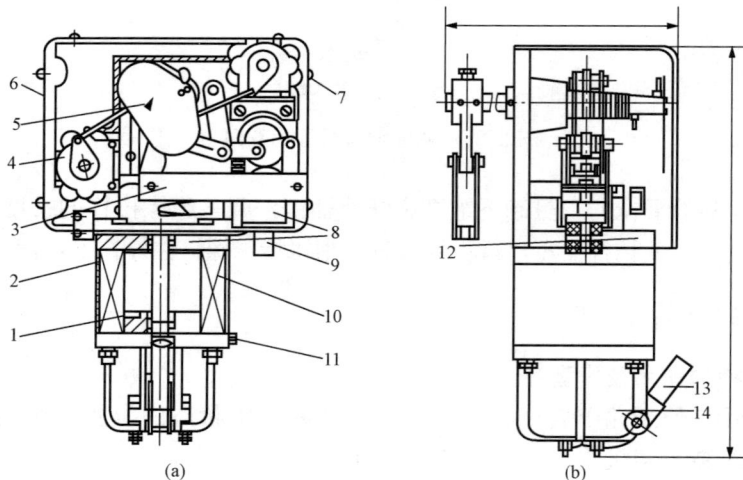

图 2.27　CD10 型电磁操动机构结构图

（a）正面结构；（b）侧面结构

1—合闸铁芯；2—磁轭；3—接线板；4—信号用辅助开关；5—分合指示牌；
6—罩壳；7—分合闸用辅助开关；8—分闸线圈；9—分闸铁芯；10—合
闸线圈；11—接地螺栓；12—拐臂；13—操作手柄；14—盖

操动机构的中部是电磁系统，由合闸线圈 10、合闸铁芯 1 和方形磁轭 2 组成。机构的铸铁弯板及方板为电磁回路的一部分。为了防止铁芯吸合时黏附板上，特加一黄铜垫圈和压缩弹簧以保证铁芯合闸终了时迅速下落。线圈和铁芯间装一铜套管，防止铁芯运动时磨损线圈。

操动机构的下部由帽状铸铁盖和分闸橡胶缓冲垫组成。盖上装有手力合闸手柄，检修时在手柄上套入 500~800mm 长的铁管即可进行手力缓合闸。橡胶缓冲垫用于铁芯合闸后下落时缓冲之用。该机构由铁罩做封盖，罩的中部有一圆孔指示分合状态。

电磁操动机构的分、合闸过程如图 2.28 所示。

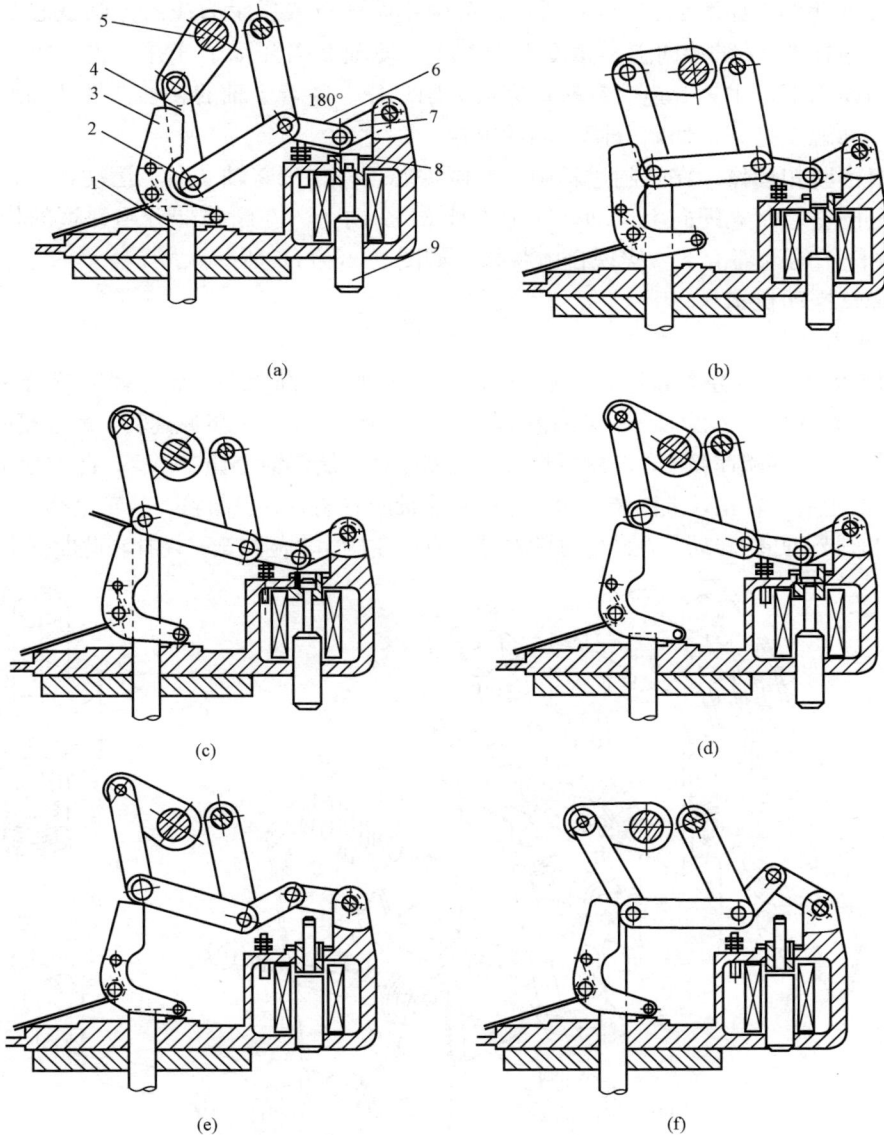

图 2.28 电磁操动机构分、合闸过程示意图

(a) 准备合闸状态；(b) 合闸过程中；(c) 合闸到顶点位置；(d) 合闸动作结束；
(e) 分闸动作；(f) 自由脱扣动作

1—合闸铁芯顶杆；2—轴；3—掣子；4—连杆机构；5—主轴；
6、7—连杆；8—螺钉；9—分闸铁芯

（1）合闸动作。合闸前连杆 7 和 6 趋近于 180°，如图 2.28（a）所示。合闸线圈通电后，合闸铁芯顶杆 1 向上运动推动轴 2 上移，通过四连杆机构 4 使主轴 5 顺时针转动约 90°，使断路器合闸，如图 2.28（b）所示。此时断路器的分闸弹簧被拉伸储能。当铁芯向上运行到终点时，轴 2 与掣子 3 之间出现 2mm±0.5mm 间隙，如图 2.28（c）所示。因主轴的转动，带动辅助开关，使合闸回路动断触点打开，切断合闸线圈电源。线圈断电后铁芯落下，轴 2 被掣子 3 支撑，完成了合闸过程，如图 2.28（d）所示。

（2）分闸动作。如图 2.28（e）所示，分闸线圈通电或用手力撞击分闸铁芯 9 时，使其向上冲击，连杆 6、7 被冲向上，角度大于 180°，使轴 2 离开掣子 3 并失去支撑，在断路器分闸弹簧的作用下，主轴 5 逆时针转动完成分闸动作。随着主轴的转动，带动辅助开关使分闸回路的动断触点打开，切断分闸线圈的电源。

（3）自由脱扣动作。在合闸过程中，合闸铁芯顶杆 1 顶着轴 2 向上运动，一旦接到分闸指令，则分闸铁芯 9 立即向上运动，冲击连杆 6、7 向上。在断路器分闸弹簧的作用下，轴 2 从铁芯顶杆 1 的端部滑下，实现自由脱扣，如图 2.28（f）所示。

三、弹簧操动机构

（一）基本结构

弹簧操动机构主要由储能机构、锁定机构、分闸弹簧、断路器主轴、缓冲器及控制装置组成，其基本结构图如图 2.29 所示。储能机构主体是一个外壳为铸铝的减速箱，减速箱内是两套蜗轮蜗杆，储能轴横穿减速箱中，与蜗轮蜗杆无机械联系。储能轴上套一轴套，此轴套用键连在大蜗轮上，轴套上有一轴销，上面装一棘爪；在储能轴的右端装有一凸轮，凸轮上有一缺口，棘爪通过此缺口来带动凸轮转动。在储能轴的左端装有一曲柄，合闸弹簧一端挂在此曲柄上。

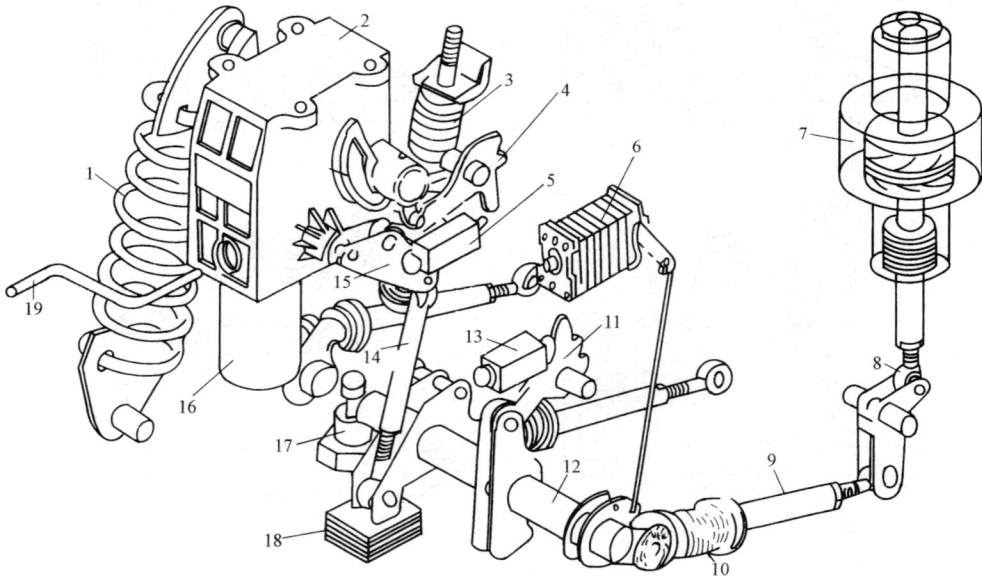

图 2.29　弹簧操动机构基本结构图

1—合闸弹簧；2—减速箱；3—分闸弹簧；4—合闸掣子；5—合闸电磁铁；6—辅助开关；7—真空灭弧室；
8—万向杆端轴承；9—绝缘拉杆；10—触头弹簧；11—分闸掣子；12—主轴；13—分闸电磁铁；
14—连杆；15—杠杆；16—电动机；17—油缓冲器；18—橡皮缓冲器；19—手动摇把

减速箱的轴销上装有一个三角形的杠杆，杠杆上装一滚针轴承，凸轮将合闸弹簧的能量传到此轴承上。三角杠杆的另一个孔中用轴销连接一连杆，该连杆的另一端装在主轴拐臂上，形成一四连杆机构，合闸力通过该机构传递给断路器主轴。减速箱的轴上还装有一滚针轴承，作为锁住合闸掣子用。

在断路器主轴的拐臂上装有分闸弹簧。主轴上还有三对拐臂，其中两对分别作用在合闸橡皮缓冲器和分闸油缓冲器上，另一对拐臂上装一滚针轴承作为锁住分闸掣子用。

（二）动作原理

（1）电动储能。接通电动机电源，轴套由减速箱中的大蜗轮带动，当棘爪进入凸轮缺口时，带动储能轴转动，合闸弹簧被拉起而储能；当合闸弹簧被拉到最高点后被合闸掣子锁住，曲柄上的小连杆传动一小弯连接片下微动开关，电机电源被切断，"储能指示"显示在面板孔中。整个储能时间约为 15s。

（2）手动储能。将手摇把插入减速箱前方孔中，顺时针摇转约 25 圈，棘爪进入了凸轮上的缺口带动储能轴转动，继续用力摇转手把 25 圈，合闸弹簧储能完毕，卸下手摇把。

（3）合闸。接通合闸电磁铁电源或用手按压合闸按钮（黑色），合闸掣子被解脱，储能轴在合闸弹簧力的作用下反向转动，凸轮压在三角杠杆上的滚针轴承上，杠杆上的连杆将力传给断路器主轴，导电杆向上运动，主轴转动约 60°时被分闸掣子锁住，断路器合闸完毕。在此过程中，分闸弹簧被储能，绝缘拉杆上的触头弹簧亦被压缩，给触头施加了一定压力。"合闸指示"显示在面板孔中。

（4）分闸。接通分闸电磁铁电源或用手按压分闸按钮（红色），分闸掣子解脱，主轴在分闸弹簧和触头弹簧力作用下反向旋转，断路器分闸。"分闸指示"显示在面板孔中。

断路器在分闸后，电动机立即给合闸弹簧储能，亦可用手动再次储能。

四、液压操动机构

液压操动机构是利用高压压缩气体（氮气）作为能源，液压油作为传递能量的介质，注入带有活塞的工作缸内，推动活塞做功，实现断路器的合闸和分闸。

下面以 LW12-500 型断路器液压操动机构为例说明其工作原理。

LW12-500 型断路器液压操动机构主要是由电磁铁、一级阀、二级阀、工作缸、油箱、副油箱、油泵及电机、储能器、压力开关、加热器和机构箱等组成，如图 2.30 所示。

合闸电磁铁结构如图 2.31 所示。接到合闸指令后，合闸线圈 8 受电，衔铁 3 受到静铁芯 2 吸力作用产生位移，使掣子 5 和扣板 7 脱扣。连杆 11 在弹簧 10 作用下，撞击一级阀杆，同时凸轮 6 转动，使扣板 7、掣子 5 相应复位，弹簧 10 重新储能，为下次合闸做准备。由于凸轮 6 顶住扣板 7，即使合闸线圈重新受电，也不能实现合闸操作。

如图 2.30 所示，合闸操作时，合闸一级阀杆 3 克服弹簧 5 的作用打开一级阀口 H1，使 B1 腔高压油进入 B2、B3 腔，二级阀杆 28 在高压油作用下关闭阀口 H2，打开阀口 H3，高压油通过阀口 H3 进入工作缸 E 侧，由于工作缸 E 侧面积大于 F 侧面积，从而使工作缸活塞杆运动，带动断路器合闸。合闸过程中工作缸活塞 9、拐臂 11 使辅助开关切除合闸线圈电流，既实现了合闸指示，同时也带动电磁铁中轴 13 转动，使合闸侧的凸轮给合闸电磁铁弹簧 10 储能，分闸侧凸轮脱离扣板，为分闸作准备。

二级阀中限流孔 ϕD，在一级阀口 H1 关闭后，供给 B3 腔高压油，这样使二级阀杆和工作缸保持在合闸位置。

图 2.30　操动机构结构图（断路器处于分闸位置）

1—合闸电磁铁；2—分闸电磁铁；3—合闸一级阀杆；4—一级阀；5—弹簧；6—二级阀；7—钢球；

8—弹簧；9—工作缸活塞；10—分合闸指示牌；11—拐臂；12—辅助开关；13—轴；

14、15—阀杆；16—分闸一级阀杆；17—副油箱；18—油标；19—油箱；

20—安全阀；21—泄压阀；22—油泵；23—电动机；24—液压油表；

25—压力开关；26—储能器；27—加热器；28—二级阀杆

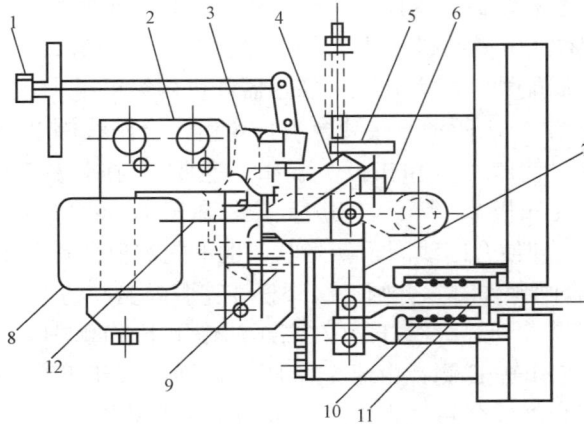

图 2.31　合闸电磁铁结构图

1—合闸按钮；2—铁芯；3—衔铁；4—支架；5—擎子；6—凸轮；7—扣板；

8—合闸线圈；9、10—弹簧；11—连杆；12—锁钩

一级阀、二级阀、工作缸的合闸过程如图 2.32（b）～（d）所示。

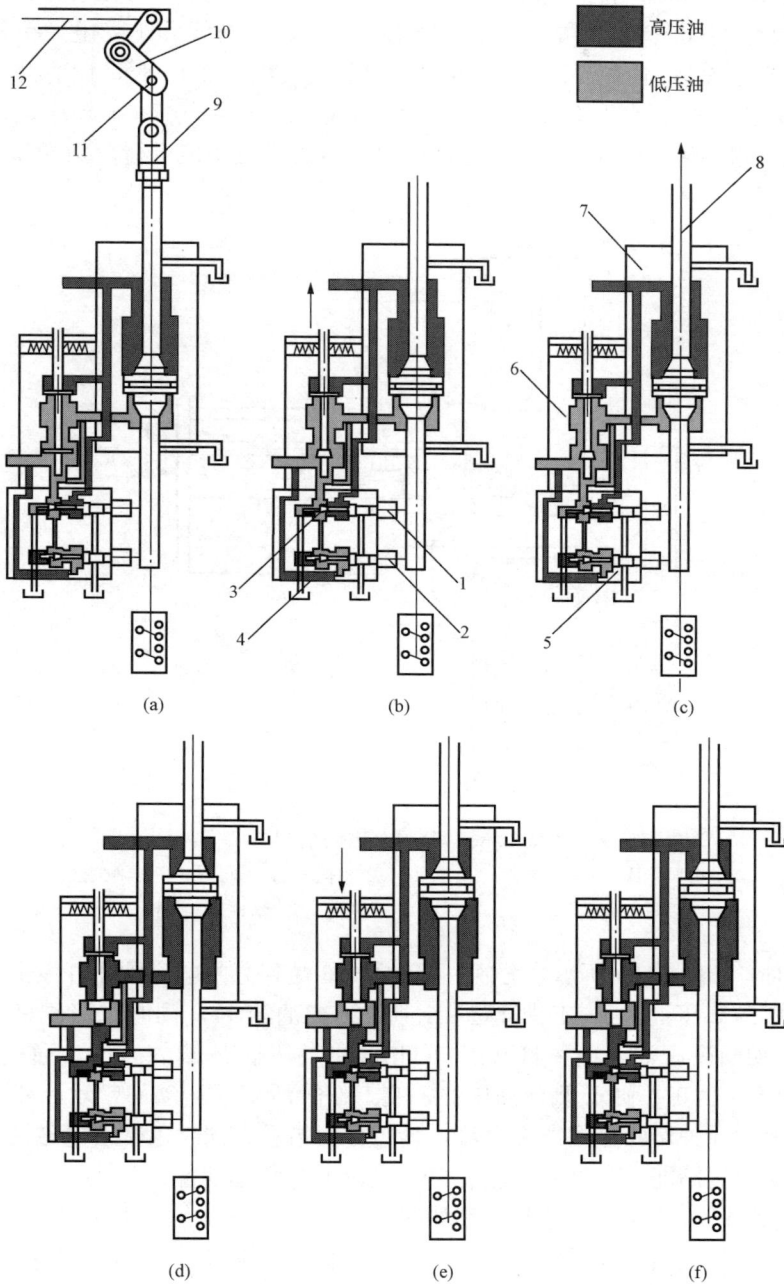

图 2.32　操作过程示意图

（a）分闸位置；（b）合闸过程（一）；（c）合闸过程（二）；

（d）合闸位置；（e）分闸过程（一）；（f）分闸过程（二）

1—合闸电磁铁撞杆；2—分闸电磁铁撞杆；3、4—合闸一级阀杆；

5—一级阀；6—二级阀；7—工作缸；8—工作缸活塞；9—接头；

10—主拐臂；11—ϕ45 销子；12—绝缘拉杆

阀杆 14 可调整断路器的合闸速度。阀杆 15 起加快合闸速度及分闸缓冲作用。

分闸电磁铁结构如图 2.33 所示。接到分闸指令后，分闸线圈 1 受电，衔铁 4 受到静铁芯 2 吸力作用产生位移，使掣子 7、8 和扣板 10 脱扣。连杆 11 在弹簧 12 作用下，撞击分闸一级阀杆，此时工作缸带动凸轮 14 转动，顶住扣板 10，使掣子 7、8 相应复位，为下次分闸储存弹簧能。同时确保分闸线圈即使重新受电，电磁铁也不能进行分闸操作。

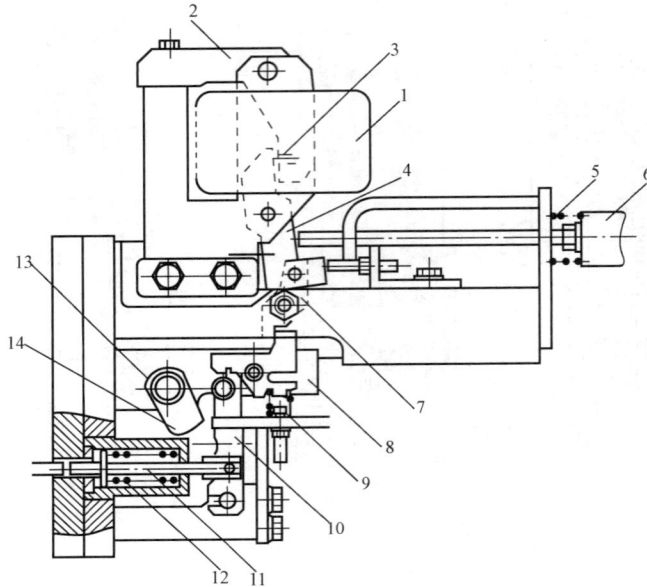

图 2.33　分闸电磁铁结构图

1—分闸线圈；2—静铁芯；3、5、9、12—弹簧；4—衔铁；6—分闸按钮；
7、8—掣子；10—扣板；11—连杆；13—轴；14—凸轮

分闸操作时，如图 2.30 所示，分闸一级阀杆 16 受到分闸电磁铁连杆撞击后，打开阀口 H4，将 B2、B3 腔高压油通过 ϕF、管路 ϕE 泄放到副油箱 17，同时二级阀杆 28 向左运动，关闭阀口 H3，切断高压油供应。打开阀口 H2，使工作缸 E 侧的高压油通过 B4 腔、管路 ϕE 释放到副油箱。因工作缸 F 侧带高压油，使工作缸活塞杆运动而带动断路器分闸，此时工作缸活塞使辅助开关切断分闸线圈电流，显示分闸指示，同时也带动电磁铁中轴 13 转动。使电磁铁分闸侧弹簧储能。合闸侧凸轮脱离扣板，为合闸作准备。

一级阀、二级阀、工作缸的分闸过程如图 2.32（e）、（f）、（a）所示。

当断路器处于分闸状态时，即使液压系统的压力下降，工作缸活塞也仍保持在分闸位置。

该液压机构具有自动防慢分功能，在液压系统处于合闸位置，如启动油泵打压时，因二级阀中的弹簧 8、钢球 7 卡住二级阀杆 28 凸台，使其保持合闸位置，使工作缸两端同时进压，断路器不会慢分。断路器可通过手动分闸、合闸按钮，实现分、合闸操作。副油箱 17 的作用是缩短断路器刚分时间。液压机构油压力可以通过泄压阀 21 泄压。安全阀 20 可释放超高压油，对液压系统起保护作用。

五、永磁操动机构

永磁操动机构将分闸线圈与永磁铁相结合，采用分/合闸电磁线圈驱动、永磁铁保持和

电容器储能、电子控制，是新技术、新材料、新工艺等交叉学科应用的成果。

永磁操动机构外形如图 2.34 所示。永磁操动机构结构特点是，采用一种双稳态的磁路系统，使用两个励磁线圈驱动铁芯运动到相应的极限位置，并利用高性能永磁体所提供的磁场能量使之保持在极限位置。激发其中一个励磁线圈使之产生大于永磁体保持力的驱动力，即可使永磁操动机构的动铁芯动作。当控制系统出现故障时，可用手动分闸操作装置紧急分断断路器。

图 2.34　永磁操动机构外形图

在合闸特性上，永磁操动机构优于电磁操动机构和弹簧操动机构，在合闸的最后阶段提供足够能量，保证快速合闸。在分闸特性上，永磁操动机构刚分速度低，需通过分闸弹簧补充能量，提高刚分速度。

永磁操动机构省去了传统操动机构复杂易损的储能、锁扣等机械装置，简化了机构，其零件数量约 50 个，比传统操动机构减少了 70％以上；可动部件不超过 10 个，从而大大提高了机构的可靠性和机械寿命。

永磁操动机构由于分/合闸控制线圈电流小，储能电容器、小容量电池、小功率交流电源都可以作为操作电源，从而避免了传统机构对大容量专用电源的依赖，以及辅助电源波动对机构动作特性的影响。性能卓越的永磁操动机构可长期频繁操作，并真正做到永久性免维护。

2.3　隔　离　开　关

2.3.1　隔离开关的用途与分类

隔离开关是发电厂和变电所中常用的开关电器，它与断路器的差别是没有专门设置的灭弧装置，所以不能用来切断或接通电路中的负荷电流，更不能切断和接通短路电流。

隔离开关的主要用途如下：

（1）在电路中起隔离电压的作用，保证检修工作的安全。在检修某一设备或电路的某一部分之前，事先把设备或该部分电路两侧的隔离开关切断，把两侧电压隔离，造成电路中明显的断开点，再在停电检修的设备或部分电路上加装接地线，就能确保检修工作的安全。隔离开关用于检修工作时，称为检修电器。

（2）用隔离开关配合断路器，在电路中进行倒闸操作。隔离开关用于倒闸操作时，称为操作电器。

（3）用来切合小电流电路，如空载母线、电压互感器、避雷器、较短的空载线路及一定容量的空载变压器等。

（4）在某些终端变电所中，快分隔离开关与接地开关相配合，可以代替断路器的工作。

在发电厂和变电所中所使用的隔离开关的种类和型式很多。其主要分类包括：按装置地点不同，分为屋内式和屋外式；按结构中每相绝缘支柱的数目，分为单柱式、双柱式和三柱式；

按主闸刀和动触头的运动方式，分为单柱剪刀式（剪刀式的动触头分、合闸时作直线上下运动）、单柱上下伸缩式（分、合闸时动触头用折架臂带动，作上下运动，运动轨迹为弧线型）、双柱水平伸缩式（动触头用折架臂带动作水平方向运动，运动轨迹为近似水平直线型）、双柱合抱式（动触头作圆弧形水平运动）、三柱型中柱旋转式（动触头作圆弧形水平运动）、悬吊式（属单柱式隔离开关的一种，静触头用一个瓷绝缘柱支持，动触头悬吊着，分合闸时上下运动）等。

在发电厂和变电所中选用什么型式的隔离开关具有重要的意义。因为隔离开关的选型会影响配电装置的总体布置方式、架构型式及占地面积，而且已经选定的隔离开关工作是否可靠，还会影响发电厂和变电所电气部分的安全运行。在隔离开关选型时，必须分析各种型式隔离开关的结构特点和在运行实践中表现出来的优缺点。

对隔离开关有以下几点基本要求：

（1）有明显的断开点，根据断开点可判明被检修的电气设备和载流导体是否与电网可靠隔离。

（2）断口应有足够可靠的绝缘强度，断开后动、静触头间应有足够的电气距离，保证在最大工作电压和过电压条件下断口不被击穿，相间和相对地也应有足够的绝缘水平。

（3）具有足够的动、热稳定性，能承受短路电流所产生的发热和电动力。

（4）结构简单，分、合闸动作灵活可靠。

（5）隔离开关与断路器配合使用时，应具有机械的或电气的连锁装置，以保证断路器和隔离开关之间正常的操作顺序。

（6）隔离开关带有接地开关时，主开关与接地开关之间也应设有机械的或电气的连锁装置，以保证二者之间的动作顺序。

我国隔离开关型号和参数表示法，举例如下：

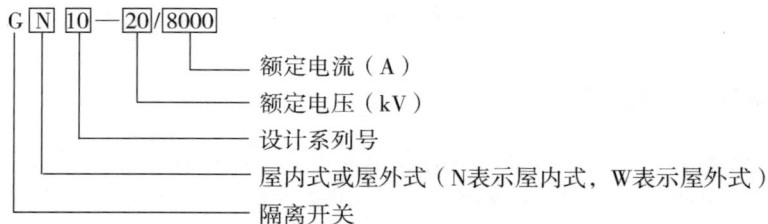

```
G N 10 — 20/8000
              └─ 额定电流（A）
           └──── 额定电压（kV）
       └──────── 设计系列号
     └────────── 屋内式或屋外式（N表示屋内式，W表示屋外式）
   └──────────── 隔离开关
```

2.3.2　屋内式隔离开关

屋内式隔离开关有单极的和三极的，且都是闸刀式。屋内式隔离开关的动触头（闸刀）在关合时与支持绝缘子的轴垂直，并且大多数是线接触。

图2.35所示为配电网中广泛使用的屋内式隔离开关的结构图。它由底座、支持绝缘子、静触头、动触头、操作绝缘子和转轴等构成。三相隔离开关装在同一底架上。操动机构通过连杆带动转轴完成分、合闸操作。动触头采用断面为矩形的铜条制成，并在动触头上设有磁锁，用来防止外部电路发生短路时，动触头受短路电动力的作用从静触头上脱离。

2.3.3　屋外式隔离开关

屋外式隔离开关的工作条件比较复杂，绝缘要求较高，并且应该保证能抵抗大气的强烈变化，如冰、雨、风、灰尘和酷热等的侵袭。屋外式隔离开关应有较高的机械强度，因为隔离开关可能在触头上结冰时进行操作，因此，触头应该有破冰作用，并且不致使支持绝缘子受到很大的应力而损坏。

图 2.36 所示为 GW5 系列双柱水平开启式隔离开关结构图。该系列隔离开关由三个单极组成，每个单极主要由底座、支持绝缘子、接线座、右触头、左触头、接地静触头、接地开关和接线夹几部分组成。两个棒式支持绝缘子固定在一个底座上，交角为 50°，呈 V 形结构。动触头做成两半，成楔形连接。操动机构动作时，两个棒式支持绝缘子各做顺时针和反时针转动，两个动触头同时在与绝缘子轴线成垂直的平面内转动，使隔离开关断开或接通。动触头转至 90°角时终止。

图 2.35　屋内式隔离开关的结构图
1—底座；2—支持绝缘子；3—静触头；
4—动触头；5—操作绝缘子；6—转轴

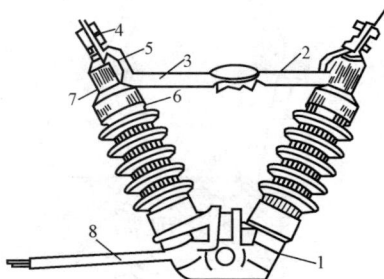

图 2.36　GW5 系列双柱水平开启式隔离开关结构图
1—底座；2、3—动触头；4—接线端子；
5—挠性连接导体；6—棒式绝缘子；
7—支撑座；8—接地开关

图 2.37 所示为 GW6 系列单柱隔离开关的结构与传动原理图。GW6 系列隔离开关由底座、支持绝缘子、操作绝缘子、开关头部和静触头等构成。静触头由静触杆、屏蔽环和导电连接件等构成。开关头部由动触头、导电闸刀和传动机构等部分构成。带接地开关的隔离开关，其接地开关就固定在隔离开关底座上，接地开关和隔离开关之间的连锁装置也设在底座上面。

该产品为对称剪刀式结构，分闸后形成垂直方向的绝缘断口，分、合闸状态清晰，十分利于巡视，适用于软母线及硬母线。该种隔离开关通常在配电装置中作为母线隔离开关使用，具有占地面积小的优点，尤其在采用双母线或双母线带旁路母线接线的配电装置中该优点最为显著。

GW12 系列隔离开关由底座、支持绝缘子、操作绝缘子、开关头部、静触头和均压环等构成。开关头部包括导电闸刀、动触头和传动机构等部分。静触头由触指、弹簧、罩、滑杆、引弧环、静触头座和接线板等构成。图 2.38 所示为 GW12-220D（W）型双柱立开式隔离开关结构图。该型隔离开关在分闸后，动触头向上折叠收拢，形成水平方向的绝缘断口。该型产品具有外形尺寸小、相间距离小的特点，且易于与其他电器构成敞开式组合电器，节省占地面积。

2.3.4　隔离开关操动机构

目前发电厂和变电所的配电装置中主要用操动机构进行隔离开关的分合操作。用操动机构操作隔离开关可提高工作的安全性，因为操动机构与隔离开关相隔有一定距离。操动机构

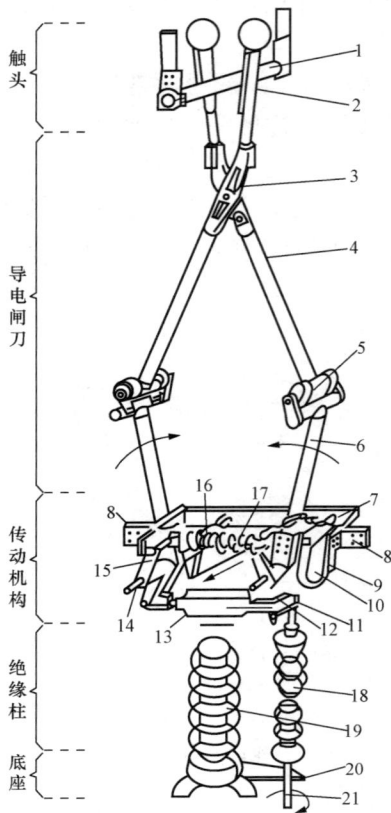

图 2.37　GW6 系列单柱隔离开关的
结构与传动原理图

1—静触头；2—动触头；3—连接臂；4—
动触头上管；5—活动肘节；6—动触头下管；
7—导电联板；8—出线板；9—软连接；
10—右转动臂；11—转臂；12—挡块；
13—弹性装置；14—转轴；15—左转
动臂；16—反向连接；17—平衡弹簧；
18—操作绝缘子；19—支持绝缘子；
20—底座；21—操动轴

可使隔离开关的操作简化，并且可实现隔离开关操
动机构与断路器操动机构之间的连锁，以防止隔离
开关的误操作，提高工作的可靠性和安全性。

隔离开关的操动机构种类有手动杠杆操动机
构、手动蜗轮操动机构、电动机操动机构和气动操
动机构等。

图 2.39 所示为 CS9 型手动蜗轮操动机构。这
种机构用来操动重型隔离开关（额定电流为 3000A

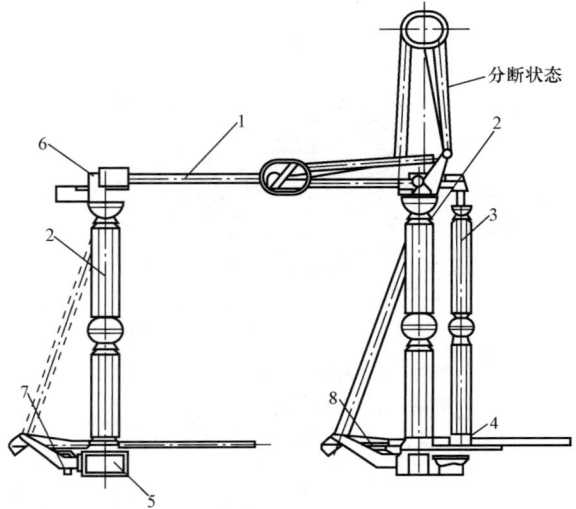

图 2.38　GW12-220D（W）型
双柱立开式隔离开关结构图

1—导电闸刀；2—支持绝缘子；3—操作绝缘子；
4—后底座；5—前底座；6—静触头；
7—前接地开关；8—后接地开关

及以上）。在操动机构后轴承 5 的轴 6 上装有蜗轮
4，蜗轮 4 与摇把 1 的轴 2 末端蜗杆 3 啮合，轴 6 的
一端与杆 7 连接，杆 7 与窄板 8 铰接。窄板利用两
个箍 9 与牵引钢管 10 硬性连接。牵引钢管利用弯

接头 11 与隔离开关轴 13 的传动杆 12 铰接。转动摇把 1 时，经蜗杆 3 使蜗轮 4 转动，从而
使隔离开关断开或接通。蜗轮 4 转过 180°角时隔离开关才能完全断开或接通。欲使隔离开关
接通，应顺时针转动摇把 1，断开时反时针转动。

图 2.40 所示为 CJ2 型电动机操动机构。这种操动机构比手动操动机构复杂而昂贵，所
以主要用于需要远距离操作的屋内式重型三极隔离开关（通常额定电流为 3000A 及以上）。
电动机操动机构的传动原理与手动蜗轮操动机构相同。操动机构 1 的电动机转动时，通过齿
轮和蜗杆传动，使蜗轮 2 转动。蜗轮上装有传动杆 3，传动杆 3 通过牵引杆 4 与隔离开关轴
上的传动杆 5 连接。电动机按一定的方向旋转。转动杆 3 每转过 180°角即完成一次接通或断
开的操作。操作完成后，由连锁接点断开电动机供电电路中的接触器线圈，接触器自动断

路，电动机即停止转动。

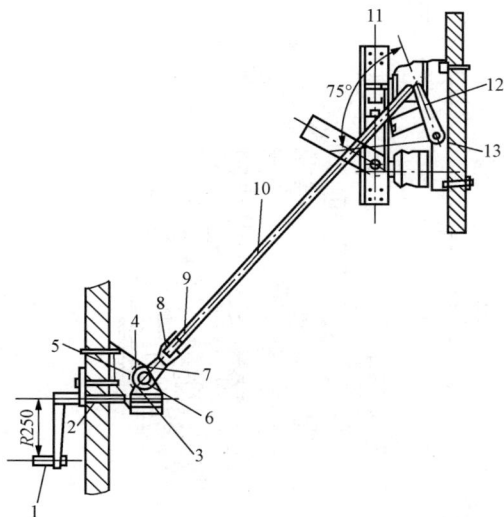

图 2.39　CS9 型手动蜗轮操动机构
1—摇把；2—摇把轴；3—蜗杆；4—蜗轮；
5—轴承；6—轴；7—杆；8—窄板；9—箍；
10—牵引钢管；11—弯接头；12—传动杆；
13—隔离开关轴

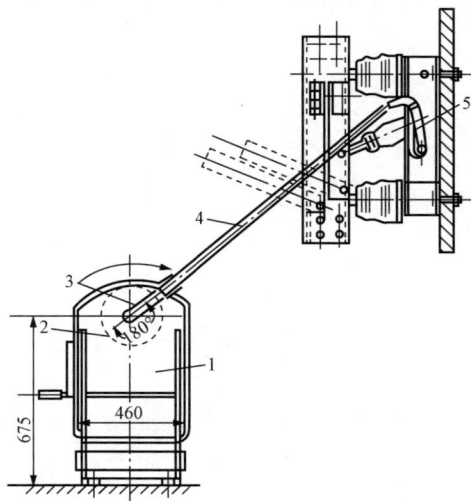

图 2.40　CJ2 型电动机操动机构（单位：mm）
1—操动机构；2—蜗轮；3、5—传动杆；
4—牵引杆

2.4　高 压 负 荷 开 关

2.4.1　高压负荷开关的作用及分类

　　高压负荷开关是配电网中使用最多的一种电器，由于其结构简单、制造容易、价格便宜，得到了广泛应用。

　　高压负荷开关主要用于配电网中切断、关合线路负荷电流及关合短路电流。高压负荷开关受到使用条件的限制，不能作为电路中的保护开关。因此，高压负荷开关必须与具有开断短路电流能力的开关设备配合使用，最常用的是与熔断器配合。正常的负荷电流操作由负荷开关来完成，故障电流由熔断器来实现分断。

　　高压负荷开关的种类较多，常用的有真空负荷开关、SF_6 负荷开关、产气式负荷开关及压气式负荷开关等。

　　负荷开关一般不作为直接的保护开关，主要用于较为频繁操作和非重要的场所，尤其在小容量变压器保护中，当变压器发生大电流故障时，熔断器可在 $10\sim20ms$ 内切断电流，这比断路器保护切除故障电流时间快得多。因此，负荷开关在我国的中压配电网中发展前景广阔。

2.4.2　高压负荷开关的基本结构

　　图 2.41 所示为 ZNF-12 系列真空负荷开关的结构图。ZNF-12 系列负荷开关为 10kV、50Hz 真空式户内用负荷开关，采用真空灭弧室与隔离开关配合分合负荷电流。隔离开关起

到明显断开点的作用，隔离开关的动触头（闸刀）同时具有接地开关闸刀的作用。隔离开关的分开状态即同时将闸刀合在接地母线上，形成连锁式接地。

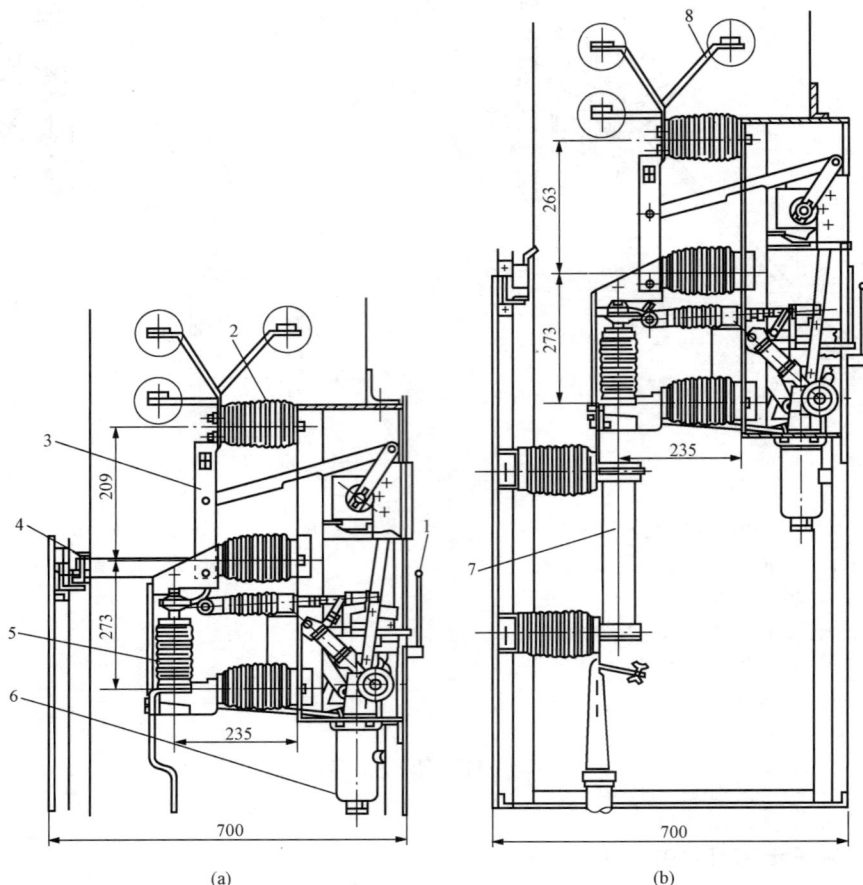

图 2.41　ZNF-12 系列真空负荷开关的结构图（单位：mm）

（a）ZNF-12 系列负荷开关；（b）ZNF-12 系列带熔断器负荷开关

1—操作手柄；2—支持绝缘子；3—隔离开关；4—接地端子及接地母线；
5—真空灭弧室；6—电动操动机构电动机；7—熔断器；8—母线

　　ZNF-12 系列负荷开关可以装设限流式熔断器（带有撞击器），可作为变压器的过载及短路保护。熔断器一相或两相熔断时，负荷开关可自动分闸。

　　真空负荷开关的特点是无明显电弧，不会发生火灾及爆炸事故，可靠性好，使用寿命长，几乎不需要维修，体积小，质量轻，可配用于各种成套的保护装置，特别是城市电网箱式变电所、环网柜等供电设施。

2.5　高压熔断器

2.5.1　高压熔断器的作用及工作原理

　　高压熔断器是串接在电路中的一种结构简单、安装方便、价格低廉的保护电器。当流过熔断器熔体的电流超过一定数值时，熔体由自身产生的热量自动熔断，从而达到开断电路、保护电气设备的目的。

高压熔断器熔体的熔断过程可分为三个阶段：①从熔体被电流加热到熔断所需的时间 t_1；②从熔体熔断到产生电弧所需的时间 t_2；③从电弧产生到电弧熄灭所需的时间 t_3。

熔体熔断时间 t_1 与熔体的材料、截面积、流经熔体的电流及熔体的散热条件等因素有关，长到几小时，短到几个毫秒甚至更短。产生电弧的时间 t_2 很短，一般在毫秒级以下。燃弧时间 t_3 与熔断器灭弧装置的原理、结构以及开断电流的大小有关，一般为几毫秒到几十毫秒。通常将 $t_1+t_2+t_3$ 称为熔断器的全开断时间，其中 t_1+t_2 称为熔断器的弧前时间。由于 t_2 远小于 t_1，因此弧前时间实际上就是熔体的熔化时间 t_1。

2.5.2 高压熔断器的安秒特性

高压熔断器的时间—电流特性称为安秒特性，是指熔体熔化时间（弧前时间）与熔体电流之间的关系曲线。对应于每一种额定电流的熔体都有一条安秒特性曲线。熔体的安秒特性曲线是一种反时限曲线，流过熔体的电流大时，熔断时间则短；相反，电流小时，熔断时间则长。当熔体电流减小到某个数值，熔体的熔断时间为无限长时的电流称为熔体的最小熔化电流 I_{min}。

2.5.3 高压熔断器的分类

高压熔断器按限流特性可分为限流式和非限流式两大类。限流式熔断器的熔体在短路电流未达到最大值（冲击电流值）之前，就立即熔断使电流减小到零，因而这种熔断器可以大大减轻电气设备在短路时所受的损害。非限流熔断器在熔体熔化后，电流几乎不减小，仍继续达到其最大值，在电流第一次过零或经过几个周期之后电弧才熄灭。

高压熔断器按使用场合还可分为户内式与户外式两大类。户外跌落式一般为非限流式。

2.5.4 高压熔断器的结构

图 2.42 所示为插入式 XRNT□-12 型熔断器的结构图。该型熔断器适用于户内交流 50Hz，额定电压 12kV 的系统，并可与其他保护电器（如负荷开关、真空接触器）配套使用，作为变压器及其他电气设备过载或短路等的保护电器。

图 2.43 所示为带灭弧罩的 10kV 跌落式熔断器。它广泛应用于城乡电网的 10kV 线路上，作为线路和其他电气设备的短路和过负荷保护电器；在变压器有载运行状态下，也允许进行分合操作。

这种熔断器主要由绝缘子、静触头、灭弧罩、动触头、熔管、熔体、下动触头、下静触头及固定板等组成。熔体安装在熔管内，下端引线与下动触头相连，上端引线使熔管和上动触头上的活动关节锁紧。因此，熔管在上静触头弹簧压力作用下保持在合闸位置。

熔管由产气管和保护管复合而成，保护管套在产气管外面可以增加熔管的机械强度。当熔体熔断产生电弧时，由钢纸制成的产气管在电弧高温作用下分解出大量气体向熔管两端喷出，对电弧产生吹拂作用，使电弧在电流过零时熄灭。因而，这种熔断器也称作喷逐式熔断器。熔断器在熔体熔断、电弧熄灭后，上动触头处的活动关节不再与静触头保持接触，熔管在上、下触头接触压力推动下，加上熔管本身质量的作用，使熔管自动跌落，形成明显的隔离断口。

跌落式熔断器当开断电流较大时，熔管的产气量多，气吹效果好，电弧容易熄灭，但这

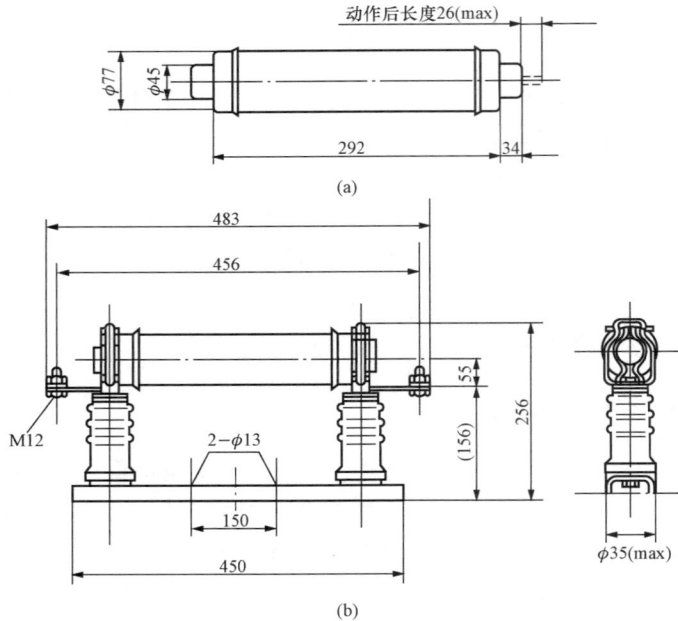

图 2.42　插入式 XRNT□-12 型熔断器的结构图（单位：mm）

（a）熔体；（b）熔断器

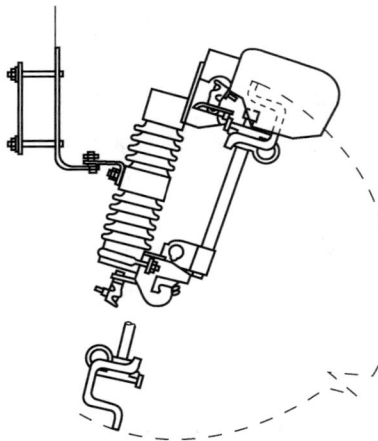

图 2.43　带灭弧罩的 10kV
跌落式熔断器

时熔管内的压力很高，外部声光效应很大。因此，熔断器的额定开断电流受到熔管强度和外部声光效应的限制。增大熔管的直径，可降低熔管的压力，从而可提高熔断器的开断能力。相反，当开断电流较小时，由于熔管产气量少，气吹效果较差，有可能出现不能灭弧的情况。因此，对这种熔断器还规定有下限开断电流，即当开断电流小于下限开断电流时，熔断器不能可靠地开断电路。

应当指出，选择熔断器时，除要按额定电压、额定电流和额定开断电流进行选择外，还应注意熔断器的下限开断电流。当安装处的短路电流较小时，不宜选用额定开断电流大的熔断器，因为当实际短路电流小于熔断器的下限开断电流时，熔断器就不能可靠地切除短路故障。

用跌落式熔断器进行合分负载电流时，动作应准确、迅速、果断，操作时会伴有不大的声光效应。当熔断器开断短路电流后，应对熏黑的螺母、螺栓及熔管等进行擦拭，然后再装上符合国家标准的高压熔体，并将熔体两端牢固连接在上、下动触头的接线螺栓上，同时靠拉紧器将活动关节锁紧。

2.6　重　合　器

2.6.1　重合器的作用

重合器是一种自动化程度很高的设备，可以自动检测通过重合器主回路的电流，当确定是故障电流后，持续一定时间按反时限保护自动断开故障电流，并可根据要求进行多次自动重合，使线路恢复送电。如果故障是瞬时性的故障，重合器重合后线路恢复正常供电；如果故障是永久性故障，重合器按预先整定的重合闸次数（通常为 3 次）进行重合，确认线路故障为永久性故障，则自动闭锁，不再对故障线路送电，直至人为排除故障后，重新将重合器合闸闭锁解除，恢复正常状态（当与分段器配合时，由分段器隔离故障）。

重合器的开断性能与普通断路器相似，但比普通断路器更具有"智能化"。它能自动进行故障检测，判断电流性质、执行开合功能，并能恢复初始状态，记忆动作次数，完成合闸闭锁等，即具有自动功能、保护功能和控制功能，并且无附加操作装置，适合于户外各种安装方式。

重合器自 20 世纪 30 年代末诞生以来，由于性能优越，得到了不断的改进和发展。目前三相重合器使用电压已发展到 69kV，开断短路电流可达 8000A，连续工作电流由 50A 发展到 560A。由于重合器是断路器、继电保护装置及操动机构的组合，这就为变电所向户外式、小型化发展奠定了良好的基础。

重合器由两大部分组成，即灭弧部分与控制部分。灭弧部分的功能是开断故障电流。灭弧介质已由油灭弧发展到真空或 SF_6 气体灭弧。控制部分主要包括选定或调整最小跳闸电流，选定和调整动作特性，记忆重合次数。若在选定次数内（一般为 3～4 次）重合闸不成功即自行闭锁。若在某次重合成功，经过一定时间记忆消失，自动恢复原始状态，下次发生故障时又能按预选次数重新动作。

2.6.2 重合器的类型及结构

重合器按相数不同，可分为单相与三相；按灭弧介质不同，可分为油重合器、真空重合器及 SF_6 重合器；按控制方式不同，又可分为液压控制式和电子控制式，其中电子控制式重合器的电子控制箱与重合器分开设置，两者用多芯电缆相连，控制部件是通用的；按结构不同，分为分布式结构和整体式结构。整体式结构是采用了高压合闸线圈，操作电源由线路提供，操动机构全部密封在绝缘箱体内，电弧依靠油熄灭。油中出现电弧，对产品运行的可靠性和使用寿命有一定的影响。分布式结构重合器采取了扬长避短的设计原则，采用先进的户外真空断路器、低压合闸电源。断路器本体设计合理，组装灵活方便。

图 2.44 所示为 ESR 型整体式结构重合器的结构图。其主要特点是：①性能可靠，在国内运行多年，未发生过因控制器所导致的事故及不正常运行；②采用了高压合闸线圈，直接从电源 10kV 获取合闸能源，尤其是在户外线路上采用时更为方便；③绝缘及

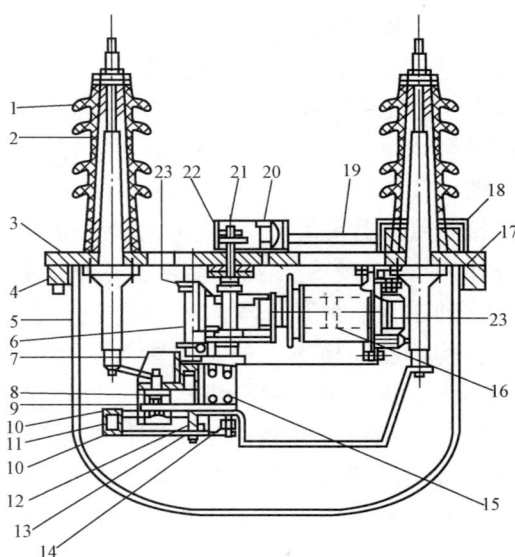

图 2.44 ESR 型整体式结构重合器的结构图

1—瓷套；2—导电杆；3—上盖；4—固定环；
5—箱体；6—转轴；7—绝缘隔板；8—静触头；
9—动触头；10、11—动触头支撑架；12—线圈；
13—支撑架；14、15—绝缘架；16—机构；
17—密封垫；18—互感器；19—连杆；
20—充放气阀；21—手动操作轴；
22—护盖；23—机构轴连板

灭弧介质采用 SF_6 气体，体积小，质量轻。

该重合器的控制采用了计算机控制系统，具有 $0.5\% \sim 95\%$ 接地故障电流，$5\% \sim 225\%$ 额定电流（相间故障）的调整范围，可适合不同条件下的使用；有 4 次快、慢或快慢组合的操作顺序；有 17 条安/秒特性曲线，满足上、下级保护的配合，有较宽的重合闸间隔时间、复位时间、接地故障延时时间的调整。具有远控、手控、就地操作等功能；采用 SF_6 气体绝缘，彻底消除了常规油的作用；开断性能好，不会产生截流现象。

ESR 型整体式结构重合器可分为三个主要部分：

(1) 机构及灭弧室导电部分，固定在上盖端；

(2) 下罐与上盖构成密封，罐内充有 SF_6 气体作为灭弧和绝缘介质；

(3) 电子控制部分是执行和控制重合器的核心，具有安/秒特性曲线族、操作顺序、重合闸间隔、复位时间、动作电流值调整、接地故障投入、远控等控制功能。

该重合器是一个密封体，下部为一无缝钢罐，上部为一个平坦的盖板，板上装有环氧树脂绝缘的三相进出引线、操动机构和彼此分离的三相组件。每相组件包括动触头、静触头、旋弧装置和绝缘支持件。触头形式为单断口、闸刀式。触指系统靠弹簧加压，动、静触头端部为耐弧材料。

罐内 SF_6 气体压力在 20℃时为 3.5×10^5 Pa。罐内构架上的涤纶小袋内装有分子筛，以吸附罐内潮气和与电弧作用后的 SF_6 分解物。盖板上三相进、出线的环氧树脂外部套有瓷罩。三相出线瓷套管下部各配有一个铁盒，其内装有接地故障和过电流保护用的电流互感器（TA）。

该重合器的控制箱为钢制密封，直接装在顶盖下，箱中有继电器、电池和舌簧接点，以单板微处理机式电子继电器系统作为控制和保护装置。继电器系统由三相电流互感器测出的电流连续不断地反映线路的电流，并按整定好的操作顺序对线路的各类故障做出反应。除了线路故障时可自动分合外，也可以就地或远方进行手动操作。远方操作是一套供选用的电动系统。

图 2.45 所示为 CHZW(N)-12/D630-16 型分布式结构交流高压真空自动重合器的结构图。该型重合器采用了当前国际上最先进的真空灭弧及永磁操动机构，设计为 30 年免维护，具有体积小、质量轻、结构简单、操作方便、功能齐全、性能稳定、寿命长等一系列优点。

这种重合器由开关本体和箱盖部分组成。其主要结构由特殊设计的真空灭弧室、永磁操动机构、驱动模块、控制装置等主要单元组成。三相开关用真空开关管分别固定在绝缘框架上，由一根主轴与机构相连接，对称性和稳定性好。采用插接方式与外部连接，插接触头采用梅花触指，与箱盖连接采用对角定位方法，使插接部分保持接触良好。作为外部进出线连接之用，由 6 只绝缘套管支撑，并附有电流互感器，用于常规保护或重合器保护。操动机构采用永磁操动机构，不受外部电源影响，具备快速重合闸功能，动作性能可靠，维护检修方便。机构除具有手动、电动远方合分控制功能外，还可以配备过流脱扣功能，应用灵活。

该重合器中，断路器开断电流能力为 12.5kA，可满容量连续开断 100 次，额定电流为 630A，机械寿命为 30000 次；控制部分采用了先进的重合器控制装置，配置了外部接口板。控制检测信号由断路器的三相电流互感器中引入，由控制器实现对信号自动检测、处理、保护、控制等功能。

图 2.46 所示为 CHZW(N)-12/D630-16 型分布式结构交流高压真空自动重合器的永磁操动机构结构图。这种重合器的控制装置的主要功能见表 2.1。

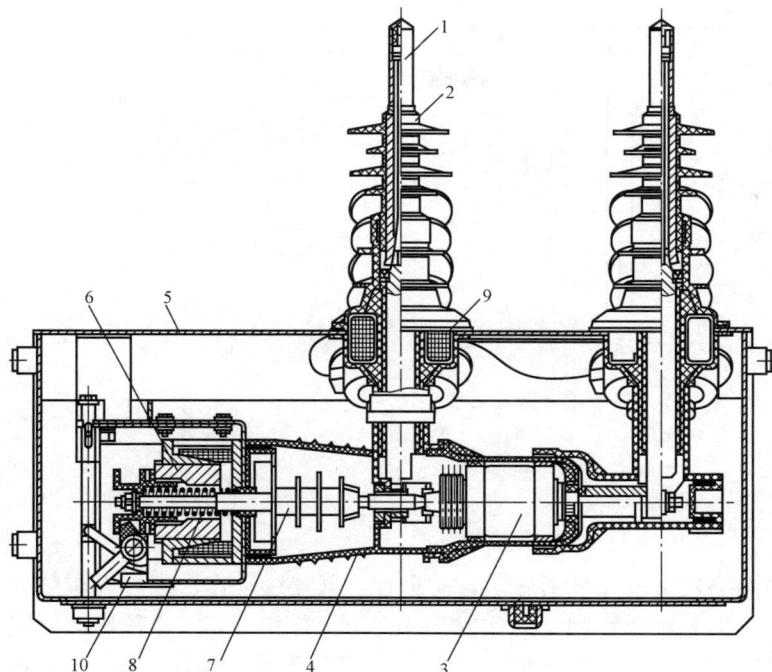

图 2.45 CHZW(N)-12/D630-16 型分布式结构交流高压
真空自动重合器的结构图

1—套管端子；2—硅橡胶套管罩；3—真空灭弧室；
4—壳体；5—箱体；6—永磁操动机构；7—驱动绝缘子；
8—分闸弹簧；9—电压和电流互感器；
10—辅助开关

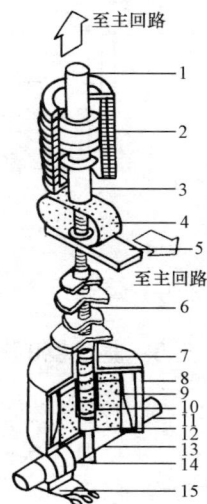

图 2.46 图 2.45 所示重
合器的永磁操动机构结构图

1—静触头；2—真空灭弧室；3—
动触头；4—软连接；5—导电板；
6—驱动绝缘子；7—上磁轭；8—
环形磁铁；9—铁芯；10—分闸弹
簧；11—线圈；12—磁轭；13—同
步轴；14—螺栓；15—辅助开关

表 2.1 CHZW(N)-12/D630-16 型分布式结构交流高压真空自动重合器控制装置的主要功能

序 号	项 目	性 能
1	监视功能	相电流 I_u、I_v、I_w，零序电流 I_0，线电压，备用电源电压，分合闸位置状态（分/合），储能状态，闭锁状态
2	保护功能	定时限（速断）保护，IEC 和 ANSI 反时限或用户自定义反时限保护，零序保护，涌流抑制功能，自动重合闸功能 $O-t_1-CO-t_2-CO-t_3-CO$ 闭锁
3	记录功能	事件记录功能，配有 RS232 接口数据下载
4	通信功能	具有 RS485/422 标准通信接口；可与 EtherNet、ArcNet、CAN 等各种通信网络连接，支持各种通信规约（如 DNP3.0、MODBUS）

重合器的安装方式有装于线路的电线杆上、变电所的构架上、变电所的混凝土基础上等三种。在现场安装、维修重合器时，不需要特殊工具和起吊设备，便于安装和维护。

图 2.47 所示为户外重合器的安装实例。

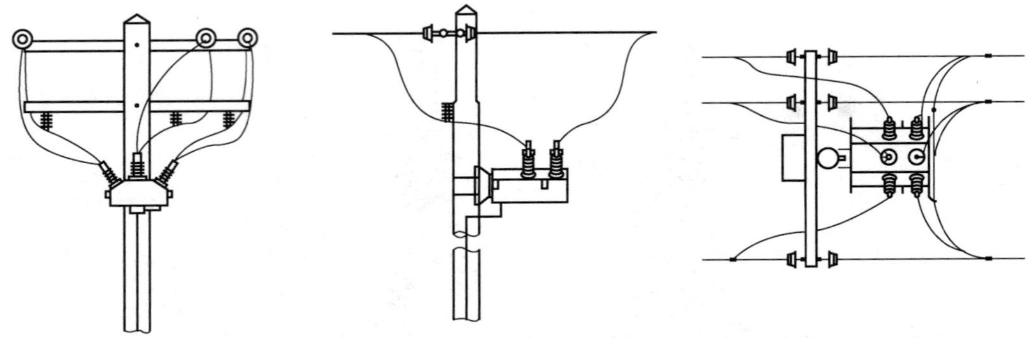

图 2.47　户外重合器的安装实例

（a）正视图；（b）侧视图；（c）俯视图

2.6.3　重合器的性能

（1）过电流灵敏度高。当网络发生故障跳闸后能自动重合，其连续动作次数可以调整为 1～4 次，一般为 4 次。第 1、2 次为快速跳闸，动作时间小于 0.03～0.04s。这种快速跳闸使系统设备损坏减少，然后经时间间隔 1～1.5s 后再次重合。若故障仍未消除，第 3、4 次延时跳闸，其延时间隔均为 0.14s。这种延时的目的是便于与其他保护设备配合，如分段器、跌落式熔断器等。重合器第 4 次跳闸后即自动闭锁，将故障线路切断，继续维持网络其他部分运行；要恢复送电，须待排除故障后才能手动合闸。

（2）自动复位。重合器动作合闸后若故障消失，重合成功，重合器经过很短时间会自动恢复原始状态，准备下一次发生故障时按预定次数重新动作。

（3）自我控制性能。重合器不需要外加电源和辅助装置能自行完成过流保护的性能。

（4）可调特性。更换跳闸线圈即可改变最小跳闸电流值。若是电子控制的重合器，不用打开油箱即可在控制板上调换插件，选择特性曲线、最小跳闸值、重复时间间隔及恢复时间。

2.7　分　段　器

2.7.1　分段器的作用

分段器是配电系统中用来隔离故障线路区段的自动保护装置，通常与自动重合器或断路器配合使用。分段器不能开断故障电流。当分段线路发生故障时，分段器的后备保护重合器或断路器动作，分段器的计数功能开始累计断路器或重合器的跳闸次数；当分段器达到预定的记录次数后，在后备装置跳开的瞬间自动跳闸分断故障线路段；断路器或重合器再次重合，恢复其他线路供电。若断路器或重合器跳闸次数未达到分段器预定的记录次数已消除了故障，分段器的累计计数在经过一段时间后自动消失，恢复初始状态。

2.7.2　分段器的分类及结构

分段器按相数分为单相、三相分段器，按灭弧介质分为油、空气、SF_6 分段器，按控制方式分为液压控制、电子控制式分段器，按动作原理分为跌落式、重合式分段器等。

图 2.48 所示为跌落式分段器结构图。跌落式分段器是一种单相高压电器，由绝缘子、触头、导电机构组件等元件组成绝缘及一次导电系统，由电流互感器、电子控制器等元件组成二次控制系统，由储能式永磁机构、掣子、杠板及锁块等元件组成脱扣动作系统。

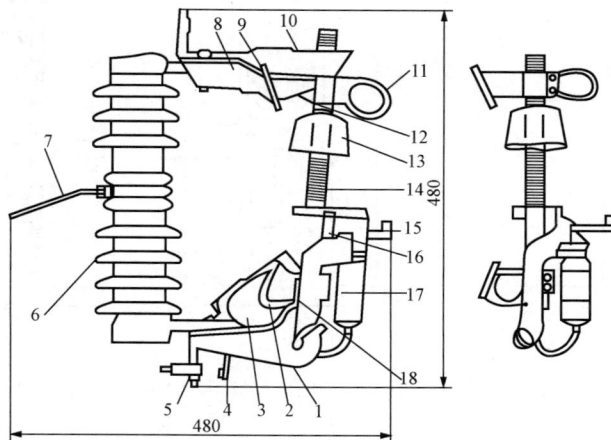

图 2.48 跌落式分段器结构图

1—下支撑架；2—下动触头；3—下静触头；4—缓冲片；5—接线端子；
6—绝缘子；7—安装板；8—上静触头；9—上动触头；10—防雨伞；
11—上动触头操作环；12—控制器；13—电流互感器；
14—跌落导电杆组件；15—杠板；16—分离掣子；
17—永磁操动机构；18—下动触头操作环

2.7.3 分段器的动作原理

一、液压控制分段器工作原理

液压控制分段器的液压机构由串联在主回路的圆筒线圈、棒式铁芯、分闸连杆、活塞、弹簧和两个逆止阀组成，如图 2.49 所示。当流过分段器的线路电流大于线圈的额定电流的 1.6 倍时，棒式铁芯被吸且向下移动压缩弹簧。油通过铁芯中的孔道流到铁芯的空间。当故障电流切除后，铁芯被释放，铁芯空间的油使分闸连杆活塞上移，表示升高一个位置，于是分段器以这种方式记下后备保护开断一次故障电流（或在分段器的负荷侧发生一次短路故障）。由此可见，仅当线路故障被开断后，分段器才进行计数。

后备保护重合后，若故障电流仍然存在，则铁芯被吸下，重复上一次计数过程。使分段器记下后备保护的第 2 次开断。

若线路故障持续到后备保护的第 3 次开断（分段器调整为 3 次计数），则分闸连杆活塞将分闸杠杆升至足够的高度，释放分闸锁扣，分段器切断故障线路段。若线路是瞬时故障，并在后备保护的第 3 次开断之前被消除，则分段器的分闸连杆活塞缓慢向下返回其初始位置，同时消除计数。液压分段器的复位时间，大约每分钟复位 1 次计数。液压控制分段器的最小启动（计数）电流为其串联线圈额定电流的 1.6 倍，改变分段器启动电流需更换串联线圈。

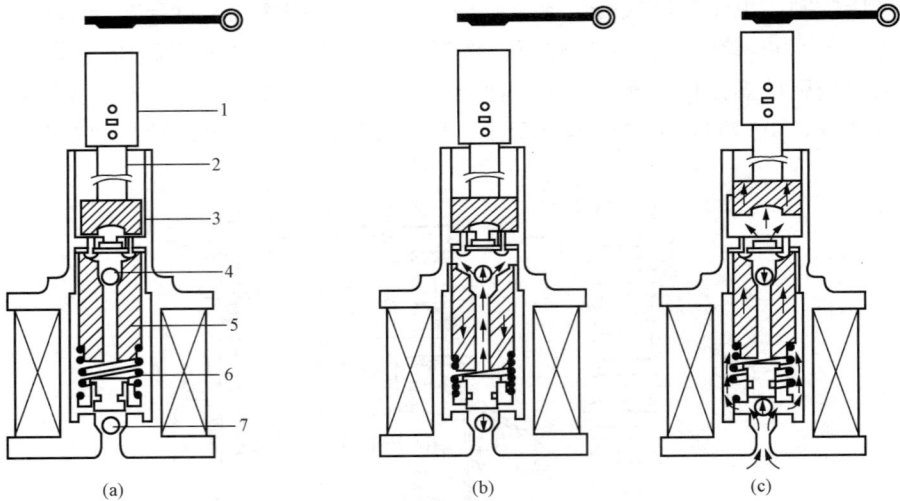

图 2.49　液压控制分段器的液压机构结构及工作原理

（a）结构图；（b）、（c）工作原理

1—计数整定；2—分闸连杆；3—分闸连杆活塞；4—上检油阀；

5—线圈铁芯；6—铁芯弹簧；7—下检油阀

二、电子控制分段器控制原理

电子控制分段器利用电子元件实现计数，它取消了串联线圈和液压计数机构，线路过电流靠分段器的套管式电流互感器进行检测。电流互感器二次侧电流经隔离变压器和整流器进入计数元件（继电器），对计数电容器充电，计数电容器将其所储能量供给计数和记忆电路。当达到额定的计数次数后，电路导通并由分闸储能电容驱动分闸脱扣线圈。若线路故障是瞬时性的，分段器的电子记忆将在整定的记忆时间内保持其计数，而后缓慢将计数清零。

电子控制分段器具有多种抑制功能，提高了动作的选择性，可有效地区分哪些是在其保护范围内出现的故障。例如，电压抑制功能可使分段器不误动于不是其后备保护所开断的线路故障电流，冲击电流抑制功能可使分段器不误动于网络中的合闸涌流等。

三、跌落式单相分段器动作原理

跌落式分段器的外形与跌落式熔断器相似，但其熔管是主回路中的载流管。该分段器采用逻辑电路控制，控制电路板装在载流管内，其工作电源来自套在载流管上的电流互感器。正常负荷状态下，逻辑电路处于截止状态。当线路发生故障时，电子控制器在电流超过额定启动电流值时启动，进行数字处理。故障电流由上级重合器（或断路器）开断，电子控制器可记忆上级开关开断故障电流的动作次数，并在达到整定的计数次数时（1、2、3次），在上级开关开断故障电流后，线路失压。当线路电流低于 300mA 时，分段器在 180ms 内自动分闸，隔离故障区段，使重合器（或断路器）成功地重合上无故障区段，将故障停电限制在最小范围，保证无故障线路的正常运行。如果是瞬时故障，则分段器可在记忆时间后恢复到故障前的状态。

四、自动配电开关动作原理

自动配电开关（重合式分段器）的功能和作用与分段器类似，是分段器的一种，当采用具有开断能力的开关时，可作为重合器方案使用，能对线路区段故障进行自动判断。当确认是本自动配电开关闭合而引起的故障，在上级保护开关分断后自动分断，并实现闭锁。自动配电开关与分段器的主要区别是自动配电开关具有延时的合闸功能，延时时间根据系统保护及用户要求来确定，以区别故障是由哪一级配电开关引起的。

五、液压式三相分段器动作原理

液压式三相分段器是采用变压器油作为灭弧和绝缘介质，变压器油同时兼作为计数之用。它是三相共体连动，具有三级处于油中的双断口触头，每回导电回路中都串联着一个液压计数器和计数器启动线圈，三相进出引线由 6 只瓷套管引出。操作方式为手动操作，操作手柄在箱盖前端防雨罩的底下，与分段器连成一体。操动机构及三根导电回路由八颗螺钉固定在箱体上盖上。

液压式三相分段器主要由箱盖、操动机构、油箱瓷套、导电动静触头、计数机构、启动线圈、脱扣机构组成。操动机构安装在一块金属板上，当手动合闸时，将操作手柄沿顺时针方向向上提，促使合闸弹簧储能。当弹簧储能位置过某一点时，能量突然释放，带动拐臂传动，使动触杆带动动触头向上运动，到完全合闸位置。分段器在合闸的同时，对分段器分闸弹簧储能，保证分闸的时间和速度。

2.7.4　分段器与重合器（或断路器）的配合使用

如图 2.50 所示，变电所出口选用重合器，整定为"一快三慢"。分支线路选用 6 组跌落式自动分段器 QS1～QS6 将其线路分成 L1～L7 段。分段器的额定启动电流值与重合器启动电流值相配合，QS1 计数次数 3 次，QS2、QS3、QS5 计数次数 2 次，QS4、QS6 计数次数 1 次。

（1）若故障发生在 L5 段 k1 处，重合器与分段器 QS1、QS3、QS4 通过故障电流，重合器自动分闸，线路失压，QS4 达到整定 1 次计数次数自动分闸跌落，隔离故障 L5 段，重合器自动重合后恢复线路 L1、L2、L3、L4、L6、L7 段供电。

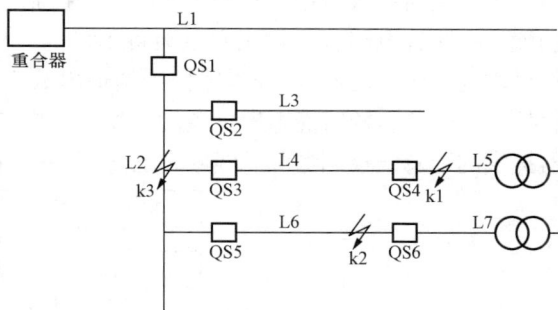

图 2.50　分段器与重合器（或断路器）的配合使用

（2）若故障发生在 L6 段 k2 处，重合器与分段器 QS1、QS5 通过故障电流，重合器自动分闸，如果为瞬时故障，重合器自动重合成功恢复供电。QS1、QS5 没有达到整定计数次数应处于合闸状态。如果为永久性故障，重合器自动重合不成功，再次分闸，线路失压，QS5 达到整定 2 次计数次数自动分闸跌落，隔离故障 L6 段，QS1 没有达到整定的计数次数处于合闸状态。重合器重合后恢复线路 L1、L2、L3、L4、L5 段供电。

（3）若故障发生在 L2 段 k3 处，重合器与分段器 QS1 通过故障电流，重合器自动分闸。如果为瞬时故障，重合器自动重合成功恢复供电，QS1 没有达到整定计数次数应处于合闸状态。如果为永久性故障，重合器第 2 次重合不成功，再次分闸；重合器第 3 次重合又不成功，再次分闸，线路失压，QS1 达到整定 3 次计数次数自动分闸跌落，隔离故障 L2 段，重合器第 4 次重合后恢复线路 L1 段供电。

选择自动跌落式分段器，一般在用户入口处选择计数次数 1 次。因用户变电所故障大多是永久性的故障，架空线路故障 80% 是瞬时性故障，架空线路分支处应选择计数次数为 2 次或 3 次，以利于分段器之间的优化和配合。

2.8　智　能　电　器

2.8.1　智能电器的定义

智能电器是以微控制器/微处理器为核心，除具有传统电器的切换、控制、保护、检测、变换和调节功能外，还具有显示、外部故障和内部故障诊断与记忆、运算与处理以及与外界通信等功能。

具有现场总线接口以实现通信/网络化是现代智能电器的重要特征和主要发展趋势。

2.8.2　智能电器的组成

图 2.51 所示为典型智能电器的组成原理框图。由图可见，典型智能电器的输入可以是电压信号、电流信号等模拟信号，也可以是数字信号，对于非电输入信号须转换成电信号。模拟信号经变换器和调制电路变换、处理后送给 A/D 转换器，数字信号一般须经过隔离、处理后再送给微控制器/微处理器。为实现人机交互，须有键盘电路、打印接口电路、显示与报警电路，这些电路受人机接口管理单元的管理控制。为实现外部故障和内部故障的记忆或事件记录功能须有时钟电路（一般应有电池备用供电，图 2.51 中未给出）。电平信号、触点信号/动作信号均为由微控制器/微处理器控制的输出数字信号。RS232/RS485 总线接口是简单的串行通信接口，也是多数智能电器配置的信息交换接口。现场总线接口是通过总线控制器和总线收发器提供的。总线控制器和总线收发器之间一般有光电隔离电路（图 2.51 中未给出）。

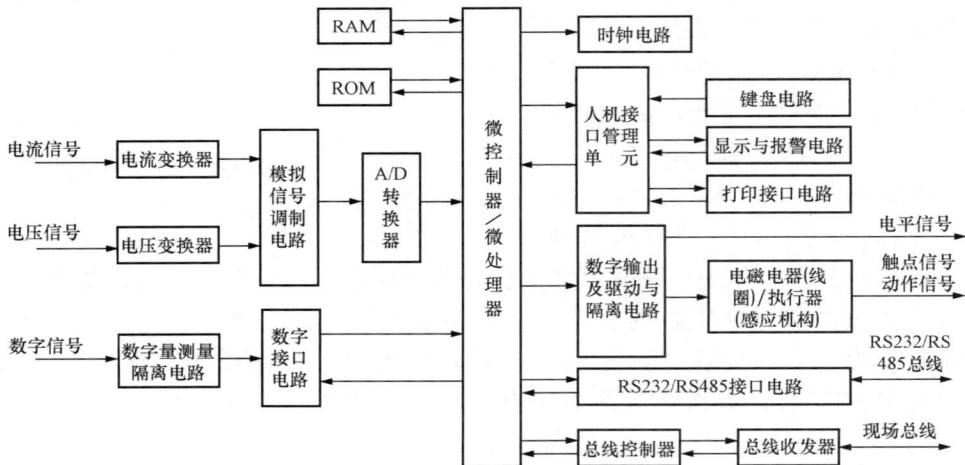

图 2.51　典型智能电器的组成原理框图

有些微控制器/微处理器中集成了 A/D 转换器、大容量的 RAM、ROM 乃至总线控制器，此时图 2.51 框图可得到简化。当人机交互功能比较强大时，图 2.51 的人机接口管理单元即为一个单独的微控制器/微处理器。这也是智能电器的一种比较典型的配置，此时该微控制器/微处理器也能承担现场总线通信任务。

2.8.3 智能电器的种类

从大的方面讲，智能电器可分为智能电器元件/装置、智能开关柜和智能供配电系统。从电力系统的一次设备和二次设备的角度讲，智能电器可分为二次智能设备（如智能测控装置、智能保护装置等）和一次智能设备（如智能开关、智能开关柜、智能箱式变电所等）。

智能电器元件/装置，包括智能化（通用）保护测控单元/装置、智能接触器、智能继电器、智能断路器、智能隔离开关、智能电力监控器、智能网络电力仪表、智能电能质量监测装置、智能电动机保护（测控）装置、智能变压器/馈线/电容器保护（测控）装置等。

智能供配电系统，包括智能低压配电系统、智能配电监控管理系统、智能电动机控制中心、智能型预装式箱式变电所等。

2.8.4 智能电器的特点

智能电器是一个概念化的电器产品，是多种相关新技术结合的产物，既是个体，又是集成系统。它具有传统电器难以实现的信息化产品的典型特征。

一、功能的集成化、数字化

传统电器的二次电路元件多采用电磁式机械机构，所具有的功能十分有限，已无法适应现代电网发展的需要，主要表现在性能差、特性不一致（分散性大）、体积大、成本高、功能单一，难以构成大规模的自动化系统。而引进计算机技术并将其作为监测、计量、保护的核心，使智能电器具有以往产品无法比拟的优越性。

计算机可以很方便地实现以往机电式和集成电路式的电器产品所具备的功能，并可将计量、保护、控制、通信、记录等多种功能集于一体。例如一种用微机监控的智能电器具有如下功能。

（1）计量功能：对母线电压、线路电流、有功功率、无功功率、功率因数、有功电能（可分时计量、方向计量）和电网频率均可计量。

（2）保护功能：可实现电流速断、限时电流速断、定时限过流、方向性电流和复合电压过电流保护和重合闸、低频减负荷等。

（3）故障记录和录波功能：可记录故障类型、发生时间、故障参数最大与最小值；也可对故障波形进行记录，以便分析故障。

（4）通信与控制功能：可以实现就地、远方两种控制。

（5）自诊断功能。

（6）开关柜触头、连接器温升在线监测与保护功能。

采用数字化技术设计的新型智能电器具有更准确、更可靠的优点。常规电器产品由于其特性的分散性，难以保障其测控的精确性，如在低压电网中，由于常规保护元件特性的离散性，引发"越级"动作的现象相当普遍；中高压电网为防止此现象发生，往往需加大保护定值级差。新型数字式智能电器的特性不随温度、电源电压变化而变化，不随元器件不同而有差异（数据在存储和传送过程中可始终保持不变），因而保证了动作准确、可靠。

二、控制、保护的智能化

智能电器可根据电网和被控对象的运行状态进行智能化控制，如过电流保护的无级差配合和电压、功率因数综合调节等。

智能电器组成通信控制网络后，控制、保护可实现的智能化程度将极大地提高，如环网供电系统中保护的动态配合。

智能电器具有对自身工作状态的监测、自诊断、控制和保护的功能。

三、系统的网络化和分散化

采用一种或多种工业级总线形式，与工厂的分散控制系统（DCS）和企业资源计划（ERP）进行融合，成为一个独立的、彻底分散的控制节点。

四、产品形式和结构的模块化、标准化

通过"以软代硬"的方法和模块灵活的组合方式可大大提高智能电器的适应性，使生产形式标准化，同时减少了备件。

五、体积的小型化

由于功能集成和采用大规模集成电路，智能电器的体积通常不到传统产品的1/2。

六、设计（系统设计和应用）简化

一只具有计量、控制、保护、通信等全部功能的智能化单元，其设计和连线工作都很少。用户仅需将电压和电流信号、断路器位置信号和出口控制信号用少量的电缆与智能电器接通，即可完成布线工作，而各项功能均可通过软件实现。

七、可靠性增强

增加智能电器的可靠性主要可通过以下三种途径达到：

（1）功能一体化，系统简化，可能的故障点减少；

（2）自检、自诊断功能的实现；

（3）监测信息的增加，利用多种传感器和控制器，对电、磁、热、机械等多种物理量实行在线检测和优化控制，诊断其工况，预测其运动规律。

八、维护方便、灵活

因为智能电器具有计量、控制、保护、通信等全部功能的智能化单元，接线少，所以维护和校验工作就大为简化。

2.8.5　智能化高压开关电器

一、智能化高压开关电器的基本构成和技术特征

智能化高压开关电器是一次设备和智能单元的有机结合体，其智能化的主要对象包括断路器和高压组合电器等。智能化高压开关电器可由三个部分构成：①高压开关电器；②传感器或控制器，内置或外置于高压开关电器本体；③智能组件，通过传感器或控制器与高压开关电器形成有机整体，实现与宿主电器相关的测量、控制、计量、监测、保护等全部或部分功能。

智能化高压开关电器具有以下技术特征：

（1）测量数字化。对高压开关电器本体或部件进行智能控制所需要的设备参量进行就地数字化测量，测量结果可根据需要发送至站控层网络或过程层网络。所测量的设备参量包括开关电器分/合闸位置等。

（2）控制网络化。对有控制需求的开关电器或开关电器部件实现基于网络的控制，如开关电器的分/合闸操作等。

（3）状态可视化。基于自监测信息和经由信息互动获得的开关电器其他信息，以智能电网其他相关系统可辨识的方式表述自诊断结果，使开关电器状态在电网中是可观测的。

（4）功能一体化。在满足相关标准要求的情况下，智能高压开关电器可进行功能一体化设计。

（5）信息互动化。其包括与调度系统交互和与设备运行管理系统互动。

智能化高压开关电器主要包括智能化高压断路器、智能化隔离开关、智能化熔断器、智能化重合器等。

二、智能化高压断路器

（一）智能化高压断路器的含义

智能化高压断路器的含义包括二次系统智能化和高压断路器本体的在线监测智能化两部分内容。

二次系统包括保护、测量、控制、操作、防误闭锁、故障录波、无功/电压控制、通信、远动、信息处理等功能模块集成于一体。实现开关二次系统智能化功能主要体现在以下几方面。

（1）保护：速断保护、过流保护、单相接地保护及重合闸等微机保护单元。

（2）测量：对高压断路器所连接线路进行高速交流采样，并计算电压、电流、有功功率、无功功率、功率因数、有功电量、无功电量以及故障电流检测与识别。

（3）控制：高压断路器的分/合闸，隔离开关及电容器组的控制。

（4）通信：对内与各功能模块的通信，对外与上位机计算机通信。

（5）远动：实现遥信、遥测、遥控、遥调功能及通信协议的转换和信息传送。

（6）信息处理：统计、计算、报警、谐波分析、故障诊断、定位、隔离及重构等各种信息分析处理技术。

高压断路器本体的在线监测智能化包括：

（1）提高断路器通断特性，通过智能化检测单元，实现断路器主触头电压过零关合和电流过零分闸，提高断路器的寿命和性能，改善电网电能质量。

（2）实施断路器触头的行程、运动速度曲线、温升、操动机构工作状态等参数的在线监测以及重要参数的变化趋势分析，可以实现断路器故障预测；制定合理的断路器检修策略，提高断路器动作的可靠性和安全性。

（3）实现 SF_6 断路器的压力、真空断路器真空度监测以及断路器动作在线监测（分/合闸次数，切断电流水平）。

（二）智能化高压断路器实现方案

断路器智能单元基于监测断路器机械装置和绝缘体的状态（分/合闸过程电流波形、正常工作和分/合闸过程电流幅值、电弧持续时间、分/合闸动作次数、时间及日期、电弧重燃、主触头累计电磨损等），记录主要断路器触头的磨损状况，实现对断路器运行状况的诊断分析，并将相关信息接入站控层网络。其智能化实现方案如图 2.52 所示。

三、智能化隔离开关

智能化隔离开关由隔离开关本体和智能单元构成。智能组件基于隔离开关状态监测，实现对隔离开关运行情况的诊断分析，并将隔离开关的机械扭矩、电机电流等相关信息输入站控层网络。其智能化实现方案如图 2.53 所示。

图 2.52　智能化断路器实现方案

MMS—制造报文规范；IED—智能电子设备

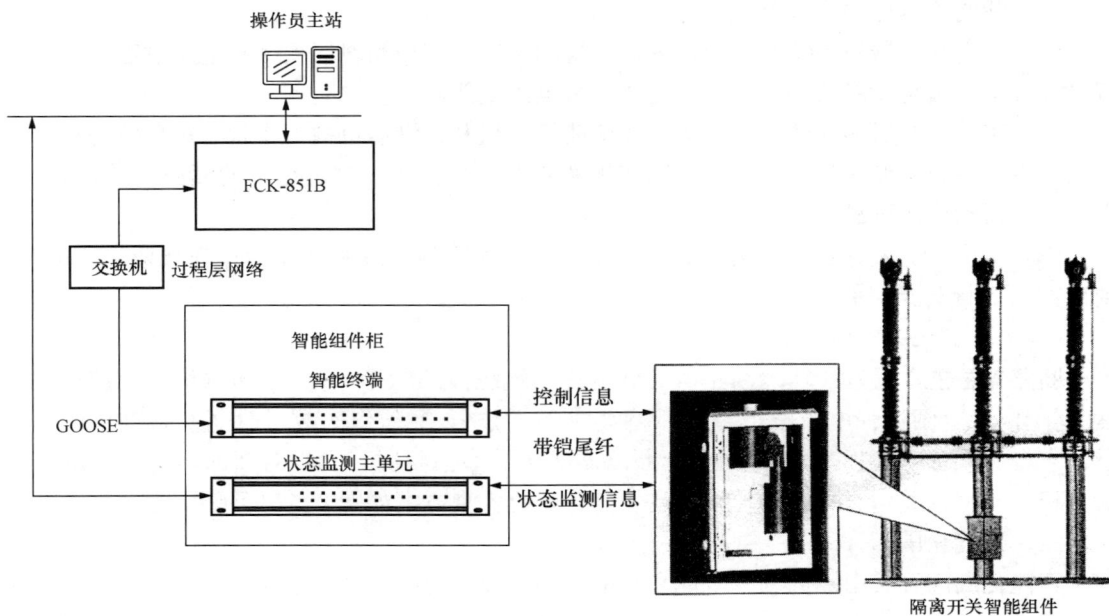

图 2.53　智能隔离开关实现方案

小 结

(1) 电弧的产生和维持。开关电器分断电路时所产生的电弧是由于气体游离放电的结果。放电过程是首先在阴极表面通过热电子发射和强电场发射产生一定数量的自由电子；被发射的自由电子在强电场作用下产生电场游离，形成了电弧；电弧产生大量的光和热，当温度很高时便使电弧气体中的粒子相互碰撞，产生热游离，维持电弧燃烧。在开关电器的触头间隙中，由电场游离产生电弧，由热游离维持电弧燃烧。

(2) 电弧的熄灭。电弧的熄灭是断路器触头间电弧区域内已电离的质点不断发生去游离的结果。去游离是异号带电质点相互中和，成为中性质点的过程。去游离的方式主要包括复合与扩散。

影响复合和扩散的物理因素包括游离质点的密度、电弧的温度、电弧区的气体压力等。

(3) 交流电弧的特性和熄灭条件。交流电弧是动态的电弧。其特点是：①电弧电流数值随时间变动，电弧的功率也跟随电弧电流变动；②电弧有热惯性；③交流电流每隔半个周期要自然经过零值一次，该时刻是熄灭交流电弧的良好时机。

电流过零使电弧自然熄灭后，触头间隙中存在着弧隙介质强度恢复过程和弧隙电压恢复过程。如果弧隙的去游离作用极强，使弧隙的介质强度恢复得很快，相对地恢复电压增加得比较慢，使得在弧隙两端所加恢复电压始终小于弧隙的介质强度，即 $u_j > u_r$，那么弧隙不会再击穿，电弧不会重燃，就是交流电弧熄灭的条件。反之，如果 $u_j < u_r$，弧隙就会出现再击穿和重燃。

(4) 熄灭交流电弧的常用方法：①拉长电弧；②油吹灭弧；③压缩空气吹弧；④用 SF_6 气体灭弧；⑤真空灭弧；⑥磁吹灭弧；⑦用窄缝灭弧；⑧长电弧截成多段串联的短电弧灭弧；⑨多断口灭弧。

(5) 高压断路器。高压断路器具有完善的灭弧装置，不仅可以用来在正常情况下接通和断开各种负荷电路，而且在故障情况下能自动迅速地开断故障电流，还能实现自动重合闸的功能。

高压断路器根据断路器所采用的灭弧介质及作用原理的不同，可分为：①油断路器；②空气断路器；③SF_6 断路器；④真空断路器；⑤自产气断路器；⑥磁吹断路器。

高压断路器的典型结构包括开断元件、绝缘支柱、操动机构和基座。其核心部件是开断元件，它由动触头、静触头、导电部件和灭弧室等组成。

SF_6 断路器利用 SF_6 气体作为绝缘介质和灭弧介质，具有断口耐压高、开断容量大、电寿命长、检修间隔周期长、开断性能优异等优点。

真空断路器利用真空作为灭弧介质和绝缘介质，断路器的触头在真空中开断，电弧在真空中熄灭。其主要优点是：①体积小；②可以开断多次而不必检修，适用于需要频繁操作的电路中；③检修和维护工作量少。

真空断路器主要由真空灭弧室、操动机构及支撑部分组成。

(6) 断路器操动机构。断路器操动机构是用来使断路器合闸、分闸，并维持在合闸状态的设备。操动机构由合闸机构、分闸机构和维持合闸机构（搭钩）三部分组成。

根据断路器合闸所需能量的不同，操动机构的类型包括：手动操动机构、电磁操动机构、弹簧操动机构、液压操动机构、气动操动机构、永磁操动机构。

（7）隔离开关。隔离开关没有专门设置的灭弧装置，不能用来切断或接通电路中的负荷电流，更不能切断和接通短路电流。隔离开关的主要用途：①隔离电压；②倒闸操作；③用来切合小电流电路等。

户外式隔离开关按主闸刀和动触头的运动方式，分为单柱剪刀式、单柱上下伸缩式、双柱水平伸缩式、双柱合抱式、三柱型中柱旋转式、悬吊式等。

隔离开关的操动机构种类有手动杠杆操动机构、手动蜗轮操动机构、电动机操动机构和气动操动机构等。

（8）负荷开关。负荷开关主要用于配电网中切断与关合线路负荷电流及关合短路电流。负荷开关必须与具有开断短路电流能力的开关设备配合使用，最常用的是与熔断器配合。正常的负荷电流操作由负荷开关来完成，故障电流由熔断器来实现分断。

负荷开关的种类包括真空负荷开关、SF_6 负荷开关、产气式负荷开关及压气式负荷开关等。

（9）熔断器。熔断器的作用是当流过熔断器熔体的电流超过一定数值时，熔体由自身产生的热量熔断，从而达到开断电路、保护电气设备的目的。

熔断器熔体的熔断过程可分为三个阶段：①从熔体被电流加热到熔断；②从熔体熔断到产生电弧；③从电弧产生到电弧熄灭。

熔断器的安秒特性是指熔体熔化时间（弧前时间）与熔体电流之间的关系曲线。

熔断器按限流特性可分为限流式和非限流式两大类。

（10）重合器。重合器是一种自动化程度很高的设备，能自动进行故障检测，判断电流性质、执行开合功能，并能恢复初始状态，记忆动作次数，完成合闸闭锁等，即具有自动功能、保护功能和控制功能，并且无附加操作装置，适合于户外各种安装方式。

重合器由两部分组成，即灭弧部分与控制部分。灭弧部分的功能是开断故障电流。灭弧介质已由油灭弧发展到真空或 SF_6 气体灭弧。控制部分的功能主要包括，选定或调整最小跳闸电流，选定和调整动作特性，记忆重合次数。

（11）分段器。分段器是配电系统中用来隔离故障线路区段的自动保护装置，通常与自动重合器或断路器配合使用。分段器不能开断故障电流。当分段线路发生故障时，分段器的后备保护重合器（或断路器）动作，分段器的计数功能开始累计重合器的跳闸次数。当分段器达到预定的记录次数后，在后备装置跳开的瞬间自动跳闸分断故障线路段，重合器再次重合，恢复其他线路供电。若重合器跳闸次数未达到分段器预定的记录次数已消除了故障，分段器的累计计数在经过一段时间后自动消失，恢复初始状态。

（12）智能电器。智能电器以微控制器/微处理器为核心，除具有传统电器的切换、控制、保护、检测、变换和调节功能外，还具有显示、内外部故障诊断与记忆、运算与处理及与外界通信等功能。

典型智能电器由信号输入、微控制器/微处理器、信号输出、人机接口管理单元、RS232/RS485 总线接口、现场总线接口及时钟电路等组成。

（13）智能化高压开关电器。智能化高压开关电器是一次设备和智能单元的有机结合体，智能化的主要对象包括断路器和高压组合电器等。

智能化高压开关电器由高压开关电器、传感器或控制器和智能单元三个部分构成。

智能化开关电器具有测量数字化、控制网络化、状态可视化、功能一体化、信息互动化等技术特征。

智能高压开关电器主要包括智能化高压断路器、智能化隔离开关、智能化熔断器、智能化重合器等。

思 考 题

2.1　阴极表面发射自由电子的方式及发射条件是什么?

2.2　什么是强电场发射和热电子发射? 它们在电弧的形成过程中起什么作用?

2.3　什么是游离? 电弧游离的方式有几种?

2.4　什么是电场游离和热游离? 二者在电弧的形成过程中起什么作用?

2.5　电弧是如何形成的?

2.6　什么是去游离? 电弧去游离的方式有几种?

2.7　什么是复合和扩散? 影响复合和扩散的物理因素有哪些?

2.8　交流电弧具有什么特性?

2.9　什么是介质强度? 说明弧隙介质强度的恢复过程及此恢复过程与哪些因素有关。

2.10　什么是近阴极效应及起始介质强度?

2.11　影响弧隙介质强度恢复速率的物理因素有哪些?

2.12　什么是弧隙电压的恢复过程?

2.13　什么是热击穿和电击穿,发生的条件是什么?

2.14　交流电弧的熄灭条件是什么?

2.15　熄灭交流电弧的常用方法有哪些?

2.16　在电力系统中高压断路器的作用是什么? 它为什么能够开断大电流电路?

2.17　什么是高压断路器的开断电流、额定开断电流和极限开断电流?

2.18　高压断路器自动重合闸的额定操作顺序是什么?

2.19　高压断路器由哪几部分组成? 各部分的作用是什么?

2.20　什么是 SF_6 断路器? 它的变开距灭弧室具有什么特点?

2.21　什么是真空断路器? 它的灭弧室由哪些部件组成?

2.22　如何进行真空断路器触头行程的测量及调整?

2.23　高压断路器操动机构的作用是什么?

2.24　常用高压断路器操动机构的种类有哪些?

2.25　电磁操动机构的基本动作原理是什么?

2.26　弹簧操动机构的基本动作原理是什么?

2.27　液压操动机构的基本动作原理是什么?

2.28　永磁操动机构的结构特点是什么?

2.29　隔离开关的作用是什么?

2.30　隔离开关操动机构的种类有哪些? 它们各有什么特点?

2.31　高压负荷开关的作用是什么?

2.32　高压熔断器的作用是什么?

2.33　高压熔断器的分断过程分为哪几个阶段？

2.34　什么是高压熔断器的安/秒特性曲线，具有什么特点？

2.35　什么是重合器？为什么称其为智能电器？

2.36　CHZW（N）-12/D630-16 型分布式结构交流高压真空自动重合器由哪几部分组成？具有哪些性能？

2.37　什么是分段器？通常使用在哪些场合？

2.38　液压控制分段器的动作原理是什么？

2.39　跌落式分段器的动作原理是什么？

2.40　什么是智能电器，它由哪些主要部分构成？

2.41　目前使用的智能电器的类型包括哪些？

2.42　智能化高压断路器二次系统智能化包括哪些内容？

2.43　智能化高压断路器本体的在线监测智能化包括哪些内容？

2.44　智能化隔离开关的智能单元主要完成哪些功能？

第 3 章 互 感 器

3.1 概 述

3.1.1 互感器的作用

为保证电力系统的安全、经济运行，需要对电力系统及其电气设备的相关参数进行测量，以便进行必要的计量、监控和保护。互感器由连接到电力系统一次和二次之间的一个或多个电流或电压传感器组成，用以传输正比于被测量的量，供给测量仪器、仪表和继电保护或控制装置。

互感器的作用主要有以下几个方面：

（1）将电力系统一次侧的电流、电压信息传递到二次侧，与测量仪表和计量装置配合，可以测量一次系统电流、电压和电能。

（2）当电力系统发生故障时，互感器能正确反映故障状态下电流、电压波形，与继电保护和自动装置配合，可以对电力系统各种故障构成保护和自动控制。

（3）通常的测量和保护装置不能直接接到高电压、大电流的电力回路上。互感器将一次侧高压设备与二次设备及系统在电气方面进行隔离，从而保证了二次设备和人身安全，并将一次侧的高电压、大电流变换为二次侧的低电压、小电流，使计量和继电保护实现标准化。

3.1.2 互感器的分类

一、按原理分类

（1）电磁式互感器。电磁式互感器是一种为测量仪器、仪表、继电器和其他类似电器供电的变压器。

（2）电子式互感器。电子式互感器由连接到传输系统和二次转换器的一个或多个电流（或电压）传感器组成，用于传输正比于被测量的量，以供给测量仪器、仪表和继电保护或控制装置。在数字接口的情况下，一组电子式互感器用一台合并单元完成此功能。

二、按用途和性能特点分类

（1）测量用互感器。其主要用于在电力系统正常运行时，将相应电路的电流和电压进行变换供给测量仪表、积分仪表和其他类似电器，用于运行状态监视、记录和电能计量等。

（2）保护用互感器。其主要在电力系统非正常运行和故障状态下，将相应电路的电流和电压进行变换供给继电保护装置和其他类似电器，以便启动有关设备清除故障，也可实现故障监视和故障记录等。

三、按测量对象分类

（一）电流互感器（TA）

（1）电磁式电流互感器。一种正常使用条件下其二次电流与一次电流实质成正比，且在连接方法正确时相位差接近于零的互感器。它是一种专门转换电流的转换装置，传感部分由铁芯、线圈组成，遵循电磁感应定律。

（2）电子式电流互感器。在正常使用条件下，电子式电流互感器的二次转换器的输出实质上正比于一次电流，且相位差在连接方向正确时接近于已知相位角。其一次侧传感器包括电气、电子、光学或其他类型的装置，二次转换器可接计量、继电保护、自动装置等。

（二）电压互感器（TV）

电压互感器是一种在正常使用条件下，其二次电压与一次电压实质成正比，且在连接方法正确时相位差接近于零的互感器。

（1）电磁式电压互感器。它是一种通过电磁感应将一次电压按比例变换成二次电压的电压互感器。这种互感器不附加其他改变一次电压的电气元件（如电容器）。

（2）电容式电压互感器。它由电容分压器和电磁单元组成，其设计和连接方式使电磁单元的二次电压实质上正比于一次电压，且相位差在连接方向正确时接近于零。

（3）电子式电压互感器。在正常使用条件下，电子式电压互感器的二次电压实质上正比于一次电压，且相位差在连接方向正确时接近于已知相位角。

（三）组合互感器

组合互感器是同时具有电流互感器、电压互感器功能的装置，也可以分为传统的电磁式组合互感器和电子式组合互感器。

3.2　电磁式电流互感器

电磁式电流互感器的一次绕组串联于一次电路内，而二次绕组与测量仪表或继电器的电流线圈串联，如图 3.1 所示。

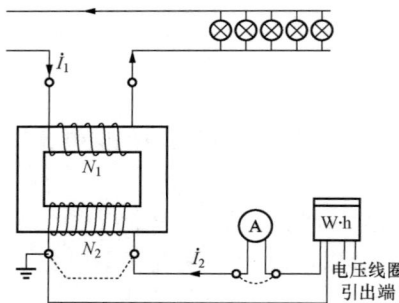

图 3.1　电磁式电流互感器原理接线图

3.2.1　电磁式电流互感器的工作原理

电磁式电流互感器的工作特点是，一次绕组中的工作电流 i_1 等于电力负荷电流（见图 3.1）。i_1 的数值大小只由电力负荷阻抗、线路阻抗及电源电压确定，而与电磁式电流互感器的二次绕组负荷阻抗大小无关，因为改变二次绕组中的阻抗大小对一次绕组电流 i_1 的数值不会产生什么影响。电磁式电流互感器的二次侧在正常运行中接近于短路状态。这是因为二次侧所接测量仪表和继电器的电流线圈阻抗很小，二次负荷电流 i_2 所产生的二次磁动势 F_2 对一次磁动势 F_1 有去磁作用，因此合成磁动势 F_0 及铁芯中的合成磁通 ϕ 数值都不大，在二次绕组内所感应的电动势 e_2 的数值不超过几十伏。

为了防止当一、二次绕组间的绝缘被击穿时，高电压传导到二次绕组及二次电路中，要求电磁式电流互感器的二次电路中至少有一个保护接地点。

运行中的电磁式电流互感器二次回路不允许开路，否则会在二次回路感应产生高电压，对人身和二次设备产生危险，原因如下。

电磁式电流互感器在正常工作时，依据磁动势平衡关系有 $N_1 \dot{I}_1 + N_2 \dot{I}_2 = N_1 \dot{I}_0$，一、二次电流相位相反，因此 $N_1 \dot{I}_1$ 和 $N_2 \dot{I}_2$ 互相抵消一大部分，铁芯的剩余磁动势是励磁磁动势 $N_1 \dot{I}_0$，数值不大。当二次回路开路时，二次去磁磁动势 $N_2 \dot{I}_2$ 等于零。依据磁动势平衡关系，这时的励磁磁动势由比较小的数值 $N_1 \dot{I}_0$ 猛增到 $N_1 \dot{I}_1$，电磁式电流互感器的一次电流 $\dot{I}_1$ 完全被用来给铁芯励磁，于是铁芯中磁感应强度猛增，造成铁芯磁饱和。铁芯饱和致使随时间变化的磁通 ϕ 的波形由正弦波变为平顶波，如图 3.2 所示。图中画出了二次回路开路后的磁通 ϕ 及一次电流 i_1。在磁通曲线过零前后磁通 ϕ 在短时间内从 $+\Phi_m$ 变为 $-\Phi_m$，$d\phi/dt$ 值很大。由于二次绕组感应电动势 e_2 正比于磁通 ϕ 的变化率 $d\phi/dt$，因而在磁通急剧变化时，开路的二次绕组内将感应出很高的尖顶波电动势 e_2，其峰值可达数千伏甚至更高，这对工作

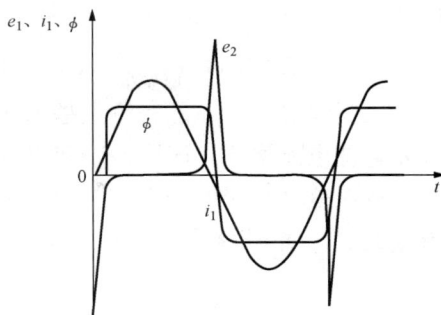

图 3.2　电流互感器二次回路开路时的磁通和二次电动势波形

人员的安全，对仪表和继电器以及连接电缆的绝缘都是极其危险的。同时，电磁式电流互感器二次回路开路时磁路的严重饱和还会使铁芯严重发热，若不能及时发现和处理，会使电磁式电流互感器烧毁和引起电缆着火。所以运行中的电流互感器二次回路在进行检修或测试时千万不可出现开路现象。电磁式电流互感器的二次侧也不允许装接熔断器。在运行中如果需要断开仪表或继电器时，必须先将电流互感器的二次绕组短接后，再断开该仪表，以防发生事故。

电磁式电流互感器额定一、二次电流之比，称为额定电流比 K_I，其表达式为

$$K_I = I_{N1}/I_{N2} \approx N_2/N_1$$

式中　　N_1，N_2——电流互感器一、二次绕组的匝数；

I_{N1}，I_{N2}——电流互感器一、二次绕组的额定电流。

3.2.2　电磁式电流互感器的测量误差

电磁式电流互感器是一种特殊变压器，其等值电路与变压器等值电路类似，如图 3.3（a）所示。图中二次侧各电气量均已折算到一次侧。依据等值电路图可作出电磁式电流互感器的相量图，如图 3.3（b）所示。图中电动势相量 $\dot{E}_2'$ 滞后于主磁通相量 $\dot{\Phi}$ 90°，二次电流相量 $\dot{I}_2'$ 滞后于电压相量 $\dot{U}_2'$ 的角度为二次负荷功率因数角 φ_2。

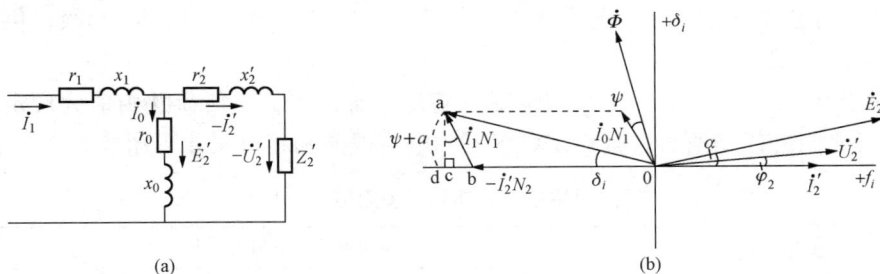

图 3.3　电磁式电流互感器的等值电路和相量图
（a）等值电路图；（b）相量图

装设在电磁式电流互感器二次回路中的电气测量仪表和继电器，不能直接测量一次回路的电流，它测得的电流是二次回路中的电流。通常是把测得的二次电流乘以电磁式电流互感器的额定电流比 K_I 后，作为被测一次回路的实际电流。这样做是有误差的，因为被测一次

电流数值上应等于二次电流 $-\dot{I}'_2$ 与励磁电流 $\dot{I}_0$ 的相量和，而上述做法没有考虑励磁电流 $\dot{I}_0$。此外，从相量图看，一次电流相量 $\dot{I}_1$ 和二次电流相量 $-\dot{I}'_2$ 相位也不一致，用测得的电流 $-\dot{I}'_2$ 的相位作为 $\dot{I}_1$ 的相位也是不准确的。由此可知，电磁式电流互感器工作时有两种测量误差，即电流误差（比误差）和相位差。

电流误差（比误差）f_i 为二次电流的测量值 I_2 乘以额定电流比 K_1 所得的值与实际一次电流 I_1 之差，并以百分数表示，即

$$f_i = \frac{K_1 I_2 - I_1}{I_1} \times 100\%　　　　　　　　　　　(3.1)$$

相位差为旋转 180° 的二次电流相量 $-\dot{I}'_2$ 与一次电流相量 $\dot{I}_1$ 之间的夹角 δ_i，并规定 $-\dot{I}'_2$ 超前 $\dot{I}_1$ 时，相位差 δ_i 为正值；反之，相位差 δ_i 为负值。相位差单位通常用 min（分）或 crad（厘弧度）。

电流误差 f_i 对各种电流型测量仪表和电流型继电器的测量结果都有影响，相位差 δ_i 对各种功率型测量仪表和继电器的测量结果有影响。

从图 3.3 可知，产生电流误差 f_i 和相位差 δ_i 的根本原因是由于电磁式电流互感器存在着励磁电流 $\dot{I}_0$。电磁式电流互感器不可能没有励磁电流，所以也就不可能没有测量误差，但可设法把测量误差减少到尽可能小的数值。

复合误差 ε 是指在稳态条件下，一次电流瞬时值与二次电流瞬时值乘以 K_1 两者之差的方均根值。

3.2.3　准确度等级与额定二次负荷

准确度等级代表电流互感器测量的准确程度。我国生产的电磁式电流互感器，根据国家标准规定，其准确度等级和每一准确度等级对应的电流误差、相位差的限值见表 3.1。准确度是指在规定的二次负荷变化范围内，一次电流为额定值时的最大电流误差。

一、测量用电流互感器的准确度等级

（1）测量用电流互感器的准确度等级，以该准确度等级在额定电流下所规定的最大允许电流误差的百分数来标称。标准的准确度等级为 0.1、0.2、0.5、1、3、5 级，供特殊用途的为 0.2S、0.5S 级。

（2）对于 0.1、0.2、0.5、1 级测量用电流互感器，在二次负荷欧姆值为额定负荷值的 25%～100% 之间的任一值时，其额定频率下的电流误差和相位误差不超过表 3.1 所列限值。

表 3.1　　　　　　　　　　测量用电流互感器误差限值（一）

准确度等级	电流误差（±%）[在下列额定电流（%）时]				相位差 [在下列额定电流（%）时]							
					±min				±crad			
	5	20	100	120	5	20	100	120	5	20	100	120
0.1	0.4	0.2	0.1	0.1	15	8	5	5	0.45	0.24	0.15	0.15
0.2	0.75	0.35	0.2	0.2	30	15	10	10	0.9	0.45	0.3	0.3
0.5	1.5	0.75	0.5	0.5	90	45	30	30	2.7	1.35	0.9	0.9
1	3.0	1.5	1.0	1.0	180	90	60	60	5.4	2.7	1.8	1.8

（3）对于 0.2S 级和 0.5S 级测量用电流互感器，在二次负荷欧姆值为额定负荷值的 25%～100% 之间任一值时，其额定频率下的电流误差和相位误差不应超过表 3.2 所列限值。

表 3.2   特殊用途电流互感器的误差限值（二）

准确度等级	电流误差（±%）[在下列额定电流（%）时]					相位差 [在下列额定电流（%）时]									
						±min					±crad				
	1	5	20	100	120	1	5	20	100	120	1	5	20	100	120
0.2S	0.75	0.35	0.2	0.2	0.2	30	15	10	10	10	0.9	0.45	0.3	0.3	0.3
0.5S	1.5	0.75	0.5	0.5	0.5	90	45	30	30	30	2.7	1.35	0.9	0.9	0.9

（4）对于 3 级和 5 级，在二次负荷欧姆值为额定负荷值的 50%～100% 之间任一值时，其额定频率下的电流误差和相位误差不应超过表 3.3 所列限值。

表 3.3   测量用电流互感器误差限值（三）

准确度等级	电流误差（±%）[在下列额定电流（%）时]	
	50	120
3	3	3
5	5	5

注　3 级和 5 级的相位差不予规定。

测量用电磁式电流互感器准确度等级数值，表示电流误差所能达到的最小值。例如 0.2 级的电流互感器，其电流误差最小值是 ±0.2%；0.5 级的电流互感器，其电流误差最小值是 ±0.5%；如此等等。

二、保护用电流互感器的准确度等级

保护用电磁式电流互感器按用途可分为稳态保护用和暂态保护用两类。

稳态保护用电流互感器又分为 P、PR 和 PX 三类，其中 P 类为准确限值规定为稳态对称一次电流下的复合误差 ε 的电流互感器，PR 类是剩磁系数有规定限值的电流互感器，而 PX 类是一种低漏磁的电流互感器。

P 类及 PR 类电流互感器的准确度等级以在额定准确限值一次电流下的最大允许复合误差 ε 的百分数标称。其标准准确度等级为 5P、10P、5PR 和 10PR。

P 类及 PR 类电流互感器在额定频率及额定负荷下，电流误差 f_i、相位误差 δ_i 和复合误差 ε 应不超过表 3.4 所列限值。

表 3.4   P 类及 PR 类电流互感器的误差限值

准确度等级	在额定一次电流下电流误差（%）	额定一次电流下的相位差		额定准确限值一次电流下的复合误差 ε（%）
		±min	±crad	
5P、5PR	±1	60	1.8	5
10P、10PR	±3			10

暂态保护用电流互感器（TP 类）是能满足短路电流具有非周期分量的暂态过程性能要求的保护用电流互感器，又细分为 TPS 级、TPX 级、TPY 级和 TPZ 级。TP 类电流互感器的误差限值，可查阅参考文献 [18]。

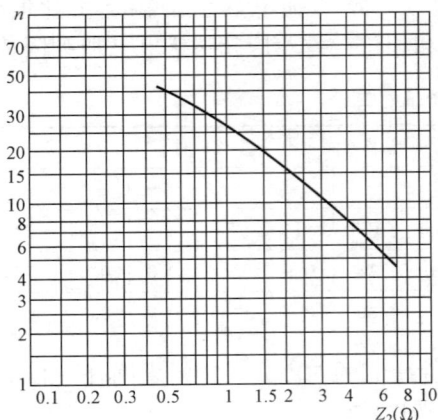

图 3.4　电磁式电流互感器 10%误差曲线

在旧型号产品中 B、C、D 级为保护级，为了继电保护整定需要制造厂提供这类保护级电磁式电流互感器的 10%误差曲线。该曲线为在保证电流误差不超过 -10% 的条件下，一次电流的倍数 $n(n=I_1/I_{N1})$ 与允许最大二次负荷阻抗 Z_2 的关系曲线，如图 3.4 所示。

三、额定二次负荷

电磁式电流互感器的额定二次负荷包括额定容量 S_{N2} 和额定二次阻抗 Z_{N2}，其中额定容量 S_{N2} 指电流互感器在额定二次电流 I_{N2} 和额定二次阻抗 Z_{N2} 下运行时，二次绕组输出的容量。由于电磁式电流互感器的额定二次电流为标准值（5A 或 1A），为了便于计算，有些厂家常提供电磁式电流互感器额定二次阻抗 Z_{N2}。

为了保证每一准确度等级的误差限值不超过规定，要求电流互感器的二次负荷必须限制在规定变化范围内，无论如何不得超过额定负载 S_{N2}。

如果电流互感器所带负载超过额定二次负载，则测量误差会超过规定，准确度等级也不能保证，必须降级使用。例如有一台 LFC-10 型电磁式电流互感器，0.5 级时二次额定阻抗 Z_{N2} 为 0.6Ω。如果二次侧所带负荷超过 0.6Ω，则准确度等级不能保证为 0.5 级，应降低为 1 级运行。这台电流互感器在 1 级运行时二次额定负载为 1.3Ω，如果二次侧所带负载超过 1.3Ω，则降为 3 级运行。

3.2.4　电磁式电流互感器的分类和结构

一、分类

（1）按功能划分，电磁式电流互感器分为测量用电流互感器和保护用电流互感器两类。测量用电流互感器分为一般用途和特殊用途（S 类）两类；保护用电流互感器分为 P 类、PR 类、PX 类和 TP 类。TP 类适用于短路电流具有非周期分量时的暂态情况。

（2）按安装地点，电磁式电流互感器可分为户内式和户外式。35kV 及以上多制成户外式，并以瓷套为箱体，以节约材料，减轻质量和缩小体积；20kV 及以下多制成户内式。

（3）按安装方式，电磁式电流互感器可分为穿墙式、支持式和套管式。穿墙式装设在穿过墙壁、天花板和地板的地方，并兼作套管绝缘子用；支持式安装在地面上或支柱上；套管式安装在 35kV 及以上电力变压器或落地罐式断路器的套管绝缘子上。

（4）按绝缘方式，电磁式电流互感器可分为干式、浇注式和油浸式。干式用绝缘胶浸渍，适用于低压户内使用；浇注式利用环氧树脂作绝缘浇注成型，适用于 35kV 及以下的户内使用；油浸式用于户外。

（5）按一次绕组匝数，电磁式电流互感器可分为单匝式和多匝式。

（6）按变流比，电磁式电流互感器可分为单变流比和多变流比。一组电流互感器一般具有多个二次绕组（铁芯）用于供给不同的仪表或继电保护。各个二次绕组的变比通常是相同的。电流互感器可通过改变一次绕组串并联方式获得不同的变比。在某些特殊情况下，各二次绕组也可采用不同变比，这种互感器称为复式变比电流互感器；也可采用二次绕组抽头实现不同的变比；电流互感器经过两次变换才将正比于一次电流的信号传送至二次回路，第二次变换所用互感器称为辅助互感器。

单变流比电磁式电流互感器只有一种变流比，如 0.5kV 电流互感器的一、二次绕组均套在同一铁芯上，这种结构最简单。10kV 及以上的电流互感器，常采用多个没有磁联系的独立铁芯和二次绕组。与共同的一次绕组组成单电流比、多二次绕组的电流互感器。这样，一台互感器可以当作几台使用。对于 110kV 及以上的电流互感器，为了适应一次电流的变化和减少产品规格，常将一次绕组分成几组，通过切换来改变一次绕组的串、并联，以获得 2～3 种变流比。

二、结构

电磁式电流互感器原理结构如图 3.5 所示。单匝电磁式电流互感器的一次绕组由穿过铁芯的载流导体或母线制成，铁芯上绕有二次绕组，如图 3.5（a）所示。单匝式的特点是一次绕组结构简单，容易制作，价格较低；短路电流流过时电动稳定性比较好。但这种结构的一次磁动势比较小，如果一次电流很小，就会降低电流互感器的准确度，使测量误差增大，所以单匝式适用于一次额定电流比较大的场合。

如图 3.5（b）所示，多匝式的情况正好和单匝式相反，一次绕组绕过铁芯好几匝，通常有两个瓷绝缘套管，二次绕组也绕在铁芯上。多匝式制作时不方便，因为一次绕组要多绕几圈，但是在同样的一次额定电流条件下，多匝式和单匝式比较一次磁动势较大，因此即使一次电流很小，而测量准确度也能高一些。

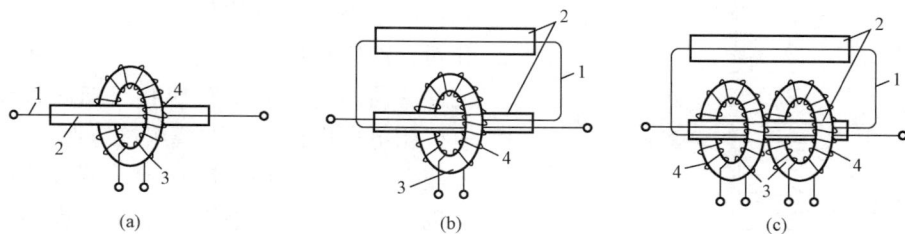

图 3.5　电磁式电流互感器原理结构图
（a）单匝式；（b）多匝式；（c）具有两个铁芯多匝式
1——次绕组；2—绝缘；3—铁芯；4—二次绕组

多匝式有一个缺点，就是当线路上出现过电压时，过电压波通过电流互感器使一次绕组匝间承受较大的过电压，可能使一次绕组匝间的绝缘损坏。通过大的短路电流时也会出现这种情况，因为短路电流在线圈上有压降，使每匝线圈间受到很大的匝间电位差作用。

多匝电磁式电流互感器按结构可分为线圈式、"8"字形和"U"形。

图 3.6 所示为具有两个铁芯的 LDC-10/1000 型瓷绝缘单匝穿墙电磁式电流互感器，额定电压为 10kV，一次额定电流为 1000A。它的一次绕组是载流杆 1，穿过瓷套管的内部，瓷套管固定在法兰盘 3 上。这种电流互感器为环形铁芯，由变压器钢片卷绕而成；铁芯上绕有二次绕组，两个铁芯套在瓷套管 2 的中间部分，并装在用薄钢板制成的封闭外壳 4 内，两个二次绕组的两端分别接到端子 5 上；螺帽 6 用来与一次电路的母线连接。

图 3.7 所示为 LMC 型瓷绝缘母线型穿墙电磁式电流互感器。这种电流互感器额定电压为

10kV 或 15kV，额定电流为 2000～5000A。它与单匝穿墙电磁式电流互感器的主要区别在于，其本身不带一次绕组的载流导体，而是在安装时将母线穿入电流互感器瓷套管 6 的内腔。这种电流互感器的铁芯和二次绕组与单匝穿墙电磁式电流互感器相同，并且也装在封闭外壳 5 内。

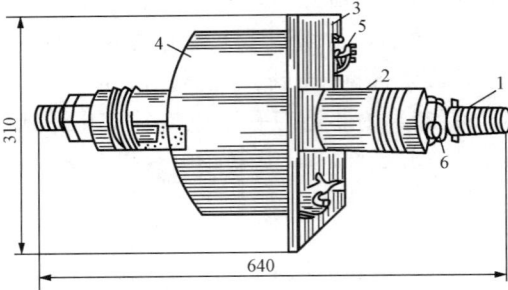

图 3.6　具有两个铁芯的 LDC-10/1000 型瓷绝缘
单匝穿墙电磁式电流互感器结构图（单位：mm）
1—载流杆；2—瓷套管；3—法兰盘；
4—封闭外壳；5—端子；6—螺帽

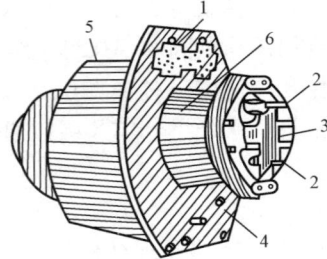

图 3.7　LMC 型瓷绝缘母线型穿墙
电磁式电流互感器结构图
1—二次绕组引出接头；2—母线支持板；
3—用来引入母线的孔；4—法兰盘；
5—封闭外壳；6—绝缘套管

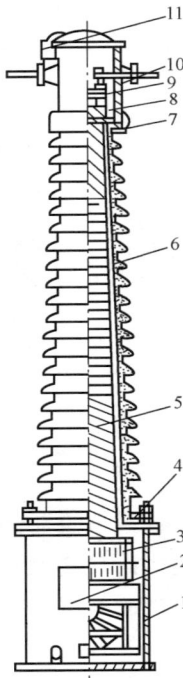

图 3.8　LCLWD3-220 型瓷箱式电容绝缘
电磁式电流互感器结构图
1—油箱；2—二次接线盒；3—环形铁芯及二次绕组；
4—压圈式卡接装置；5—U 形一次绕组；6—瓷套管；
7—均压护罩；8—储油柜；9—一次绕组切换装置；
10—一次出线端子；11—呼吸器

图 3.8 所示为 LCLWD3-220 型瓷箱式电容绝缘电磁式电流互感器。这种电流互感器额定电压为 220kV 或 330kV。因为 220kV 及以上系统都是中性点直接接地系统，装置对地电压和对二次绕组的电压应为相电压，所以这种电流互感器的一次绕组对地和对二次绕组的绝缘应按相电压设计。一次绕组绝缘厚度必须很大，才能保证其中电场强度均匀，不致造成局部击穿现象。为了改善绝缘而采用电容型绝缘，其结构如电容型套管，主绝缘完全包在一次绕组上。一次绕组开始包一层铝箔制成的"屏"之后，包一层绝缘，直至最后一层铝箔包完为止，共有 10 层铝箔"屏"接地。这种做法能使绝缘中的电场强度分布比较均匀。此类电流互感器的一次绕组做成 U 形，两个端头从瓷箱帽侧面引出，L1 经过瓷套管引出，L2 直接从帽穿出并与瓷箱帽有电的联系，瓷箱帽处在高电位状态下。4 个环形铁芯用硅钢片卷制而成，分别套在 U 形一次绕组的两腿上，二次绕组缠绕在铁芯上。在瓷箱下部用铁板焊接而成的盖内，有 10 个端钮，其中 8 个端子是连接二次绕组端子的（1K1、1K2、2K1、2K2、3K1、3K2、4K1、4K2），另两个端子分别为铁芯接地端钮、

外屏接地端钮。图 3.9 所示为其内部电气接线示意图。

该型电流互感器 4 个铁芯的测量准确度等级不同。1 个供测量仪表用，其余 3 个供继电保护用。一次绕组做成两段，两段并联时一次额定电流不变（铭牌值），而当两段串联时一次额定电流减半。利用此法改变电流互感器的额定变比，这是工程上广泛使用的方法。在图 3.8 中电流互感器的瓷箱帽侧面有一次绕组切换装置 9，也就是绕组端子接线板。改变切换装置便可进行换接。换接工作必须在电流互感器停电条件下进行，而且必须采取安全措施。

3.2.5　电磁式电流互感器的接线

图 3.10 所示为最常用的电气测量仪表接入电流互感器的接线图。图 3.10（a）所示的接线常用于测量对称三相负荷的一相电流。图 3.10（b）所示为星形接线，用于

图 3.9　LCLWD3-220 型电流互感器内部电气接线示意图

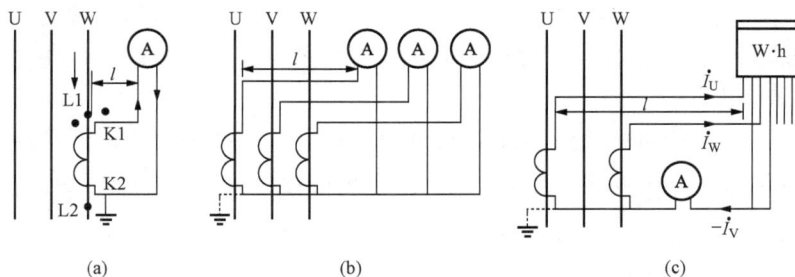

测量三相负荷电流，以监视每相负荷的不对称情况。图 3.10（c）所示为两相式接线，其中一相电流表连接在回线中，回线电流等于 U 相与 W 相电流之和，即等于 V 相电流。用这种方法可测得三相中任意一相电流，但使用电流互感器仅两台，大大节省了设备，完成的功能并不减少。在有些场合下，图 3.10（c）中的 U 相和 W 相各连接一只电流继电器，V 相（回线）中接入一只电流表，既可实现小接地电流系统中的两相式过电流保护，又可测得该线路的电流大小，甚为方便。

图 3.10　常用的电气测量仪表接入电流互感器的接线图
（a）单相接线；（b）星形接线；（c）不完全星形接线

对于继电保护和自动装置以及其他用途，电流互感器的接线方式更多，如三相电流互感器的二次绕组并联形成零序电流过滤器，三相接成三角形接线、两相电流之差接线等。

需要指出，电流互感器在使用中注意不要把极性接错。每台电流互感器的一次和二次绕组都有端子极性标志，如图 3.10（a）所示，L1 和 L2 分别表示一次绕组的"头"和"尾"，K1 和 K2 分别表示二次绕组的"头"和"尾"。常用的电流互感器都按减极性标示（国家标准）。所谓减极性，就是当一次绕组加直流电压，电流从 L1 流入绕组时，二次绕组的感应电流从 K1 端流出。对于功率表和继电保护装置来说，电流互感器的极性问题尤为重要，极性连接错误，能引起功率表读数错误或继电保护装置发生误动作。

3.3 电磁式和电容分压式电压互感器

目前电力系统广泛使用的电压互感器，按其工作原理可分为电磁式、电容分压式和电子式三种。电压等级为 220kV 及以下时采用电磁式电压互感器，220kV 及以上时多采用电容分压式电压互感器，电子式电压互感器的电压等级也已达到 500kV。

3.3.1 电磁式电压互感器

一、电磁式电压互感器的工作原理

电磁式电压互感器一次绕组并联于一次电路内，而二次绕组与测量仪表或继电器的电压线圈并联连接，如图 3.11 所示。

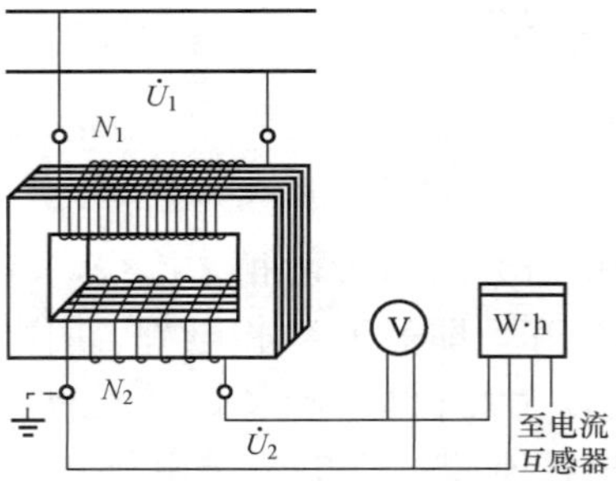

图 3.11 电磁式电压互感器
原理接线图

电磁式电压互感器的工作原理、构造和接线都与变压器相似，主要区别在于电磁式电压互感器的容量很小，通常只有几十伏安至几百伏安，并且在大多数情况下其负荷是恒定的。

电磁式电压互感器的工作状态与普通变压器相比，其特点是：①电压互感器一次电压（即电网电压）不受互感器二次负荷的影响；②接在电压互感器的二次负荷是仪表和继电器的电压线圈，它们的阻抗很大，通过的电流很小，电压互感器的工作状态接近于空载状态，二次电压接近于二次电动势值，并取决于一次电压值。

电压互感器与普通变压器一样，二次侧不允许短路。如果短路会出现大的短路电流，将使保护熔断器熔断，造成二次负荷停电。同电流互感器一样，为了安全，在电压互感器的二次回路中也应该有保护接地点。

电压互感器一次绕组的额定电压 U_{N1} 与电网的额定电压是一致的，已经标准化。例如电压互感器装设在 220kV 电网中，则互感器一次绕组的额定电压 U_{N1} 应为 $220/\sqrt{3}$kV，二次绕组的额定电压 U_{N2} 一律规定为 100V 或 $100/\sqrt{3}$V。所以电压互感器的额定变压比 K_U（$K_U = U_{N1}/U_{N2}$）也已标准化。

二、电磁式电压互感器的测量误差

电磁式电压互感器的等值电路和相量图如图 3.12 所示。由相量图可见，由于电压互感器存在内阻抗压降，使二次电压 $\dot{U}_2'$ 与一次电压 $\dot{U}_1$ 大小不相等，相位差也不等于 180°，即测量结果的大小和相位存在误差。通常用电压误差 f_u 和相位差 δ_u 来表示。

电压误差 f_u 为二次电压的测量值和额定变压比的乘积 $K_U U_2$，与实际一次电压 U_1 之差，对实际一次电压值的百分比表示，即

$$f_u = \frac{K_U U_2 - U_1}{U_1} \times 100\% \tag{3.2}$$

相位差 δ_u 是旋转 180°后的二次电压相量 $-\dot{U}_2'$ 与一次电压相量 $\dot{U}_1$ 之间的夹角，并规定 $-\dot{U}_2'$ 超前于 $\dot{U}_1$ 时，相位差 δ_u 为正值；反之，相位差 δ_u 则为负值。

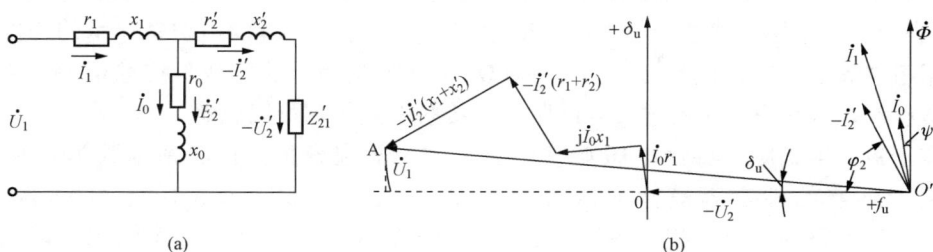

图 3.12 电磁式电压互感器的等值电路和相量图

(a) 等值电路图；(b) 相量图

由图 3.12 (b) 可以看出，影响电压互感器误差的因素有：

(1) 电压互感器一、二次绕组的电阻和感抗 (r_1、r_2'、x_1、x_2')；

(2) 励磁电流 I_0；

(3) 二次负荷电流 I_2；

(4) 二次负荷的功率因数 $\cos\varphi_2$。

前面两个因素与互感器本身的构造及材料有关。减小绕组电阻，减少绕组匝数，选用合理的绕组结构与减少漏磁等均可减少误差。采用高导磁率的冷轧硅钢片可减少励磁电流，从而有助于减少误差。后两个因素则与互感器的工作状态有关，即与二次负荷有关。当二次负荷阻抗 Z_2 增大时，电磁式电压互感器的电压误差 f_u 和相位差 δ_u 都将减少。当二次侧接近于空载运行时，电磁式电压互感器的误差最小。

三、电磁式电压互感器的准确度等级和额定容量

电磁式电压互感器的准确度等级是指在规定的一次电压和二次负荷变化范围内，负荷功率因数为额定值时误差的最大限值。电压互感器依据测量误差的大小，可分成不同的准确度。各种准确度的测量用电压互感器和保护用电压互感器，其电压误差和相位差不应超过表 3.5 所列限值。

表 3.5　　　　　　　　　　　电压误差和相位差限值

用途	准确度等级	误 差 限 值			一次电压、频率、二次负荷、功率因数变化范围			
		电压误差（±%）	相位差		电压（%）	频率范围（%）	负荷（%）	负荷功率因数
			±min	±crad				
测量	0.1	0.1	5	0.15	80～120	99～101	25～100	0.8（滞后）
	0.2	0.2	10	0.3				
	0.5	0.5	20	0.6				
	1	1.0	40	1.2				
	3	3.0	未规定	未规定				
保护	3P	3.0	120	3.5	5～150 或 5～190	96～102		
	6P	6.0	240	7.0				
剩余绕组	6P	6.0	240	7.0				

并联在电压互感器二次绕组上的测量仪表、继电器及其他负荷的电压线圈，都是电压互

感器的二次负荷。习惯上把电压互感器的二次负荷都用负载消耗的视在功率 S_2（单位：V·A）表示。因电压互感器的二次电压额定值 U_{N2} 为已知，所以用功率表示的二次负荷可换算成用阻抗表示，其阻抗为 $Z_2 = U_{N2}^2 / S_2 (\Omega)$。电压互感器的负载阻抗都很大，所以在计算二次负载时，二次电路中的连接导线阻抗、接触电阻等都可以忽略。

对应于每个准确度，每台电压互感器规定一个额定容量。在功率因数为 0.8（滞后）时，电压互感器的额定容量标准值为 10、15、25、30、50、75、100、150、200、250、300、400、500V·A。对三相互感器而言，其额定容量是指每相的额定输出，即同一台电压互感器有不同的额定容量。如果实际所带二次负荷超过额定容量，则准确度要降低。

对每台电压互感器，还规定一个最大容量，称为热极限容量。它是在额定一次电压下的温升不超过规定限值时，二次绕组所能供给的以额定电压为基准的视在功率值。电压互感器的二次负荷如果不超过这个最大容量所规定的值，其各部分绝缘材料和导电材料的发热温度不会超过额定值，但测量误差会超过最低一级的限值。一般不允许两个或更多二次绕组同时供给热极限容量，所以电压互感器只在对测量准确度要求不高的条件下，才允许在最大容量下运行。变电所中有时需要交流操作电源或整流型直流操作电源时，可以将其接在电压互感器上并按热极限容量运行。在电压互感器的铭牌上，通常要标出热极限容量值。

四、电磁式电压互感器的铁磁谐振及防谐措施

电磁式电压互感器的励磁特性为非线性特性，与电网中的分布电容或杂散电容在一定条件下可能形成铁磁谐振。通常电压互感器的感性电抗大于容性电抗，当电力系统操作或其他暂态过程引起电压互感器暂态饱和，而感抗降低，就可能出现铁磁谐振。这种振谐可能发生于中性点不接地系统，也可能发生于中性点直接接地系统。随着电容值的不同，谐振频率可以是工频和较高或较低的谐波。铁磁谐振产生的过电流或高电压可能造成电压互感器损坏。特别是低频谐振时，电压互感器相应的励磁阻抗大为降低，而导致铁芯深度饱和，励磁电流急剧增大，高达额定值的数十倍或百倍以上，从而严重损坏电压互感器。

在中性点不接地系统中，电磁式电压互感器与母线或线路对地电容形成的回路，在一定激发条件下可能发生铁磁谐振而产生过电压及过电流，使电压互感器损坏，因此应采取消谐措施。这些措施包括在电压互感器开口三角绕组或互感器中性点与地之间接入专用的消谐器，选用三相防谐振电压互感器，增加对地电容破坏谐振条件等。

在中性点直接接地系统中，电磁式电压互感器在断路器分闸或隔离开关合闸时，可能与断路器并联的均压电容或杂散电容形成铁磁谐振。由于电源系统和互感器中性点均接地，各相的谐振回路基本上是独立的，谐振可能在一相发生，也可能在两相或三相内同时发生。抑制这种谐振的方法不宜在零序回路（包括开口三角形绕组）采取措施，可采用人为破坏谐振条件的措施。

五、电磁式电压互感器的分类及结构

（一）电磁式电压互感器的分类

（1）电磁式电压互感器按安装地点分为户内式和户外式。通常 35kV 及以下多制成户内式，35kV 以上则制成户外式。

（2）电磁式电压互感器按相数分为单相式和三相式。单相式电压互感器可制成任何电压等级的，三相式电压互感器只限于 20kV 以下电压等级。

（3）电磁式电压互感器按绕组数划分可分为双绕组、三绕组和四绕组。

（4）电磁式电压互感器按绝缘结构可分为干式、浇注式、充气式和油浸式。干式结构简单，无着火和爆炸危险，但绝缘强度低，只适用于电压为 6kV 及以下的空气干燥的屋内配电装置中；浇注式结构紧凑，也无着火和爆炸危险，且维护方便，适用于 3～35kV 户内装置；充气式主要用于 SF_6 全封闭组合电器中；油浸式绝缘性能好，可用于 10kV 以上的屋内外配电装置。

（二）电磁式电压互感器的结构

电磁式电压互感器的绝缘结构是影响其经济性能的重要环节。这里主要介绍油浸电磁式电压互感器的原理结构。

油浸电磁式电压互感器按其结构可分为普通式和串级式。普通结构的油浸式电压互感器，额定电压为 3～35kV，与普通小型变压器相似。其铁芯和绕组浸在充有变压器油的油箱内，绕组通过固定在箱盖上的瓷套管引出。

电压为 60kV 及以上的电压互感器，如果仍制成普通的具有钢板油箱和瓷套管结构的单相电压互感器，将变得十分笨重和昂贵。因此，电压为 60kV 及以上的电压互感器普遍制成串级式结构。这种结构电压互感器的主要特点是绕组和铁芯采用分级绝缘，以简化绝缘结构；铁芯和绕组放在瓷箱中，瓷箱兼作高压出线套管和油箱。因此，串级式可节省绝缘材料，减轻重量，降低造价。

图 3.13 所示为 JCC1-110 型串级式电压互感器的结构。一个"口"字型铁芯采用悬空式结构，用四根电木板支撑。电木板下端固定在底座上。一次绕组分成匝数相等的两部分，绕成圆筒式安置在上、下铁柱上。一次绕组的上端为首端，下端为接地端，其中点与铁芯相连，使铁芯对地电位为一次绕组电压的一半。基本二次绕组和辅助二次绕组（也叫剩余绕组）都放置在下铁芯柱上。上、下铁芯柱都绕有平衡绕组。一般平衡绕组是安放得最靠近铁芯柱，即在最里层。依次向外的顺序是一次绕组、基本二次绕组、辅助二次绕组。瓷外壳装在钢板做成的圆形底座上。一次绕组的尾端、基本二次绕组和辅助二次绕组的引线端从底座下引出。一次绕组的首端从瓷外壳顶部的油扩张器引出。油扩张器上装有吸潮器。

图 3.14 所示为 220kV 串级式电压互感器的原理接线图。互感器由两个铁芯组成，一次绕组分成匝数相等的四个部分，分别套在两个铁芯上、下铁柱上，按磁通相加方向顺序串联，接在相与地之间。每一单元线圈中心与铁芯相连。二次绕组绕在末级铁芯的下铁柱上。当二次绕组开路时，线圈电位均匀分布，线圈边缘线匝对铁芯的电位差为 $U_{xg}/4$（U_{xg} 为相对地电压）。因此，线圈边缘线匝对铁芯的绝缘只需按 $U_{xg}/4$ 设计，而普通结构的电压互感器则需按相电压 U_{xg} 来绝缘。至于铁芯对铁芯、铁芯对外壳（地）之间有电位差，虽然需要绝缘，但比较容易解决。串级式结构可以大量节约绝缘材料和降低造价。

当二次侧接通负荷后，由于二次负荷电流的去磁作用，使末级铁芯内的磁通小于其他铁芯内磁通，从而使各单元感抗不等，电压分布不均，准确度会降低。为了避免这一现象，在两铁芯相邻的铁柱上绕有匝数相等的连耦绕组（绕向相同，反相对接）。这样，当某一单元的磁通变动时，连耦绕组内出现电流，该电流使磁通较大的铁芯去磁，而使磁通较小的铁芯增磁，达到各级铁芯内磁通大致相等，各元件线圈电压均匀分布的目的。在同一铁芯的上、下铁柱上，还设有平衡绕组（绕向相同，反相对接），其作用与连耦绕组相似，借助平衡绕组内电流，使两柱上的磁动势得到平衡。

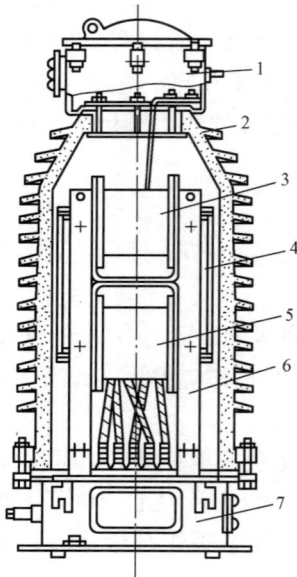

图 3.13　JCC1-110 型串级式电压互感器的结构图
1—油扩张器；2—瓷外壳；3—上柱绕组；4—铁芯；
5—下柱绕组；6—支撑电木板；7—底座

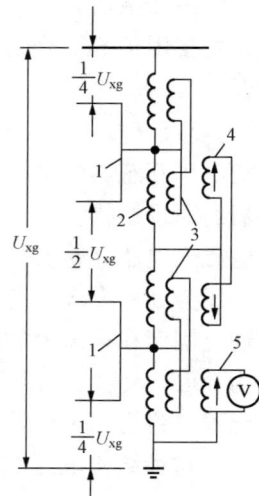

图 3.14　220kV 串级式电压
互感器的原理接线图
1—铁芯；2——次绕组；3—平衡绕组；
4—连耦绕组；5—二次绕组

串级式电磁型电压互感器的型号为 JCC，额定电压为 60、110、220kV 等。

3.3.2　电容分压式电压互感器（CCVT）

电容分压式电压互感器是在电容套管电压抽取装置的基础上研制而成的。我国现有该产品额定电压级为 110kV 及以上，可供 110kV 级及以上中性点直接接地系统测量电压之用。与电磁式电压互感器相比，它具有以下优点：

（1）除作为电压互感器使用外，还可将其分压电容兼做高频载波通信的耦合电容；

（2）电容分压式电压互感器的冲击绝缘强度比电磁式电压互感器高；

（3）体积小，质量轻，成本低；

（4）在高压配电装置中占地面积较小。

电容式电压互感器的主要缺点是，误差特性和暂态特性比电磁式电压互感器差，输出容量较小。

图 3.15 所示为电容分压式电压互感器的电容分压器工作原理图。在没有连接电压表时，a、b 两点间的电压为

$$U_{C2} = \frac{C_1 U_1}{C_1 + C_2} = K U_1 \tag{3.3}$$

式中　K——分压比，$K = \dfrac{C_1}{C_1 + C_2}$；

　　　U_1——装置的相对地电压。

改变 C_1 和 C_2 的比值，可得到不同的分压比。由于 C_2 上的电压 U_{C2} 与一次电压 U_1 成比例的变化，故可测出"相"对地的电压。

当 C_2 两端接入普通电压表或其他负荷时，所测得的 U_{C2} 将小于电容分压值，且负荷电流越大，电压越低，误差大得可能无法使用。为了研究 U_{C2} 变化规律及其稳定办法，可将电容分压器简化成含源一端口网络，如图 3.16 所示。图中电动势 E 为图 3.15 中 a、b 两点开路时的电压，且 $E=U_{C2}=KU_1$。内阻抗 Z_1 为电源短路后，自 a、b 两点所测得的入端阻抗，其大小为

$$Z_1 = \frac{1}{j\omega(C_1+C_2)} \tag{3.4}$$

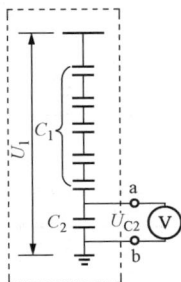

图 3.15　电容分压器工作原理图　　　　　　图 3.16　含源一端口网络

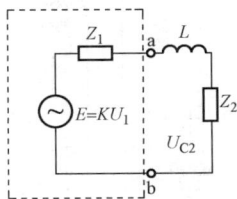

由图 3.16 可见，当接通负荷后，负荷电流将在 Z_1 上产生压降，使 U_{C2} 降低。为了减少内阻抗，可在 a、b 回路中加入一电感 L，使内阻抗变为

$$Z_1 = j\omega L + \frac{1}{j\omega(C_1+C_2)} \tag{3.5}$$

当 $\omega L = \dfrac{1}{\omega(C_1+C_2)}$ 时，$Z_1=0$，表明在分压回路中，串入电感 L 可补偿电容分压器的内阻抗，故 L 称为补偿电抗；当 $\omega L = \dfrac{1}{\omega(C_1+C_2)}$ 时，输出电压 U_{C2} 与负荷无关。但实际上由于电容器有损耗，电抗器也有电阻，即使串入 L 后，其内阻抗也不可能真正为零，因而当负荷变化时，还会有误差产生。通过减小分压器的输出电流可减少误差，将测量仪表经中间变压器（电磁式电压互感器 TV）后与分压器连接。TV 在二次侧单独设置一只绕组，在此绕组中接入阻尼电阻 r_d，用以抑制铁磁谐振过电压，如图 3.17 所示。

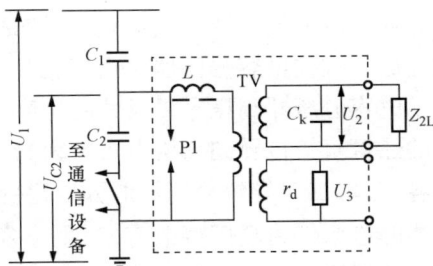

图 3.17 中的 C_k 是补偿电容器的电容值，用来补偿电磁式电压互感器 TV 的磁化电流和二次侧负

图 3.17　电容式电压互感器的原理接线图

荷电流的无功分量，亦能减小测量装置的误差。放电间隙 P1 用以保护 TV 的一次绕组和补偿电抗器 L，防止因受二次侧短路所产生的过电压而造成的损坏。

电容分压器除了串联式电容分压器外，还有一种罐式电容分压器，用于组合电器。罐式电容分压器和串联式电容分压器最大的区别在于电容分压器的结构不同；串联式电容分压器采用的都是绝缘性能不可恢复的有机绝缘材料作为绝缘介质；罐式电容分压器主绝缘采用的是绝缘性能可恢复的 SF_6 气体，高压臂电容为同轴圆柱体结构。电容分压器的高压臂主绝缘

借用同轴电极结构，绝缘可靠。

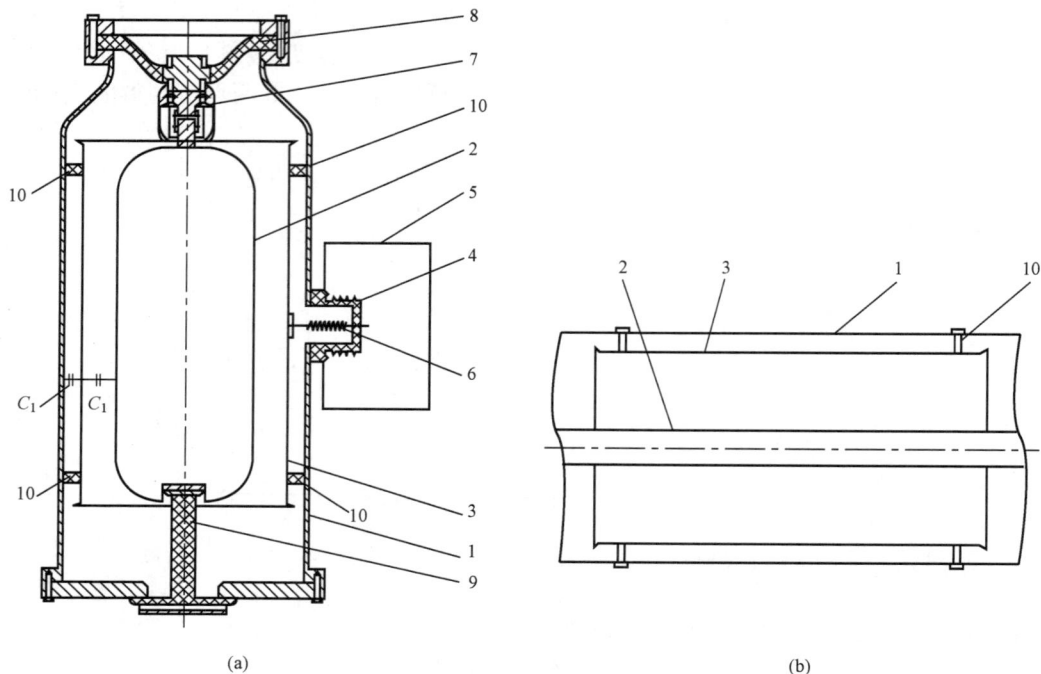

图 3.18　罐式高压电容分压器结构图

（a）独立舱室结构罐式电容分压器；（b）高压臂经母线和罐体电极构成的罐式电容分压器

1—密封罐体；2—高压电极；3—中压电极；4—出线套管；5—电磁单元；6—小阻值感抗；
7—梅花触头；8—盆式绝缘子；9—绝缘支撑棒；10—绝缘支撑件

图 3.18（a）所示为独立舱室结构罐式电容分压器。其优点是温度特性好，内部没有载流导体，没有发热源；缺点是占用额外的空间。图 3.18（b）所示为高压臂经母线和罐体电极构成的罐式电容分压器。由于借用了 GIS 管道，一次导体或母线因通有电流而发热，增加了电容分压器高压电极尺寸的热膨胀，使得分压器温度效应产生的附加误差加大；如果母线的热量直接传导到高压电极，因为一次母线发热会增加一次导体电极膨胀量，使得高压臂电容 C_1 增加，导致分压器的分压比变化量加大。为了减少母线发热的影响，采用具有缓冲功能的绝缘件将高压臂电容 C_1 的高压电极和载流导线之间隔离，另用导线进行电气连接。这里的绝缘支撑件是特殊设计的，当载流母线发热膨胀时，绝缘件中嵌入的弹簧将吸收一部分机械应力，保持高压电极相对位置不变。

3.3.3　电磁式和电容分压式电压互感器的接线

在三相系统中需要测量的电压有线电压、相对地电压、发生单相接地故障时出现的零序电压。一般测量仪表和继电器的电压线圈都采用线电压，每相对地电压和零序电压则用于某些继电保护和绝缘监察装置中。为了测量这些电压，电压互感器有各种不同的接线，图 3.19 为常见的几种接线。

图 3.19（a）只有一只单相电压互感器，用在只需要测量任意两相之间的线电压时，可

接入电压表、频率表、电压继电器等。

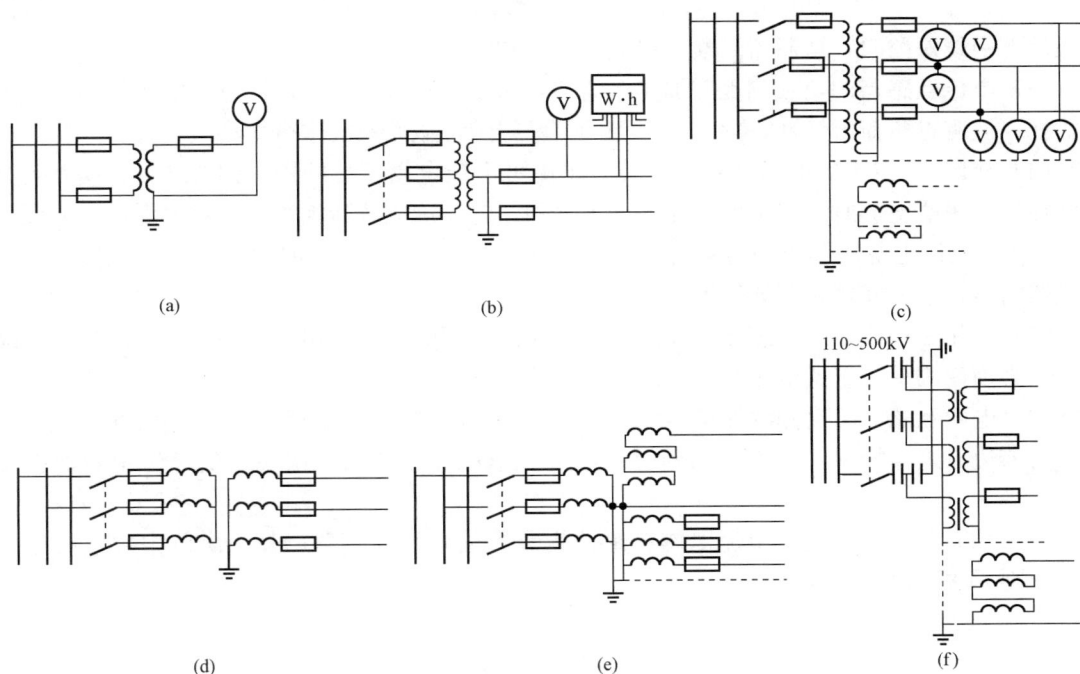

图 3.19 电磁式和电容分压式电压互感器的接线

图 3.19（b）为两只单相电压互感器接成的不完全星形接线（V/V 形），用来接入只需要线电压的测量仪表和继电器，但不能测量相电压。这种接线广泛用于小接地电流系统中。V/V 接法比采用三相式的经济，但有局限性。

图 3.19（c）（用虚线表示的绕组包括在内）为三只单相三绕组电压互感器接成的星形接线，且一次绕组中性点接地。这种接法对于三相系统的线电压和相对地电压都可测量。在小接地电流系统中，这种接法还可用来监视电网对地绝缘的状况。

图 3.19（d）为三相三柱式电压互感器的接线，可用来测量线电压。由于这种电压互感器不许用来测量相对地电压，即不能用来监视电网对地绝缘，因此其一次绕组没有引出的中性点。

在小接地电流系统中，广泛采用三相五柱式电压互感器。这种电压互感器的一次绕组是根据装置的相电压设计的，并且接成中性点接地的星形，基本二次绕组也接成星形，辅助二次绕组接成开口三角形，如图 3.19（e）所示。

三相五柱式电压互感器既可用来测量线电压和相电压，又可用于监视电网对地的绝缘状况和实现单相接地的继电保护，而且比用三只单相电压互感器节省位置，价格也低廉。因此，在 20kV 以下的屋内配电装置中，应优先采用这种电压互感器。

图 3.19（f）为电容分压式电压互感器的接线，主要适用于 110～500kV 中性点直接接地系统。

在进行电压互感器的接线时要注意以下几点：

（1）电压互感器的电源侧要有隔离开关。当电压互感器需停电检修或更换熔断器中的熔件时，利用隔离开关将电源侧高电压隔离，保证安全。

（2）在 35kV 及以下电压互感器的电源侧加装高压熔断器进行短路保护。电压互感器内部或外部引线短路时，熔断器熔断，将短路故障切除。

（3）电压互感器的负载侧也应加装熔断器，用来保护过负荷。需注意，电源侧的熔断器不能在二次侧过负荷时熔断，因为电源侧的熔断器熔件截面不能选得太小。

（4）60kV 及以上的电压互感器，其电源侧可不装设高压熔断器。因为 60kV 及以上熔断器在开断短路电流时，产生的电弧太大太强烈，容易造成分断困难和熔断器爆炸，因此不生产 60kV 及以上电压等级的熔断器。而且当电压在 60kV 及以上时，相间距离较大，电压互感器引线发生相间短路可能性不太大。

（5）三相三柱式电压互感器不能用来进行交流电网的绝缘监察。如要进行交流电网绝缘监察，必须使用单相组式电压互感器或三相五柱式电压互感器。

（6）电压互感器二次侧的保护接地点不许设在二次侧熔断器的后边，必须设在二次侧熔断器的前边。这样能保证二次侧熔断器熔断时，电压互感器的二次绕组仍然保留着保护接地点。

（7）凡需在二次侧连接交流电网绝缘监视装置的电压互感器，其一次侧中性点必须接地，否则无法进行绝缘监察。

3.4　电子式互感器

3.4.1　电子式互感器概述

一、电子式互感器与传统电磁式互感器的区别

随着电力传输容量的不断增长和电网电压的提高，传统电磁式互感器已暴露出许多缺点，主要包括：

（1）电压等级越高，其制造工艺越复杂，可靠性越差，造价越高；

（2）带导磁体的铁芯易产生磁饱和和铁磁谐振，且有动态范围小、使用频带窄等缺陷。

上述问题使传统的电磁式互感器难以满足目前电力系统对设备小型化和在线检测、高准确度故障诊断、数字传输等发展的需要。

电子式互感器具有传统电磁式互感器的全部功能。除原理、结构不同外，电子式互感器还具有传统电磁式互感器不可比拟的优点，主要表现在：

（1）消除了磁饱和现象。传统电磁式电流互感器在运行中系统发生短路时，在强大的短路电流作用下，特别是非周期分量尚未衰减时断路器跳闸，或在大型变压器空载合闸后，互感器铁芯将保留较大剩磁，铁芯饱和严重，这将使互感器暂态性能恶化，使二次电流不能正确反映一次电流，导致保护拒动或误动。而电子式互感器没有铁芯，不存在饱和问题。因此，其暂态性能比传统电磁式互感器好，且大大提高了各类保护故障测量的准确性，从而提高了保护装置的正确动作率，保证了电网的安全运行。

（2）对电力系统故障响应快。现有保护装置（包括微机保护）的保护原理是基于工频量进行保护判断的，而不是利用故障时的暂态信号量作为保护判断参量，易受过渡电阻和系统振荡、磁饱和等因素的影响，保护性能难以满足当今电力系统超高压、大容量、远距离发展的要求。利用暂态信号作为保护判断参量是微机保护的发展方向，它对互感器的线性度、动态特性都有很高的要求。传统电磁式互感器自身性能的限制不能满足这一要求，而电子式互感器可以满足。

（3）消除了铁磁谐振，抗干扰能力强。传统电磁式电压互感器中，电磁式电压互感器呈感性，与断路器容性端口会产生铁磁谐振；此外，电容式电压互感器本身含有电容元件及多个非线性电感元件（如速饱和电抗器、补偿电抗器和中间变压器等），在一次侧合闸操作或一次侧短路及二次侧短路并消除故障等时，其自身均将产生瞬态过程，此过程可能激发稳定的次谐波铁磁谐振，从而导致补偿电抗器和中间变压器绕组击穿。而电子式互感器没有构成铁磁谐振的条件，其抗电磁干扰力强。

（4）优良的绝缘性能。随着电压等级的提高，电磁式互感器大大增加了绝缘困难，采用油作为绝缘材料有爆炸危险，且体积大、质量重。电子式互感器绝缘相对简单，高压侧与地电位侧之间的信号传输采用绝缘材料制造的玻璃纤维，体积小、质量轻、绝缘性能好，给运输和安装带来了很大的方便。

（5）适应电力计量与保护数字化的发展。电子式互感器能够直接提供数字信号给计量、保护装置，有助于二次设备的系统集成，加速整个变电所的数字化和信息化进程，并引发电力系统自动化装置和保护的重大变革。而传统电磁式互感器输出为模拟量，不能直接提供数字信号。

（6）动态范围大。随着电力系统容量增加，发生短路故障时，短路电流越来越大，可达稳态电流的 20～30 倍以上，使电磁式电流互感器存在磁饱和问题，难以实现大范围测量。而电子式电流互感器有很宽的动态范围，额定电流为几十安到几十万安。一台电子式互感器可同时满足计量和保护的需要。

（7）频率响应范围宽。电子式电流互感器的频率响应范围均很宽，可以测出高压电力线上的谐波，还可以进行暂态电流、高频大电流与直流电流的测量；而电磁式互感器传感头由铁芯构成，频率响应很低。

（8）经济性好。随着电力系统电压等级的增高，传统电磁式互感器的成本成倍上升，而电子式互感器在电压等级升高时，成本只是稍有增加，其低成本正是吸引人们的关键所在。此外，由于电子式互感器的体积小、质量轻，可以组合到断路器或其他高压设备中，共用支撑绝缘子，可减少变电所的占地面积。

二、电子式互感器的分类

电子式互感器分为电子式电流互感器和电子式电压互感器两大类。

（一）电子式电流互感器的分类

电子式电流互感器，按工作原理可分为以下几类：

（1）光学电流互感器。其是指采用光学原理器件做被测电流传感器的电子式电流互感器。光学器件采用光学玻璃、全光纤。传输系统采用光纤光缆，输出电压大小正比于电流大小。根据被测电流调制的光波物理特征、参量的变化情况，可将光波分为光强度调制、光波波长调制、光相位调制和偏振调制等。

（2）空心线圈电流互感器（又称为罗柯夫斯线圈式电流互感器）。空心线圈往往由漆包线均匀绕制在环形骨架上制成，骨架采用塑料或者陶瓷等非铁磁材料。

（3）铁芯线圈式低功率电流互感器。它是传统电磁式电流互感器的一种发展。其按照高阻抗电阻设计，在非常高的电流下，饱和特性得到改善，扩大了测量范围，降低了功率消耗，可以无饱和的高准确度测量接近短路电流值的过电流、全偏移短路电流；测量与保护可共用一个铁芯线圈式低功率电流互感器，其输出为电压信号。

（二）电子式电压互感器的分类

电子式电压互感器，按工作原理可分为以下几类：

（1）光学电压互感器。它由光学晶体做敏感元件，利用电光效应、逆压电效应、干涉等方式进行调制，被测电压直接加在敏感元件上，是传感型电子式电压互感器。传输系统采用光纤光缆，输出电压正比于被测电压。

（2）阻容分压型电压互感器。被测电压由电容器、电阻器或阻容分压后，取分压电压，变为光信号经光纤传输至二次转换器，进行解调后得到被测电压。

三、电子式互感器的通用结构

电子式互感器由一次部分、二次部分和传输系统构成，其通用结构如图 3.20 所示。

在图 3.20 中，一次传感器产生与一次输入端子通过电流（或电压）相对应的信号，直接或经过一次转换器传送给二次转换器。一次转换器将来自一个或多个一次传感器的信号转换成适合于传输系统的信号。传输系统是一次部件和二次部件之间传输信号的短距或长距耦合装置。二次转换器将传输系统传来的信号转换为供给测量仪器、仪表和继电保护或控制的量，该量与二次端子电流（或电压）成正比。对于模拟量输出型的电子式互感器，二次转换器直接供给测量仪器、仪表和继电保护或控制装置。对于数字量输出型的电子式互感器，二次转换器通常接至合并单元后再接二次设备。一次电源指一次转换器或一次传感器的电源。二次电源是二次转换器的电源。

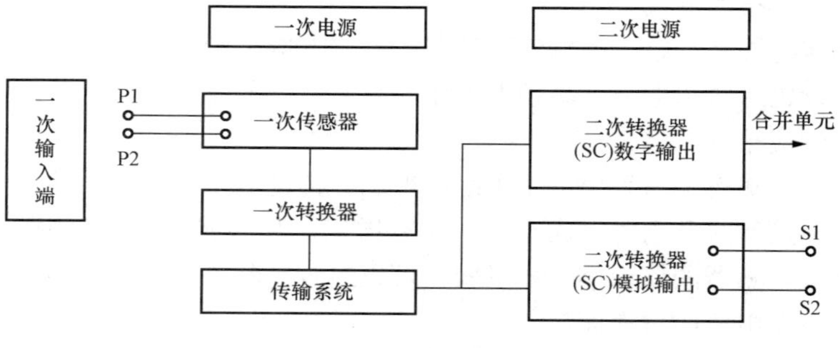

图 3.20 电子式互感器的通用结构示意图

电子式电流互感器模拟量输出为二次电压，其额定值的标准值以方均根值 U 表示，取值为 22.5、150、200、225mV 和 4V。其中，额定二次电压 4V 仅用于测量目的。其额定负荷的标准值以电阻表示，取值为 2kΩ、20kΩ、2MΩ。

电子式电压互感器模拟量输出二次电压额定值以方均根值 U 表示，取值为 1.625、3.25、6.5、100V。输出容量当二次电压小于 10V 时，标准值为 0.001、0.01、0.1、0.5 V·A；当二次电压大于 10V 时，标准值为 1、2.5、5、10、15、25、30V·A。

四、电子式互感器的数字接口框图

电子式互感器的数字输出一般是经合并单元将多个传感器的采样量合并变为数字量输出的。图 3.21 所示为数字输出型电子式互感器的数字接口框图。图中 EVTu 的 SC 为 U 相电子式电压互感器的二次转换器；ECTu 的 SC 为 U 相电子式电流互感器的二次转换器在多相或组合单元时，多个数据通道可以通过一个实体接口，从二次转换器传输到合并单元。一个合并单元最多可输入 7 个电流传感器和 5 个电压传感器的采样量。合并单元对二次设备提供一组时间相干的电流和电压样本，供给测量和继电保护的数字量通常分别输出。

二次转换器也可从常规电压互感器或电流互感器获取信号，并可汇集到合并单元。

图 3.21 数字输出型电子式互感器的数字接口框图

3.4.2 电子式电流互感器

一、光学电流互感器

光学电流互感器种类很多，有磁光电流互感器、全光纤电流互感器等，分别利用光强、偏振态、波长等的变化来测量电流。下面重点介绍磁光电流互感器。

（一）法拉第磁光效应

1846 年，法拉第发现在磁场的作用下，本来不具有旋光性的物质也产生了旋光性，即光矢量发生旋转，这种现象称作法拉第磁光效应。

法拉第磁光效应的基本原理为：当一束线偏振光通过置于磁场中的磁光材料时，线偏振光的偏振面就会线性地随着平行于光线方向的磁场大小发生旋转，如图 3.22 所示。

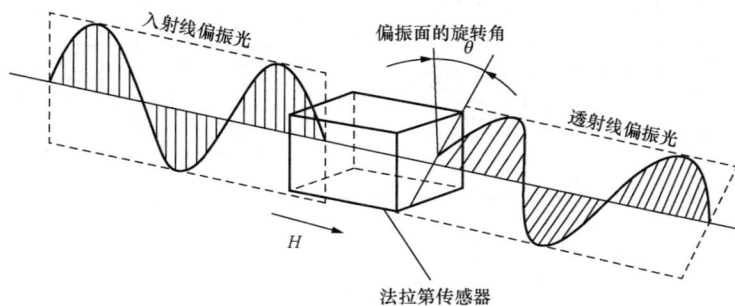

图 3.22 法拉第磁光效应示意图

通过测量通流导体周围线偏振光偏振面的变化，就可间接地测量出导体中的电流值，计算式为

$$\theta = V\oint_l H\,\mathrm{d}l \tag{3.6}$$

式中　θ——线偏振光偏振面的旋转角度；

　　　V——磁光材料的维尔德（Verdet）常数，定义为每单位光程每单位场强的旋转角；

　　　l——磁光材料中的通光路径；

　　　H——电流 I 在光路上产生的磁场强度。

由于磁场强度 H 由电流 I 产生，式（3.6）右边的积分只跟电流 I 及磁光材料中的通光路径与通流导体的相对位置有关。若将光路设计成围绕电流导体绕 N 圈的闭合环路，则上式是闭合环路的线积分，根据全电流定律，式（3.6）可表示为

$$\theta = VNI \tag{3.7}$$

由此可见，电流 I 与 θ 角成正比，只要测定 θ 的大小就可测出通流导体中的电流 I。环路数 N 越多，测量灵敏度越高。

（二）磁光电流互感器的原理

磁光电流互感器由光学传感头、光路部分（光源、光纤准直透镜、起偏器、检偏器、耦合透镜和传输系统、光纤合成绝缘子等）、检测系统、信号处理系统等组成。

如图 3.23 所示，由恒流源 1 驱动一只中心波长为 850mm 的发光二极管 2（LED），提供一个恒定的光源。光通过光缆中的一根传输光纤 3 从控制室传输到现场高压区，经过光纤准直透镜 4 准直后成为平行光束，再经起偏器 5 变为线偏振光入射进光学传感头 6。光在传感头 6 内绕载流导体 7 一圈，在电流磁场作用下，光的偏振面将发生旋转。出射光经检偏器 8 检偏后再经耦合透镜 9 耦合，进入光缆中的另一根传输光纤 3 传输至二次转换器 10。在二次转换器 10 中偏振面发生旋转的线偏振光经过光电探测器 11 和解调电路 12 后，再连接合并单元 13 变成数字信号输出。合并单元的数字输出口可接计量、保护和自动装置等。

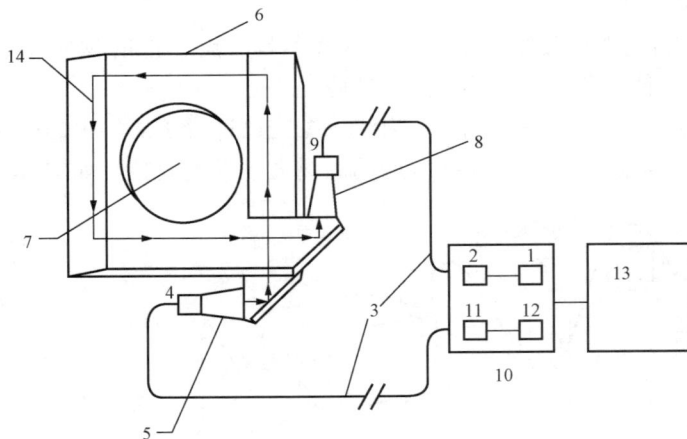

图 3.23　磁光电流互感器原理框图

1—LED 光源驱动及温度控制；2—LED；3—传输光纤；4—光纤准直透镜（自聚焦透镜）；5—起偏器；
6—光学传感头；7—载流导体；8—检偏器；9—耦合透镜；10—二次转换器；
11—光电探测器；12—解调电路；13—合并单元；14—光路

（三）磁光电流互感器的结构及部件

（1）光学传感头。磁光电流互感器的传感头采用磁光材料（一般为磁光玻璃），通常将磁光材料做成围绕电流的闭合环形块状物体。图 3.24 为磁光电流互感器广泛使用的闭环式块状玻璃传感头原理图。

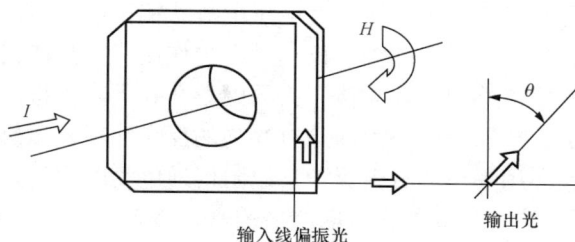

图 3.24　闭环式块状玻璃传感头原理图

（2）光纤、光缆和光纤合成绝缘子。磁光电流互感器的传输系统是由光纤、光纤合成绝缘子及光缆组成，其作用是将传感头输出的被调制信号传输至二次转换器。

光纤有单模与多模之分。为使光纤传输功率大且便于耦合，磁光电流互感器选择光纤纤芯为 $62.5\mu m$ 的多模光纤作为传输信号的光纤。

磁光电流互感器应用于高电压系统时，需用绝缘体将高电压侧与低电压侧绝缘。在绝缘体内通过光纤作为传输系统，将高压侧被测信息调制后，经光纤传输至低压侧的二次转换器进行解调。有光纤穿过的合成绝缘体称为光纤合成绝缘子。

光缆用来将光纤合成绝缘子输出的信号从现场传至控制室，两者的核心均是光纤。为提高机械性能和化学性能（防水、防潮），把若干根光纤集束，其上被覆塑料层和尼龙外层而成光缆。

（3）光源。He-Ne 激光器、发光二极管 LED、激光二极管等都是比较理想的光源。为适合工业应用，光源应选用密封、小型并带尾纤光纤的高辐射率的 LED，其中心波长为850nm，谱宽小于 $70\mu m$。

（4）光电探测器。光电探测器的作用是将光信号转换为电信号。实际中，采用 PIN 硅光电二极管作为光电探测器。

（5）准直透镜及耦合透镜。准直透镜的作用是将光纤输入的光束变为准直平行光束，耦合透镜的作用是将从偏振棱镜出射的光耦合到输出光纤中去。目前，用于光纤系统的透镜主要有两种，即普通的球透镜与梯度折射率透镜。实际中，多选用梯度折射率透镜作为准直透镜及耦合透镜。

（6）偏振棱镜。偏振棱镜在磁光电流互感器中被用作起偏器和检偏器，分别用来产生和检测线偏振光。起偏器可以作为检偏器，检偏器也可作为起偏器。

（四）磁光电流互感器的应用

实际应用中，应根据现场电压、电流大小的要求选择磁光电流互感器。将磁光电流互感器传感头与被测电流串联。固定光纤合成绝缘子，铺设光缆从现场光纤合成绝缘子至控制室，连接二次转换器。光源、光电探测器、解调电路等都在二次转换器内。

磁光电流互感器传感头的安装应既能方便地与高压母线相接，以对母线电流进行测量，又能保护传感头安全可靠地运行。传感头内铺垫隔热及缓冲振动的材料。将封装好的传感头固定在高压绝缘支柱的上法兰盘上，用倒 U 形金属帽罩着，法兰盘与金属帽间用螺钉固定。将传导被测电流用的铜棒穿过金属帽的一边"耳孔"，再穿过传感头的中心孔，从金属帽的另一"耳孔"穿出。铜棒的一端与金属帽的一个"耳孔"相接触，另一端与金属帽的另一"耳孔"绝缘。这样，被测电流不会被金属帽分流。铜棒的两头装上夹具，以便与断开的高压母线两头分别相接，使高压电流从铜棒中流过。这样，铜棒、金属帽和上法兰盘将位于同一高电位，对传感头不仅起到保护作用，而且能抗外界电磁干扰，起到屏蔽的作用。铜棒由金属帽支撑固定，与传感头的中心孔并不直接接触，这样，当母线振动时基本不会影响到传感头。金属帽的外表面涂有光亮的反光涂料，以反射一定的太阳光，隔辐射热。传感头的中心孔亦用隔热的材料保护，以阻碍通电流时铜棒发出的热直接进入传感头。金属帽的两"耳孔"、法兰盘等处均采取严格的密封措施，以确保潮湿气体和尘埃不能渗入。

图 3.25　110kV 磁光电流互感器在变电所运行现场

图 3.25 所示为 110kV 磁光电流互感器在变电所运行现场。

二、有源型电子式电流互感器

所谓有源，是指该电子式互感器的高压侧存在电子线路，且必须有电源支持才能正常工作。有源型电子式电流互感器是基于电磁感应原理的传感元件与光纤通信技术相结合的新型电流测量设备，采用空心线圈和低功率铁芯线圈将一次被测电流变换成与之呈线性关系的模拟电压信号。由于在变电所的强电磁场环境下，不可能采用模拟电信号远距离传输，必须在高压侧转换为数字信号后传输。因此，需要在高压侧引入信号调制电路，并提供相应的工作电源。

（一）有源型电子式电流互感器的基本原理

有源型电子式电流互感器的原理图如图 3.26 所示。它由低功率铁芯线圈、空心线圈、高压侧信号调制电路、高压侧供电电源、光纤复合绝缘子与光纤传输系统等组成。

图 3.26 中，被测高压电流信号经过传感头（低功率铁芯线圈、空心线圈）变换为适当的电信号，再把电信号输入信号调制电路，将高压侧的含有被测电流信息的电压信号转换成数字信号，并将测量和保护通道的信号复合成一路数字信号后，再变换成光信号，驱动光源（发光二极管 LED），在光源处实现电—光变换，把电信号变为携带信息的光信号，通过信号传输光纤以光脉冲的形式传输至低压侧的合并单元。

在低压区的接收部分是一个信号调制电路，它先由光电探测器（PIN 光电二极管）实现光—电转换，把携带信息的光信号变为电信号，然后把光电探测器输出的信号经过前级放大后再进行解调，一路送入 D/A 转换器进行模拟信号的还原，另一路直接送入计算机或数字信号处理器件进行信号的处理和计算，并采用软件方法对信号进行误差校正。

（二）有源型电子式电流互感器的结构

（1）低功率铁芯线圈。低功率铁芯线圈是一种低功率的电流互感器，与传统电流互感器的 I/I 变换不同，它通过一个分流电阻 R_{sh} 将二次电流转换成电压输出，实现 I/U 变换。

低功率铁芯线圈电流互感器的原理图如图 3.27 所示。它包括一次绕组（匝数为 N_P）、小铁芯和损耗极小的二次绕组（匝数为 N_s）。后者连接一个分流电阻 R_{sh}，此电阻是低功率铁芯线圈电流互感器的固有元件，对互感器的功能和稳定性非常重要。

由于铁芯线圈式低功率电流互感器二次绕组连接一个分流电阻 R_{sh}，可提供一个输出电

图 3.26 有源型电子式电流互感器原理图

压 $U_s = I_s R_{sh}$。根据磁动势平衡定律，在忽略励磁电流的情况下，电流互感器二次电流与一次绕组匝数 N_P 成正比，与二次绕组匝数 N_s 成反比。因此，在一次绕组安匝数一定时，合理选择二次绕组匝数可以确定二次电流 $\dot{I}_s$，从而使低功率铁芯线圈电流互感器的额定二次电压输出 $\dot{U}_s$ 在幅值和相位上正比于被测的额定一次电流 $\dot{I}_P$。

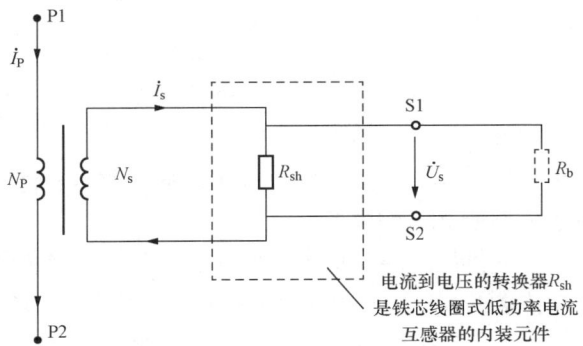

（2）空心线圈。空心线圈通常称为罗柯夫斯（Rogowski）线圈，由漆包线均匀绕制在环形骨架上制成，骨架采用塑料或者陶

图 3.27 低功率铁芯线圈式电流互感器原理图

瓷等非铁磁性材料，其相对磁导率与空气中的相对磁导率相同，这是空心线圈有别于带铁芯的交流电流互感器的一个显著特征。

空心线圈的典型结构如图 3.28 所示。圆柱形载流导线穿过空心线圈的中心，两者的中心轴重合，空心线圈上的漆包线绕组均匀分布，且每匝线圈所在的平面穿过线圈的中心轴。

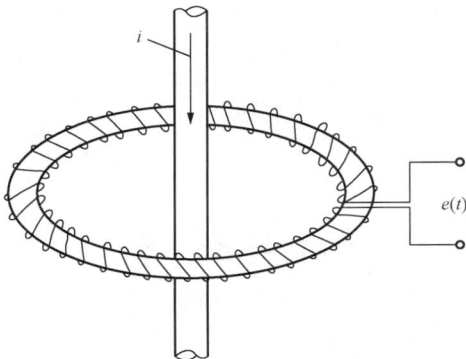

由法拉第电磁感应定律可知，当穿过一定面积线圈的磁通量发生变化时，该线圈上将感应到一定大小的电动势，该电动势的方向与磁通量的变化方向有关。

图 3.28 空心线圈的典型结构

以图 3.28 所示的空心线圈为例，它的感应电动势为

$$e(t) = -\frac{\mathrm{d}\phi}{\mathrm{d}t} = -\frac{NS\mu_0}{L}\frac{\mathrm{d}i}{\mathrm{d}t} \tag{3.8}$$

式中　N,S——分别为小线圈匝数和截面积；

　　　　L——线圈骨架周长；

　　　　μ_0——真空磁导率；

　　　　i——被测电流。

对线圈输出进行模拟或数字积分处理后，其输出电压为

$$U_i = \frac{1}{RC}\int e(t)\mathrm{d}t = KI \tag{3.9}$$

U_i 直接反映了被测电流 I 的大小，通过测量 U_i，即可测得被测电流 I。

空心线圈的类型包括平板型、组合型、窄带型、螺旋线型等。

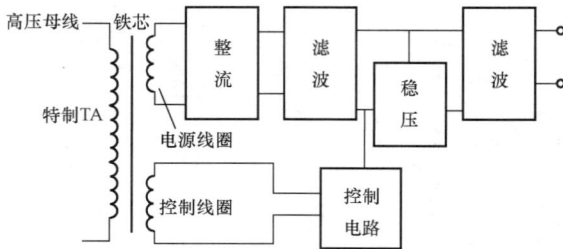

图 3.29　利用 TA 从输电线上获取
电能的典型电路图

（3）高压侧的供电电源。对于有源电子式电流互感器而言，由于高压侧存在电子电路，必须要对电子电路提供供电电源。目前，实用化程度较高的高压侧供能方式主要有利用电流互感器或电容分压器从输电线上取电能、蓄电池供电、激光供能等。

利用 TA 从输电线上获取电能的典型电路如图 3.29 所示。其基本工作原理是利用特制 TA 从母线上感应电压，通过整流、滤波、稳压等后续电路处理后，提供给高压侧电子电路所必需的电源。

激光供能的基本原理图如图 3.30 所示。该方法是从低压侧通过光纤将激光二极管发出的光能传送到高压侧，由光电转换器件（光电池）将光能量转换为电能量，再经过 DC—DC 变换后提供稳定的电源输出。高压侧电路同时采集光电池供给的电源信号，并转换为光数字信号传输到低压侧后转换成电信号，提供给激光二极管的驱动电路作为其工作状态监测信号。

（4）高压侧的调制电路。高压侧传感头通常输出只有几十毫伏到几百毫伏的模拟信号，如果直接传输到低压侧，会受到外界恶劣电磁环境的严重干扰，因此，要在高压侧将弱信号调制后变换成数字光脉冲信号传输到低压侧。

调制电路的原理框图如图 3.31 所示。调制电路由信号调理电路、A/D 转换器、单片机及电—光转换电路等构

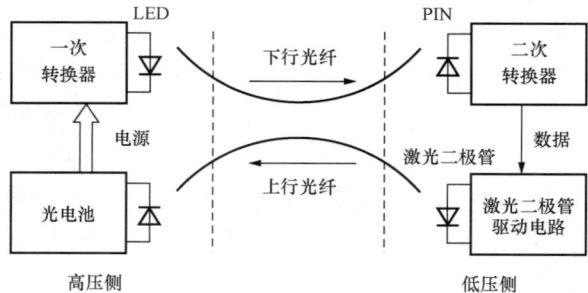

图 3.30　激光供能的基本原理图

成。被测电流分别通过计量通道和保护通道传感头后变换成电压信号，两通道信号分别经过信号调理电路后进入 16 位 A/D 进行 A/D 转换，两路 A/D 转换的启动由低压侧合并单元的同步时钟控制，进行同步采样；经过 A/D 转换器后的数字信号由单片机合成为一路信号，

再由单片机的串口发送至电—光转换电路，然后通过光纤传输至低压侧的合并单元，从而完成双路模拟信号的采集与通信。

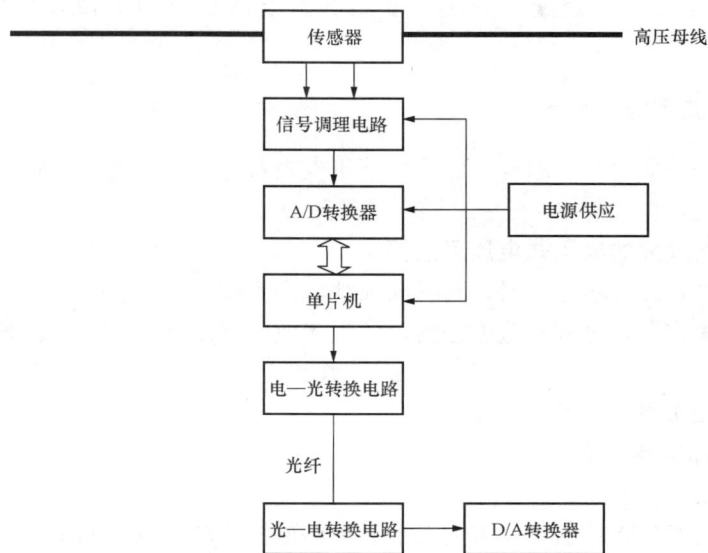

图 3.31　调制电路的原理框图

三、电子式电流互感器

图 3.32 所示为 HGIS 用穿心电子式电流互感器及其传感线圈外形图。它适用于 66～750kV 变电所中 HGIS 的一次电流传变，其输出量值为符合国家标准的数字量，以光纤接口方式提供给保护、测控和计量设备等。

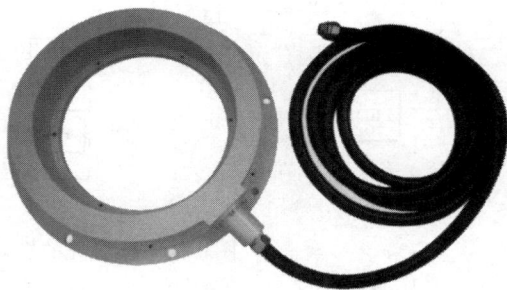

(a)　　　　　　　　　　　　　　　　　(b)

图 3.32　HGIS 用穿心电子式电流互感器及其传感线圈外形图
(a) HGIS 用穿心电子式电流互感器外形图；(b) 传感线圈外形图

　　HGIS用穿心电子式电流互感器采用罗氏线圈进行一、二次电流传变，采集单元为双AD采样系统，配置单罗氏线圈、单采集单元。传感线圈为套管外置式，与HGIS套管或罐式套管及互感器外套配合安装；专用屏蔽电缆的应用支持采集单元汇控柜安装模式。

3.4.3　电子式电压互感器

　　电子式电压互感器的基本原理主要分为基于电光效应、基于逆压电效应和基于分压效应三种。

一、基于电光效应的电子式电压互感器

　　某些晶体在没有外电场作用时，其各向同性，光率体为一圆柱体。在外电场作用下，导致其入射光折射率改变，这种效应就是光学的电光效应（Pockels效应）。其表达式为

$$\Delta n = KE \tag{3.10}$$

式中　　Δn——入射光的折射率；

　　　　E——外加电场强度；

　　　　K——常数。

　　这种折射率的变化将使沿某一方向入射晶体的偏振光产生电光相位延迟，且延迟量与外加电场强度成正比。常用于电子式电压互感器的晶体有锗酸铋（$BiGe_3O_{12}$，简称BGO）、硅酸铋（$Bi_{12}SiO_{20}$，简称BSO）和铌酸锂（$LiNbO_3$，简称LN）。

　　测量光的折射率通常是通过干涉法进行间接测量。测量装置主要由传感头、信号传输光纤和测量系统组成。其工作原理如图3.33所示。

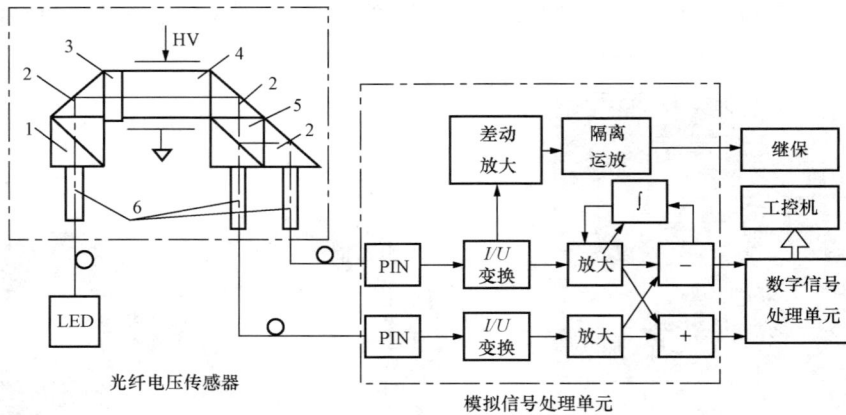

图3.33　测量光的折射率装置工作原理图
1—起偏器；2—90°直角棱镜；3—1/4λ波片；4—BGO晶体；5—检偏器；6—自聚焦镜

　　图3.34所示为BGO光纤电压传感头的结构图和工作原理。它由起偏器、1/4λ波片、BGO晶体和检偏器构成。光纤传输的自然光经透镜准直，由起偏器变成线偏振光。经1/4λ波片将偏振光再变成圆偏振光。由于加在BGO晶体上的电压或电场的作用，这个圆偏振光又变成椭圆偏振光。经检偏器检偏后的光信号，其调制度相当于交流电压或电场。因而，加在BGO上的电信号就可以通过检测光信号来测量。

图 3.34　BGO 光纤电压传感头的结构图和工作原理

二、基于逆压电效应的电子式电压互感器

这种电压互感器基于石英晶体的逆压电效应，传感器采用石英晶体作为敏感器件，晶体圆柱表面缠绕椭圆形双模光纤。当交流电压施加在晶体上时，引起晶体的交变形变，这种形变由椭圆形双模光纤感知，从而调制光纤中两个传导模式（LP_{01} 和 LP_{11}）间相位差，利用零差相位跟踪技术，测量相位调制量，可得被测电压的大小和相位。

基于逆压电效应的电子式电压互感器基本结构如图 3.35 所示。它由传感部分和控制部分组成。

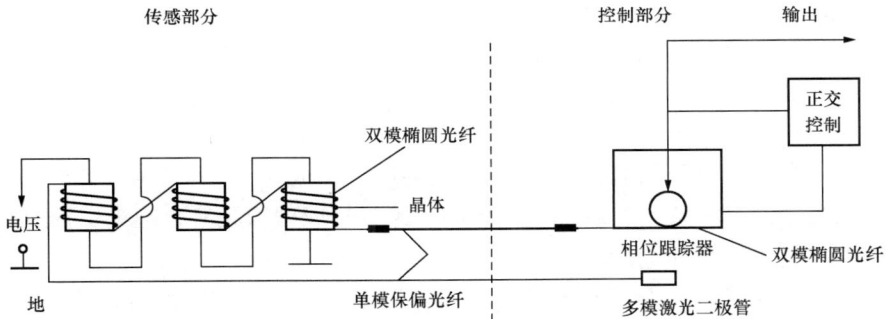

图 3.35　基于逆压电效应的电子式电压互感器基本结构图

（1）传感部分。传感部分处于现场高电压环境下，作用是将电压的变化量转变为光纤中光学参量的变化量。传感部分设有三块圆柱状石英压电晶体，其间用金属电极分开，金属导体的膨胀系数与晶体的膨胀系数接近。每个石英晶体上均匀的、等间距的缠绕双模椭圆光纤。

（2）控制部分。控制部分包括光源、相位跟踪器和干涉仪。

光源为低相干多模激光二极管，作用是发出稳定光波。相位跟踪器是用于检测光经过传感部分和单模保偏光纤引线被电压调制后光信号的光强，由光强的变化得到电压的大小。光源和相位跟踪器置于控制室中。单模保偏光纤引线，处于控制室与现场之间，用于连接光源与传感部分、相位跟踪器与传感部分。其作用一方面是将光源发出的光传输到传感部分，另一方面将经传感部分被电压信号调制后的光波传输到相位跟踪器。

干涉仪由传感干涉仪和接收干涉仪构成，两个干涉仪都由双模椭圆光纤和压电晶体构成。传感干涉仪将双模椭圆光纤缠绕于石英晶体上，接收干涉仪将双模椭圆光纤缠绕于压电陶瓷上。

3.4.4 组合式电子电流/电压互感器（OMU）

一、组合式电子电流/电压互感器的构成

组合式电子电流/电压互感器是由电压互感器和电流互感器组成并装在同一外壳内的互感器。它包括基于电光效应和法拉第磁光效应的组合式光学互感器、基于空心线圈和电容分压原理的组合式电子互感器。

图 3.36 所示为组合式电子电流/电压互感器的系统结构框图。

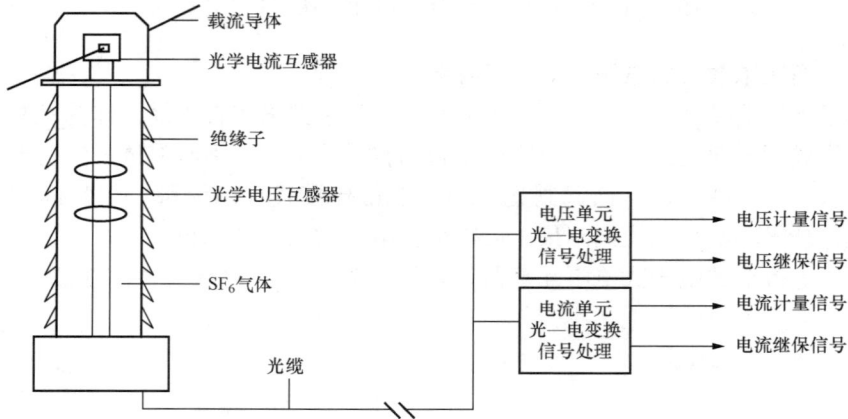

图 3.36 组合式电子电流/电压互感器的系统结构框图

组合式电子电流/电压互感器一般由三个主要部分构成。

（1）绝缘支柱。其一般由充以 SF_6 气体的瓷绝缘子或硅橡胶复合绝缘子构成，用以保证互感器具有相应电压等级的绝缘水平。

（2）光学电压互感器和光学电流互感器。它们是 OMU 的核心部分，将被测电压/电流进行调制，并将载有被测电压及电流信息的调制光信号通过光缆送至控制室。

（3）光—电变换及信号处理电路。用以发送直流光信号，并对由传感器送来的调制光信号进行光—电变换及相应的信号处理，最后输出供计量和继电保护用的模拟或数字信号。

二、组合式电子电流/电压互感器的应用

图 3.37 所示为一种组合式电子电流/电压互感器产品外形及应用示意图。其主要用于 6.6～35kV 开关柜内，实现一次电流和电压的传变。该互感器既支持模拟小信号的屏蔽电缆输出方式，也可支持光纤数字信号的输出方式。

传感头内置空心线圈进行电流传变，采用电阻分压器进行电压传变。传感头安装于开关柜高压室内，为无源型。屏蔽电缆为小信号屏蔽电缆，不但考虑到了电流和电压传感头信号分别传输的需要，同时重点考虑了对空间电场和空间磁场的干扰信号屏蔽能力，全面满足开关柜内电磁兼容要求。

调理单元是对传感头的输出信号进行积分处理和准确度调整的电子设备。调理单元安装于开关柜低压室内，采用站用 DC 220V（或 DC 100V）电源供电。

传感头安装于高压室内，支持正装、倒立安装方式；调理装置安装于仪表室内，支持正装、侧装和前面板安装。

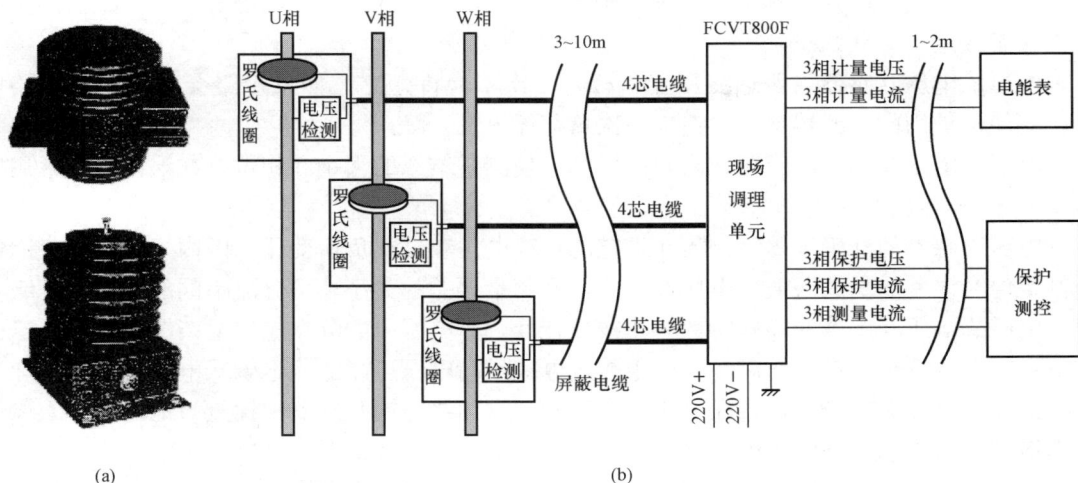

图 3.37　组合式电子电流/电压互感器外形图及应用示意图
(a) 外形图；(b) 应用示意图

小 结

（1）互感器由连接到电力传输系统一次和二次之间的一个或多个电流或电压传感器组成，用以传输正比于被测量的量，供给测量仪器、仪表和继电保护或控制装置。

（2）电磁式电流互感器的工作特点是一次绕组中的工作电流的数值大小只由电力负荷阻抗、线路阻抗及电源电压确定，而与其二次绕组负荷阻抗大小无关。电磁式电流互感器的二次侧在正常运行中接近于短路状态。运行中的电磁式电流互感器二次回路不允许开路，否则会在二次电路感应产生高电压，对人身和二次设备产生危险。

电磁式电流互感器由于存在励磁电流，使其工作时存在两种误差，即电流误差 f_i（比误差）和相位差 δ_i。

电磁式电流互感器准确度等级是指在规定的二次负荷变化范围内，一次电流为额定值时的最大电流误差。

测量用电流互感器的准确度等级，以该准确度等级在额定电流下所规定的最大允许电流误差的百分数来标称。标准的准确度等级为 0.1、0.2、0.5、1、3 和 5 级；供特殊用途的为 0.2S 及 0.5S 级。

保护用电磁式电流互感器按用途可分为稳态保护用和暂态保护用两类。稳态保护用电流互感器又分为 P、PR 和 PX 三类。

暂态保护用电流互感器（TP 类）是能满足短路电流具有非周期分量的暂态过程性能要求的保护用电流互感器，又可细分为 TPS 级、TPX 级、TPY 级和 TPZ 级。

保护级电磁式电流互感器的 10% 误差曲线，为在保证电流误差不超过 −10% 的条件下，一次电流的倍数 $n(n=I_1/I_{N1})$ 与允许最大二次负荷阻抗 Z_2 的关系曲线。

电磁式电流互感器一次和二次绕组都有端子极性标志，在使用中不要把极性接错。常用的电流互感器都按减极性标示（国家标准）。

（3）电磁式电压互感器一次电压不受互感器二次负荷的影响，电磁式电压互感器的正常工作状态接近于空载状态。

电磁式电压互感器与普通变压器一样，二次不允许短路，如果短路会出现大的短路电流，将使保护用的熔断器熔断，造成二次负荷停电。

电磁式电压互感器由于存在内阻抗压降，使测量结果的大小和相位存在误差。通常用电压误差 f_u 和相位差 δ_u 来表示。

电压互感器的准确度等级是指在规定的一次电压和二次负荷变化范围内，负荷功率因数为额定值时误差的最大限值。电压互感器依据测量误差的大小，可分成不同的准确度等级。

电磁式电压互感器的励磁特性为非线性特性，与电网中的分布电容或杂散电容在一定条件下可能形成铁磁谐振。铁磁谐振产生的过电流或高电压可能造成电磁式电压互感器损坏。

消除铁磁谐振的措施包括在电压互感器开口三角绕组或互感器中性点与地之间接入专用的消谐器，选用三相防谐振电压互感器，增加对地电容破坏谐振条件等。

（4）电容式电压互感器由电容分压器和电磁单元组成。在电容分压式电压互感器的原理接线中，为了补偿电容器的内阻抗在分压回路中串入补偿电抗器。为了减小分压器的输出电流达到减少误差的目的，将测量仪表经中间变压器后与分压器连接。在中间变压器的二次侧单独设置一只绕组，并在此绕组中接入阻尼电阻，用以抑制铁磁谐振过电压。

（5）在电磁式和电容分压式电压互感器的接线中，在只需要测量任意两相之间的线电压时，可采用一只单相电压互感器。

采用两只单相电压互感器接成不完全星形接线（V/V 形），可用来接入只需要线电压的测量仪表和继电器，但不能测量相电压。

采用三只单相三绕组电压互感器接成星形接线，且一次绕组中性点接地。这种接线可用于测量三相电网的线电压和相对地电压。

采用三相三柱式电压互感器的接线，可用来测量线电压。

采用三相五柱式电压互感器，一次绕组接成中性点接地的星形，基本二次绕组也接成星形，辅助二次绕组接成开口三角形，既可用来测量线电压和相电压，又可用于监视电网对地的绝缘状况和实现单相接地的继电保护。

（6）电子式互感器由连接到传输系统和二次转换器的一个或多个电流或电压传感器组成，用以传输正比于被测量的量，供给测量仪器、仪表和继电保护或控制装置。电子式电流互感器种类包括光学电流互感器、空心线圈电流互感器、铁芯线圈式低功率电流互感器。电子式电压互感器种类包括光学电压互感器、阻容分压型电压互感器。

（7）光电式互感器是电子式互感器的一种，它包括一次传感器、一次变换器、传输系统、二次变换器及合并单元。数字输出一般是经合并单元将多个传感器的采样量合并变为数字量输出。一个合并单元最多可输入 7 个电流传感器和 5 个电压传感器的采样量。它供给测量和继电保护的数字量一般分别输出。

（8）磁光电流互感器根据法拉第磁光效应的基本原理制成。通过测量通流导体周围线偏振光偏振面的变化，间接地测量出导体中的电流值。

磁光电流互感器由传感头、光路部分（光源、光纤准直透镜、起偏器、检偏器、耦合透镜和传输系统、光纤合成绝缘子）、检测系统、信号处理系统等组成。

（9）有源型电子式电流互感器是基于电磁感应原理的传感元件与光纤通信技术相结合的

新型电流测量设备，采用空心线圈和低功率铁芯线圈将一次侧被测电流变换成与之呈线性关系的模拟电压信号。

其基本结构主要由低功率铁芯线圈、空心线圈、高压侧信号调制电路、高压侧供电电源、光纤复合绝缘子、光纤传输系统等组成。

（10）电子式电压互感器按基本原理主要分为基于电光效应电压互感器、基于逆压电效应电压互感器和基于分压效应电压互感器三种。

（11）基于电光效应的电压互感器是利用某些晶体在外电场作用下，导致其入射光折射率发生改变的特性，通过检测某一方向入射晶体的偏振光产生的电光相位延迟，来获得外加电场强度的大小，进而获得外加电压的大小。其基本结构主要由传感头、信号传输光纤和测量系统组成。

（12）基于逆压电效应的电压互感器，通过将逆压电效应引起的晶体交变形变，转化为光信号的调制并检测光信号，从而实现电压的光学传感。其基本结构主要由传感部分和控制部分组成。

（13）组合式电子电流/电压互感器是由电压互感器和电流互感器组成并装在同一外壳内的互感器。它包括基于电光效应和法拉第磁光效应的组合式光学互感器，基于空心线圈和电容分压原理的组合式电子互感器。

思 考 题

3.1　在电力系统中为什么大量使用互感器？

3.2　电磁式电流互感器的工作原理是什么？

3.3　为什么正常运行的电流互感器二次侧不允许开路？怎样防止其二次侧开路？

3.4　电磁式电流互感器的误差是怎样产生的？它有几种测量误差？

3.5　什么是电流互感器的准确度等级？测量用电流互感器的准确度等级有哪些？

3.6　保护用电磁式电流互感器的准确度等级如何划分？

3.7　什么是保护级电流互感器的 10％误差曲线？

3.8　电磁式电流互感器的基本结构由哪些部分组成？

3.9　电磁式电流互感器的常用接线有几种？各有什么特点？

3.10　什么是电磁式电流互感器的减极性标示？

3.11　电磁式电压互感器的工作原理是什么？

3.12　电磁式电压互感器的误差是怎样产生的？它有哪几种测量误差？

3.13　影响电磁式电压互感器误差的因素有哪些？

3.14　什么是电磁式电压互感器的准确度等级？电压互感器的准确度等级有哪些？

3.15　什么是电磁式电压互感器的热极限容量？其使用条件是什么？

3.16　什么是电磁式电压互感器的铁磁谐振？它的发生与哪些因素有关？为了防止发生铁磁谐振可采取哪些措施？

3.17　电磁式串级电压互感器主要结构特点是什么？装设连耦绕组和平衡绕组的作用分别是什么？

3.18　电容式电压互感器的基本工作原理是什么？

3.19　电容式电压互感器的原理接线图中各元件的作用是什么？

3.20　常用的电磁式电压互感器的接线有几种？每种接线的功能是什么？

3.21　装在电磁式电压互感器一、二次侧的熔断器各起什么作用？

3.22　与电磁式互感器相比较，电子式互感器的主要优点有哪些？

3.23　电子式电流互感器由哪些部分组成？

3.24　电子式电压互感器由哪些部分组成？

3.25　数字输出型电子式互感器的数字接口框图是怎样的？一个合并单元最多可输入多少传感器的采样量？

3.26　磁光电流互感器的基本工作原理是什么？它的传感器直接测量的物理量是什么？

3.27　磁光电流互感器由哪些部分组成？

3.28　有源型电子式电流互感器的工作原理是什么？由哪些部分组成？

3.29　低功率铁芯线圈和空心线圈是如何测量一次电流的？

3.30　基于电光效应的电压互感器通过测量光的什么物理量变化来间接测量电路的电压大小？

3.31　BGO 光纤电压传感头的工作原理是什么？

3.32　什么是逆压电效应？基于逆压电效应的电压互感器工作原理是什么？

3.33　什么是组合式电子电流/电压互感器？其主要类型有哪些？

第4章　电力电容器和电抗器

4.1　电力电容器

4.1.1　电力电容器的基础知识

一、电力电容器的种类和作用

（一）并联电容器

并联电容器是一种无功补偿设备，并联在电网上用来补偿电力系统感性负载的无功功率，以提高系统的功率因数，从而降低电能损耗，提高电压质量和设备利用率。并联电容器常与有载调压变压器配合使用。

（二）串联电容器

串联电容器串联在线路上，用来补偿线路的感抗，提高线路末端的电压水平，提高系统的动、静态稳定性，改善线路的电压质量，增长输电距离和增大电力输送能力。

（三）耦合电容器

耦合电容器用于高压及超高压输电线路的载波通信系统，同时也可作为测量、控制、保护装置中的部件。

（四）均压电容器

均压电容器一般并联于高压断路器的断口上，使各断口间的电压在开断时分布均匀。

（五）脉冲电容器

脉冲电容器用于冲击分压、振荡回路、整流滤波等。

二、并联电容器的分类

（一）低压并联电容器

低压电容器产品种类有：充气干式电容器，环氧浇注干式电容器，浸渍各种液体（如菜籽油、石蜡和硅油等）的电容器。

低压电容器单元的外壳一般为铝质和塑料，再将多个单元（常为三个，即三相电容器）装配在铁壳或塑料壳体内组成。

低压电容器的额定电压优先值包括 0.23、0.4、0.525、0.69kV 四个等级。

低压电容器的额定容量为 100kvar 及以下时的优先值是：1、1.6、2.0、3.2、5、6.3、8、10、16、20、25、32、50、63、80、100kvar；额定容量为 100kvar 以上时，优先值是 R10 系列优先数系。

（二）高压并联电容器

高压并联电容器产品种类有：壳式单元电容器，箱式高压并联电容器，集合式高压并联电容器，充气式集合并联电容器，自愈式高压并联电容器，额定电压为 35kV 的静补装置（SVC），额定电压为 220～500kV 的 HVDC 用交流高压电容器等。

（1）壳式单元电容器。该产品的应用量大面广，也是其他各种电容器的基础。国产壳式高压并联电容器的单台容量较小。从 20 世纪 80 年代末期至今，国产大容量电容器是以单台 334kvar 和 500kvar 容量电容器为主导，近几年电容器技术发展很快，更大容量的电容器也迅速得到应用。

（2）箱式高压并联电容器。其额定电压等级为 6.6～66kV。该产品的外形和中小型变压器相似，内部是将若干个去掉铁壳的单台电容器芯子按设计要求进行串并联，不设内熔丝保护，预留散热油道，经抽空脱气后再注满合格的油。这种产品单台容量大，一旦内部出现损坏元件后，一个串联段就被短接，整台电容器就必须退出运行，现场无法修理，返厂维修时间长。

（3）集合式高压并联电容器。其额定电压等级为 6.6～66kV。此产品初看像箱式设备，但箱体内部是单台铁壳式产品，有内熔丝保护，只不过用油作为外绝缘和散热之用。原来的套管高度可降低，有半密封和全密封两大类：油枕加干燥过滤器的，入口处无论有无油封，属于半密封；无油枕而在箱体内部用其他方式来补偿油位冷热变化的，属于全密封。由于有内熔丝保护，个别元件损坏由内熔丝切除，不影响使用。一旦故障，需返厂维修，所用时间长。

（4）充气式集合并联电容器。其额定电压等级为 6.6～35kV。充气式产品将集合式产品箱体内的油换成 SF_6 或 SF_6 与 N_2 的混合气体，但内部的单台铁壳产品仍然是油浸的。此产品除具有集合式电容器的优点外，还具有难燃、防爆、不会漏油污染的优点，此外不必在变电所增设储油坑和防火墙的附属设备。目前该类电容器因可靠性不高，已逐步退出运行。

（5）自愈式电容器。其额定电压等级为 6.6～10kV。这类产品是将若干个电容器元件串并联后制成高压电容器，因而具有"自愈"特性，而且符合产品无油化的发展方向。但是，不"自愈"的概率是存在的，因此这种产品设计时必须要有切实的防火措施。此外，目前该电容器可靠性不高，只用于一些无油化要求的场所。

（6）静止型动态无功功率补偿装置（SVC）。静止无功功率补偿装置是一种利用电容器和各种类型的电抗器组成的、提供可变动的容性和感性无功功率的补偿装置。它利用先进的技术，不依靠断路器或其他有触点开关，用晶闸管等电力电子器件控制，能平滑调节动态无功功率。由于其价格用户能够接受，加之能够进行功率因数动态补偿、抑制闪变和阻尼振荡等优点，在冶金行业和电网的 220kV 枢纽变电所中得到应用。

三、并联电容器型号表达式及含义

并联电容器型号规定为：

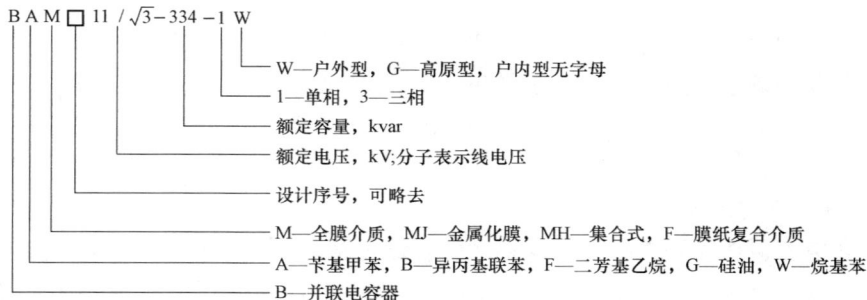

$$BAM\square 11/\sqrt{3}-334-1\,W$$

- W—户外型，G—高原型，户内型无字母
- 1—单相，3—三相
- 额定容量，kvar
- 额定电压，kV；分子表示线电压
- 设计序号，可略去
- M—全膜介质，MJ—金属化膜，MH—集合式，F—膜纸复合介质
- A—苄基甲苯，B—异丙基联苯，F—二芳基乙烷，G—硅油，W—烷基苯
- B—并联电容器

例如：BAM11/$\sqrt{3}$ - 334 - 1W 表示为苄基甲苯浸渍的全膜并联电容器，额定电压 11/$\sqrt{3}$ kV，单台容量 334kvar，单相户外式；BFMH11/$\sqrt{3}$ - 600 - 3W 表示为二芳基乙烷浸渍的全膜集合式电容器，额定电压 11/$\sqrt{3}$kV，单台容量 600kvar，三相共体户外式。

四、并联电容器额定值及铭牌参数

（一）并联电容器额定值

（1）额定电压。一般宜选择以下额定电压：6.3/$\sqrt{3}$、6.6/$\sqrt{3}$、7.2/$\sqrt{3}$、10.5/$\sqrt{3}$、11/$\sqrt{3}$、12/$\sqrt{3}$、11、12、20、21、22、24、38.5/$\sqrt{3}$、40.5/$\sqrt{3}$kV。也可根据实际需要选用其他额定电压。

（2）额定容量。一般单台电容器宜选择以下额定容量：100、200、334、417、500kvar。集合式及箱式电容器根据实际需要选用其额定容量。

（二）并联电容器铭牌参数

单台电容器的铭牌应标出下列内容：电容器名称、型号、额定频率（Hz）、额定电压（kV）、额定电流（A）、额定容量（kvar）、实测电容量（pF）、内部元件串并联数、质量（kg）、环境温度类别、编号、出厂年月、制造厂家等。

4.1.2 并联电容器的基本原理及结构

一、并联电容器的基本原理

（一）电容器的电容

并联电容器的电容为并联电容器最基本的参数。对于已制成的电容器，电容量为定值，它取决于电容器的几何尺寸及介质的介电系数。电容器的电容量 C 为

$$C = \frac{\varepsilon_r \varepsilon_0 A}{d} \tag{4.1}$$

式中　C——电容量，F；

　　　ε_r——介质的相对介电常数；

　　　ε_0——真空的介电常数，为 8.84×10^{-14} F/cm；

　　　A——极板有效面积，cm^2；

　　　d——极间介质厚度，cm。

（二）并联电容器的容量

并联电容器的无功容量 Q 取决于电容器 C 和施加在电容器上的电压和频率。电容器的无功容量 Q 为

$$Q = 2\pi f C U^2 \times 10^3 \tag{4.2}$$

式中　Q——无功容量，kvar；

　　　f——电网频率，Hz；

　　　C——电容器电容量，F；

　　　U——电容器的外施电压，kV。

由式（4.2）可知，接入电网后电容器实际容量与电压的平方和频率成正比，而电容器的额定容量是将额定电压作为电容器的外施电压计算得到的。当运行电压降低时，并联电容器的无功容量随之下降。

（三）利用并联电容器实现电压和无功功率调整的原理

为避免无功功率的大量流动而引起电网中功率损耗的增加，一般无功功率补偿装置往往安装在负荷中心，即除了要求整个系统无功功率平衡外，在各局部地区尽量达到无功功率平衡，因此各电压等级的变电所通常都安装有无功功率补偿器。

图 4.1 为并联电容器工作原理图和相量图。由于容性电流 I_c 相位超前电压 90°，可抵消一部分相位滞后于电压 90° 的感性电流 I_L，使电流 I_1 减小为 I_2，相角由 φ_1 减小到 φ_2，从而使功率因数从 $\cos\varphi_1$ 提高到 $\cos\varphi_2$。

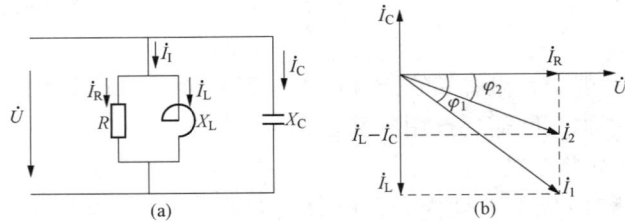

图 4.1　并联电容器工作原理图和相量图
（a）原理图；（b）相量图

由图 4.1（b）可求得提高功率因数需要电容器容量为

$$Q_C = P\left(\sqrt{\frac{1}{\cos^2\varphi_1} - 1} - \sqrt{\frac{1}{\cos^2\varphi_2} - 1} \right) \tag{4.3}$$

并联电容器后节省的视在功率为

$$S = P\left(\frac{1}{\cos\varphi_1} - \frac{1}{\cos\varphi_2} \right) \tag{4.4}$$

式中　P——负荷功率，kW。

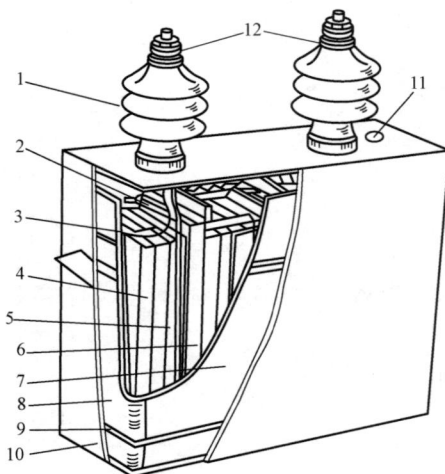

图 4.2　电容器内部结构示意图
1—出线瓷套管；2—出线连接片；3—连接片；
4—电容元件；5—出线连接片固定板；6—组间绝缘；
7—包封件；8—夹板；9—紧箍；10—外壳；
11—封口盖；12—接线端子

根据负荷大小，合理地控制投入无功功率补偿容量，使变电所与系统交换的无功功率最小，就可使高压网络的电压损耗和功率损耗降为最小。安装于负荷中心的并联补偿电容器不仅能改善电压质量，而且能降低网损，提高电能输送效率。

二、并联电容器的结构

目前国内生产的油浸高压并联电容器，单元的基本结构大体相同，主要由电容元件、浸渍剂、紧固件、引线、外壳和套管组成。电容器内部结构示意图如图 4.2 所示。

（一）电容元件

电容器的内部小单元习惯上称为"元件"，其由固体介质与铝箔电极卷制而成。固体介质可采用电容器纸、膜纸复合或纯薄膜。极间介质有两层膜和三层膜之分。铝箔电极有不折边不凸出和折边凸出两种结构。铝箔不凸出结构需要插引线片以便进行电容器内部电气上的串并联连接，而凸箔结构一般不需要插引线片，而是直接焊接完成连接。折边是为了改善铝箔边缘电场分布状况，有助于提高产品设计场强。目前，铝箔折边凸箔结构是最好的结构方式。

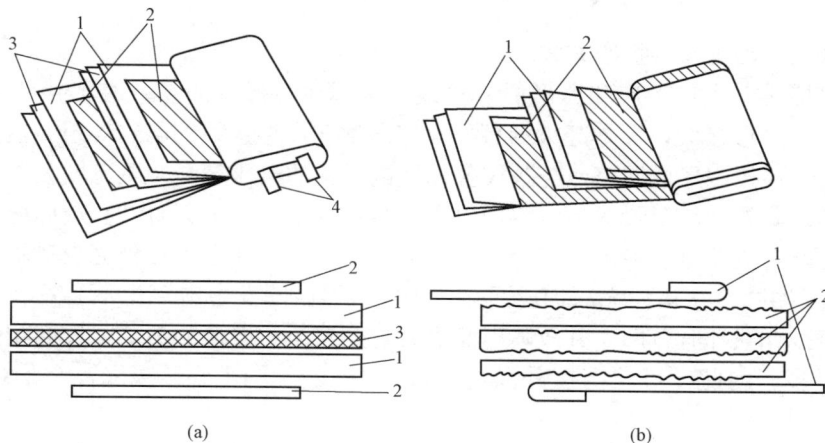

图 4.3　元件结构示意图
（a）不折边不凸出结构；（b）折边凸出结构
1—薄膜；2—铝箔；3—电容器纸；4—引线片

（二）浸渍剂

由卷绕压扁形元件和绝缘件组成的电容器芯子一般放于浸渍剂中，以提高电容元件的介质耐压强度，改善局部放电特性和散热条件。浸渍剂一般有矿物油、氯化联苯、SF_6 气体等。

（三）外壳和套管

外壳一般采用薄钢板焊接而成的金属柜形外壳。出线采用瓷套管绝缘结构。

4.1.3　并联电容器装置组件和常规接线方式

一、并联电容器装置组件

（一）并联电容器的组件

（1）投切装置，包括断路器、隔离开关等。

（2）主功能装置，包括并联电容器、串联电抗器、过电压保护装置、放电线圈、单台电容器保护熔断器、氧化锌避雷器、接地开关、构架等。

（3）控制、测量、保护装置，包括各类电压、电流变比设备，以及测量仪表、继电保护、自动控制装置。

（二）装置中各元件的作用

（1）并联电容器：产生相位超前于电网电压的无功电流，提高电网功率因数。

（2）串联电抗器：抑制合闸涌流，抑制电网谐波。

（3）放电线圈：泄放电容器的储能，提供继电保护信号。

（4）氧化锌避雷器及过电压保护装置：抑制操作过电压。

（5）单台电容器保护熔断器：为无内熔丝电容器的极间短路提供快速保护。

（6）接地开关：用于检修时的安全接地。

（7）导体、支柱绝缘子、构架等：构成装置的承重体系、电流回路。

（8）其他（如电流互感器等）：根据设计需要，作为电容器组内部故障保护的信号监测单元。

二、并联电容器组常规接线方式

电容器组接线方式有 Y 形和△形两种接线。实际运行经验表明，△形接线的电容器组其损坏率远高于 Y 形接线，爆炸起火的事故大多发生在△形接线的电容器组。这是因为 3 次谐波可以在△形接线中形成回路，与基波叠加使电容器的电压升高，电流增大，严重时可导致电容器损坏。此外，△形接线的电容器组当电容器发生极间击穿时，会造成电源的相间短路，较大的短路电流流过故障电容器会造成较大的冲击波而使电容器外壳爆破而起火。而 Y 形接线的电容器组，3 次谐波无法构成回路，当电容器极间发生击穿也不会发展为相间短路（即使发生电容器的极间击穿），其故障电流只有电容器组相电流的 3 倍，比起相间短路时故障电流要小得多。因此，目前高压并联电容器组接线只采用 Y 形接线，△形接线只用于 400V 的低压电容器中。

△形接线的并联电容器额定电压取 10.5kV，Y 形接线的并联电容器额定电压取 $11/\sqrt{3}$kV。

4.1.4　高压并联电容器组配套设备的选择

一、并联电容器单台熔丝的选择

高压并联电容器的内熔丝装于电容器内部电容元件之间。当某个电容元件击穿时，与之并联的其他电容元件将向其放电，利用高频放电电流使内熔丝熔断，快速地将故障元件切除，使单台电容器仍可继续运行。

外熔断器熔丝额定电流的选择国内外有关标准的规定不尽一致，与电容器允许最大电流值的标准以及熔丝的性能有关。我国对单台电容器外用熔断器熔丝的额定电流规定为：按不小于电容器额定电流的 1.43 倍，且不宜大于电容器额定电流的 1.55 倍进行选择。

二、真空断路器的选择

真空断路器具有体积小、灭弧性能好、寿命长、维护量小、使用安全等优点，特别是由于其适合频繁操作的特点，在并联电容器补偿装置中广泛采用真空断路器来投切电容器组。

众所周知，开断电容器组等容性负荷不同于其他负荷，由于电容器存在残余电荷，在断路器断口会出现含直流分量较高的恢复过电压。真空断路器投切电容器组的大量试验研究表明，有些真空断路器存在弧后延时重击穿并发生重燃现象。一旦发生重燃，会产生高幅值的重燃过电压，特别是多次重燃或多相重燃，其过电压严重威胁并联补偿装置和系统的安全。因此，对于投切电容器组的真空断路器要求无重燃或低重燃率。

三、串联电抗器的选择

（一）串联电抗器的作用

串联电抗器是高压并联电容器装置的重要组成部分，其作用是限制电容器组合闸涌流并抑制电力谐波，防止电容器对电网谐波的放大和发生谐振等。由于电容器容抗和频率成反比，高次谐波在电容器中形成高于工频的谐波低容抗通道，导致电容器组因谐波电流而过热损坏。有串联电抗器的并联电容器装置，其电容器容量不应随意改变，因为增加电容器容量电抗器可能过载，减少电容器容量可能引起电容器运行电压升高。

（二）串联电抗器的分类

常用的串联电抗器有干式空心、干式铁芯两种。干式空心的电抗值呈线性，无饱和现象，但体积大，有"磁污染"弊端。干式铁芯电抗器无油、体积稍小一些，但不能用于户外，限制合闸涌流作用弱于空心电抗器，动稳定性也不好。

（三）串联电抗器的接入位置

从限制涌流和抑制谐波两个作用来说，串联电抗器无论装在电容器组的电源侧或中性点侧都相同，但如果装在电源侧还兼有限制短路电流的作用。然而油浸铁芯式类电抗器因其动稳定性较差，只宜放置于中性点侧，因为在中性点侧电抗器承受的对地电压低，可不受短路电流的冲击，对动、热稳定性没有特殊要求，可减少故障，运行更加安全。干式类电抗器适宜于放置在电源侧，若装在中性点侧一旦短路点出现在电抗器和电容器之间，电抗器对电容器的保护作用就不复存在，电容器将单独承受危及自身安全的电流了。室内选用空心电抗器时，一定要在空心电抗器对应的一定空间范围内避开继电保护和微机室，避免因电抗器的投运而使继电保护和微机不能正常工作。当不能避开时，宜换用铁芯电抗器。

（四）串联电抗器的选择

（1）电抗百分率的选取。串联电抗器的电抗百分率指同一相内相互串联的感抗与容抗之比，$\beta = X_L / X_C$。串联电抗器的大小视电容器安装处母线的谐波状况而定。无须装滤波器时，该支路的电抗百分率 β 一般有三种选择：①基本无谐波、仅为限制合闸涌流时选择 0.5%～1.0%；②有 5 次谐波时选择 4.5%～6.0%，目前国家电网公司系统统一选择 5%；③有 3 次谐波时选择 12%～13%。

（2）额定电压的选取。在 10kV 系统中，额定电压 $11/\sqrt{3}$kV 及 $12/\sqrt{3}$kV 分别对应于电容器串接（4.5%～6%）及 12%电抗百分率的串联电抗器接线方式。对于串接 1%及以下电抗百分率的接线方式，当变压器为有载调压、10kV 母线电压能控制在 10～10.7kV 以内时，应采用 $10.5/\sqrt{3}$kV 的额定电压。现在较多的 1%及以下电抗百分率的接线方式是选用 $11/\sqrt{3}$kV 额定电压的电容器，虽然比较安全，但运行容量较额定容量降低了约 10%，经济上和技术上均不合理。

四、放电线圈选择

（一）放电线圈的种类及特点

电容器的放电器分内部装有放电电阻和外部装有放电线圈两种。放电电阻为高压玻璃釉电阻，并联在每个串联段上。目前仅允许使用的放电线圈有油浸式和干式两大类，10kV 多选干式放电线圈，35kV 多选用油浸式放电线圈。放电线圈应能耐受配套容量电容器组的放电能量作用，并满足放电要求，即电容器开断后 5s 内将电容器组上剩余电压自额定电压峰值降到 50V 及以下。

（二）放电线圈的选用

非全密封油浸式放电线圈因受潮故障频发，因此应选用全密封结构。

（三）对放电线圈的要求

放电线圈的绝缘水平应与配套电容器一致，额定电压不低于电容器组的额定电压。应选用全绝缘产品。放电线圈首末端必须与电容器首末端相连接。当串联电抗器置于电容器组的中性点侧时，放电线圈末端可以与中性点连接。禁止使用放电线圈中性点接地的接线方式。严禁将电容器组 3 台放电线圈的一次绕组接成三角形或 V 形接线，避免放电线圈故障扩大成相间事故。放电线圈的中性点与电容器组中性点不相连的星形接线方式，应只用于小容量电容器中性点不可触及的场合，否则不得使用这种接线，避免发生触及中性点部分而造成的触电事故。

　　验收电容器装置时，必须认真校核放电线圈的线圈极性和接线是否正确，确认无误后方可进行试投。试投时不平衡保护不得退出运行，避免因放电线圈极性和接线错误造成的放电线圈损坏，甚至爆炸。

五、避雷器的选择

　　金属氧化锌避雷器（MOA）主要元件是金属氧化物非线性电阻阀片。相应数量的氧化锌电阻阀片被密封在瓷套或其他绝缘件内，阀片的数量由电压的大小决定。当避雷器上加上正常工作电压时，阀片上只有很小的泄漏电流通过。出现过电压时，避雷器中有很大的电流通过，但电压却被限制在一定的范围内，因而其具有限制过电压的作用。

　　避雷器选型问题的主要难点是确定暂态过电压的范围问题，既要保证在较高的操作过电压及大气过电压下安全、可靠地动作，又要保证在工频过电压下阀片不动作。在中性点不接地系统中，现阶段避雷器的选型和设计必须保证 2h 单相接地时出现的系统最高过电压氧化锌避雷器不动作，否则氧化锌避雷器会出现热崩溃甚至爆炸事故。在中性点经消弧线圈接地的系统中，电容器组中接地过电压会低许多，这时可根据实际模拟计算选择较低的额定电压及持续运行电压使氧化锌避雷器在较低的操作过电压下动作保护电容器组。如果不方便进行模拟，也可按不接地系统选择，因电容器极对地绝缘已考虑能满足单相接地 2h 要求，避雷器不动作也不会导致过电压损害电容器组。

　　电容器组选用每相一只避雷器的对地方式，能有效地限制真空开关单相重燃产生的过电压，同时还能限制电容器组中性点过电压的发展，降低开关两相重燃的概率。

4.2　并联补偿电抗器

4.2.1　并联补偿电抗器的基础知识

一、电抗器的分类和作用

在电力系统中广泛使用的电抗器，按照用途不同可以分成如下类型：

（1）并联补偿电抗器：用于向电力系统提供感性无功功率。

（2）限流电抗器：用于限制短路电流的数值。

（3）滤波电抗器：用于滤除电力系统中的高次谐波。

（4）消弧电抗器：用于消除电力系统的过电压。

（5）通信电抗器：用于阻挡载波信号，完成载波通信功能。

（6）电炉电抗器：用于限制电炉变压器的短路电流数值。

（7）启动电抗器：用于限制电动机的启动电流。

二、并联补偿电抗器的作用

（1）接在 330～500kV 高压等级大型变电所线路末端，用于补偿线路的电容性充电功率，限制工频稳态电压升高和操作过电压，降低系统的绝缘水平，保证线路的可靠运行。

（2）接在大型变电所主变压器三次侧，用于调相、调压及平衡无功功率，并可以补偿高压线路的剩余充电功率。

三、并联补偿电抗器的分类

（1）按照电压等级可分为：

1）220、330、500kV 等线路高压并联电抗器；

2）10、35、66kV 主变压器三次侧高压并联电抗器。

（2）按照冷却方式可分为：

1）干式并联补偿电抗器，其中包括干式空心、干式铁芯、干式半芯三种型式；

2）油浸式并联补偿电抗器。

四、并联补偿电抗器型号及含义

干式并联电抗器的型号及含义如下：

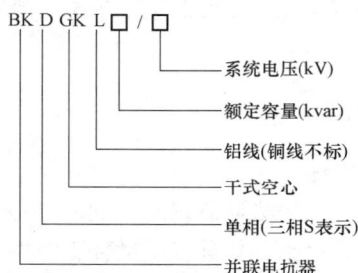

```
BK D GK L □ / □
              └──── 系统电压(kV)
            └────── 额定容量(kvar)
          └──────── 铝线(铜线不标)
        └────────── 干式空心
      └──────────── 单相(三相S表示)
    └────────────── 并联电抗器
```

油浸并联电抗器的型号及含义如下：

```
BK D F P □ / □
            └──── 系统电压(kV)
          └────── 额定容量(kvar)
        └──────── 强迫油循环
      └────────── 风冷
    └──────────── 单相(三相S表示)
  └────────────── 并联电抗器
```

五、并联补偿电抗器铭牌参数及额定值

每台并联补偿电抗器都在明显可见的位置设置铭牌，铭牌上标出如下项目：

（1）电抗器名称。并联电抗器或干式并联电抗器。

（2）型号。干式并联电抗器用 BKGKL，油浸并联电抗器用 BKDFP。

（3）相数。单相或三相。干式并联电抗器均为单相式。用于补偿线路的电容性充电电流的、电压等级较高的、质量较大的油浸式并联电抗器大多为单相。用在大型变电所主变压器三次侧的、容量不太大的油浸式并联电抗器大多为三相式。

（4）相序。设备上均已标明 U/V/W 相序，安装时应对号入座。

（5）额定容量（kvar）。其容量应根据电网接线和运行方式的需要而确定。

（6）额定电压（kV）。并联电抗器额定电压一般均指线电压。

（7）连续最高工作电压（kV）。对于高压线路末端安装的并联电抗器，其最高工作电压为额定电压的 1.1 倍；对于主变压器三次侧安装的并联电抗器，其最高工作电压为三次侧额定电压的 1.0～1.05 倍。

（8）额定频率（Hz）。我国电网通用工频为 50Hz。

（9）额定电流（A）。并联电抗器额定电流一般指线电流，是由额定容量和额定电压并结合实际接线得到的计算值。

（10）直流电阻（Ω）。由额定损耗和额定电流并结合实际接线的计算值。

（11）额定电抗（Ω）。由额定电压和额定电流并结合实际接线的计算值。

（12）绝缘的耐热等级。

（13）绝缘水平。

除以上主要参数外，并联电抗器还有绕组连接方式、冷却方式、总质量、制造厂名称、出厂序号、制造年月等参数。

4.2.2　并联补偿电抗器的结构

一、干式空心并联电抗器的结构

该类电抗器为单相结构，采用湿绕法环氧树脂玻璃纤维包封式绕组，无铁芯，导磁介质为空气。与传统的油浸铁芯式电抗器相比，其具有质量轻、线性度好、机械强度高、噪声低、价格低廉、电气/机械性能优于油浸铁芯式电抗器、维护保养简单的优点，适用于户内外使用。

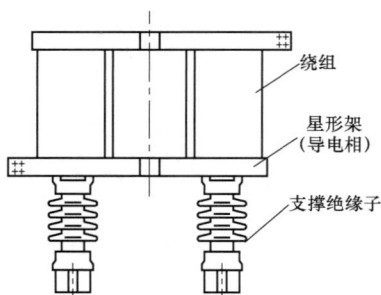

图 4.4　干式空心电抗器结构示意图

干式空心电抗器结构示意图如图 4.4 所示。其结构特点如下：

（1）所有电抗器均由环氧树脂浸渍过的长玻璃丝束对绕组进行包封，一台电抗器由数个绕组包封组成；

（2）电抗器绕组采用绝缘性能优良薄膜作为导线的匝绝缘；

（3）电抗器表面覆盖有耐紫外线辐射的硅有机漆，具有良好的耐户外气候条件的性能；

（4）电抗器绕组层间采用聚酯玻璃纤维引拔棒作为轴向散热气道，具有优良的散热性能；

（5）电抗器采用多层并联结构，绕组的轴向电应力为零，在稳态工作电压下，沿绕组高度方向的电压分布均匀；

（6）电抗器采用浸渍环氧树脂的长纤维玻璃丝束进行包封，绕组经固化处理具有很好的整体性，通过短路电流时所产生的巨大机械力由包封承受，整个绕组导线具有较高抗短路电流的能力。

二、干式铁芯并联电抗器的结构

该类电抗器采用干式变压器三相式结构，绕组为环氧树脂真空浇注式，铁芯柱由高导磁硅钢材料叠制而成的若干个铁芯饼和气隙叠装而成。因大电流下铁芯易饱和，和空心式相比，其电感值线性范围有限，受结构条件限制，容量和电压规格做得不大，而且因铁芯暴露在空气中，因此仅适用于户内使用。

"品"字形干式铁芯并联电抗器结构如图 4.5 所示。"一"字形干式铁芯并联电抗器结构如图 4.6 所示。

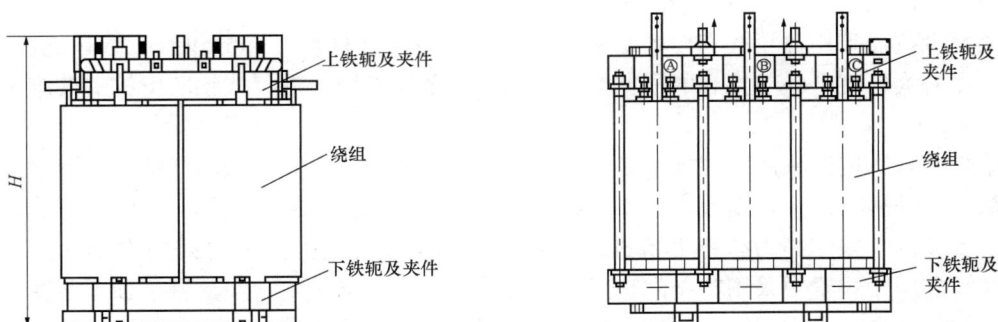

图 4.5　"品"字形干式铁芯并联电抗器结构示意图　　图 4.6　"一"字形干式铁芯并联电抗器结构示意图

干式铁芯并联电抗器结构特点如下：

（1）三相共体，上下铁轭为一字形（或圆环状），三相铁芯柱呈"一"（或"品"）字形布置，三个绕组分别套装于三相铁芯柱上，整体结构紧凑，有效地减少了体积和损耗。

（2）采用环氧树脂成型固体绝缘结构，绕组由多个包封组成，产品具有良好的电气绝缘性能和机械性能。

（3）铁芯由铁轭、高填充系数的铁芯柱（叠片式或辐射式）组成框形（或三角形）磁路结构，对周围环境电磁干扰小，但其铁芯材料消耗量大、成本高、机械结构复杂。

（4）铁芯柱由铁饼与多个非导磁材料的气隙组成。如工艺处理不当，气隙伴随着巨大的电磁力导致运行时易产生振动和噪声。

三、干式半芯并联电抗器的结构

干式半芯并联电抗器结构示意图如图 4.7 所示。该类电抗器与干式空芯并联电抗器结构相同，但在绕组中放入了部分由硅钢材料做成的铁芯，导磁介质由硅钢铁芯和空气组成，电感值线性范围接近空心式。相对于空心产品的结构，半芯产品除具有空心电抗器的优点外，还具有损耗低、直径小、占地面积小的特点。相对于铁芯产品结构，半芯产品噪声小、容量不受限制、适用于户内外。

干式半芯并联电抗器结构特点如下：

（1）把传统铁芯电抗器结构中的铁芯柱放在空心电抗器的空心之中。区别于传统铁芯电抗器之处在于其铁芯并不包围整个绕组而形成闭合回路，而是将铁芯电抗器原来放置在芯柱上的气隙（这些气隙是为获得特定电感值所必需的）转移到空心电

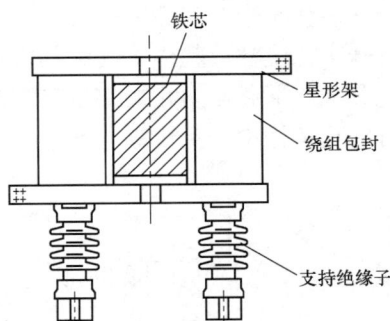

图 4.7　干式半芯并联电抗器结构示意图

抗器的绕组外部，铁芯无需包围整个绕组，可节约铁芯材料。

（2）在绕组中放入了由高导磁材料做成的芯柱，从而使绕组中的磁导率大大增加。与空心电抗器相比较，在同等容量下，其绕组的直径缩小，导线用量减少，损耗也随之降低。

（3）铁芯柱经整体真空环氧浇注成型，整体密实、坚固，运行时振动小，噪声低。

（4）经特殊的防护措施处理后可直接使用于户外，不受任何环境条件的限制。

（5）电抗器在施加 2 倍额定电压情况下，伏安特性曲线仍为直线，如图 4.8 所示。

四、油浸式铁芯并联电抗器的结构

该类电抗器采用油浸式变压器结构，导磁介质为硅钢材料，绕组和铁芯浸在绝缘油里。由于存在着大电流下铁芯饱和的限制，电感值线性范围有限，油浸式铁芯电抗器的维护监督较为复杂。

单相并联电抗器采用单柱加两旁轭铁芯结构，如图 4.9 所示。铁芯饼垫有气隙垫板以相隔间隙，下铁轭与两旁轭组成 U 形结构，上铁轭置于两旁轭之上，多根拉螺杆将铁芯饼与铁轭拉紧成一个整体。为防止电抗器铁芯饼之间由交变磁通产生的电磁力引起的振动和噪声，在铁芯压紧装置中采用特制的碟形簧，在铁芯下夹件与箱底之间配置了顶紧装置，以降低铁芯的振动噪声。中间铁芯柱的铁芯饼为辐射形叠片，用特殊浇注工艺浇注成整体，确保其机械强度。

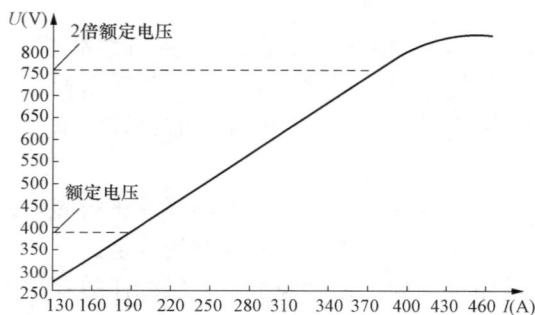

图 4.8　干式半芯并联电抗器伏安特性曲线

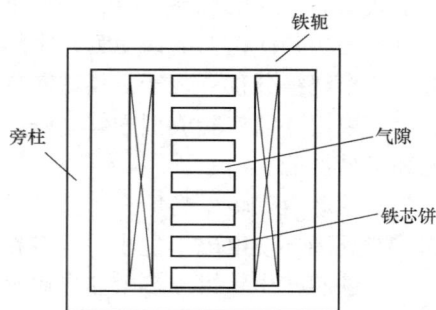

图 4.9　单相并联电抗器结构示意图

三相三柱式并联电抗器结构示意图如图 4.10 所示。铁芯呈等边三角形"品"字布置，三个铁芯柱是带有间隙的铁芯，铁芯饼为辐射形叠片，采用高质量晶粒取向冷轧硅钢片，采用特殊工艺浇注成整体，确保其机械强度。三个铁芯柱外套有线圈。上、下铁轭为卷铁轭，可充分吸收漏磁，防止局部过热。铁芯与箱底之间采取减振措施以降低铁芯的振动和噪声，并可防止运输中产生位移。铁芯接地线经箱盖上的接地套管引出。

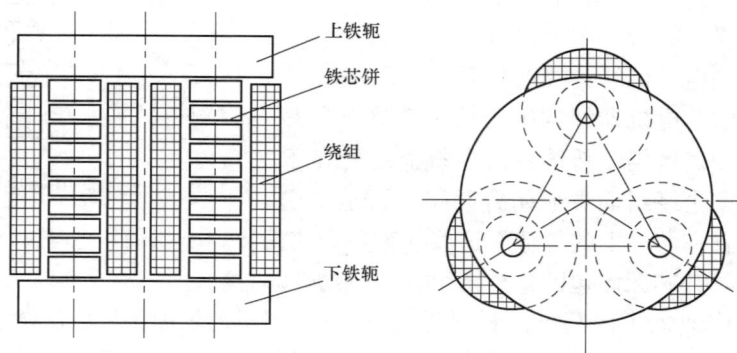

图 4.10　三相三柱式并联电抗器结构示意图

油浸式铁芯并联电抗器结构特点如下：

（1）与油浸变压器结构相同，单相或三相共体。三相共体电抗器上下铁轭为"一"字形（或圆环状），三相铁芯柱呈"一"（或"品"）字形布置，三个绕组分别套装于三相铁芯柱上，整体结构紧凑，有效地减少了产品体积和损耗。

（2）绝缘油的冷却散热效果好，适合制作大容量电抗器。

（3）需定期检验绝缘油，控制监控组件多，维护成本高。

（4）存在渗漏油和在一定条件下绝缘油着火的可能，对变电所安全防火措施要求高。

4.2.3　并联补偿电抗器的配置及选型

一、并联补偿电抗器容量的确定

（1）330kV 及以上电压等级线路高压并联电抗器应按照就地补偿的原则予以补偿。按就地平衡原则，变电所装设电抗器的最大补偿容量，一般为其所接线路充电功率的 1/2。

（2）主变压器低压并联电抗器的安装容量一般为变压器容量的 30% 以下，其容量应根据电网接线和运行方式的需要而确定。

二、并联补偿电抗器接线方案的确定

并联补偿电抗器接线方式应根据补偿性质、设备特点和分组数等条件确定，并应满足安全可靠、节约投资、运行维护方便和有利于分期扩建，改建等要求。

（1）高压线路并联电抗器接入系统的电压等级一般为 330、500kV。高压并联电抗器回路一般不装设断路器或负荷开关，但遇下列情况则可设置断路器或负荷开关：

1）两回线共用一组并联电抗器时。

2）并联电抗器退出运行时，过电压水平在允许范围内，并为调相/调压需求投切并联电抗器的情况。但这种情况应尽量避免，应以低压并联电抗器替代高压并联电抗器。

3）当系统其他方面有特殊要求时。

（2）接入主变压器三次侧的无功补偿装置的电压宜选用 10、35kV 和 66kV 级，低压并联电抗器宜采用星形接线方式。

三、并联补偿电抗器设备的选型

1. 主变压器三次侧并联补偿高压电抗器

（1）可采用并联层式结构的单相户外干式空心低压并联电抗器或三相油浸铁芯低压并联电抗器，应优先采用干式空心电抗器。优先采用的原因主要有：

1）油浸式电抗器存在着大电流下铁芯饱和的限制、电感值线性范围有限、损耗高、易渗漏油、维修成本大的缺点，因而在高层建筑和城市配电等防火要求高的场所尽可能不使用油浸式铁芯电抗器；

2）干式铁芯电抗器只能用于户内，且易产生振动噪声；

3）干式空心电抗器电气、机械性能优于前二者，且价格比前二者有优势。

（2）并联补偿电抗器三相间感抗偏差不大于额定值的 ±2%，每相偏差不大于额定值的 ±5%。

（3）低压并联电抗器的最高运行电压宜为主变压器三次侧额定相电压的 1.0～1.05 倍。

（4）低压并联电抗器总损耗一般不宜大于额定容量的 0.5%。

（5）低压并联电抗器在外施电压为 1.1 倍最高工作电压时，其伏安特性仍为线性。

（6）低压并联电抗器的噪声水平，要求铁芯油浸式不超过 75dB，空心式不超过 60dB。

2. 电力线路用油浸式并联补偿高压电抗器

（1）高压并联电抗器可采用单相式或三相式。当采用三相式时，应采用三相五柱式，并应结合设备制造和运输条件综合考虑。

（2）高压并联电抗器的主要技术条件应满足：

1）最高工作电压：$550/\sqrt{3}$kV，$363/\sqrt{3}$kV。

2）连接方式：星形连接，中性点经小电抗接地。

3）励磁特性：在 $1.4\times550/\sqrt{3}$kV，$1.3\times363/\sqrt{3}$kV 电压下励磁特性应为直线，大于上述电压时励磁特性曲线的斜率不应低于原斜率的 2/3。

4）谐波电流幅值：在额定电压下，每相 3 次谐波电流的幅值不超过基波电流幅值的 3%。

5）感抗偏差：每相偏差不大于额定值的 ±5%，三相间偏差不大于额定值的 ±2%。

6）额定绝缘水平：应符合 GB311.1—2012《高压输变电设备的绝缘配合》的规定。

7）噪声：不超过 80dB。

8）在额定电压下运行时，油箱振动的最大双振幅值不应大于 $200\mu m$。

9）高压侧及中性点侧均应装设套管式电流互感器。

小　结

（1）电力电容器的种类包括并联电容器、串联电容器、耦合电容器、均压电容器、脉冲电容器等。

（2）并联电容器按电压等级分为低压并联电容器和高压并联电容器。

低压电容器产品种类包括充气干式电容器、环氧浇注干式电容器、浸渍各种液体的电容器等。

高压并联电容器产品种类包括：壳式单元电容器，箱式并联电容器，集合式并联电容器，充气式集合并联电容器，自愈式并联电容器，额定电压为 35kV 的静补装置（SVC），额定电压为 220～500kV 的 HVDC 用交流高压电容器等。

（3）并联电容器的无功容量 Q 取决于电容器电容值 C 和施加在电容器上的电压和频率。电容器的额定容量是将额定电压作为电容器的外施电压计算得到的，接入电网后电容器实际容量与电压的平方和频率成正比。因此，当运行电压降低时，并联电容器的无功容量随之下降。

（4）根据负荷大小，合理地控制投入并联电容器的无功容量 Q，使变电所与系统交换的无功功率达到最小，不仅能改善电压质量，而且能降低网损，提高电能输送效率。

（5）国内生产的油浸高压并联电容器主要由电容元件、浸渍剂、紧固件、引线、外壳和套管组成。

（6）并联电容器装置组件包括投切装置、主功能装置，以及控制、测量和保护装置。

（7）并联电容器组接线方式有 Y 形和 △ 形两种接线。目前高压并联电容器组接线只采用 Y 形接线；而 △ 形接线只用于 400V 的低压电容器中。

（8）高压并联电容器组配套设备中，外熔断器熔丝额定电流的选择与电容器允许最大电流值的标准以及熔丝的性能有关。对于投切电容器组的真空断路器要求无重燃或低重燃率。

从限制涌流和抑制谐波两个作用来说，串联电抗器无论装在电容器组的电源侧或中性点侧都相同，但如果装在电源侧还兼有限制短路电流的作用。

禁止使用放电线圈中性点接地的接线方式。严禁将电容器组 3 台放电线圈的一次绕组接成三角形或 V 形接线，避免放电线圈故障扩大成相间事故。

保护高压并联电容器的避雷器必须既要保证在较高的操作过电压及大气过电压下安全、可靠地动作，又要保证在工频过电压下阀片不动作。

（9）并联补偿电抗器用于补偿高压线路的剩余充电功率，调相、调压及平衡无功功率，限制工频稳态电压升高和操作过电压。

（10）并联补偿电抗器按照冷却方式可分为干式和油浸式两类，其中干式又分为干式空心、干式铁芯、干式半芯三种型式。

（11）按就地平衡原则，330kV 及以上电压等级线路高压并联电抗器的最大补偿容量，一般为其所接线路充电功率的 1/2。主变压器低压并联电抗器的安装容量一般为变压器容量的 30% 以下，其容量应根据电网接线和运行方式的需要而确定。

（12）高压线路并联电抗器接入系统的电压等级一般为 330、500kV；接入主变压器三次侧的并联电抗器电压宜选用 10、35kV 和 66kV。

（13）主变压器三次侧并联补偿高压电抗器可采用并联层式结构的单相户外干式空心低压并联电抗器或三相油浸铁芯低压并联电抗器，应优先采用干式空心电抗器。电力线路用油浸式并补高压电抗器可采用单相式或三相式。

思 考 题

4.1　按照用途划分电力电容器的种类有哪些？

4.2　简述并联电容器的作用。

4.3　请以 $BFF11/\sqrt{3}-2000-3W$ 为例，说明并联电容器型号中各部分表示的含义。

4.4　简述利用并联电容器实现电压和无功功率调整的原理。

4.5　并联电容器的容量大小取决于哪些因素？当电力系统运行电压变化时，并联电容器的实际容量将如何变化？

4.6　并联电容器装置组件主功能装置包括哪些？其中串联电抗器的作用是什么？

4.7　并联电容器组常规接线方式有两种，为什么高压并联电容器组接线一般选用 Y 形接线而不选用△形接线？

4.8　为什么并联电容器组广泛采用真空断路器来投切，且要求真空断路器具备无重燃或低重燃率特性？

4.9　在并联电容器组中，如何确定串联电抗器的接入位置？

4.10　并联补偿电容器的作用是什么？

4.11　按照冷却方式不同，并联补偿电容器可分为几类？

4.12　干式电抗器和油浸式电抗器的主要区别是什么？

4.13　并联补偿电抗器的容量、接线方案如何确定？

4.14　主变压器三次侧并联补偿高压电抗器为什么优先采用干式空心电抗器？

第5章 电气主接线

5.1 概　　述

发电厂、变电所的电气主接线是电力系统接线的重要组成部分，是由规定的各种电气设备的图形符号和连接线所构成的表示接收和分配电能的电路。它不仅表示出各种电气设备的规格、数量、连接方式和作用，而且反映了各电力回路的相互关系和运行条件，从而构成了发电厂或变电所电气部分的主体。拟定一个合理的电气主接线方案，不仅与电力系统整体及发电厂、变电所本身运行的可靠性、灵活性和经济性密切相关，而且对发电厂、变电所的电气设备选择、配电装置布置、继电保护配置和控制方式等都有重大的影响。

发电厂的厂用电接线表明了厂用电系统供电所用的主要设备（厂用变压器、厂用母线、断路器以及电源设备等）和接线方式。

表明电气主接线和厂用电接线的图分别称为电气主接线图和厂用电接线图。为了读图的清晰和方便，接线图通常都以单线图形式绘制而成，只是将不对称的部分（如接地线、互感器等）局部地用三线图表示出来。

拟定发电厂、变电所的电气主接线方案和厂用电接线方案是发电厂电气部分设计中很重要而且又很复杂的工作，在设计时必须按照国家经济建设的方针政策和生产运行的实践经验，结合具体工程情况，尽可能地、积极稳妥地采用成熟的新技术、新设备，经过全面的技术经济比较，做到技术先进、经济合理、安全适用。为了达到上述目标，必须使电气主接线方案满足如下基本要求。

一、保证必要的供电可靠性

供电可靠性是电力生产和电能分配的首要任务，电气主接线应首先满足这一要求。电力系统的发电、送电和用电是同时完成的，并且在任何时刻都保持着平衡关系，无论哪部分故障，都将影响整个电力系统的正常运行。

事故停电不仅会造成电力部门的损失，更严重的是将导致国民经济各部门的巨大损失。例如系统中的主干线路或母线发生事故跳闸，可能伴随出现大面积地区或整个系统的电力严重不足，导致系统的稳定遭受破坏，使系统解列为几个独立的部分，甚至出现发电厂全厂或变电所全所停电，造成系统崩溃和长时间的大面积停电。因此，保证供电可靠性是电力生产头等重要的任务。

电气主接线的可靠性是其各组成元件（包括一次部分和二次部分）的综合。因此，在设计时除了尽可能选用工作可靠的一次设备和二次设备外，还应设计这些设备元件的合理连接方式。特别要注意择优选用那些经过长期运行被认为可靠性比较高的接线方式。

电气主接线的可靠性并不是绝对的，而是相对比较而言。同样的主接线对某些发电厂或变电所来说是可靠的，而对另一些重要的发电厂或变电所来说可能还不够可靠。因此，分析和评价主接线的可靠性，不能脱离发电厂和变电所在电力系统中的地位和作用。

衡量电气主接线可靠性的标志包括：

（1）断路器检修时能否不影响供电；

（2）断路器或母线故障以及母线检修时，尽量减少停运的回路数和停运时间，并要保证对重要用户的供电；

（3）尽量避免发电厂、变电所全部停运的可能性；

（4）大机组、超高压电气主接线应满足可靠性的特殊要求。

二、保证电能质量

电压、频率和波形是表征电能质量的基本指标。电气主接线的设计是否合理对电压和频率有着重要影响。例如有些接线方案可能在某一单元故障时，迫使其他元件一同退出运行，或使回路阻抗增大，或造成发电厂（变电所）一部分容量受阻，从而造成电力系统频率或某一部分电压的下降，甚至出现电压和频率的崩溃。因此，在拟定主接线方案时必须注意研究如何保证电能质量。

三、具有一定的灵活性和方便性

电力系统是一个紧密联系的整体，发电厂和变电所由中心调度所和地区调度所统一调度指挥。发电厂和变电所电气主接线的运行方式随整个电力系统的运行要求而改变。因此，所设计的电气主接线应能灵活地投入和切除某些机组、变压器或线路，从而达到调配电源和负荷的目的；并能满足电力系统在事故运行方式、检修运行方式和特殊运行方式下的调度要求。当需要进行检修时，应能够很方便地使断路器、母线及继电保护设备退出运行进行检修，而不致影响电网的运行或停止对用户供电。此外，电气主接线方案还必须能够容易地从初期接线过渡到最终接线，以满足扩建的要求。

四、具有一定的经济性

电气主接线的经济性是指投资省、占地面积小、电能损耗少三个方面。因此，在满足可靠性、灵活性要求的前提下，电气主接线应力求简单，以节省断路器、隔离开关、电流互感器、电压互感器及避雷器等一次设备的投资；要尽可能地简化继电保护和二次回路，以节省二次设备和控制电缆；应采取限制短路电流的措施，以便选择轻型的电器和小截面的载流导体；同时，设计电气主接线要为配电装置的布置创造条件，以节约用地和节省有色金属、钢材和水泥等基建材料。此外，还应经济合理地选择主变压器的型式、容量和台数，要避免出现两次变压，以减少变压器的电能损耗。

电气主接线的接线形式种类繁多，但常用的基本形式只有几种，包括单母线接线、双母线接线、带旁路母线的接线、桥形接线、多角形接线和单元接线等。为了方便起见，在讨论电气主接线和厂用电接线的原理时，将采用简单画法表示这些接线，即只用一些有代表性的图形绘出发电机、变压器、母线、断路器、隔离开关、电抗器、线路等，以及它们之间的连接方式和与系统耦合的方式。

5.2　单 母 线 接 线

5.2.1　不分段的单母线接线

在电气主接线中，基本环节是电源（发电机或变压器）和进出线，而母线作为中间环节，起着汇总电能和分配电能的作用。采用母线将电源和进出线进行连接，不仅有利于电能交换，而且可使电气主接线简单清晰，运行方便，有利于安装和扩建。

不分段的单母线接线是有母线接线中最简单的接线形式，如图 5.1 所示。这种接线的特点是，整个配电装置中只有一组母线，所有的电源和引出线都经过相应的断路器和隔离开关连接到母线上。例如，图 5.1 中出线 L1 通过断路器 QF2 和隔离开关 QS2、QS3 连接到母线 W 上。设在母线一侧的隔离开关 QS2 称作母线隔离开关，在线路一侧的隔离开关 QS3 称作线路隔离开关。在断路器两侧装设隔离开关的作用，是为了在检修断路器时将两侧的电压隔离。例如，在检修线路断路器 QF2 时，首先将断路器 QF2 断开，再断开线路侧隔离开关 QS3，最后断开母线侧隔离开关 QS2。此时，断路器 QF2 两侧的电压被隔离开关 QS2、QS3 隔离，且形成了明显的断开点。在对 QF2 经过验电确认无电并在两侧挂上地线后，即可着手对 QF2 进行检修。检修完毕后恢复送电的过程为：先拆除地线，再合上母线侧隔离开关 QS2，后合上线路侧隔离开关 QS3，最后合 QF2。

从上例操作过程可见，断路器与隔离开关的操作顺序必须遵循一定的原则，即在线路的停电操作中，应先断开断路器后，再断开断路器两侧的隔离开关；在线路的送电操作中，应先接通断路器两侧的隔离开关，再关合断路器。绝不允许带负荷分合隔离开关。

有些类型的隔离开关配有专门的接地开关（见图 5.1 中的 QS4），用来在检修线路或断路器时闭合，以取代安全接地线的作用。

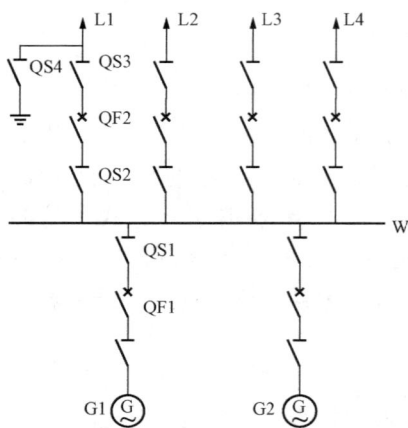

图 5.1　不分段的单母线接线

QF—断路器；QS—隔离开关；W—母线；L—线路

不分段的单母线接线的主要优点是接线简单清晰，采用设备少，操作方便，便于扩建和采用成套配电装置；缺点是接线不够灵活可靠。例如，当母线与母线隔离开关故障或检修时，将造成整个配电装置停电；当某回进（出）线断路器检修时，将在整个检修期间中断该进出线的工作。

不分段的单母线接线一般只适用于电压为 6～220kV、出线回路数较少、用户重要性等级较低的配电装置中，尤其对采用开关柜的配电装置更为合适。

5.2.2　单母线分段接线

当进出线回路数较多时，采用不分段的单母线接线已无法满足供电可靠性的要求。为了提高单母线接线的供电可靠性，将故障和检修造成的影响局限在一定的范围内，可采用隔离开关或断路器将单母线进行分段。

图 5.2 为采用分段隔离开关 QS1 或分段断路器 QF1 分段的单母线接线。采用分段隔离开关 QS1 将母线 W 分段时，若任一段母线（Ⅰ段或Ⅱ段）及其母线隔离开关停电检修，可以通过事先断开分段隔离开关 QS1，使另一段母线的工作不受影响。但当分段隔离开关 QS1 投入，两段母线同时运行期间，若任一段母线发生故障，仍将造成整个配电装置的短时停电。只有在用分段隔离开关 QS1 将故障段母线隔开后，才能恢复

非故障段母线的运行。

在图 5.2 中采用分段断路器 QF1 将母线 W 分段时，当分段断路器 QF1 闭合后，任一段母线（如 I 段）发生故障时，在继电保护装置的作用下，母线分段断路器 QF1 和连接在故障段母线（I 段）上的电源回路的断路器相继断开，从而保证了非故障段母线（II 段）的不间断供电。用断路器 QF1 将母线分段后，对重要的用户可以从不同段上引出两回线路，形成由两个独立电源供电的方式。例如在图 5.2 中，若某电力用户采用双回线路供电，每回线路分别连

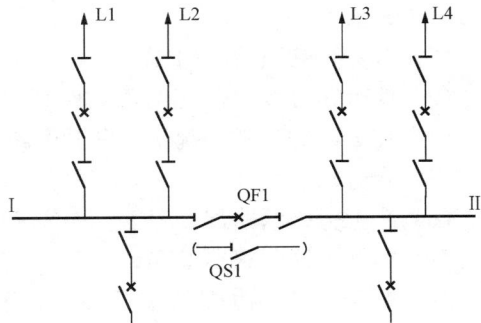

图 5.2 单母线分段接线

QF1—分段断路器；QS1—分段隔离开关

接到母线的分段 I 和分段 II 上，并且每回线路的传输容量按该电力用户的满负荷设计。在这种条件下，当 I 段母线故障停运时，可由 II 段母线向该电力用户供电；而当 II 段母线故障停运时，又可由 I 段母线向电力用户供电，从而保证了向这个重要电力用户的连续供电。

在正常情况下检修母线时，也可通过分段断路器 QF1 将要检修的母线段与另一段母线断开，而不中断另一段母线的运行。因此，采用断路器分段的单母线接线比不分段的单母线接线和采用隔离开关分段的单母线接线具有更高的供电可靠性。

单母线分段接线的主要缺点是，当一段母线或母线隔离开关故障或检修时，该段母线上的所有回路都要在检修期间内停电；当采用接于不同段母线的双回线路供电时，常使架空线路出现交叉跨越；此外，扩建时需要向两个方向均衡扩建。

单母线分段的数目取决于电源的数目、电网的接线及主接线的运行方式，一般以 2～3 段为宜；其连接的回路数一般比不分段的单母线接线增加一倍，但仍不宜过多。

单母线分段接线主要应用于中小容量发电厂的电气主接线、各类发电厂的厂用电接线及进出线数量相对较多的 6～220kV 变电所中。

5.2.3 单母线分段带旁路母线接线

为了克服单母线接线在检修进出线断路器时造成相应回路供电中断的缺点，提高供电可靠性，可采用增设旁路母线的措施。如图 5.3 所示，这种方法是在单母线分段接线的基础上又增设了一组旁路母线 PW，并通过两组专用旁路断路器 QFP1 和 QFP2 将旁路母线 PW 与分段母线 I 和分段母线 II 相连接，每个出线回路均设有旁路隔离开关（如 QS3）与旁路母线 PW 相连。正常运行时，旁路断路器和旁路隔离开关均处于断开状态，旁路母线 PW 不带电。

当在送电过程中要检修出线断路器 QF1 时，可利用旁路断路器 QFP1 代替 QF1 的工作。其操作步骤如下：

（1）合旁路断路器 QFP1 两侧的隔离开关

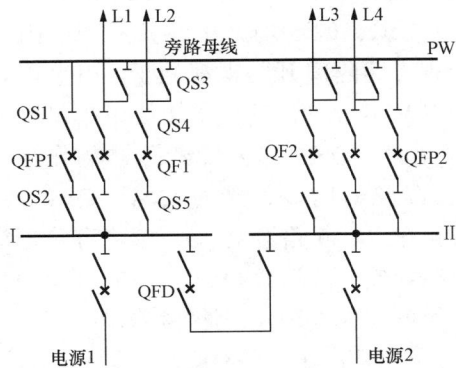

图 5.3 单母线分段带旁路母线接线

QFD—分段断路器；QFP1、QFP2—专用旁路断路器

QS2 和 QS1；

　　（2）合旁路断路器 QFP1；

　　（3）使旁路母线 PW 充电，检查 PW 是否完好；

　　（4）在 PW 完好的情况下，断开旁路断路器 QFP1；

　　（5）合旁路隔离开关 QS3；

　　（6）合上旁路断路器 QFP1，形成与 QF1 并联供电的通路；

　　（7）断开出线断路器 QF1；

　　（8）断开 QF1 两侧的隔离开关 QS4 和 QS5。

　　此时，出线 L2 的负荷电流由Ⅰ段母线经由旁路断路器 QFP1、旁路母线 PW、旁路隔离并关 QS3 送出。而出线断路器 QF1 退出运行，其两侧隔离开关断开，电压被隔离，经过验电挂地线后，即可对 QF1 进行检修。在 QF1 检修期间，线路 L2 的正常接通和断开均由旁路断路器 QFP1 完成。在旁路断路器上设有继电保护装置，以便在线路故障时切除故障线路。

　　断路器 QF1 检修完毕后，恢复其正常工作的操作步骤如下：

　　（1）接通 QF1 两侧的隔离开关 QS5 和 QS4；

　　（2）接通出线断路器 QF1；

　　（3）断开旁路断路器 QFP1；

　　（4）断开旁路隔离并关 QS3；

　　（5）断开旁路断路器 QFP1 两侧的隔离开关 QS1 和 QS2。

　　这样就使 QF1 恢复到了正常的运行状态。可见在操作和检修过程中，线路 L2 并未中断供电。这对于负荷容量很大、负荷性质很重要的线路，在线路不停电情况下进行断路器的检修具有重要意义，尤其对输送功率较多、送电距离较远、停电影响较大的 110～220kV 线路更是如此。

　　单母线分段带旁路母线的接线较单母线分段接线的供电可靠性有所提高，但所用断路器和隔离开关的数量增多，造成设备投资和占地面积的增大。

　　为了节省设备投资和减少占地面积，可以采用图 5.4 所示的分段断路器兼作旁路断路器的常用接线方式。接线中的 QFD 既是分段断路器，又可兼作旁路断路器。正常运行时，分段断路器 QFD 及隔离开关 QS1、QS2 均处于闭合状态，QS3、QS4、QS5 均处于断开状态。因正常运行时，所有旁路隔离开关也都处于断开状态，所以旁路母线 PW 不带电，整个主接线以单母线分段方式运行，此时，QFD 起分段断路器的作用。当 QFD 作旁路断路器时，若接通 QS1、QS4（此时 QS2、QS3 断开）及断路器 QFD，则将旁路母线与Ⅰ段工作母线相连；若接通 QS2、QS3（此时 QS1、QS4 断开）及断路器 QFD，则将旁路母线与Ⅱ段工作母线相连。当 QFD 作为旁路断路器运行时，两段主母线可各自按单母线方式运行，也可以通过隔离开关 QS5 并列运行。

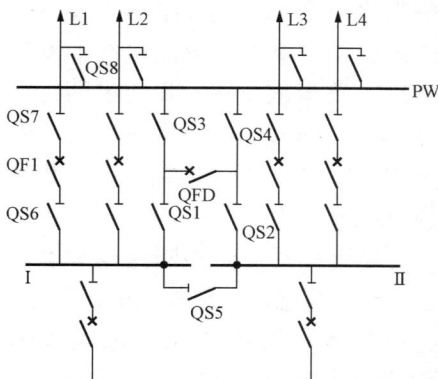

图 5.4　分段断路器兼作旁路断路器的
单母线分段带旁路母线接线

增设旁路母线后，在检修任一台进出线断路器时，可以不中断该回路的供电，从而提高了供电的可靠性。但设置旁路母线的同时，也产生了设备投资增加，配电装置结构及运行操作复杂等问题。因此，旁路母线的设置应根据发电厂和变电所中出线回路数的多少、出线负荷的轻重、所采用断路器的性能以及用户是否允许停电检修等因素来决定。

5.3 双 母 线 接 线

单母线接线不论是否分段，当母线和母线隔离开关故障或检修时，连接在该段母线上的进出线在检修期间将长时间停电。只有在母线或母线隔离开关检修完毕，才能恢复停电进出线的送电。为了克服这个缺点，可以采用双母线的接线形式。按照每个回路使用断路器的多少，可将双母线接线划分为单断路器的双母线接线、双断路器的双母线接线、一台半断路器的双母线接线和变压器—母线组接线等。

5.3.1 单断路器的双母线接线

单断路器的双母线接线如图 5.5 所示。在这种接线方式中，设有 W1 和 W2 两组母线，每个回路都通过一台断路器和两组隔离开关连接到两组母线上。为了减少母线故障而造成的

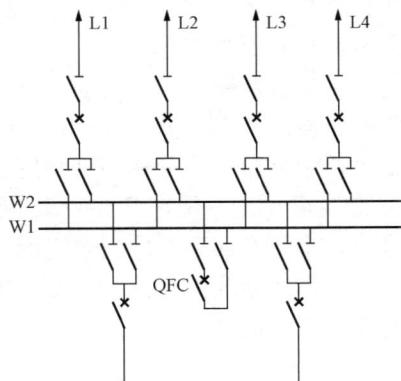

停电范围，正常时双母线的两组母线同时工作，并通过母线联络断路器 QFC 并联运行。电源和负荷被适当地分配在两组母线上。

单断路器的双母线接线的主要特点为：

（1）可以轮流检修母线而不影响供电。只需将要检修的那组母线上所连接的电源和线路通过两组母线隔离开关的倒换操作，全部切换到另一组母线上，需检修母线就可以停电检修。此时，线路和电源均不需停电。

（2）检修任一回路的母线隔离开关时，只停该回路。当某一回路的一组母线隔离开关发生故障时，只要将该隔离开关所在的回路和所连接的母线停电，就可以对该隔离开关进行检修，不影响其他回路供电。

图 5.5 单断路器的双母线接线

（3）一组母线故障后，能迅速恢复该母线所连回路的供电。当双母线之中的一组母线发生故障时，可将被切除的回路倒换到另一组母线上，即可迅速恢复被切除回路的供电。

（4）运行高度灵活。电源和线路可以任意分配在某一组母线上，能够灵活地适应系统中各种运行方式和潮流变化的需要。

（5）扩建方便。双母线接线可沿着预留的扩建端向左右顺延扩建，而不影响两组母线的电源和负荷均匀分配，也不会引起原有回路停电。当有双回架空线路供电的负荷时，可以顺序布置，以至连接不同的母线时，也不会出现类似单母线分段接线那样的交叉跨越现象。

（6）便于试验。在个别回路需要单独进行试验时，可将该回路单独接至一组母线上。

综上所述，单断路器双母线接线具有较高的供电可靠性和运行灵活性。

虽然单断路器双母线接线在供电的可靠性和运行的灵活性等方面，均较单母线分段接线

有了很大提高，但仍存在如下缺点：

（1）任一台断路器拒动，将造成与该断路器相连母线上其他回路的停电；

（2）一组母线检修时，全部电源及线路都集中在另一组母线上，若该组母线再故障将造成全停事故；

（3）任一组母线短路，而母联断路器拒动，将造成双母线全停事故；

（4）当母线故障或检修时，隔离开关作为切换操作电器，容易发生误操作；

（5）在检修任一进出线回路的断路器时，将使该回路停电。

此外，这种接线所用设备多（尤其是隔离开关），配电装置结构复杂，占地面积和设备投资均较大。

为了适应特别重要的发电厂和变电所对电气主接线可靠性的要求，克服单断路器的双母线接线的某些缺点，可采取以下措施：

（1）为了避免隔离开关误操作，可在隔离开关与断路器之间装设闭锁装置；

（2）为了避免在检修进出线断路器时造成停电，可在单断路器双母线的基础上增设旁路母线。

图 5.6（a）所示为设有专用旁路断路器 QFP 的双母线带旁路母线接线。设有专用旁路断路器 QFP 后，一旦进出线断路器检修时，可由专用旁路断路器代替，通过旁路母线供电，从而对出线的运行没有影响。但设置了专用旁路断路器 QFP 后，将使设备投资和配电装置的占地面积有所增加。

为了节省断路器和配电装置间隔，应尽量不设专用旁路断路器，而采用母联断路器兼作旁路断路器的方案。图 5.6（b）所示为母联断路器兼作旁路断路器的常用接线方式，可应用于普通中型布置、分相中型布置、高型布置及半高型布置等配电装置中。正常运行情况下 QFC 起母联作用，隔离开关 QS3 断开，隔离开关 QS1 和 QS2 闭合。当进出线断路器需要检修时，将所有回路切换到规定的一组母线 W2 上，然后用母联断路器作为旁路断路器，去替代要检修的断路器。此时，隔离开关 QS1 断开，而隔离开关 QS2、QS3 闭合，通过旁路母线向线路供电。

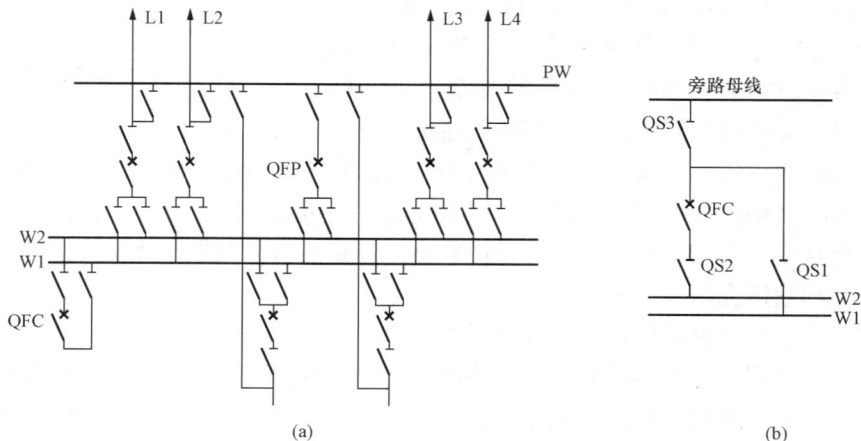

图 5.6　带旁路母线的单断路器的双母线接线

（a）设有专用旁路断路器；（b）母联断路器兼作旁路断路器

采用图 5.6（b）所示接线方式时，每当检修进出线断路器就要将母联断路器用作旁路断路器。这样做的结果，一是每次倒闸操作时需要更改母线保护的定值，使工作量增加；二是使双母线变成单母线运行，降低了供电可靠性，并且增加了进出线回路母线隔离开关的倒闸操作。因此，这种接线方式只有在条件允许的情况下才能采用。

双母线带旁路母线的接线广泛应用于 110～220kV 的配电装置中。通常当 220kV 出线在 5 回及以上，110kV 出线在 7 回及以上时，设计规程规定应装设专用旁路断路器。当出线回路比较少时，可以采用母联断路器兼作旁路断路器的接线。而当配电装置使用可靠性高、检修周期长的 SF_6 断路器，或使用可以迅速替换的手车式断路器时，以及系统运行条件允许线路停电检修的情况下，均可以不设旁路母线和旁路断路器。

（3）为了减少母线故障的停电范围，可将双母线接线中的一组母线或两组母线用断路器分段，成为双母线三分段接线或双母线四分段接线。

图 5.7 所示为双母线三分段接线。分段断路器 QF3 把下工作母线分成 W2、W3 两段，每段再分别用母联断路器 QF1 和 QF2 与母线 W1 相连。由于这种接线兼有单母线分段接线和双母线接线的特点，且母线故障造成的停电范围不超过整个母线的 1/3，被广泛应用于中、小型发电厂的 6～10kV 发电机电压配电装置和最终进出线回路数为 6～7 回的 330～500kV 超高压配电装置中。

对于超高压配电装置，为了满足其运行可靠性及灵活性的要求，当回路数为 8 回及以上时，宜采用双母线四分段带旁路母线接线，除装设两台母联兼旁路断路器外，还在每组母线上设有分段断路器 QFD1 和 QFD2，如图 5.8 所示。

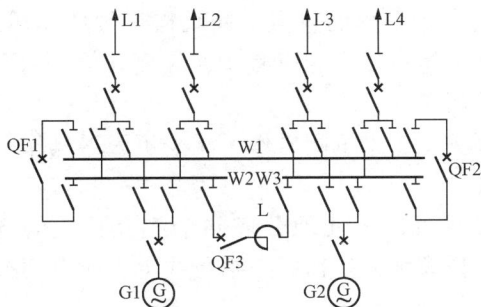

图 5.7 双母线三分段接线

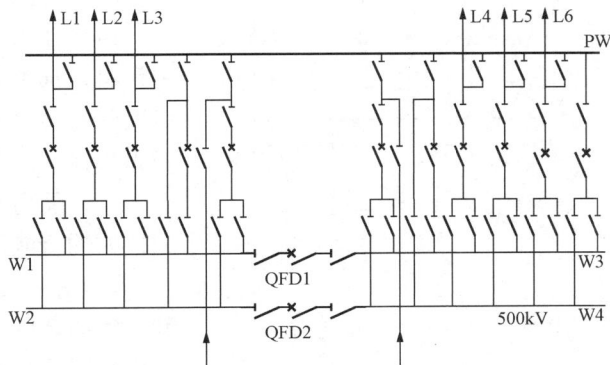

图 5.8 双母线四分段带旁路母线接线

在采用双母线四分段接线时，为了避免同名回路（两个变压器回路或向同一用户供电的双回线）同时停电的可能性，在设计主接线及制定主接线运行方式时要注意，最好不要将同名回路配置在同一侧的两段母线上［见图 5.9（a）］，在运行中两台变压器回路或双回线不要组合在相邻的两段母线上［见图 5.9（b）］，而应分别配置在不相邻的两段母线上［见图 5.9（c）］。双母线四分段接线虽然比双母线三分段接线多用了一组断路器，但母线故障的停电范围减小了，也避免了全厂停电的可能性，具有较高的供电可靠性。此外，采用双母线四分段接线时，进出线可无均衡地分配在四段母线上。母线保护及倒闸操作也比三分段简单。对于大功率超高压配电装置，为避免大机组和多回路停电造成的巨大损失，应优先采用双母线四分段接线。

图 5.9　双母线四分段接线中同名回路的配置
（a）应避免的情况 1；（b）应避免的情况 2；（c）正确配置

5.3.2　双断路器的双母线接线

双断路器的双母线接线如图 5.10 所示。图中的每个回路内，无论是进线（电源），还是出线（负荷），都通过两台断路器与两组母线相连。正常运行时，母线、断路器及隔离开关全部投入运行。这种接线方式的主要优点是：

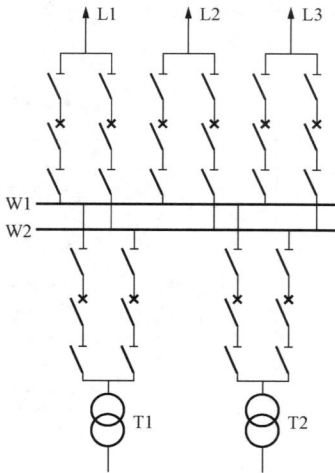

（1）任何一组母线或任何一台断路器因检修而退出工作时，都不会影响系统的供电，并且操作程序简单。可以同时检修任一组母线上的所有母线隔离开关，而不会影响任一回路的工作。

（2）隔离开关不用来倒闸操作，减少了因误操作引起事故的可能性。

（3）整个接线可以方便地分成两个相互独立的部分。各回路可以任意地分配在任一组母线上，所有切换均用断路器来进行。

（4）继电保护容易实现。

（5）任何一台断路器拒动时，只影响一个回路。

图 5.10　双断路器的双母线接线

（6）母线发生故障时，与故障母线相连的所有断路器自动断开，不影响任何回路运行。

由此可见，双断路器的双母线接线具有高度的供电可靠性和运行灵活性，但由于这种接线的设备投资太大，限制了它的使用范围。

5.3.3　一台半断路器的双母线接线

一台半断路器的双母线接线（简称 3/2 接线），是国内外大机组、超高压电气主接线中广泛采用的一种典型接线形式。这种接线是在双断路器的双母线接线基础上改进而来，不仅比双断路器的双母线接线减少了所用断路器的数量，而且仍具有高度的供电可靠性和运行的灵活性。其接线形式如图 5.11 所示。

这种接线方式由许多"串"并联在双母线上形成。每串中有两个回路共用三台断路器，每个回路相当于占有一台半断路器。紧靠母线侧的断路器称作母线断路器，见图 5.11 中的 QF1、QF3；两个回路之间的断路器称作联络断路器，见图 5.11 中的 QF2。

这种接线的突出优点是：

（1）具有高度的供电可靠性。每一回路通过两台断路器供电，形成了具有双重连接特性的多环形。当母线发生短路故障时，只有与故障母线相连的母线断路器跳闸，不影响任何回路供电。在事故与检修相重合的情况下，停电回路数不会超过 2 回（见表 5.1）。

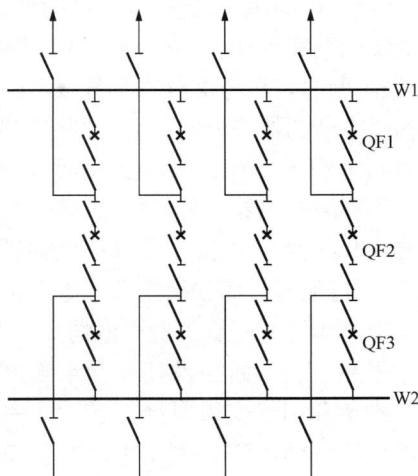

图 5.11　一台半断路器的双母线接线

表 5.1　　　　一台半断路器接线（8 回进出线）的故障停电范围

运 行 情 况	故 障 类 型	停 电 回 路 数
无设备检修	母线侧断路器故障	1
	母线故障	0
	中间断路器故障	2
有一台断路器检修	母线侧断路器故障	1～2
	母线故障	0～2
	中间断路器故障	2
一组母线检修	母线侧断路器故障	2
	母线故障	0～2
	中间断路器故障	2

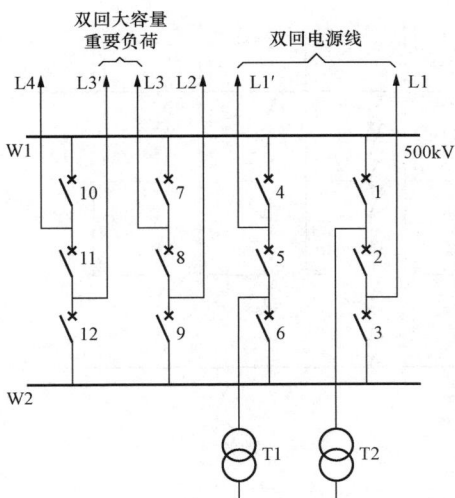

图 5.12　一台半断路器的双母线接线同名回路交替布置实例

（2）运行调度灵活。正常情况下，两组母线和全部断路器均投入运行，从而形成了多环状的供电网络。任何一回路停送电时互不影响，使运行调度十分灵活。

（3）操作检修方便。该接线中隔离开关仅作为隔离电器，不用来倒闸操作，从而避免了可能发生的误操作。当任一组母线需要停电清扫或检修时，回路不需要切换。任何一台断路器检修，各回路仍按原接线方式运行，也不需要切换。

为了进一步提高一台半断路器的双母线接线的供电可靠性，防止发生同名回路同时停电的事故，在设计一台半断路器接线时应注意，同名回路应布置在不同串上（见图 5.12 中的同名双回线 L1 和 L1'），以避免当一串中的中间联络断路器故障（或一串中母线侧断路器停运的同时，同串中另一侧回路又故障时），使同串中的两个同名回路同时断开。当一串配置两条回路时（一般情况都如此），应将电源回路和负荷回路搭配在同一串中。对于特别重要的同名回路（如超高压变电所的两台主变压器回路），可考虑分别交替接入两侧母线，形成"交替布置"。这种布置可避免当一串中的中间联络断路器检修时，合并同名回路串的母线侧断路器拒动，可能将配置在同侧母线的同名回路同时断开。图 5.12 中，将同名回路 L1 和 L1′，L3 和 L3′，T1 和 T2 分别交替接入两侧母线。当联络断路器 2 处于检修状态时，若变压器 T1 短路，母线断路器 6 又发生拒动，这时虽然母线断路器 3、9、12 及联络断路器 5 要跳闸，导致 L1 和 T1 停电，但线路 L1′ 和主变压器 T2 仍保持运行。而如果把 T2 接于断路器 2 和 3 之间，线路 L1 接于断路器 1 和 2 之间，即不采用交替布置，一旦出现类似情况，就会造成 T1 和 T2 这两个同名回路同时停电的事故。

采用交替布置虽然使一台半断路器接线的可靠性大大提高，但也使配电装置所占间隔增加，构架和引线变得复杂，扩大了占地面积。考虑到这种同名回路同时停电的机率甚小，当条件允许的情况下，可不采用交替布置的方案，而采用局部交替布置的方案。

一台半断路器接线在接线性能方面具有较突出的优点，但是由于其接线所固有的特点，即每个回路连接着 2 台断路器，而 1 台中间联络断路器又连接着 2 个回路，从而给继电保护和二次接线带来了复杂性。例如保护接于和电流的问题、重合闸使用问题、失灵保护设计问题、继电保护检修问题、安装单位划分问题、互感器的配置问题等。随着对一台半断路器接线的不断应用和研究，这些问题已逐步获得了妥善的解决。

5.3.4　变压器—母线组接线

在超高压配电装置中，为了保证超高压、长距离输电线路的输电可靠性，超高压变电所或升压站的电气主接线宜采用双断路器的双母线接线。但由于双断路器的双母线接线投资十分昂贵，所以应根据具体情况，有选择地采用变压器—母线组接线。其特点是线路部分采用双断路器（见图 5.13），以保证高度的可靠性；而当线路较多时，则采用一台半断路器接线（见图 5.14），对于主变压器，考虑其运行可靠且平时切换操作的次数较少，不会造成经常

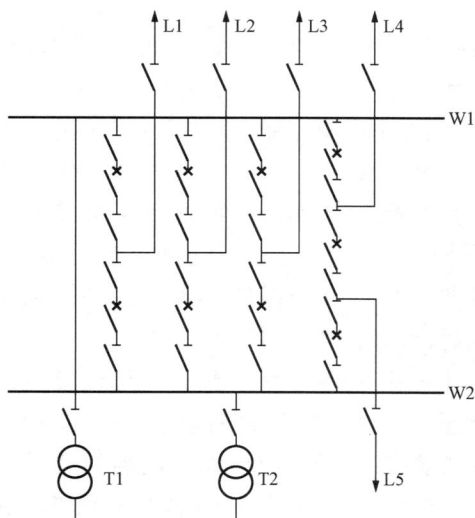

图 5.13　线路部分采用双断路器的变压器—母线组接线

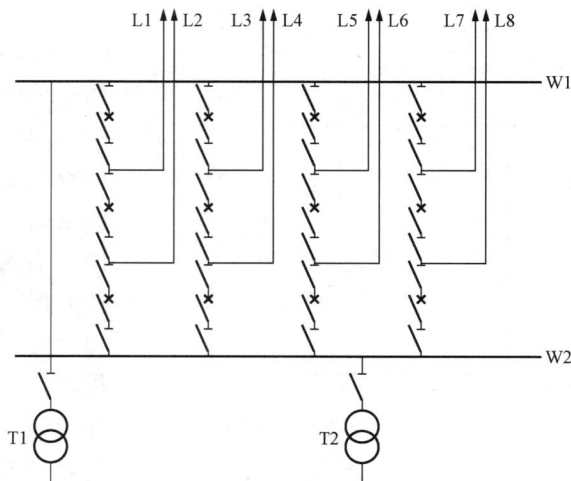

图 5.14　线路部分采用一台半断路器的变压器—母线组接线

停母线切换变压器的情况，故不用断路器，而直接通过隔离开关接到母线上；当有 4 台主变压器时，可利用断路器将双母线分成 4 段，在每段母线上连接 1 台主变压器，如图 5.15 所示。

变压器—母线组接线具有如下优点：

（1）可靠性高。任一台断路器故障或拒动时，仅影响 1 组变压器和 1 回线路的供电；母线故障只影响 1 组变压器供电；变压器故障时，与该变

图 5.15　双母线分段的变压器—母线组接线

压器相连母线上的断路器全部跳开，但是并不影响其他回路的供电。当变压器用隔离开关断开后，母线即可恢复供电。

（2）经济性好。所有变压器回路都不用断路器，使所用断路器的总数减少，节省了总投资。

综上所述，采用变压器—母线组接线的前提条件是选用质量可靠、故障率很低的主变压器。这种接线在国外超高压系统中已广为采用，我国也有一些变电所采用这种接线方式。随着国产大型变压器质量的进一步提高，预计我国在超高压变电所中也将较多地采用变压器—母线组接线。

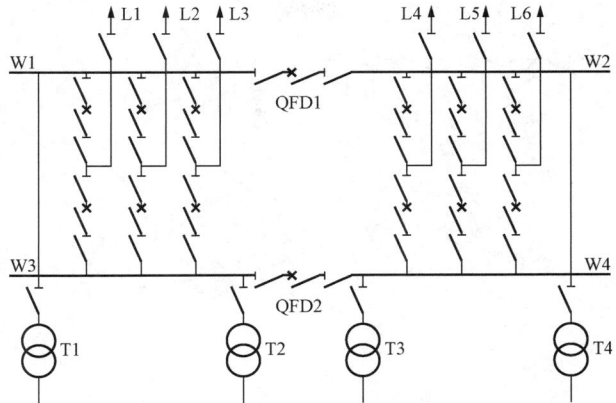

5.4　无母线的电气主接线

前面介绍的单母线接线和双母线接线形式中，所用断路器的数量一般都等于或大于所连接的回路数目。为了既满足电气主接线的基本要求，又能减少断路器的数量，可以采用下面几种无母线的电气主接线方式。

5.4.1　多角形接线

多角形接线如图 5.16 所示。这种接线把各个断路器互相连接起来，形成闭合的单环形接线。每个回路（电源或线路）都经过两台断路器接入电路中，从而达到了双重连接的目的。这种接线具有如下优点：

（1）闭环运行时具有较高的可靠性。由于每回路由 2 台断路器供电，当任一台断路器检修时，并不中断供电。由于不存在汇流母线，在闭环接线中任一段上发生故障，只跳开该段连线两边的断路器，切除 1 个回路，不像双母线接线，需要切除母线上相连的所有元件。即使发生闭环上任一台断路器故障或者线路故障而断路器拒动时，最多只切除 2 个元件，极少造成全停。

（2）断路器配置合理。平均每回路只需装设 1 台断路器，因而具有很高的经济性。

（3）隔离开关只作为检修时隔离电压之用，减少了因隔离开关误操作造成的停电事故。

（4）由于没有母线，使占地面积较小，比较适合于地形狭窄地区和洞内的布置。

多角形接线的主要缺点是多角形的"边数"不能多，即要对进出线的回路数进行限制。当

图 5.16　多角形接线

（a）三角形接线；（b）四角形接线；（c）五角形接线

多角形中任一台断路器停电检修时，都将使多角形接线成为开环运行状态。此时，如果发生中间部分的任一回路故障，都将使多角形接线解列成两个系统，甚至将造成故障的停电范围扩大。例如在图 5.16（c）所示的五角形接线中，若断路器 QF1 检修使五角形接线成为开环状态，当线路 L2 故障时，必须跳开断路器 QF2 和 QF3，致使变压器 T1 和线路 L2 都停电，导致故障范围扩大。此外，由于每一进出线回路都连接着两台断路器，每一台断路器又连接着两个回路，使多角形接线在闭环和开环两种情况下，流过各开关电器的工作电流差别较大，不仅给选择电器带来困难，而且使继电保护的整定和控制回路复杂化。

综上所述，多角形接线的优点只有在闭环运行及角数较少时才能充分发挥。为了减少因断路器检修而开环运行的时间和减少开环运行的形式，保证多角形接线的运行可靠性，以采用三～五角形接线为宜。当总回路数增加时，最多不宜超过六角形接线，并且变压器与出线回路宜采用对角对称布置，如图 3.16（b）中所示的四角形接线。

采用多角形接线时，配电装置不易扩建，所以这种接线适用于最终进出线为 3～5 回的 110kV 及以上配电装置，而不适宜于有再扩建可能的发电厂和变电所中。

5.4.2　桥形接线

当发电厂和变电所中只有 2 台变压器和 2 回线路时，可采用桥形接线。桥形接线有内桥和外桥两种接线方式，如图 5.17（a）、（b）所示。

在桥形接线中，4 个回路只用 3 台断路器，是所有接线中采用断路器最少的一种接线形式。由于桥形接线是长期开环运行的四角形接线，使其可靠性和灵活性较差。

内桥接线的特点是，连接桥断路器 QF3 设在靠近变压器一侧，另外两台断路器 QF1 和 QF2 连在线路上。这样，线路的投入和切除比较方便，并且当线路发生短路故障时，只有与故障线路相连的断路器断开，并不影响其他回路运行。而当主变压器需要切除和投入时，需要动作两台断路器，造成一回线路的暂时停运。

例如，变压器 T1 要停电，需要按如下步骤操作：

（1）断开 QF1、QF3 及变压器 T1 的低压侧断

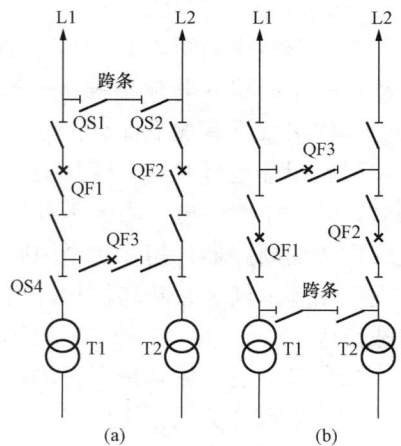

图 5.17　桥形接线

（a）内桥接线；（b）外桥接线

路器；

　　（2）断开 QS4；

　　（3）合上 QF1、QF3。

　　（2）、（3）两项操作步骤是在变压器 T1 停电后，为恢复线路 L1 的送电而进行的。恢复主变压器送电的操作顺序与停电操作顺序相反。可见，T1 的投入和切除过程，均将造成线路 L1 的暂时停运。

　　当主变压器发生故障时，必须断开与故障变压器相连的高、低压侧的断路器，使一回未故障线路的工作受到影响。例如，变压器 T1 故障时，将使 QF1、QF3 和变压器 T1 的低压侧断路器跳闸，造成主变压器 T1 和线路 L1 都停电，只有在断开隔离开关 QS4，并把断路器 QF1、QF3 合闸后，才能重新恢复线路 L1 的送电。

　　由于内桥接线中线路的投入和切除，以及线路故障都不会对主变压器运行造成影响，而主变压器的切换及故障都将造成 1 回线路的暂时停运。因此内桥接线通常应用在输电线路较长、故障机会较多，而变压器又不需要经常切换的中小容量的发电厂和变电所中。

　　外桥接线的特点恰好与内桥接线相反。连接桥断路器 QF3 设在靠近线路一侧，另外两台断路器 QF1 和 QF2 接在主变压器回路中。当变压器发生故障时，不会影响其他回路的运行。变压器正常的投入和切除也很方便，不会影响线路工作。但当线路发生短路故障或进行正常的投入和切除时，需动作与之相连的两台断路器，并造成一台变压器的暂时停运。因此，外桥接线适用于线路短、检修、操作及故障机会均较少，而变压器按照经济运行的要求需要经常进行切换的场合。此外，当电网中有穿越功率通过变电所时，为了减少由于断路器停运造成的对穿越功率的影响，采用外桥接线较为合适。

　　在内桥接线中，当出线断路器检修时，线路将较长时间中断运行。而在外桥接线中，当变压器侧断路器检修时，同样会造成变压器在较长时间内中断运行。为了克服桥形接线的这种缺点，可在内桥和外桥接线中分别附设一个正常时断开的带隔离开关的跨条，如图 5.17 所示。这样，当出线断路器（或变压器侧断路器）检修时，先将跨条上的隔离开关合闸，然后再断开要检修的断路器及两侧的隔离开关，以保证线路（或变压器）的连续运行。在跨条上设置两组隔离开关进行串联，以便于轮流停电检修跨条上的任何一组隔离开关。

5.4.3　单元接线

　　单元接线是把发电机、变压器或线路直接串联连接，其间除厂用分支外，不再设母线之类的横向连线。按照串联元件的不同，单元接线有以下三种形式。

一、发电机—变压器单元接线

　　发电机—变压器单元接线如图 5.18（a）、（b）所示。将发电机和变压器直接连成一个单元组，再经断路器接至高压母线，发电机发出的电能经变压器升压后直接送入高压电网。变压器的容量与发电机的容量相匹配。在发电机和变压器之间接出厂用分支线。图 5.18（a）中，发电机出口和厂用分支高压回路不设断路器，只在主变压器高压侧装设断路器，作为整个单元的控制和保护设备。在图 5.18（b）中，发电机出口和厂用高压分支回路都设有断路器，以便在发电机或厂用分支停运时，不影响三绕组变压器高、中压侧的运行。

　　发电机—变压器单元接线具有接线简单清晰、设备投资少等优点。没有地区负荷的发电厂，或地区负荷由原有机组承担而电厂进行扩建时，大都采用单元接线。对于 200MW 及以上大机组一般都采用与双绕组变压器组成单元接线，而不采用与三绕组变压器组成单元接线。当发电厂有两种升高电压时，采用联络变压器连接两种升高电压母线，而联络变压器的第三绕组则作为厂用启动或备用电源。

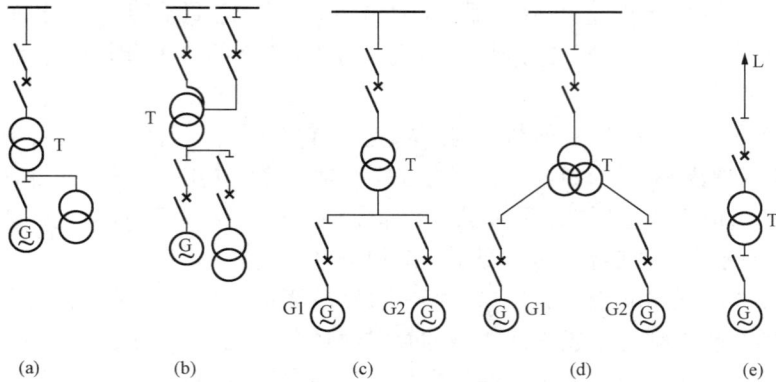

图 5.18　单元接线

二、扩大单元接线

扩大单元接线形式如图 5.18（c）、（d）所示。通过把两台发电机与一台主变压器相连接，可以简化接线，减少主变压器和高压断路器的数量，并可以减少高压配电装置的间隔，节省占地面积。扩大单元接线在水力发电厂和火力发电厂中均有应用，尤其对于 200～300MW 的大型机组。当采用扩大单元接线时，发电机出口均应装设断路器和隔离开关。这种接线的缺点是运行灵活性较差。主变压器故障或检修时，将迫使两台发电机停运；而检修一台发电机时，则出现变压器严重欠载的运行方式。因此，这种接线方式必须在电力系统允许和技术经济合理时才能采用。

三、发电机—变压器—线路单元接线

发电机—变压器—线路单元接线形式如图 5.18（e）所示。在大型发电厂中采用这种接线，不需要在发电厂中设置高压配电装置，而把发电机发出的电能通过线路直接输送到附近的枢纽变电所，从而简化了发电厂中的电气主接线，压缩了占地面积，并解决了屋外配电装置遭受电厂烟囱飞灰和水塔冒出的水汽的污染问题。此外，在发电厂中只设机—炉—电单元控制室，不设网络控制室，有利于发电厂的布置和运行管理。但这种接线方式不论是线路还是变压器故障时，都将使发电机发出的电能无法送出。

5.5　电气主接线设计原则和设计程序

5.5.1　电气主接线的设计原则

电气主接线的设计是发电厂或变电所电气设计的主体，它与电力系统情况、电厂动能参数、基本原始资料以及电厂运行可靠性、经济性的要求等密切相关，并对电气设备选择和布置、继电保护和控制方式等都有较大的影响。因此，主接线设计，必须结合电力系统和发电厂或变电所的具体情况，全面分析有关影响因素并正确处理它们之间的关系，经过技术、经济比较，合理地选择主接线方案。

　　电气主接线设计的基本原则是以设计任务书为依据，以国家经济建设的方针、政策、技术规定、标准为准绳，结合工程实际情况，在保证供电可靠、调度灵活、满足各项技术要求的前提下，兼顾运行、维护方便，尽可能地节省投资，就近取材，力争设备元件和设计的先进性与可靠性，坚持可靠、先进、适用、经济、美观的原则。

　　在工程设计中，经上级主管部门批准的设计任务书或委托书是必不可少的。它将根据国家经济发展及电力负荷增长率的规划，给出所设计发电厂（变电所）的容量、机组台数、电压等级、出线回路数、主要负荷要求、电力系统参数和对发电厂（变电所）的具体要求，以及设计的内容和范围。这些原始资料是设计的依据，必须进行详细的分析和研究，从而可以初步拟定一些主接线方案。国家方针政策、技术规范和标准是根据国家实际状况，结合电力工业的技术特点而制定的准则，设计时必须严格遵循。设计的主接线应满足供电可靠、灵活、经济、留有扩建和发展的余地。设计时，在进行论证分析阶段，更应合理地统一供电可靠性与经济性的关系，以便于使设计的主接线具有先进性和可行性。

5.5.2　电气主接线的设计程序

　　电气主接线的设计伴随着发电厂或变电所的整体设计进行，即按照工程基本建设程序，历经可行性研究阶段、初步设计阶段、技术设计阶段和施工设计阶段等四个阶段。在各阶段中随要求、任务的不同，其深度、广度也有所差异，但总的设计思路、方法和步骤基本相同。

　　电气主接线的设计步骤和内容如下。

　　（一）对原始资料进行分析

　　主要包括以下几个方面：

　　（1）工程情况，包括发电厂类型（核电站、凝汽式火电厂、热电厂和堤坝式、引水式、混合式水电厂等），设计规划容量（近期、远景），单机容量及台数，最大负荷利用小时数及可能的运行方式等。

　　发电厂容量的确定与国家经济发展规划、电力负荷增长速度、系统规模和电网结构以及备用容量等因素有关。发电厂装机容量标志着发电厂的规模和在电力系统中的地位、作用。在设计时，对发展中的电力系统，可优先选用较为大型的机组。但是，最大单机容量不宜大于系统总容量的 10%，以保证在该机检修或事故情况下系统的供电可靠性。

　　发电厂运行方式及利用小时数直接影响着主接线设计。以承担基荷为主的发电厂，设备利用率高，一般年利用小时数在 5000h 以上；承担腰荷的发电厂，设备利用小时数应在 3000～5000h；承担峰荷的发电厂，设备利用小时数在 3000h 以下。不同的发电厂其工作特性有所不同。对于核电厂或单机容量 300MW 及以上的火电厂以及径流式水电厂等应优先担任基荷，相应主接线应以供电可靠为主选择主接线形式。水电厂是电力系统中最灵活的机动能源，启、停方便，多承担系统调峰、调相任务，根据水能利用及库容的状态可酌情担负基荷、腰荷和峰荷，因此，其主接线应以供电调度灵活为主选择主接线形式。

　　（2）电力系统情况，包括电力系统近期及远景发展规划（5～10 年），发电厂或变电所在电力系统中的位置（地理位置和容量位置）和作用，本期工程和远景与电力系统连接方式以及各级电压中性点接地方式等。

　　发电厂的总容量与电力系统容量之比，若大于 15% 时，则就可认为该厂是在系统中处于比较重要地位的电厂，应选择可靠性较高的主接线形式。但是因为这种发电厂的装机容量已超过了电力系统的事故备用和检修备用容量，一旦全厂停电，会影响系统供电的可靠性。

主变压器和发电机中性点接地方式是一个综合性问题。它与电压等级、单相接地短路电流、过电压水平、保护配置等有关，直接影响电网的绝缘水平、系统供电的可靠性和连续性、主变压器和发电机的运行安全以及对通信线路的干扰等。在我国一般 60kV 及以下电力系统采用中性点非直接接地系统（中性点不接地或经消弧线圈接地），又称小电流接地系统；110kV 及以上高压电力系统皆采用中性点直接接地系统，又称大电流接地系统。发电机中性点都采用非直接接地方式，目前广泛采用的是经消弧线圈接地方式或经中性点接地变压器接地方式。

（3）负荷情况，包括负荷的性质及其地理位置、输电电压等级、出线回路数及输送容量等。电力负荷的原始资料是设计主接线的基础数据，电力负荷预测工作是电力规划工作的重要组成部分，也是电力规划的基础。对电力负荷的预测不仅应有短期负荷预测，还应有中长期负荷预测。对电力负荷预测的准确性，直接关系着发电厂和变电所电气主接线设计成果的质量。一个优良的设计，应能经受当前及较长远时间（5～10 年）的检验。

发电厂承担的负荷应尽可能地使全部机组安全满发，并按系统提出的运行方式，在机组间经济合理地分配负荷，减少母线上电流流动，使发电机运转稳定和满足电能质量要求。

（4）环境条件，包括当地的气温、湿度、覆冰、污秽、风向、水文、地质、海拔高度及地震等因素，对主接线中电气设备的选择和配电装置的实施均有影响，应予以重视。对重型设备的运输条件亦应充分加以考虑。

（5）设备供货情况，这往往是设计能否成立的重要前提，为使所设计的主接线具有可行性，必须对各主要电气设备的性能、制造能力和供货情况、价格等资料汇集并分析比较。

（二）主接线方案的拟定与选择

根据设计任务书的要求，在原始资料分析的基础上，根据对电源和出线回路数、电压等级、变压器台数、容量以及母线结构等不同的考虑，可拟定出若干个主接线方案（本期和远期）。依据对主接线的基本要求，从技术上论证并淘汰一些明显不合理的方案，最终保留2～3个技术上相当，又都能满足任务书要求的方案，再进行经济比较。对于在系统中占有重要地位的大容量发电厂或变电所主接线，还应进行可靠性定量分析的计算比较，最终确定出在技术上合理、经济上可行的最终方案。

（三）短路电流计算和主要电气设备选择

对选定的电气主接线进行短路电流计算，并选择合理的电气设备。

（四）绘制电气主接线图

对最终确定的主接线，按工程要求绘制工程图。

（五）编制工程概算

对于工程设计，无论哪个设计阶段，概算都是必不可少的组成部分。它不仅反映工程设计的经济性与可靠性的关系，而且为合理地确定和有效控制工程造价创造条件，为工程付诸实施，为投资包干、招标承包、正确处理有关各方的经济利益关系提供基础。

概算的编制以设计图纸为基础，以国家颁布的《工程建设预算费用的构成及计算标准》《全国统一安装工程预算定额》《电力工程概算指标》及其他有关文件和具体规定为依据，并按国家定价与市场调整或浮动价格相结合的原则进行。

概算的构成主要有以下内容：

（1）主要设备器材费，包括设备原价、主要材料（钢材、木材、水泥等）费、设备运杂费（含成套服务费）、备品备件购置费、生产器具购置费等。除设备及材料费外，其他费用均按规定在器材费上乘一系数而定。该系数由国家和地区随市场经济的变化在某一时期内下达指标定额。

（2）安装工程费，包括直接费、间接费及税金等。直接费指在安装设备过程中直接消耗在该设备上的有关费用，如人工费、材料费和施工机械使用费等；间接费指安装设备过程中为全工程项目服务，而不直接耗用在特定设备上的有关费用，如施工管理费、临时设施费、劳动保险基金和施工队伍调遣费用等；税金是指国家对施工企业承包安装工程的营业收入所征收的营业税、教育附加和城市维护建设税。以上各种费用都根据国家某时期规定的不同的费率乘以基本直接费来计算。

（3）其他费用，指以上费用中未包括的安装建设费用，如建设场地占用及清理费、研究试验费、联合试运转费、工程设计费及预备费等。所谓预备费是指在各设计阶段用以解决设计变更（含施工过程中工程量增减、设备改型、材料代用等）而增加的费用，一般自然灾害所造成的损失和预防自然灾害所采取的措施费用，以及预计设备费用上涨价差补偿费用等。

根据国家现阶段下达的定额、价格、费率，结合市场经济现状，对上述费用逐项计算，列表汇总相加，即为该工程的概算。

5.6 发电厂变电所主变压器的选择

在发电厂和变电所中，用于向电力系统或用户输送功率的变压器，称为主变压器；只用于两种升高电压等级之间交换功率的变压器，称为联络变压器。

5.6.1 主变压器容量、台数的选择

主变压器的容量和台数直接影响主接线的形式和配电装置的结构。它的选择除依据基础资料外，主要取决于输送功率的大小、与系统联系的紧密程度、运行方式及负荷的增长速度等因素，并至少要考虑 5 年内负荷的发展需要。如果容量选得过大、台数过多，则会增加投资、占地面积和电能损耗，不能充分发挥设备的效益，并增加运行和检修的工作量；如果容量选得过小、台数过少，则可能封锁发电厂剩余功率的输送，或限制变电所负荷的需要，影响系统不同电压等级之间的功率交换及运行的可靠性等。

一、发电厂主变压器容量、台数的选择

DL 5000—2000《火力发电厂设计技术规程》规定：

（1）单元接线中的主变压器容量 S_N 应按发电机额定容量扣除本机组的厂用负荷后，留有 10% 的裕度选择，即

$$S_N \approx 1.1 P_{NG}(1-K_P)/\cos\varphi_G \quad (MV \cdot A) \tag{5.1}$$

式中　P_{NG}——发电机容量，在扩大单元接线中为两台发电机容量之和，MW；

　　　$\cos\varphi_G$——发电机额定功率因数；

　　　K_P——厂用电率。

另外，每个单元接线选择 1 台主变压器。

（2）接于发电机电压母线与升高电压母线之间的主变压器容量 S_N 按下列条件选择：

1）当发电机电压母线上的负荷最小时（特别是发电厂投入运行初期，发电机电压负荷不大），应能将接于发电机电压母线上发电机发出的功率减去发电机电压母线上的最小负荷而得到的最大剩余功率送至系统（计算中不考虑稀有的最小负荷情况），即

$$S_N \approx \left[\sum P_{NG}(1-K_P)/\cos\varphi_G - P_{min}/\cos\varphi\right]/n \quad (\text{MV} \cdot \text{A}) \tag{5.2}$$

式中　$\sum P_{NG}$——发电机电压母线上的发电机容量之和，MW；

　　　　P_{min}——发电机电压母线上的最小负荷，MW；

　　　　$\cos\varphi$——负荷功率因数；

　　　　n——接于发电机电压母线上的主变压器台数。

2）若发电机电压母线上接有 2 台及以上主变压器，当负荷最小且其中容量最大的一台主变压器退出运行时，其他主变压器应能将发电厂最大剩余功率的 70% 以上送至系统，即

$$S_N \approx \left[\sum P_{NG}(1-K_P)/\cos\varphi_G - P_{min}/\cos\varphi\right] \times 70\%/(n-1) \quad (\text{MV} \cdot \text{A}) \tag{5.3}$$

3）当发电机电压母线上的负荷最大且其中容量最大的一台机组退出运行时，主变压器应能从系统倒送功率，满足发电机电压母线上最大负荷的需要，即

$$S_N \approx P_{max}/\cos\varphi - \sum P'_{NG}(1-K_P)/\cos\varphi_G \quad (\text{MV} \cdot \text{A}) \tag{5.4}$$

式中　$\sum P'_{NG}$——发电机电压母线上除最大一台机组外，其他发电机容量之和，MW；

　　　　P_{max}——发电机电压母线上的最大负荷，MW。

4）对水电厂比重较大的系统，由于经济运行的要求，在丰水期应充分利用水能，这时有可能停用火电厂的部分或全部机组以节约燃料，火电厂的主变压器应能从系统倒送功率，满足发电机电压母线上最大负荷的需要，即

$$S_N \approx P_{max}/\cos\varphi - \sum P''_{NG}(1-K_P)/\cos\varphi_G \quad (\text{MV} \cdot \text{A}) \tag{5.5}$$

式中　$\sum P''_{NG}$——发电机电压母线上停用部分机组后，其他发电机容量之和，MW。

对式（5.2）～式（5.5）计算结果进行比较，取其中最大者。

接于发电机电压母线上的主变压器一般说来不少于 2 台，但对主要向发电机电压供电的地方电厂、系统电源主要作为备用时，可以只装设 1 台。

二、变电所主变压器容量、台数的选择

变电所主变压器的容量一般按变电所建成后 5～10 年的规划负荷考虑，并应按照其中一台停用时其余变压器能满足变电所最大负荷 S_{max} 的 60%～70% 选择（对于 35～110kV 变电所取 60%，对于 220～500kV 变电所取 70%）。当全部 I、II 类重要负荷（详见第 6 章内容）超过上述比例时，应按满足全部 I、II 类重要负荷的供电要求选择，即

$$S_N \approx (0.6 \sim 0.7)S_{max}/(n-1) \quad (\text{MV} \cdot \text{A}) \tag{5.6}$$

式中　n——变电所主变压器台数。

为了保证供电的可靠性，变电所一般装设 2 台主变压器，枢纽变电所可装设 2～4 台，地区性孤立的一次变电所或大型工业专用变电所可装设 3 台。

三、联络变压器容量的选择

（1）联络变压器的容量应满足所联络的两种电压网络之间在各种运行方式下的功率交换。

（2）联络变压器的容量一般不应小于所联络的两种电压母线上最大一台发电机组的容

量，以保证最大一台发电机组故障或检修时，通过联络变压器来满足本侧负荷的需要；同时也可在线路故障或检修时，通过联络变压器将剩余功率送入另一侧系统。

联络变压器一般只装设 1 台。

5.6.2　主变压器型式的选择

一、相数的确定

在 330kV 及以下的发电厂和变电所中，一般都选用三相式变压器。因为 1 台三相式较同容量的 3 台单相式投资小、占地少、损耗小，同时配电装置结构较简单，运行维护较方便。如果受到制造、运输等条件（如桥梁负重、隧道尺寸等）限制时，可选用 2 台容量较小的三相变压器，在技术经济合理时，也可选用单相变压器组。

在 500kV 及以上的发电厂和变电所中，应按容量、可靠性要求、制造水平、运输条件、负荷和系统情况等，经技术经济比较后确定变压器相数。

二、绕组数的确定

（1）只有一种升高电压向用户供电或与系统连接的发电厂，以及只有两种电压的变电所，采用双绕组变压器。

（2）有两种升高电压向用户供电或与系统连接的发电厂，以及有三种电压的变电所，可以采用双绕组变压器或三绕组变压器（包括自耦变压器）。具体方法如下：

1）当最大机组容量为 125MW 及以下，而且变压器各侧绕组的通过容量均达到变压器额定容量的 15％ 及以上时（否则绕组利用率太低），应优先考虑采用三绕组变压器，如图 5.19（a）所示。因为两台双绕组变压器才能起到联系三种电压级的作用，而 1 台三绕组变压器的价格、所用的控制电器及辅助设备比 2 台双绕组变压器少，运行维护也较方便。但一个电厂中的三绕组变压器一般不超过 2 台。当送电方向主要由低压侧送向中、高压侧，或由低、中压侧送向高压侧时，优先采用自耦变压器。

2）当最大机组容量为 125MW 及以下，但变压器某侧绕组的通过容量小于变压器额定容量的 15％ 时，可采用发电机—双绕组变压器单元和双绕组联络变压器，如图 5.19（b）所示。

3）当最大机组容量为 200MW 及以上时，采用发电机—双绕组变压器单元和联络变压器。其联络变压器宜选用三绕组（包括自耦变压器），低压绕组可作为厂用备用电源或启动电源，也可用来连接无功补偿装置，如图 5.19（c）所示。

4）当采用扩大单元接线时，应优先选用低压分裂绕组变压器，以限制短路电流。

5）在有三种电压的变电所中，如变压器各侧绕组的通过容量均达到变压器额定容量的 15％ 及以上；或低压侧虽无负荷，但需在该侧装设无功补偿设备时，宜采用三绕组变压器。当变压器需要与 110kV 及以上的两个中性点直接接地系统相连接时，可优先选用自耦变压器。

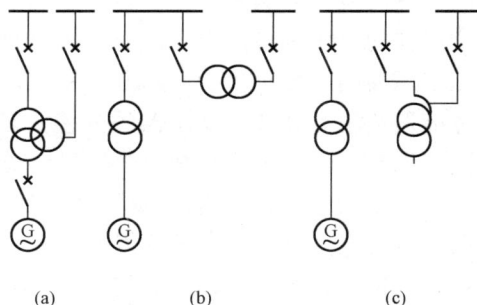

图 5.19　有两种升高电压的发电厂连接方式
（a）采用三绕组（或自耦）主变压器；（b）采用发电机—双绕组变压器单元和双绕组联络变压器；（c）采用发电机—双绕组变压器单元和三绕组联络变压器

三、绕组接线组别的确定

变压器的绕组连接方式必须使得其线电压与系统线电压相位一致，否则不能并列运行。电力系统变压器采用的绕组连接方式有星形和三角形两种，在说明变压器连接组别时分别用 Y、D 表示。

我国电力变压器的三相绕组所采用的连接方式为：

110kV 及以上电压侧均为"YN"，即有中性点引出并直接接地。35kV（60kV）作为高、中压侧时都可能采用"Y"，其中性点不接地或经消弧线圈接地；作为低压侧时可能用"Y"或"D"；35kV 以下电压侧（不含 0.4kV 及以下）一般为"D"，也有"Y"方式。

变压器绕组连接组别（即各侧绕组连接方式的组合），一般考虑系统或机组同步并列要求及限制 3 次谐波对电源的影响等因素。

不同变压器连接组别的一般情况是：

（1）6～500kV 均有双绕组变压器，其连接组别为 Yd11 或 YNd11、YNy0 或 Yyn0。其中，0 和 11 分别表示该侧的线电压与前一侧的线电压相位差 0°和 330°（下同）。组别 II0 表示单相双绕组变压器，用在 500kV 系统。

（2）110～500kV 均有三绕组变压器，其连接组别为 YNy0d11、YNyn0d11、YNyn0y0、YNd11d11（表示有两个"D"接的低压分裂绕组）及 YNa0d11（表示高、中压侧为自耦方式）等。组别 II0I0 及 Ia0I0 表示单相三绕组变压器，用在 500kV 系统。

四、结构型式的选择

三绕组变压器或自耦变压器，在结构上有两种基本型式：

（1）升压型。升压型的绕组排列为铁芯—中压绕组—低压绕组—高压绕组，其中，高、中压绕组间相距较远、阻抗较大、传输功率时损耗较大。

（2）降压型。降压型的绕组排列为铁芯—低压绕组—中压绕组—高压绕组，其中，高、低压绕组间相距较远、阻抗较大、传输功率时损耗较大。

应根据功率的传输方向来选择其结构型式。发电厂的三绕组变压器，一般为低压侧向高、中压侧供电，应选用升压型。变电所的三绕组变压器，如果以高压侧向中压侧供电为主、向低压侧供电为辅，则选用降压型；如果以高压侧向低压侧供电为主、向中压侧供电为辅，也可选用升压型。

五、调压方式的确定

变压器的电压调整是用分接开关切换变压器的分接头，从而改变其变比来实现的。无励磁调压变压器的分接头较少，调压范围只有 10%（±2×2.5%），且分接头必须在停电的情况下才能调节。有载调压变压器的分接头较多，调压范围可达 30%，且分接头可在带负荷的情况下调节，但其结构复杂、价格贵，通常在下述情况下采用：

（1）输出功率变化大或发电机经常在低功率因数运行的发电厂的主变压器；

（2）具有可逆工作特点的联络变压器；

（3）电网电压可能有较大变化的 220kV 及以上的降压变压器；

（4）电力潮流变化大和电压偏移大的 110kV 变电所的主变压器；

（5）变配电综合自动化系统要求分接头实现遥调的变压器。

六、冷却方式的选择

电力变压器的冷却方式，随其型式和容量不同而异，有以下几种类型：

（1）自然风冷却。无风扇，仅借助冷却器（又称散热器）热辐射和空气自然对流冷却，额定容量在 10000kV·A 及以下。

（2）强迫空气冷却，简称风冷式。在冷却器间加装数台电风扇，使油迅速冷却，额定容量在 8000kV·A 及以上。

（3）强迫油循环风冷却。采用潜油泵强迫油循环，并用风扇对油管进行冷却，额定容量在 40000kV·A 及以上。

（4）强迫油循环水冷却。采用潜油泵强迫油循环，并用水对油管进行冷却，额定容量在 120000kV·A 及以上。

（5）强迫油循环导向冷却。采用潜油泵将油压入线圈之间、线饼之间和铁芯预先设计好的油道中进行冷却。

（6）水内冷。将纯水注入空心绕组中，借助水的不断循环，将变压器的热量带走。

5.7 主接线中的设备配置

5.7.1 断路器的配置

（1）容量为 125MW 及以下的发电机与双绕组变压器为单元连接时，在发电机与变压器之间不宜装设断路器；发电机与三绕组变压器或三绕组自耦变压器为单元连接时，在发电机与变压器之间宜装设断路器和隔离开关，厂用分支线应接在变压器与该断路器之间。

（2）容量为 200MW 及以上发电机的引出线、厂用分支线，以及电压互感器与避雷器等回路的引下线应采用全连式分相封闭母线。

（3）容量为 200～300MW 的发电机与双绕组变压器为单元连接时，在发电机与变压器之间不应装设断路器、负荷开关或隔离开关，但应有可拆连接点。技术经济合理时，容量为 600MW 机组的发电机出口可装设断路器或负荷开关。此时，主变压器或高压厂用工作变压器应采用有载调压方式。

（4）330～500kV 并联电抗器回路不宜装设断路器或负荷开关，如需装设应根据其用途及运行方式等因素确定。

（5）对于水电厂，下列各回路在发电机出口处宜装设断路器：

1）需要倒送厂用电，且接有公共厂用变压器的单元回路；

2）开停机频繁的调峰水电厂，需要减少高压侧断路器操作次数的单元回路；

3）联合单元回路。

对于水电厂以下各回路在发电机出口处必须装设断路器：

1）扩大单元回路；

2）三绕组变压器或自耦变压器回路。

5.7.2 隔离开关的配置

不装设隔离开关的地点包括：

（1）容量为 200MW 及以上大机组与双绕组变压器为单元连接时，其出口不装设隔离开关，但应有可拆连接点；

（2）220kV 及以下线路避雷器、接于发电机与变压器引出线的避雷器，不宜装设隔离开关；

（3）330～500kV 的避雷器不应装设隔离开关；

（4）110～500kV 线路电压互感器、耦合电容器、电容式电压互感器不宜装设隔离开关；

（5）安装在出线上的耦合电容器、电压互感器、接在变压器引出线或中性点上的避雷器，不应装设隔离开关；

（6）发电机和变压器中性点避雷器不应装设隔离开关。

需要装设隔离开关的地点包括：

（1）中、小型发电机出口一般应装设隔离开关；

（2）220kV 及以下母线避雷器和电压互感器宜合用一组隔离开关；

（3）在一个半断路器接线中，前两串的线路和变压器出口处，应装设隔离开关；

（4）多角形接线中的进出线应装设隔离开关，以便在进出线检修时，保证闭环运行；

（5）桥形接线中的跨条宜用两组隔离开关串联，以便于进行不停电检修；

（6）断路器的两侧均应配置隔离开关，以便在断路器检修时隔离电源；

（7）中性点直接接地的普通型变压器中性点均应通过隔离开关接地，自耦变压器的中性点则不必装设隔离开关；

（8）在水电厂中，当发电机—变压器组采用单元接线时，在发电机出口处应装设隔离开关；发电机或变压器中性点上的消弧线圈，应装设隔离开关；

（9）在出线上装设电抗器的 6～10kV 配电装置中，当向不同用户供电的两回线共用一台断路器和一组电抗器时，每回线上应各装设一组出线隔离开关。

5.7.3　接地开关和接地器的配置

（1）35kV 及以上每段母线根据长度宜装设 1～2 组接地开关或接地器，两组间的距离应尽量保持适中。母线的接地开关宜装设在母线电压互感器的隔离开关上和母联隔离开关上，也可装于其他回路母线隔离开关的基座上。必要时可设置独立式母线接地器。

（2）63kV 及以上配电装置的断路器两侧隔离开关和线路隔离开关的线路侧宜配置接地开关。双母线接线两组母线隔离开关的断路器侧可共用一组接地开关。

（3）旁路母线一般装设一组接地开关，设在旁路回路隔离开关的旁路母线侧。

（4）63kV 及以上主变压器进线隔离开关的主变压器侧宜装设一组接地开关。

5.7.4　电压互感器的配置

（1）电压互感器的数量和配置与主接线方式有关，并应满足测量、保护、同期和自动装置的要求。电压互感器的配置应能保证在运行方式改变时，保护装置不得失压，同期点的两侧都能提取到电压。

（2）6～220kV 电压等级的每组主母线的三相上应装设电压互感器。旁路母线上是否需要装设电压互感器，应视各回出线外侧装设电压互感器的情况和需要确定。

（3）当需要监视和检测线路侧有无电压时，出线侧的一相上应装设电压互感器。

（4）当需要在 330kV 及以下主变压器回路中提取电压时，可尽量利用变压器电容式套管上的电压抽取装置。

（5）500kV 电压互感器按下述原则配置（330kV 等级也可参照采用）：

1）对双母线接线，宜在每回出线和每组母线的三相上装设电压互感器。

2）对一台半断路器接线，应在每回出线的三相上装设电压互感器；在主变压器进线和每组母线上，应根据继电保护装置、自动装置和测量仪表的要求，在一相或三相上装设电压互感器。线路与母线的电压互感器二次回路间不切换。

（6）兼作并联电容器组泄能和兼作限制切断空载长线过电压的电磁式电压互感器，其与电容器组之间和与线路之间不应有开断点。

5.7.5 电流互感器的配置

（1）凡装有断路器的回路均应装设电流互感器，其数量应满足测量仪表、保护和自动装置要求。

（2）在未设断路器的下列地点也应装设电流互感器，如发电机和变压器的中性点、发电机和变压器的出口、桥形接线的跨条上等。

（3）对直接接地系统，一般按三相配置。对非直接接地系统，依具体要求按两相或三相配置。

（4）一台半断路器接线中，线路—线路串可装设四组电流互感器，在能满足保护和测量要求的条件下也可装设三组电流互感器。对于线路—变压器串，当变压器的套管电流互感器可以利用时，可装设三组电流互感器。

5.7.6 避雷器的配置

（1）配电装置的每组母线上应装设避雷器，但进出线都装设避雷器时除外。

（2）旁路母线上是否需要装设避雷器，应视在旁路母线投入运行时，避雷器到被保护设备的电气距离是否满足要求而定。

（3）330kV 及以上变压器和并联电抗器处必须装设避雷器，并应尽可能靠近设备本体。

（4）220kV 及以下变压器到避雷器的电气距离超过允许值时，应在变压器附近增设一组避雷器。

（5）三绕组变压器低压侧的三相上宜各设置一台避雷器。

（6）自耦变压器必须在其两个自耦合的绕组出线上装设避雷器，并应接在变压器与断路器之间。

（7）下列情况的变压器中性点应装设避雷器：

1）直接接地系统中，变压器中性点为分级绝缘且装有隔离开关时；

2）直接接地系统中，变压器中性点为全绝缘，但变电所为单进线且为单台变压器运行时；

3）不接地和经消弧线圈接地系统中，多雷区的单进线变压器中性点上。

（8）连接在变压器低压侧的调相机出线处宜装设一组避雷器。

（9）发电厂、变电所的 35kV 及以上电缆进线段，在电缆与架空线的连接处应装设避雷器。

（10）110～220kV 线路侧一般不装设避雷器。330～500kV 的线路侧如操作过电压超过操作波保护水平，应设置避雷器；当不超过时，是否需装设避雷器，应根据出线侧的设备、本地区雷电活动并通过模拟试验或计算确定。

（11）SF_6 全封闭组合电器的架空线路侧必须装设避雷器。

（12）进线全长为电缆的 GIS 变电所内是否需装设金属氧化物避雷器，应视电缆另一端有无雷电过电压波侵入的可能，经校验确定。

（13）直配线发电机的进线段避雷器的配置应遵照 DL/T 620—1997《交流电气装置的过电压保护和绝缘配合》标准执行。

（14）变电所采用一台半断路器主接线时，金属氧化物避雷器宜安装于每回线路的入口和每一个主变压器回路上。母线较长时是否需装设避雷器可通过校验确定。

（15）采用 GIS（SF_6 全封闭组合电器）、主接线为一台半断路器接线的变电所，金属氧化物避雷器宜安装于每回线路的入口，每组母线上是否安装需经校验确定。

（16）单元连接的发电机出线宜装一组避雷器。

5.8　限制短路电流的措施

随着电力系统的改造和建设，我国电网的规模和容量都有了很大的发展，省会城市和沿海大城市已经基本上建成了 220kV 及以上电压等级的超高压外环网或 C 形网，110～220kV 高压变电所已经广泛深入市区负荷中心，大大增强了电网的供电能力。由于电网的发展，各级电压的短路容量不断增大，甚至超过了断路器的开断容量。为使各电压等级电网的开断电流与设备的动、热稳定电流得以配合，并满足目前我国的设备制造水平，各级电压电网的短路容量不应超过表 5.2 所列数值。如果电网的短路容量超过上述规定，就应采取必要的措施限制短路电流。

表 5.2　　　　　　　　　　　短路电流及短路容量限值

名　称	电压等级（kV）	220	110	35	10
短路电流（kA）	城网	40～50	31.5	25	16
	农网	31.5～40	25	16	12.5
短路容量（MV·A）	城网	15000～19000	6000	1500	280
	农网	12000～15000	4800	1000	200

现代电力系统的短路电流值可能由于以下几个原因而增加：

（1）发电机单机容量及发电厂总装机容量的增长；

（2）电力系统总容量的不断扩大；

（3）为提高电力系统运行的稳定性加强了系统之间的联系，在电网之间增设了联络线路，引起系统阻抗的降低；

（4）自耦变压器的广泛采用，增加了系统直接接地的中性点的数目，引起系统零序电抗的减小。

短路电流值的大幅度增加，将造成电气设备动、热稳定难以承受短路电流的发热和电动力，往往需要大幅度地提高断路器、变压器和其他电力设备的动、热稳定电流值。这样做不仅会增加设备投资，而且会由于断路器开断能力不够而选不到合乎要求的电器。因此，必须采取限制短路电流的措施，以限制短路电流值。对短路电流限制的程度，取决于限制措施增加的费用与技术经济上的受益二者之间的关系，先应以电气设备能承受的短路电流为准，选择一个经济合理的方案。

下面介绍发电厂和变电所中常用的几种限制短路电流的措施。

一、选择合理的电气主接线形式和运行方式

（一）采用单元接线和一厂两站式接线

对于具有大容量机组的发电厂，不设发电机电压母线，而采用发电机—变压器单元接线，这样做相当于使系统电抗值增大。当发电机和主变压器低压侧发生短路时，由系统流到短路处的电流将有所减小。对于大型发电厂，为了限制短路电流可采用一厂两站式的接线方式。这种接线方式是建设互不联系的同一电压或两种电压的两个升压站，使在同一场地上有多台机组的一座大容量区域发电厂在电气上成为两个发电厂。从系统的角度看，它相当于两座独立的发电厂，它们之间的电气距离等于由发电厂的两个升压站到并列运行的枢纽变电所的线路长度之和，这样既限制了发电厂内高压配电装置过大的短路电流，又增加了短路后的残余电压。

（二）城市电网分片运行

目前，为了提高供电能力和供电可靠性，大中城市外围已基本上建成了 220kV 及以上电压等级的超高压外环网或 C 形网，系统短路容量越来越大，如果不从网络的结构上采取措施，仅靠串联电抗器等措施限制短路电流已很难满足要求，且经济上也不合理。因此，可以将原来的 110(66)kV 城网分片运行。

城网分片运行时，片区内高压配电网电源从城市外围超高压枢纽变电所经 110(60)kV 高压配电网直接送至市区负荷中心。这样既有效地降低了短路容量，又避免了高、低压电磁环网。

城网分片运行时，首先应保证供电可靠性，必须符合"$N-1$"安全准则，这就要求在高压配电网的设计上采取必要的措施，如采用双电源、环网等供电方式。另外，还应使各供电片区的负荷基本平衡，供电范围不宜过大，以保证良好的电压质量。

（三）环形接线开环运行

高、中压电网采用环形接线的主要目的是为了提高供电可靠性，但随着变电容量的不断扩大，短路容量也不断增大，可能超过开关设备的额定开断能力。因此，对于环形接线，在正常运行时应将环打开，故障时闭环运行。同理，对于双电源供电的高、中压配电网，正常运行时两侧电源不并列，只有在失去一个电源时，才将联络开关投入，从而达到有效降低短路电流的目的。

（四）简化接线及母线分段运行

简化接线就是使变电所的接线尽可能简单、可靠。例如对 110kV 变电所高压侧采用桥式接线或线路—变压器组接线等；10kV 中压侧采用单母线分段接线等；对中压开关站一般采用单母线分段，两回进线配多回出线接线；对配电所采用环网单元接线形式。这样既能降低短路容量，又能节省建设投资。

母线分段是将某些大容量变电所低压侧母线分段，两段母线间可不设分段开关，对负荷采用辐射式供电方式，从而使一段母线短路时的短路回路电抗大为增加，有效地限制了短路电流。

二、选择合适的变压器容量、参数和型式

（一）选择合适的变压器容量

变电所中变压器台数及容量是影响城乡电网结构、可靠性和经济性的一个重要因素，同时对电网的短路电流也有很大的影响。在变电所供电范围及最大供电负荷确定之后，变电所中变压器容量及台数的确定目前国内尚无明确的标准。从国内外情况看，变电所中使用变压器的台数大多为2台，极少有4台以上的。从变电所装设2台主变来看，变压器取高负荷率T时（$T=65\%$），这意味着变压器容量可适当地选小一些。当一台变压器故障时，另一台变压器按1.3倍负荷倍数承受短时（2h）过负荷，这样选的主要优点是经济性好，提高设备利用率，变压器容量相对较小，短路容量小。变压器取低负荷率T时（$T=50\%$），当一台变压器故障，另一台变压器承担全部负荷而不是过负荷，因此不必在相邻两变电所之间建立联络线，负荷转供切换均在本所内进行。

综上所述，就我国目前电网现状，大多数观点倾向于高负荷率方式。我国《城市电力网规划设计导则》也明确要求变电所中变压器采用高负荷率。在实际选变压器容量时，应根据当地电网现状及发展情况具体掌握。

（二）选用高阻抗变压器

在现在的城网中，随着电网的联系不断紧密和变电容量的增大，变电所各侧短路容量都较大，除将电网分片及解环运行外，还可以选用阻抗较大的变压器限制短路电流。这时变压器正常运行时的功率损耗则降为次要位置。

（三）采用分裂绕组变压器

图5.20所示为分裂绕组变压器的原理接线图及等值电路图。

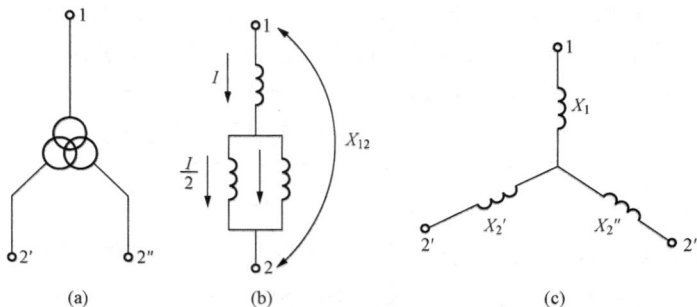

图5.20　分裂绕组变压器的原理接线及等值电路图
(a) 原理接线图；(b) 低压侧并列运行等值电路图；
(c) 低压侧分列运行等值电路图

当低压分裂绕组的两个分支并联连接组成统一的低压绕组对高压绕组运行时，变压器的短路电抗称为穿越电抗，用X_{12}表示。

当低压分裂绕组的一个分支开路，而另一个分支对高压绕组运行时，变压器的短路电抗称为半穿越电抗，用$X_{12'}$表示。

当高压绕组开路，分裂绕组的一个分支对另一个分支运行时，变压器的短路电抗称为分裂电抗，用$X_{2'2''}$表示。

分裂变压器的分裂电抗与穿越电抗之比称为分裂变压器的分裂系数，用k_f表示，$k_f=$

$X_{2'2''}/X_{12}$。

正常工作时，两个低压分裂绕组各流过相同的电流 $I/2$，不计励磁损耗时，高压绕组电流为 I。由于 $X_{2'}=X_{2''}$，$X_{2'2''}=X_{2'}+X_{2''}=2X_{2'}$，则高压绕组到低压绕组的穿越电抗为

$$X_{12} = X_1 + X_{2'}/2 = X_1 + X_{2'2''}/4 \tag{5.7}$$

当一个低压绕组（设 2'）短路时，来自高压侧的短路电流将受到半穿越电抗 $X_{12'}$ 的限制，即

$$X_{12'} = X_1 + X_{2'} = (1 + k_f/4)X_{12} \tag{5.8}$$

若 k_f 取 3.5，则 $X_{12'}=1.875X_{12}$。

通过以上分析可见，分裂变压器正常工作时电抗值较小，而当一个分裂绕组短路时，来自高压侧的短路电流将受到半穿越电抗 $X_{12'}$ 的限制，其值近似为正常工作电抗（穿越电抗 X_{12}）的 1.9 倍，很好地限制了短路电流。因此，这种变压器在大型发电厂及短路容量较大的变电所中得到了较广泛的应用。

三、利用限流电抗器限制短路电流

按安装位置不同，利用限流电抗器限制短路电流可分为变压器低压侧串接电抗器、分段装设电抗器及出线装设电抗器等几种。

变压器低压侧串联电抗器，可明显增大短路回路电抗，降低低压短路电流。在母线分段上装设电抗器，当母线上发生短路故障或出线上发生短路故障时，来自高压侧的短路电流都能受到限制（见图 5.21），所以分段电抗器的优点就是限制短路电流的范围大。

在出线上装设电抗器，对本线路的限流作用较母线分段电抗器要大得多，尤其是以电缆为引出线的城市电网，出线电抗器可有效地起到限制短路电流的作用。

限流电抗器按结构可分为普通限流电抗器和分裂电抗器。分裂电抗器与普通电抗器的不同点是在线圈中心有一个抽头作为公共端。这种结构的主要优点是正常工作电压降

图 5.21 采用分段电抗器和
出线电抗器的接线

小，短路时电抗大，限流作用强；缺点是一侧短路，另一侧没有电源而仅有负荷时会引起感应过电压，此外一侧负荷变动大时也会引起另一侧的电压波动。

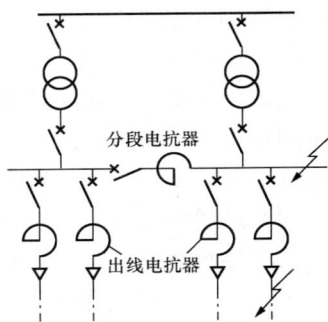

5.9 各类发电厂变电所电气主接线的特点及实例

如前所述，电气主接线是根据发电厂和变电所的具体条件确定的，由于发电厂和变电所的类型、容量、地理位置、在电力系统中的地位和作用、馈线数目、负荷性质、输电距离及自动化程度等不同，所采用的主接线形式也不同，但同一类型的发电厂或变电所的主接线仍具有某些共同特点。

5.9.1 火力发电厂电气主接线

一、中小型火电厂的电气主接线

中小型火电厂的单机容量为 200MW 及以下，总装机容量 1000MW 以下，一般建在工

业企业或城镇附近，需以发电机电压将部分电能供给本地区用户（如钢铁基地、大型化工、冶炼企业及大城市的综合用电等），有时兼供热，所以也有凝汽式电厂和热电厂。

中小型火电厂的电气主接线特点如下。

（1）设有发电机电压母线。详细内容如下：

1）根据地区网络的要求，其电压采用 6kV 或 10kV，发电机单机容量为 100MW 及以下。当发电机容量为 12MW 及以下时，一般采用单母线分段接线；当发电机容量为 25MW 及以上时，一般采用双母线分段接线。一般不装设旁路母线。

2）出线回路较多（有时多达数十回），供电距离较短（一般不超过 20km），为避免雷击线路直接威胁发电机，一般多采用电缆供电。

3）当发电机容量较小时，一般仅装设母线电抗器就足以限制短路电流；当发电机容量较大时，一般需同时装设母线电抗器及出线电抗器。

4）通常用 2 台及以上主变压器与升高电压级联系，以便向系统输送剩余功率或从系统倒送不足的功率。

（2）当发电机容量为 125MW 及以上时，采用单元接线；当原接于发电机电压母线的发电机已满足地区负荷的需要时，虽然后面扩建的发电机容量小于 125MW，也采用单元接线，以减小发电机电压母线的短路电流。

（3）升高电压等级不多于两级（一般为 35～220kV），其升高电压部分的接线形式与电厂在系统中的地位、负荷的重要性、出线回路数、设备特点、配电装置型式等因素有关，可能采用单母线、单母线分段、双母线、双母线分段。当出线回路数较多时，可考虑增设旁路母线；当出线不多、最终接线方案已明确时，可以采用桥形、角形接线。

（4）从整体上看，中小型火电厂主接线较复杂，且一般屋内和屋外配电装置并存。

某中型热电厂的电气主接线如图 5.22 所示。该热电厂装有 2 台发电机，接到 10kV 母线上；10kV 母线为双母线三分段接线，母线分段及电缆出线均装有电抗器，用以限制短路电流，以便选用轻型电器；发电厂供给本地区后的剩余电能通过 2 台三绕组主变压器送入 110kV 及 220kV 电压级；110kV 为分段的单母线接线，重要用户可用双回路分别接到两分段上；220kV 为有专用旁路断路器的双母线带旁路母线接线，只有出线进旁路，主变压器不进旁路。

二、大型火电厂的电气主接线

大型火电厂单机容量为 200MW 及以上，总装机容量 1000MW 及以上，主要用于发电，多为凝汽式火电厂。其主接线特点如下：

（1）在系统中地位重要，主要承担基本负荷，负荷曲线平稳，设备利用小时数高，发展可能性大，对主接线可靠性要求较高。

（2）不设发电机电压母线，发电机与主变压器（双绕组变压器或分裂低压绕组变压器）采用简单可靠的单元接线，发电机出口至主变压器低压侧之间采用封闭母线。除厂用电负荷外，绝大部分电能直接用 220kV 及以上升高电压送入系统。附近用户则由地区供电系统供电。

（3）升高电压部分为 220kV 及以上。220kV 配电装置，一般采用双母线、双母线带旁路母线、双母线分段带旁路母线接线，接入 220kV 配电装置的单机容量一般不超过 300MW；330～500kV 配电装置，当进出线数为 6 回及以上时，采用一台半断路器接线；220kV 与 330～500kV 配电装置之间一般采用自耦变压器联络。

（4）从整体上看，这类电厂的主接线较简单、清晰，一般均采用屋外配电装置。

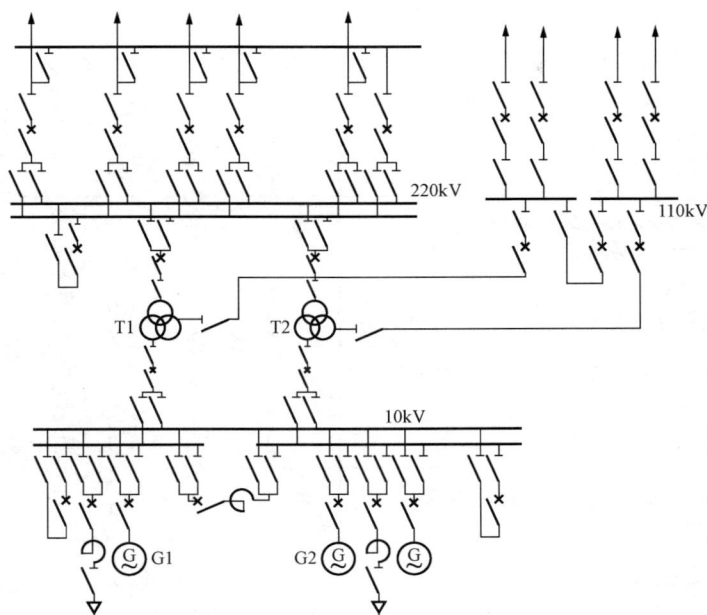

图 5.22　某中型热电厂的电气主接线

　　某大型火电厂的电气主接线如图 5.23 所示。该火电厂有 $4 \times 300MW$ 及 $2 \times 600MW$ 共 6 台发电机，分别与 6 台双绕组主变压器接成单元接线，其中 2 个单元接到 220kV 配电装置，4 个单元接到 500kV 配电装置；220kV 侧为有专用旁路断路器的双母线带旁路母线接线；500kV 侧为一台半断路器接线；220kV 侧与 500kV 侧用自耦变压器联络（由 3 台单相变压器组成），其低压侧 35kV 为单母线接线，接有 2 台厂用高压启动/备用变压器及并联电抗器；各主变压器的低压侧及 220kV 母线分别接有厂用高压工作或备用变压器。图 5.23 中还示出了电压互感器和避雷器的配置情况。

5.9.2　水电厂的电气主接线

　　水电厂以水能为能源，多建于山区峡谷中，一般远离负荷中心，附近用户少，甚至完全没有用户，因此其主接线有类似于大型火电厂主接线的特点：

　　（1）不设发电机电压母线，除厂用电外，绝大部分电能用 1～2 种升高电压送入系统。

　　（2）装机台数及容量是根据水能利用条件一次确定，因此，其主接线、配电装置及厂房布置一般不考虑扩建。但常因设备供应、负荷增长情况及水工建设工期较长等原因而分期施工，以便尽早发挥设备的效益。

　　（3）由于山区峡谷中地形复杂，为缩小占地面积、减少土石方的开挖和回填量，主接线尽量采用简化的接线形式，以减少设备数量，使配电装置布置紧凑。

　　（4）由于水电厂生产的特点及所承担的任务，也要求其主接线尽量采用简化的接线形式，以避免繁琐的倒闸操作。

　　水轮发电机组启动迅速、灵活方便，生产过程容易实现自动化和远动化。一般从启动到带满负荷只需 4～5min，事故情况下可能不到 1min。因此，水电厂在枯水期常常被用作系统

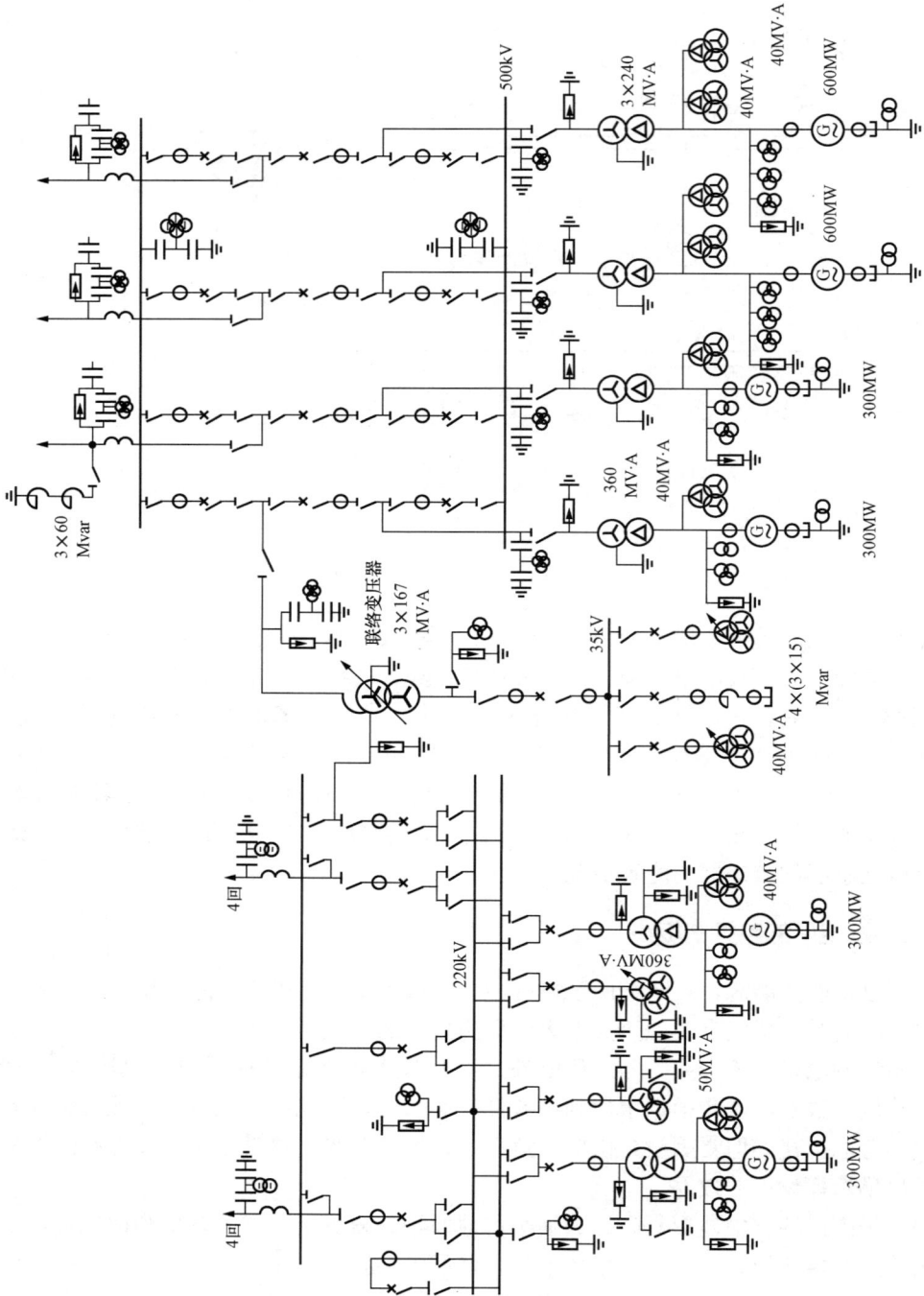

图5.23　某大型火电厂的电气主接线

的事故备用、检修备用或承担调峰、调频、调相等任务；在丰水期则承担系统的基本负荷以充分利用水能，节约火电厂的燃料。可见，水电厂的负荷曲线变动较大，开、停机次数频繁，相应设备投、切频繁，设备利用小时数较火电厂小。因此，其主接线应尽量采用简化的接线形式。

（5）由于水电厂的特点，其主接线广泛采用单元接线，特别是扩大单元接线。大容量水电厂的主接线形式与大型火电厂相似；中、小容量水电厂的升高电压部分在采用一些固定的、适合回路数较少的接线形式（如桥形、多角形、单母线分段等）方面，比火电厂用得更多。

（6）从整体上看，水电厂的主接线较火电厂简单、清晰，一般均采用屋外配电装置。

某大型水电厂的电气主接线如图 5.24 所示。该电厂有 6 台发电机，G1～G4 与分裂绕组变压器 T1、T2 接成扩大单元接线，将电能送到 500kV 配电装置；G5、G6 与双绕组变压器 T3、T4 接成单元接线，将电能送到 220kV 配电装置；500kV 配电装置采用一台半断路器接线，220kV 配电装置采用有专用旁路断路器的双母线带旁路母线接线，并且只有出线进旁路；220kV 系统与 500kV 系统采用自耦变压器 T5 联络，其低压绕组作为厂用备用电源。

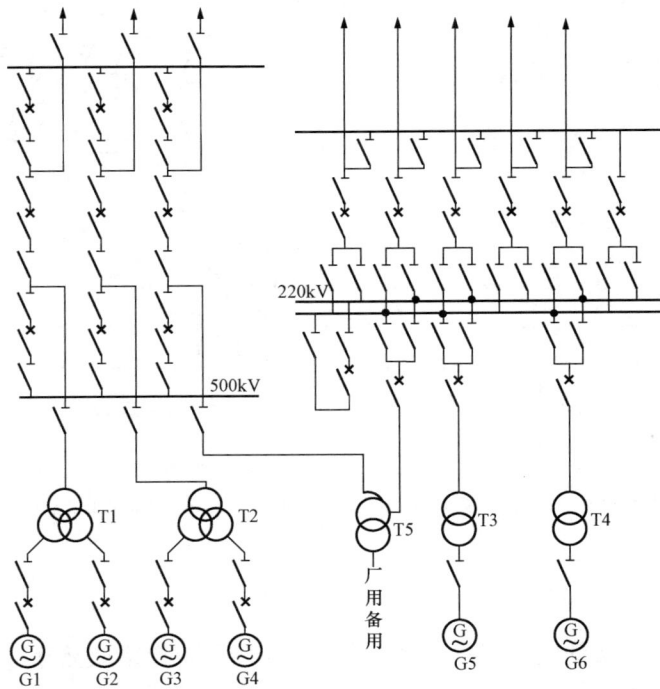

图 5.24　某大型水电厂的电气主接线

5.9.3　变电所的电气主接线

变电所电气主接线的设计原则基本上与发电厂相同，即根据变电所的地位、负荷性质、出线回路数、设备特点等情况，采用相应的接线形式。

330～500kV 配电装置可能的接线形式有一台半断路器接线、双母线分段（三分段或

图 5.25　某 60kV 终端
变电所的电气主接线

四分段）带旁路母线接线、变压器—母线组接线等；220kV 配电
装置可能的接线形式有双母线、双母线带旁路、双母线分段（三
分段或四分段）带旁路及一台半断路器接线等；110kV 配电装置
可能的接线形式有不分段单母线、分段单母线、分段单母线带旁
路、双母线、双母线带旁路及桥形接线等；35～60kV 配电装置
可能接线形式有不分段单母线、分段单母线、分段单母线带旁路
（分段兼旁路断路器）、双母线及桥形接线等；6～10kV 配电装置
常采用分段单母线，有时也采用双母线接线，以便于扩建。6～
10kV 馈电线应选用轻型断路器，若不能满足开断电流以及动、
热稳定要求，应采取限制短路电流的措施。例如，使变压器分裂
运行，或在变压器低压侧装设电抗器、在出线上装设电抗器等。

　　某 60kV 终端变电所、110kV 地区变电所及 500kV 枢纽变电所
电气主接线分别如图 5.25～图 5.27 所示。

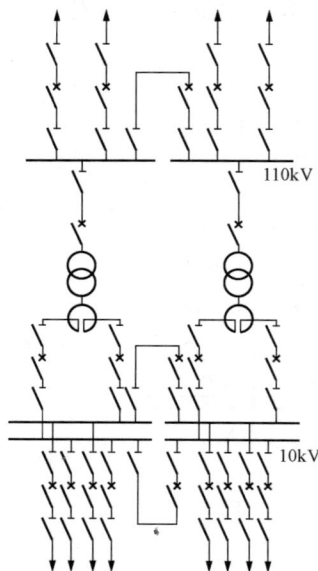

图 5.26　某 110kV 地区变电所的电气主接线

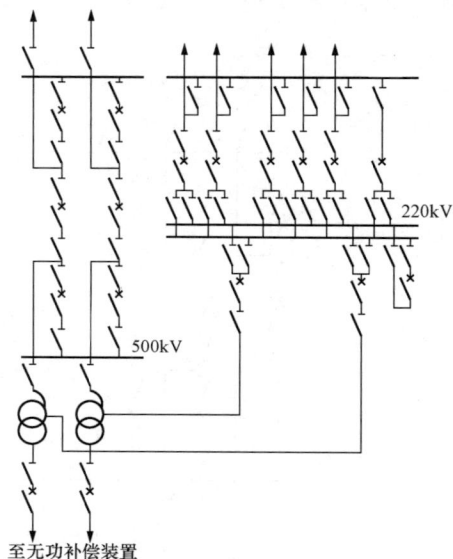

图 5.27　某 500kV 枢纽变电所的电气主接线

小　结

　　（1）发电厂、变电所的电气主接线是电力系统接线的重要组成部分。它是由规定的各种
电气设备的图形符号和连接线所构成的表示接受和分配电能的电路。

　　表明电气主接线和厂用电接线的图分别称为电气主接线图和厂用电接线图。

　　（2）电气主接线常用的基本形式包括单母线接线、双母线接线、带旁路母线的接线、桥
形接线、多角形接线和单元接线等。

　　（3）在单母线接线系列中不分段的单母线接线特点是整个配电装置中只有一组母线，所
有的电源和引出线都经过相应的断路器和隔离开关连接到母线。其主要优点是接线简单清
晰，采用设备少，操作方便，便于扩建和采用成套配电装置；缺点是接线不够灵活可靠。当

母线与母线隔离开关故障或检修时，将造成整个配电装置停电。当断路器检修时，将在整个检修期间中断该进出线的工作。

当进出线回路数较多时，为了提高单母线接线的供电可靠性，把母线故障和检修造成的影响局限在一定的范围内，可采用隔离开关或断路器将单母线进行分段。

为了克服单母线接线在检修进出线断路器时造成相应回路供电中断的缺点，提高供电可靠性，可采用增设旁路母线的措施。

单母线分段带旁路母线的接线比单母线分段接线的供电可靠性有所提高，但所用断路器和隔离开关的数量增多，造成设备投资和占地面积的增大。为了节省设备投资和减少占地面积，可以采用分段断路器兼作旁路断路器的接线方式。

（4）按照每个回路使用断路器的多少，可将双母线接线划分为单断路器的双母线接线、双断路器的双母线接线、一台半断路器的双母线接线和变压器—母线组接线等。

单断路器的双母线接线设有 2 组母线，每个回路都通过 1 台断路器和 2 组隔离开关连接到两组母线上。其主要特点为：①可以轮流检修母线而不影响供电；②检修任一回路的母线隔离开关时，只停该回路；③1 组母线故障后，能迅速恢复该母线所连回路的供电；④运行高度灵活；⑤扩建方便；⑥便于试验。

为了避免在检修进出线断路器时造成停电，可在单断路器双母线的基础上增设旁路母线。为了减少母线故障的停电范围，可将双母线接线中的 1 组母线或 2 组母线用断路器分段，成为双母线三分段接线或双母线四分段接线。

一台半断路器的双母线接线由许多"串"并联在双母线上形成。每串中有 2 个回路共用 3 台断路器，每个回路相当于占有一台半断路器。这种接线的突出优点是：①具有高度的供电可靠性；②运行调度灵活；③操作检修方便。

变压器—母线组接线的特点是线路部分采用双断路器，以保证高度的可靠性；当线路较多时，则采用一台半断路器接线；对于主变压器回路不装设断路器，而直接通过隔离开关接到母线上。当有 4 台主变压器时，可利用断路器将双母线分成四段，在每段母线上连接 1 台主变压器。

（5）为了既满足电气主接线的基本要求，又能减少断路器的数量，可以采用多角形接线、桥形接线和单元接线。

多角形接线把各个断路器互相连接起来，形成闭合的单环形接线。每个回路（电源或线路）都经过 2 台断路器接入电路中，从而达到了双重连接的目的。这种接线闭环运行时具有较高的可靠性，断路器配置合理，隔离开关只作为检修时隔离电压之用，占地面积较小。多角形接线的优点只有在闭环运行及角数较少时才能充分发挥。以采用三～五角形接线为宜。

当发电厂和变电所中只有 2 台变压器和 2 回线路时，可采用桥形接线。桥形接线有内桥和外桥两种接线方式。

内桥接线的特点是，连接桥断路器设在靠近变压器一侧，另外两台断路器连接在线路上。内桥接线通常应用于输电线路较长、故障机会较多，而变压器又不需要经常切换的中小容量的发电厂和变电所中。

外桥接线的特点恰好与内桥接线相反，连接桥断路器设在靠近线路一侧，另外 2 台断路器接在主变压器回路中。外桥接线适用于线路短，检修、操作及故障机会均较少，而变压器按照经济运行的要求需要经常进行切换的场合。此外，当电网中有穿越功率通过变电所时，为了减少由于断路器停运造成的对穿越功率的影响，采用外桥接线较为合适。

单元接线是把发电机、变压器或线路直接串联连接，其间除厂用分支外，不再设母线之类的横向连线。按照串联元件的不同，单元接线分为发电机—变压器单元接线，扩大单元接线，发电机—变压器—线路单元接线。

（6）电气主接线设计的基本原则是以设计任务书为依据，以国家经济建设的方针、政策、技术规定、标准为准绳，结合工程实际情况，在保证供电可靠、调度灵活、满足各项技术要求的前提下，兼顾运行、维护方便，尽可能地节省投资、就近取材，力争设备元件和设计的先进性与可靠性，坚持可靠、先进、适用、经济、美观的原则。

电气主接线的设计步骤和内容包括：①对原始资料进行分析；②主接线方案的拟定与选择；③短路电流计算和主要电气设备选择；④绘制电气主接线图；⑤编制工程概算。

（7）发电厂主变压器容量、台数的选择原则：

1）单元接线中的主变压器容量 S_N 应按发电机额定容量扣除本机组的厂用负荷后，留有 10% 的裕度选择。

2）接于发电机电压母线与升高电压母线之间的主变压器容量 S_N 按下列条件选择：

a. 当发电机电压母线上的负荷最小时，应能将接于发电机电压母线上发电机发出的功率减去发电机电压母线上的最小负荷而得到的最大剩余功率送至系统；

b. 若发电机电压母线上接有 2 台及以上主变压器，当负荷最小且其中容量最大的一台主变压器退出运行时，其他主变压器应能将发电厂最大剩余功率的 70% 以上送至系统；

c. 当发电机电压母线上的负荷最大且其中容量最大的一台机组退出运行时，主变压器应能从系统倒送功率，满足发电机电压母线上最大负荷的需要；

d. 对水电厂比重较大的系统，由于经济运行的要求，在丰水期应充分利用水能，这时有可能停用火电厂的部分或全部机组，以节约燃料，火电厂的主变压器应能从系统倒送功率，满足发电机电压母线上最大负荷的需要。

（8）变电所主变压器容量、台数的选择。变电所主变压器的容量一般按变电所建成后 5～10 年的规划负荷考虑，并应按照其中一台停用时其余变压器能满足变电所最大负荷 S_{max} 的 60%～70% 选择。当全部Ⅰ、Ⅱ类重要负荷超过上述比例时，应按满足全部Ⅰ、Ⅱ类重要负荷的供电要求选择。

（9）电气主接线中的断路器、隔离开关、电压互感器、电流互感器、避雷器、接地开关和接地器等设备均应根据一定的要求进行配置。

（10）当各级电压电网的短路容量超过规定数值时，就应采取必要的措施限制短路电流。在发电厂和变电所中常用的限制短路电流的措施包括：

1）选择合理的电气主接线形式和运行方式。例如采用单元接线和一厂两站式接线、城市电网分片运行、环形接线开环运行、简化接线及母线分段运行等。

2）选择合适的变压器容量、参数和型式。例如选择合适的变压器容量、选用高阻抗变压器、采用分裂绕组变压器等。

3）利用限流电抗器。按安装位置不同限流电抗器可分为变压器低压侧串接电抗器、分段装设电抗器及出线装设电抗器等几种。

思 考 题

5.1 什么是电气主接线？

5.2　在确定电气主接线方案时应满足哪些基本要求？

5.3　衡量电气主接线可靠性的标志是什么？

5.4　单母线接线、单母线分段接线、单母线带旁路母线接线和单母线分段带旁路母线接线的各自的特点是什么？

5.5　单母线分段的目的是什么？

5.6　在电气主接线中，设置旁路设施的作用是什么？

5.7　画出采用分段断路器兼作旁路断路器的单母线分段带旁路母线的电气主接线图，并说明用分段断路器代替出线断路器的倒闸操作过程。

5.8　什么是单断路器的双母线接线，它与单母线接线相比有哪些优点？

5.9　主母线和旁路母线各起什么作用？设置专用旁路断路器和以母联断路器或者用分段断路器兼作旁路断路器，各有什么特点？

5.10　隔离开关与断路器的主要区别是什么，它们的操作步骤应如何正确配合？为防止误操作通常采用哪些措施？

5.11　画出单断路器的双母线带旁路母线、设有专用旁路断路器的电气主接线图。说明用专用旁路断路器代替出线断路器的倒闸操作过程。

5.12　什么是一台半断路器的双母线接线，它有什么优缺点？

5.13　说明在事故与检修相重合情况下，一台半断路器接线的停电回路为什么不会多于两回？

5.14　什么叫同名回路？为了进一步提高一台半断路器的双母线接线的供电可靠性，防止发生同名回路同时停电的事故，在设计一台半断路器接线时对同名回路的配置应注意什么？

5.15　变压器—母线组接线的特点是什么？

5.16　多角形接线的特点及适用条件是什么？为什么多角形接线在开环状态下可靠性会降低？

5.17　什么是桥形接线？内桥和外桥接线各有什么特点，适用条件是什么？内桥接线设置跨条的作用是什么？

5.18　什么是单元接线？它有几种接线形式，各自的适用条件是什么？

5.19　电气主接线设计的基本原则是什么？

5.20　电气主接线的设计步骤和内容包括哪些？

5.21　如何进行发电厂主变压器容量和台数的选择？

5.22　如何进行变电所主变压器容量和台数的选择？

5.23　在电气主接线中，断路器应如何配置？

5.24　发电机—双绕组变压器单元接线，一般在发电机与变压器之间不设断路器，为什么发电机与三绕组变压器或三绕组自耦变压器接成单元接线时，则必须装设断路器？

5.25　在电气主接线中，哪些地点不应装设隔离开关？

5.26　在电气主接线中，电压互感器和电流互感器应如何配置？

5.27　在电气主接线中，避雷器应如何配置？

5.28　在发电厂或变电所内部为何有时要采用限制短路电流的措施？常用限制短路电流的措施有哪些？

5.29　为什么低压分裂绕组变压器具有较强的限制短路电流的能力？

第6章 发电厂变电所的自用电

6.1 概 述

现代化火力发电厂的生产过程是完全机械化和自动化的，需要配备大量的机械设备和自动化装置，为发电厂的主机（锅炉、汽轮机、发电机等）和辅助设备服务。这些厂用机械大多数采用电动机拖动。这些电动机及全厂的运行操作、热工和电气试验、机械修配、电气照明、电焊机等用电设备的总耗电量，统称为厂用电。厂用电绝大部分使用交流电，少量使用直流电。

厂用电是发电厂中最重要的负荷，厂用电系统的任何故障都会影响电能的正常生产，严重时将迫使发电厂生产陷于瘫痪，中断对电力用户的供电，处理不当将给国民经济造成不可估量的损失。因此，厂用电系统的工作可靠性在很大程度上决定着整个发电厂的安全运行。

厂用电率是发电厂的一项重要的经济运行指标，其值是机炉发电和供热所需的自用电能消耗量分别与同一时期对应机组发电量和供热量的比值。厂用电率的大小取决于发电厂的类型、燃料的种类、燃烧方式、蒸汽参数、机械化和自动化程度等因素。我国凝汽式火电厂的厂用电率为 $5\% \sim 8\%$，热电厂为 $8\% \sim 10\%$。由此可见，在保证对厂用电供电可靠的前提下，降低厂用电率可以降低发电成本，增加对电力用户的供电，提高电力生产的效率，对国民经济的发展具有重大意义。

厂用电供电的可靠性和经济性不仅与发电厂的运行操作、维护检修和设备的质量等有着密切关系，而且在很大程度上取决于厂用电接线设计是否正确，厂用电动机的类型和容量选择是否合理，厂用电的电压等级和厂用电源的引接方式是否合适，是否采用新型的继电保护和自动化措施，以及对设备的使用和管理是否科学等。

为了保证厂用电的连续供电，保证机组安全、经济的运行，厂用电接线应满足下列基本要求：

（1）安全可靠、运行灵活。厂用电接线方式和电源容量应能适应发电厂正常、事故、检修等状态的供电要求，并充分考虑机组启动和停运过程中的供电要求，同时还应为切换操作提供方便。一旦发生故障时，应尽量缩小事故影响范围，并能将备用电源及备用设备正确及时地投入。发生全厂停电事故时，应能尽快地从系统中取得启动电源。

（2）投资少，接线简单、清晰，运行费用低。在保证厂用电安全可靠的同时，还必须考虑到经济性。任何不必要的相互连接及过多的备用设备和备用电源，不但会造成基建投资费用的浪费和运行费用的增加，而且还将使厂用电接线复杂，运行操作繁琐，增加设备的故障机会和维修工作量等。

（3）供电的对应性。在正常运行方式下，本机组的厂用电源应由本机组提供，从而保证各机组的厂用电系统的相对独立性，尤其是 200MW 及以上机组更应做到这一点。这样，当厂用电系统发生故障时，只影响一台机组的运行，使故障范围缩小。这种供电的对应性，可使厂用电接线简单、清晰，并给运行、维护、检修带来方便。

（4）维持系统的整体性。厂用电接线要充分考虑到电厂分期建设和连续施工过程中厂用电系统的运行方式。对全厂性的公用负荷，要结合远景全面规划，统一安排，便于过渡。对扩建工程，应充分注意到原有厂用电系统的特点，维持厂用电系统的整体性。

此外，对于 200MW 及以上的大容量机组应设置具有足够容量的交流事故保安电源，当全厂停电时可以快速启动和自动投入，向保安负荷供电。还要设置电能质量指标合格的交流不间断供电装置，以保证不允许间断供电的热工负荷的用电。

6.2　厂用负荷分类及厂用电电压等级

根据火电厂内厂用负荷对火电厂运行所起的作用和突然中断供电对人身和设备造成危害的程度，以及重要性可将厂用负荷分为四类。

（1）Ⅰ类负荷。凡短时间（手动切换恢复供电所需的时间）内停止供电，将影响人身或设备安全，使机组停顿或发电量大幅度下降的厂用负荷，称为Ⅰ类厂用负荷。例如，保证锅炉给水的给水泵电动机，保证汽轮机正常运行的凝结水泵电动机，保证发电机和主变压器冷却的油泵电动机等。对于Ⅰ类负荷的厂用电动机必须保证能够自启动，并且应由两个独立的电源供电。当失去一个电源后，另一个电源应立即自动投入。

（2）Ⅱ类负荷。在较长时间内停止供电，会造成设备损坏或影响正常生产，但在允许的停电时间内经值班人员操作后能恢复供电而不致造成生产混乱的负荷，称为Ⅱ类厂用负荷。例如，输煤系统机械用电动机和水处理设备、冲灰系统水泵用电动机等。对接有Ⅱ类负荷的厂用母线，应由两个独立电源供电，一般采用手动切换。

（3）Ⅲ类负荷。在较长时间内停止供电不致直接影响生产的负荷，称为Ⅲ类厂用负荷。例如中央修配厂、油处理室的电动机等。对于Ⅲ类厂用负荷，一般由一个电源供电。

（4）事故保安负荷。在主机事故停机过程中及停机后一段时间内，仍应保证供电，否则可能引起主要设备损坏，重要的自动控制失灵或危及人身安全的负荷，称为事故保安负荷。

根据对电源的不同要求，事故保安负荷分为下列三种。

1）直流保安负荷：由蓄电池供电，如发电机的直流润滑油泵等。

2）交流不停电保安负荷：在机组启动、运行到停机过程中，甚至停机以后的一段时间内，需要连续供电并具有恒频、恒压特性的负荷，如实时控制用电子计算机。这类负荷的供电电源一般采用由蓄电池组供电的电动发电机组或配备静态开关的静态逆变装置。

3）允许短时停电的交流保安负荷：平时由交流厂用电供电，失去厂用工作或备用电源时，交流保安电源应自动投入，如 200MW 及以上机组的盘车电动机。这类负荷一般采用快速自启动的柴油发电机组作为交流保安电源。

厂用电各类负荷性质不同，其重要程度也不同。因此，在厂用电接线的设计中应区别对待，采用不同的接线方式来满足各方面的要求。

现代发电厂的厂用电都由主发电机通过厂用变压器或电抗器由电缆线路供电。厂用电可能有几种不同的电压等级。在确定厂用电系统的电压等级时，不仅要考虑电动机方面的问题，还要考虑厂用电网络方面的问题。

首先，厂用电系统供电电压应与异步电动机的技术规范相适应。从表 6.1 中可知，380/

220V 电动机的最大容量为 300kW，3kV 电动机的最小容量为 75kW，6kV 电动机的最小容量为 200kW。因此，只选一种电压等级的电动机往往是不能满足要求的。

表 6.1　　　　　　　　　　　　　　　异步电动机的技术规范

同步转速（r/min） 电压	在各种同步转速下的功率范围（kW）					
	3000	1500	1000	750	600	500
6kV	290～350	220～1050	310～2000	200～2000	200～1600	280～1250
3kV	130～440	90～1250	75～1600	85～1600	90～1600	140～1250
380/220V	0.6～275	0.6～300	0.8～280	2.2～245	2.2～245	

其次，同容量的电动机电压低的价格较低、效率较高（3kV 电动机效率比 6kV 电动机高 1%～1.5%，价格约低 20%），但供电导线的截面积较大，使铜耗量和投资增加。此外，还应考虑不同电压等级的短路电流不同，以及对 I 类负荷电动机自启动是否有利等。

在我国火力发电厂中，厂用电一般采用高压和低压两种电压等级供电。高压厂用电电压一般采用 3、6、10kV，低压厂用电电压一般采用 380/220V。

目前，380V 厂用电常采用动力和照明合并的三相四线制的接线系统。对于 200MW 及以上机组，主厂房内的低压厂用电系统应采用动力和照明分开的供电方式。动力网络的电压宜采用 380V，照明网络的电压可采用 220V。

高压厂用电电压的选择，不仅要考虑发电机的容量和电压，还要考虑厂用电动机额定电压的选择问题。在满足技术要求的前提下，应优先采用较低的电压，以获得较高的经济效益。一般可按下列原则考虑：

（1）容量为 60MW 及以下的机组，发电机电压为 10.5kV 时，厂用电电压可采用 3kV；

（2）容量为 100～300MW 的机组宜采用 6kV；

（3）容量为 300MW 以上的机组，当技术经济合理时，也可采用两种高压厂用电电压。

我国引进的东方电站成套设备公司生产的 600MW 机组和国内制造的 600MW 火力发电机组，其高压厂用电电压均采用 3kV 和 10kV 两级。关于对 300MW 火力发电机组是否也应采用两个高压厂用电压等级问题，国内有关方面也做过探讨，结论是：就每个 300MW 单元机组而言，采用两级高压厂用电压方案比采用一级高压厂用电压方案，具有投资省、电动机能耗小、供电可靠性高等优点。

6.3　厂用电的供电电源及其引接

发电厂的厂用电源必须供电可靠，而且能满足厂用电系统各种工作状态的要求，除应具有正常工作电源外，还应设置备用电源。对单机容量在 200MW 及以上的发电厂，还应考虑设置启动电源、事故保安电源和交流不停电电源。

6.3.1　厂用工作电源

发电厂的厂用工作电源是保证发电机正常运行的最基本电源，不仅应具有较高的供电可靠性，而且应满足全部厂用负荷对厂用电电压和容量的要求。现代发电厂的工作电源都是由主发电机供电，具有足够的可靠性。尤其当发电厂并入电力系统运行时，即使发电机组全部停止运行，仍可从电力系统取得电源。这种引接方式具有运行简单、调度方便、投资和运行费用低及重要电动机的自启动有保证等优点，因而被广泛采用。

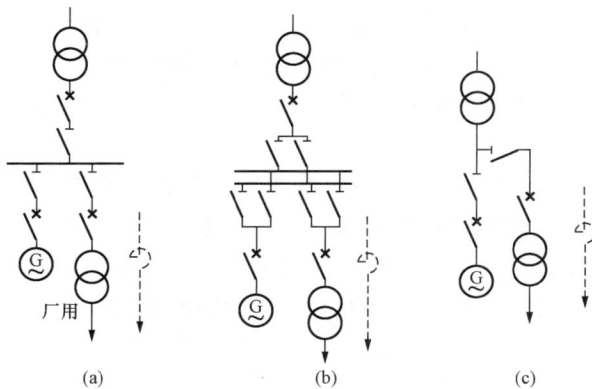

图 6.1　厂用工作电源的引接方式
（a）单母线接线；（b）双母线接线；（c）厂用工作电源接至断路器与变压器之间

厂用高压工作电源（变压器或电抗器）从发电机回路的引接方式，取决于发电厂电气主接线的接线方式。当主接线具有发电机电压母线时，高压厂用工作电源一般直接由发电机电压母线上引接，供给接在该母线段机组的厂用负荷，如图 6.1（a）、（b）所示。在大容量机组的发电厂中，无一例外地均采用发电机—变压器组单元接线，高压厂用工作变压器均从发电机至主变压器的封闭母线上引接。如果发电机出口装有断路器，则厂用工作电源接至断路器与变压器之间，如图 6.1（c）所示。厂用分支上一般都应装设高压断路器。但对大容量机组而言，往往选择不到合适的断路器，故对于容量为 200MW 及以上的发电机组，厂用分支亦采用封闭母线。由于封闭母线故障率较小，可不装设断路器，仅装设可拆连接点，以便于检修、调试。

厂用低压工作电源，一般由高压厂用母线段上引接，供给厂用低压动力设备、照明和其他负荷用电。当无高压厂用母线段时，可从发电机电压母线或发电机出口经厂用变压器或电抗器获得厂用低压工作电源。

6.3.2　厂用备用或厂用启动/备用电源

为了保证厂用电源的连续供电，高、低压厂用母线均应采用双电源供电（不包括只接Ⅲ类负荷的车间动力盘或配电箱），即除工作电源以外，还需装设厂用备用电源。厂用备用电源主要用于事故情况失去工作电源时起后备作用，所以又称事故备用电源。对于 200MW 及以上大容量机组，由于采用发电机—双绕组变压器的单元连接方式，发电机出口不设断路器。为了保证大容量机组的启动和停机的负荷用电，需设置启动电源并兼做事故备用电源，所以又称启动/备用电源。启动/备用电源的设置对保证大容量机组的快速启动，提高电力系统运行的稳定性具有重要作用。

备用电源或启动/备用电源的引接应保证其独立性，避免与厂用工作电源由同一电源处引接，引接点处电源数量应有两个以上，并且具有足够的电源容量。最好能与电力系统紧密联系，在全厂停电情况下仍能从电力系统获得厂用电源。高压厂用备用或启动/备用电源常用的引接方式为：

（1）当有发电机电压母线时，一般由该母线引接一个备用电源；

（2）当采用发电机—变压器单元接线时，一般由升高电压母线中电源可靠的最低一级电压母线或由联络变压器的第三（低压）绕组引接；

（3）当技术经济合理时，也可由外部电网引接专用线路供给。

对于 200MW 及以上大容量机组，为了强调低压厂用备用电源供电的可靠性和独立性，低压厂用备用变压器宜由带公用负荷且经常带电运行的高压厂用启动/备用变压器引接。

备用电源的设置方式，一般分为明备用和暗备用两种。图 6.2（a）所示为明备用设置方式，它专门设置一台 0 号备用变压器，其容量等于最大一台厂用工作变压器的容量。正常运行时 QF1～QF4 都是断开的，0 号变压器不工作。当厂用工作变压器（如 1 号厂用工作变压器）发生故障跳闸时，通过备用电源自动投入装置将 QF2 和 QF3 投入，使 0 号备用变压器迅速恢复对 Ⅰ 段厂用母线的供电。

图 6.2（b）所示为暗备用设置方式，它不另设专用的备用变压器，而将每台工作变压器的容量加大。正常运行时，每台工作变压器在欠载状态下运行，分段断路器 QFD 处于断开状态，当任一台工作变压器因故障被断开后（如 1 号工作变压器断开），在备用电源自动投入装置的作用下，分段断路器 QFD 接通，使两段母线上的厂用负荷均由完好的 2 号厂用工作变压器供电。

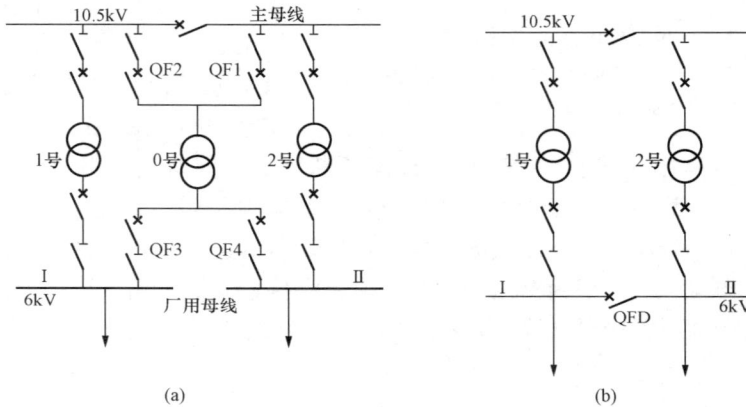

图 6.2 厂用备用电源的引接方式
（a）明备用设置方式；（b）暗备用设置方式

在大中型火力发电厂中，由于每台机炉的厂用负荷容量很大，为减小每台厂用变压器的容量，普遍采用明备用方式。其备用电源或启动/备用电源设置的数量，取决于发电厂的装机台数、单机容量及控制方式等，一般按表 6.2 所列原则配置。当全厂有两个及以上高压厂用备用或启动/备用电源时，应尽量保持备用电源之间的相对独立性。

表 6.2　　　　　　　　　　　　　备用电源或启动/备用电源设置的数量

电厂类型	高压厂用备用电源	低压厂用备用电源
一般电厂	与第 6 个工作电源同时设置第二个备用电源	与第 8 台工作变压器同时设置第二个备用电源
单元控制的 100～125MW 机组	与第 5 个工作电源同时设置第二个备用电源	与第 6 个工作电源同时设置第二个备用电源
200MW 机组 300MW 机组	3 台机组及以下设 1 个；超过 3 台时，每两台机组设 1 个启动/备用电源	2 台机组设 1 台备用变压器
600MW 机组	当高压启动/备用变压器检修时，不应影响机组起停	每台机组设 1 台备用变压器或采用 2 台变压器互为备用方式

　　200MW 及以上机组的启动/备用电源，有按充电方式运行的，也有按不充电方式运行的。从减少启动/备用变压器受励磁涌流的冲击影响，简化运行操作和提高备用电源的可靠性考虑，启动/备用电源宜经常按充电方式运行。

　　备用电源与厂用母线段的连接方式取决于备用电源的数量和发电机组的容量。对于单机容量为 200MW 及以上的火电厂，两个启动/备用电源之间联络线的交换功率一般按一台机组的启动（或停机）负荷考虑。4×300MW 机组采用 2 台启动/备用变压器的连接方式如图 6.3 所示。

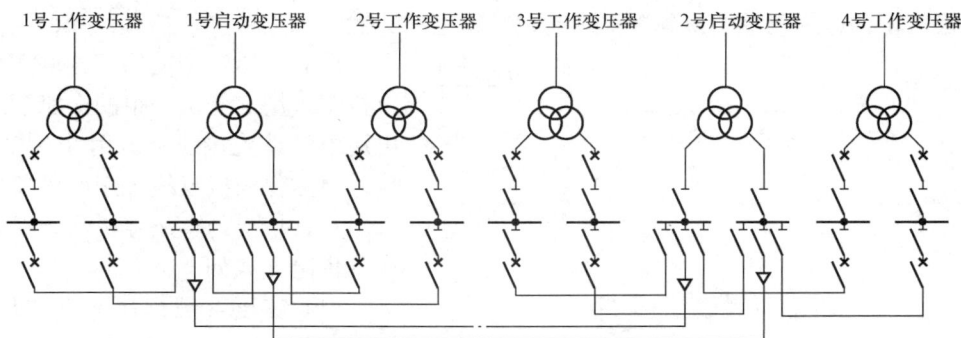

图 6.3　4×300MW 机组采用 2 台启动/备用变压器的连接方式

　　200MW 及以上大容量机组的低压厂用电系统，当全厂设置 2 台低压备用变压器时，2 台变压器分别作为几台工作变压器的备用电源，并在其间设置联络电缆，如图 6.4 所示。而如果采用 2 台变压器互为备用方式时，每台变压器对应一段母线，两母线段之间设联络开关，联络开关不设自动投入装置，避免当一个母线段发生永久性故障时投入，继电保护装置误动作或联络开关拒动，造成事故范围扩大。

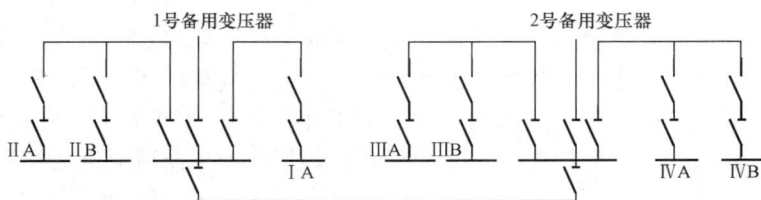

图 6.4　两台低压备用变压器分别作为几台工作变压器的备用电源

6.3.3　事故保安电源

　　大型火力发电厂中，当厂用工作电源和备用电源都消失时，为确保在事故状态下主要设备和人身的安全，保证主机安全停机，并在事故消除后又能及时恢复供电，应设置厂用事故保安电源，向氢密封油泵、润滑油泵、空气预热器电动机、顶轴油泵、主机盘车电动机、控制空气压缩机、蓄电池充电、仪表指示、计算机电源、逆变机组和汽动给水泵等事故保安负荷连续供电。目前，在大容量机组的发电厂中，事故保安电源有下列三种类型：

　　（1）快速启动的柴油发电机；

　　（2）可靠的外部独立电源；

　　（3）由蓄电池组供电的逆变装置。

柴油发电机组由于具有运行不受电力系统运行状态的影响、独立可靠、启动迅速、可供选择的容量范围大、结构紧凑、经济性较好等优点，因而在发电厂中得到普遍采用。

柴油发电机组与汽轮发电机组成对应性配置。一般 300MW 及以上的汽轮发电机组，每台机组配置一套柴油发电机组，并且每台机组设置 2 个事故保安母线段，以便与厂用工作母线的接线相适应。每台机组的交流事故保安负荷应由本机组的保安母线段集中供电。此外，交流事故保安母线除了由柴油发电机取得保安电源外，必须由厂用电取得正常工作电源，以供给机组正常运行情况下接在事故保安母线段上的负荷用电，且大机组发生事故停机时，具有能尽快从正常厂用电源切换到柴油发电机组供电的装置。

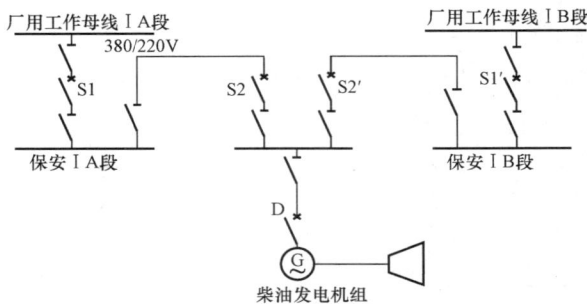

图 6.5　一机一组的交流事故保安电源电气系统接线

图 6.5 所示为适用于 300MW 及以上机组采用的一机一组的交流事故保安电源电气系统接线，采用 380/220V 电压，事故保安段母线采用两段单母线。

正常情况与事故停机后，保安段母线的供电方式如下：

（1）在正常运行情况下，开关 D、S2、S2′打开，S1、S1′合上。保安母线段上的经常负荷由本机组厂用工作电源供电。

（2）在失去厂用工作电源时，开关 S1、S1′自动跳闸，经过延时确认后，发出信号启动柴油发电机组。当柴油发电机组母线电压、频率达到额定值时，柴油发电机出口开关 D 自动合上，并连锁开关 S2、S2′自投，完成整个切换过程。

6.3.4　交流不停电电源

随着发电机容量的不断增大和自动化程度的日益提高，火力发电厂中对机组的运行起着监视、控制、调节及保护作用的各种热工自动化装置也在日益增多。其中相当一部分热工自动化装置不允许交流电源中断，否则就不能正常工作，或在电源恢复后不能自动恢复工作。不仅不能发挥对机组的正常保护作用，往往还会引起其他事故而造成更大的损失。因此，在大容量发电厂中都设有交流不停电电源系统（简称 UPS），向不允许间断供电的电子计算机、自动巡回检测装置、重要的热工仪表、自动调节装置及通信系统中不允许交流电源中断的负荷等供电。UPS 可以在发电厂整个正常或异常运行期间里，对不允许间断供电的交流负荷提供电源。

UPS 包括稳定的不停电源系统、配电系统和必要的控制系统及测试设备。

UPS 的设计准则为：

（1）为正常和事故运行期间的主要负荷提供稳定的正弦电压和频率的交流电源，要求电压稳定度在 $-10\%\sim+5\%$ 范围之内，频率稳定度在 $\pm2\%$ 范围之内；

（2）将特殊负荷与厂用备用系统上发生的暂态过程加以隔离；

（3）一旦失去正常和事故的交流电源时，UPS 切换过程中供电的中断时间不能大于 5ms；

（4）具有足够容量以满足连接其上负荷的启动电流要求；

（5）快速切除故障支路，消除对系统的不利影响。

UPS 一般由厂用保安段母线经过不停电电源的整流器与逆变器供给正常工作电流；当厂用交流电源中断，UPS 将自动地改为蓄电池组经逆变装置供电。由于蓄电池的可靠性很高，而且不受机组和系统事故的影响，因此 UPS 是可靠性很高的电源。

根据采用的逆变装置不同，UPS 有两种接线方式。图 6.6 所示为采用 KGBTA 系列晶闸管逆变器的 UPS。该接线采用双台逆变器柜并联运行的方式，单台设备由整流柜、逆变器和静态开关柜组成。

图 6.7 所示为某大型机组的交流不停电电源系统接线。图中静态开关的切换时间不超过 5ms。手动旁路开关的触点 2 接通时逆变器供电，触点 5 接通时旁路电源供电，触点 1、3、4 接通时为正常运行情况。可调整流器输入三相 380V±10% 电压、频率为 50Hz±5%，输出电压不低于蓄电池直流系统的最高电压。

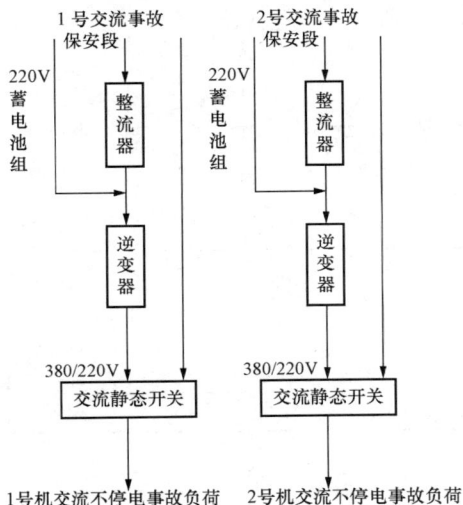

图 6.6　采用双台 KGBTA 系列晶闸管逆变器的 UPS

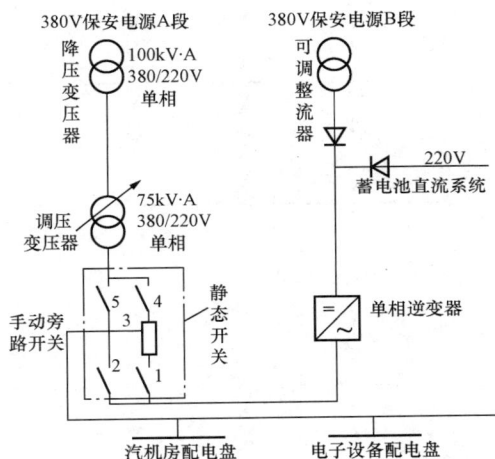

图 6.7　某大型机组的 UPS 接线

由于整流器工作时的输出电压调整到不低于蓄电池直流系统的最高电压，所以在正常运行时由保安电源 B 段经整流器向不停电电源供电。当保安电源 B 段或整流器故障，使整流器输出电压消失或降低到低于蓄电池直流系统电压时，逆变器将自动改从蓄电池直流系统供电。当整流器输出电压恢复时，逆变器恢复由整流器供电。

当逆变器故障或过负荷时，由事故保安电源 A 段引接的电源作为备用电源，通过静态开关向 UPS 供电。为了在检修静态开关时不影响供电，设备有先通后断的手动旁路开关。

图 6.8 所示为采用逆变机组的 UPS 接线。其特点是 1 台发电机设置 2 台逆变机组，并从 380V 事故保安电源引接备用电源。正常运行时，一台逆变机组投入作为工作电源。当工作的逆变机组故障时，备用电源自动投入。此时，需启动备用的逆变机组，先与备用电源并列后再将备用电源退出运行。当工作的逆变机组需要检修时，

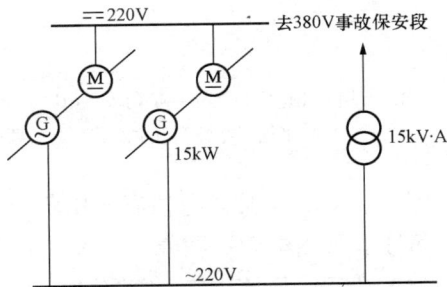

图 6.8　采用逆变机组的 UPS 接线

可先启动备用的逆变机组，与工作的逆变机组并列后，再将工作的逆变机组退出运行。采用这种系统接线，UPS 母线上需设置手动同期装置。

　　UPS 的供电装置无论是采用晶闸管逆变器，还是采用逆变机组，都需要由机组的事故保安电源引接备用电源，以便当逆变装置故障时，向交流不停电负荷供电。

6.3.5　厂用电接线的基本形式

　　在火力发电厂中，锅炉的辅助设备多、用电量大，为了提高供电的可靠性，厂用电系统接线通常采用单母线接线，并按照按炉分段的接线原则，将厂用电母线按照锅炉的台数分成若干的独立段。各独立母线段分别由工作电源和备用电源供电，如图 6.9 所示。

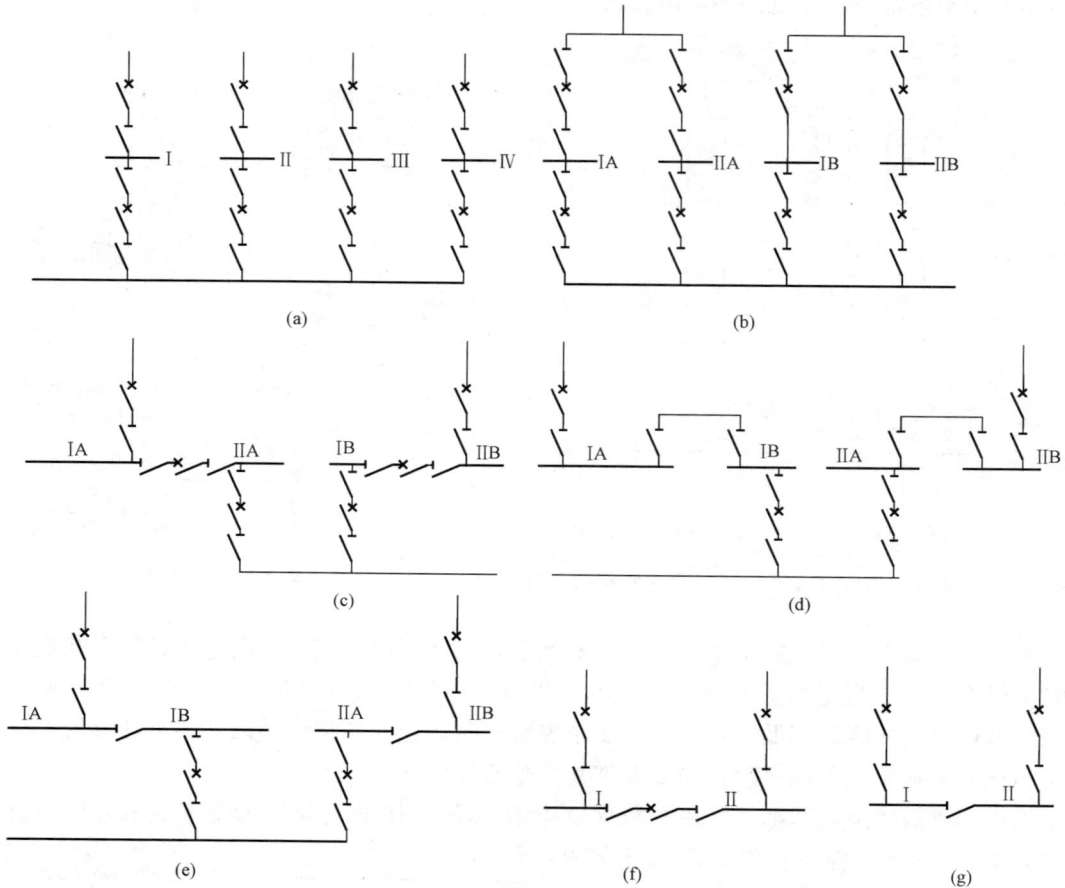

图 6.9　高压厂用母线的连接方式

（a）专用备用电源；（b）一炉两段，由同一台变压器供电；（c）采用断路器分段；（d）采用隔离开关分段；（e）采用一组隔离开关分段；（f）两段母线经断路器连接；（g）两段母线经隔离开关连接

　　图 6.9（a）为按炉分段有专用备用电源；图 6.9（b）为一炉两段，由同一台变压器供电，每段有备用电源；图 6.9（c）为用断路器分成两个半段有备用电源；图 6.9（d）同图 6.9（c），但采用两组隔离开关分段；图 6.9（e）采用一组隔离开关分段；图 6.9（f）两段母线经断路器连接，互为备用；图 6.9（g）同图 6.9（f），但经隔离开关连接。

厂用电母线采用按炉分段的优点是：

（1）同一台锅炉的厂用电动机接在同一段母线上，既便于管理又方便检修；

（2）可使厂用母线事故影响范围局限在一机一炉，不致过多干扰正常机组运行；

（3）厂用电回路故障时，短路电流较小，可使厂用电系统采用成套的高、低压开关柜或配电箱。

当锅炉容量比较大时（400t/h 及以上），同一机炉的厂用机械很多采用双套，而且容量比较大。此时每台锅炉应由两段母线供电，并将双套辅助电动机分接在两段母线上，两段母线可由同一台厂用变压器供电。图 6.10 所示为采用低压分裂绕组变压器供电的接线形式。

全厂公用性负荷，应根据负荷容量及对供电可靠性的要求，分别接在

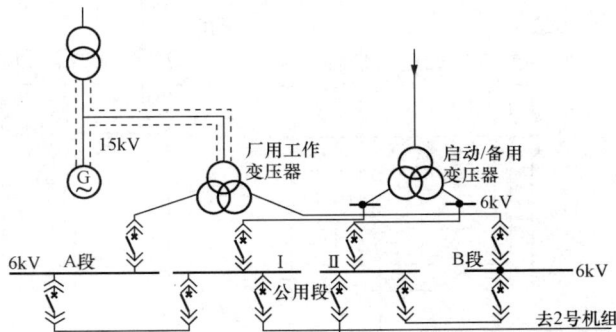

图 6.10　采用低压分裂绕组变压器供电的接线形式

各段母线上，但要适当集中。对于 300MW 及以上的大容量机组，由于公用负荷较多，容量较大，当采用组合方式供电合理时，应将全厂公用负荷与机组本体负荷区分开，并由公用母线段供电，确保公用负荷的供电可靠性。设立公用母线段，不仅强化了机组的单元性，有利于全厂公用负荷的集中管理，而且为机组检修、停运及检修本机组所属厂用配电装置提供了方便。

大型发电厂的低压 380/220V 厂用电接线，通常也采用按炉分段，每段经开关设备接于 6/0.4kV 厂用低压变压器的低压侧。

6.4　不同类型发电厂变电所的厂（所）用电接线实例

6.4.1　大型火电厂的厂用电接线

图 6.11 所示为某大型火电厂的 2×300MW 机组的厂用电接线。

（1）厂用高压系统采用 6kV 电压，每台机组设 A、B 两段厂用高压母线，分别由厂用高压工作变压器 1、2 供电。工作变压器采用低压分裂绕组变压器，分别由发电机出口（即主变压器的低压侧）引接。2 台发电机组共用 1 台启动/备用变压器 3，也采用低压分裂绕组变压器，并由主变压器高压侧 220kV 母线引接。启动/备用变压器的低压侧通过备用分支接至各厂用高压母线段，并设有公用 A、B 段向公用负荷供电。当某一工作母线段的电源回路发生故障跳闸时，相应的备用分支断路器自动合闸，以保证对该工作母线段的供电。

当工作变压器正常退出运行时，为避免厂用电停电，其操作是先合上相应的备用分支断路器，而后断开工作变压器，即启动/备用变压器与工作变压器有短时并联工作。所以，两者的接线组别应配合，以保证备用分支断路器合上前两侧电压同相位。

容量较大的回路采用性能较好的真空断路器 4，容量较小的回路则采用高压限流熔断器与接触器组合回路 5（简称 F-C 回路），以减少设备投资。

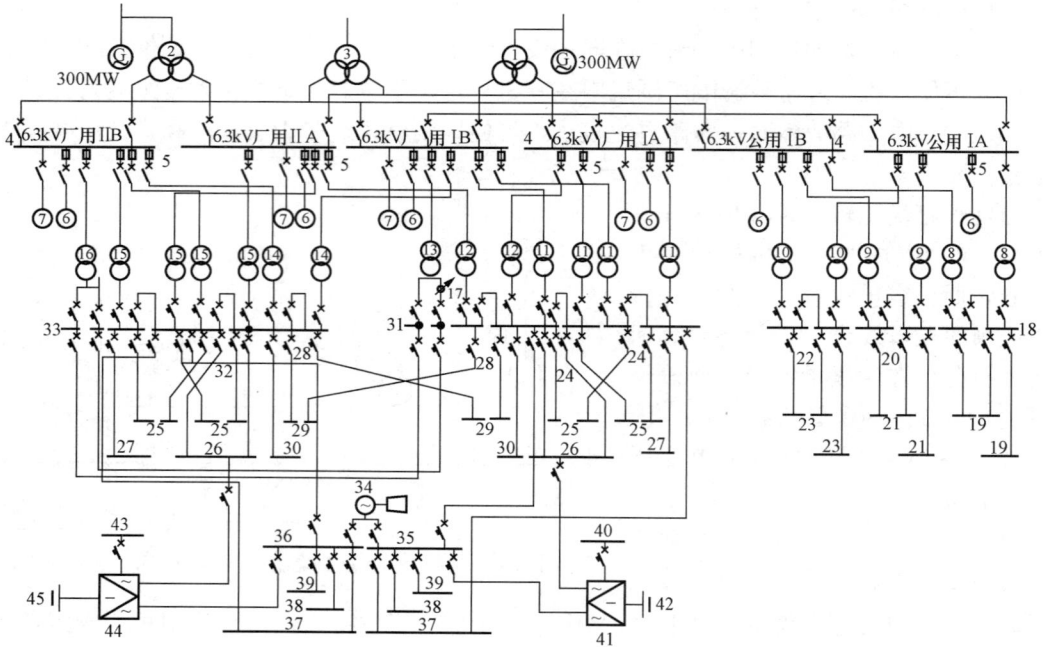

图 6.11　某大型火电厂 2×300MW 机组的厂用电接线

1、2—高压厂用工作变压器；3—高压启动/备用变压器；4—真空断路器；5—高压限流熔断器与接触器组合回路；6—1200kW 及以下电动机；7—1200kW 以上电动机；8、9、10—分别为低压输煤变压器、化学水变压器和公用变压器；11、12、13—分别为 1 号发电机组的厂用低压变压器、除尘变压器、照明及检修变压器；14、15、16—分别为 2 号发电机组的厂用低压变压器、除尘变压器、照明及检修变压器；17—自动电压调整器；18、19—输煤 PC 段及 MCC 段；20、21—化学水 PC 段及 MCC 段；22、23—公用 PC 段及 MCC 段；24—1 号机工作 PC 段；25、26、27—厂用负荷 MCC 段；28、29、30—除尘 PC 段及 MCC 段；31、33—分别为 1、2 号机照明和检修 PC 段；32—2 号机工作 PC 段；34—柴油发电机组；35、36—分别为 1、2 号机保安 PC 段；37、38、39—分别为 0s、50s、10min 投入的保安 MCC；40、41、42—分别为 1 号机 UPS 段、UPS 装置、蓄电池组；43、44、45—分别为 2 号机 UPS 段、UPS 装置、蓄电池组

（2）厂用低压系统采用 380/220V 电压等级，并采用暗备用 PC-MCC 接线方式。PC 为动力中心，MCC 为电动机控制中心。每台机组设有 2 个采用单母线分段的 PC24 和 32，每个 PC 由 2 台接自不同厂用高压母线段的厂用低压变压器 11 和 15 供电。向厂用重要负荷供电的 MCC25 分为 2 个半段，互为备用的负荷分别接于不同的半段上，2 个半段分别由 2 个不同的 PC 母线引接，半段间不设分段断路器。对单台的 Ⅰ、Ⅱ 类电动机单独设双电源供电的 MCC26，2 个电源互为备用。向厂用非重要负荷供电的 MCC27 只设一段，由单电源供电。

低压部分还接有低压输煤变压器 8、化学水变压器 9、公用变压器 10、除尘变压器 12 和 14、照明及检修变压器 13、16，并接有相应的 PC、MCC 段。

（3）为了向交流保安负荷供电，装设了采用自动快速启动的柴油发电机组 34，每台机组各设有一段保安 PC 段（35、36），以及按允许加负荷程序分批投入保安负荷的保安 MCC 段 37、38 和 39；为了向交流不停电负荷供电，每台机组各装设了一套 UPS 装置（41、44）、一组蓄电池组（42、45）及一段 UPS 段（40、43）。

明备用 PC-MCC 与暗备用 PC-MCC 的主要区别是，明备用 PC-MCC 各部分的低压变压器分别设备用变压器。例如其形式包括：①同一台机组的工作变压器、2 台机组的除尘变压器、输煤变压器等各设 1 台备用变压器；②2 台公用变压器分别从 2 台机组的备用变压器取得备用；③2 台照明变压器由检修变压器取得备用；④2 台化学水变压器、2 台江边变压器互为备用。

由此可见，大型火电厂的厂用电系统是一个复杂而庞大的供电系统。

6.4.2　核电厂的厂用电接线

与火电厂相比，核电厂的厂用电系统更注重安全性和可靠性。核电厂通常分为核岛和常规岛两大部分。核系统及核设备部分称为核岛。在压水堆核电厂中，核岛包括核蒸汽供应系统、核辅助系统和放射性废物处理系统。安全壳是容纳和密闭带有放射性的一回路系统和设备的建筑物，布置在安全壳内有反应堆、蒸汽发生器、主冷却剂泵、稳压器、主管道等。常规岛是指核岛以外的部分，包括汽轮发电机组及其系统、电气设备和全厂公用设施等。

一、最重要的厂用设备——安全级（1E 级）设备

所有与核安全相关的电气设备和系统基本上都定为 1E 级。这些设备和系统是反应堆的紧急停堆、安全壳隔离、堆芯冷却，以及安全壳和反应堆余热的导出所必需的。换言之，是防止放射性物质大量释放到环境中所设置的重要设备。

二、厂用设备的分类

核电厂的厂用电母线是按厂用设备的分类设置的。按功能和核安全的重要性，厂用设备分为四类。

（1）随机设备，指机组正常运行所必需的附属设备，如凝结水泵、循环水泵、主给水泵、反应堆冷却剂泵等。

（2）常用设备，指无论机组是否运行都必须维持供电的附属设备，如常规岛闭路冷却水泵、核辅助厂房风机、盘车电动机等。

（3）应急安全设备，指从核安全观点出发，一旦发生事故，为使机组处于安全状态并使反应堆安全停堆所必需的保护设施附属设备。

（4）公用附属设备，指全厂多台机组公用的辅助设备，如化学水处理、照明、通风、空气压缩机、辅助蒸汽锅炉等。

三、系统接线

核电厂的厂用电系统总体上与火电厂相似：

（1）交流厂用电压高压为 6kV（核电厂称中压），低压为 380/220V。

（2）高、低压厂用系统也采用单母线形式。容量为 160kW 及以上的电动机接 6kV 母线；容量小于 160kW 的电动机接 380V 母线。

图 6.12 所示为某核电厂厂用电系统接线图。图中所示核电厂装有 2×900MW 机组。

核电厂厂用电接线特点如下：

（1）6kV 厂用高压系统。每台机组设有 2 台高压厂用工作变压器 TA、TB，由主变压器低压侧（26kV）引接，其中，TA 为分裂低压绕组变压器，TB 为双绕组变压器。2 台机组共用 2 台双绕组高压厂用辅助（备用）变压器，由厂外 220kV 电网引接。为抑制 3 次谐波，高压厂用工作、辅助变压器的二次侧均采用三角形接线。

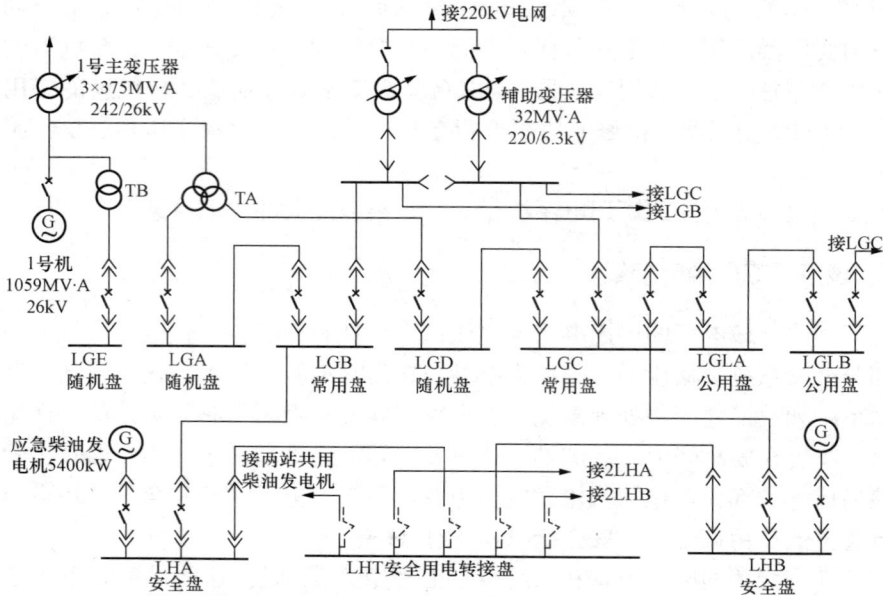

图 6.12 某核电厂厂用电系统接线图

1）随机配电盘。每台机组设 3 个随机配电盘 LGA、LGD、LGE，其中 LGA、LGD 分别接于 TA 的 2 个分裂绕组，LGE 接于 TB 的低压侧，正常运行时分别由 TA、TB 供电。当 3 个配电盘之一失电时，该机组停机。

2）常用配电盘。每台机组设 2 个常用配电盘 LGB、LGC，分别经联络断路器与随机配电盘 LGA、LGD 连接，并同时与作为备用电源的辅助变压器连接。正常运行时由 TA 经联络断路器供电，一旦失去该电源，将自动切换至辅助变压器供电。

3）公用配电盘。共设 2 个公用配电盘，分别由 2 台机组的常用配电盘 LGC 供电，2 个公用配电盘之间设有联络断路器。

4）安全配电盘。每台机组设有 2 个应急安全设备配电盘 LHA、LHB，其电源分别来自常用配电盘和应急柴油发电机（每台机组设 2 台）。在正常运行时，由 TA 供电；而在事故工况时，自动切换为辅助变压器或应急柴油发电机供电。

5）附加应急电源。为了在出现内、外电源及 2 台柴油发电机均不可用的极限情况下，满足有关安全要求，设置了 1 台与应急柴油发电机容量相同的附加柴油发电机，接于安全用电转接盘。也可设置燃气轮机发电机组，或利用停堆后的余热蒸汽驱动的小型汽轮发电机组。

（2）380V 厂用低压系统。由若干台接自 6kV 厂用高压母线的低压厂用变压器及若干个低压配电盘组成。其中，由随机、常用和公用配电盘供电的为交流低压配电盘，由应急安全配电盘供电的为低压安全盘。

6.4.3 水电厂的厂用电接线

与同容量的火电厂相比，水电厂的水力辅助机械不仅数量少，而且容量也小，因此，其厂用电系统要简单得多。

图 6.13 所示为某大型水电厂的厂用电接线。该厂装有 4 台大容量机组，均采用发电机—双绕组变压器单元接线，其中 G1、G4 的出口装设有发电机出口断路器。

（1）为了保证厂用电的供电可靠，380/220V 低压厂用电系统采用机组厂用电负荷与公用厂用电负荷分开的供电方式。机组厂用电按照发电机组台数分段，分别由接自发电机出口的厂用变压器 T5～T8 供电，其备用电源由公用厂用配电装置的低压母线引接。

（2）为了供给厂外坝区闸门及水利枢纽防洪、灌溉取水、船闸或升船机、筏道、鱼梯等大功率设施用电，设有两段 6kV 高压母线段，分别由专用的坝区变压器 T9、T10 供电。T9、T10 采用暗备用方式，分别由主变压器 T1、T4 的低压侧引接，在发电厂首次启动或全厂停电时可以由系统获得电能。低压公用系统的变压器由 6kV 高压母线引接，供低压公用负荷，并为机组厂用电提供备用。

6.4.4　降压变电所的所用电接线

一、装有调相机的 220kV 降压变电所所用电接线

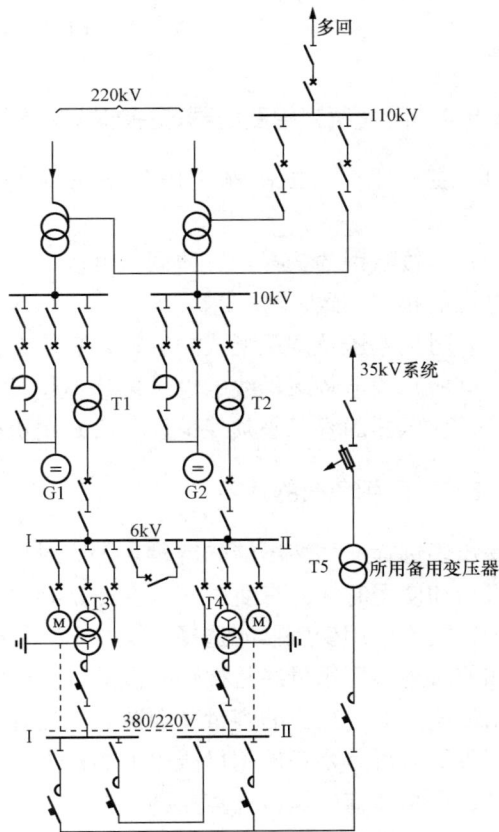

图 6.14 所示是某装有调相机的 220kV 降压变电所所用电接线。该变电所有 220、110、10kV 三个电压等级，装有 2 台调相机 G1、G2，分别与 2 台主变压器成单元连接。由于调相机容量较大，采用电抗器降压启动方式。

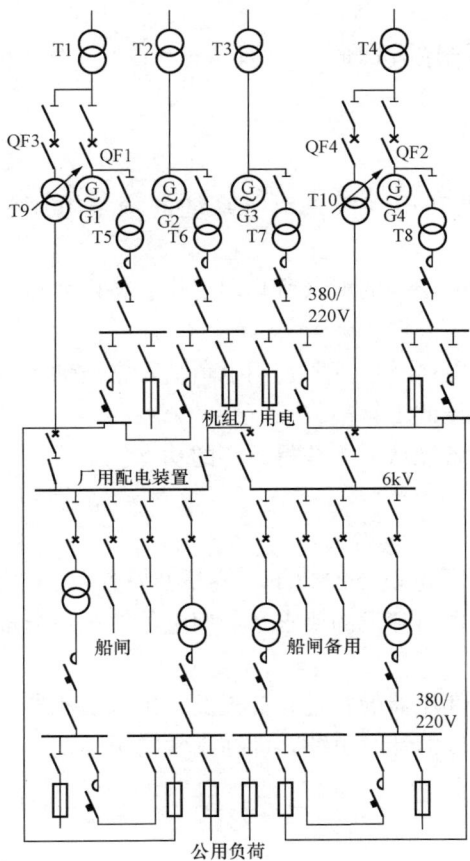

图 6.13　某大型水电厂的厂用电接线　　　　图 6.14　某装有调相机的 220kV 降压变电所所用电接线

为了给调相机用的大功率高压电动机供电，装设了 2 台高压所用变压器 T1、T2，分别由 2 台主变压器的低压侧引接，并互为备用；6kV 高压所用电母线按调相机分段，正常运行时分段断路器断开。380/220V 低压所用电系统也采用单母线分段接线，分别由两台低压所用工作变压器 T3、T4 供电，T3、T4 由不同的高压所用母线段引接；所用备用变压器 T5 由所外 35kV 系统引接，作为低压所用工作变压器的明备用。

二、500kV 降压变电所所用电接线

图 6.15 所示为某 500kV 降压变电所所用电接线。380/220V 低压所用电系统采用单母线分段接线，分别由 2 台从主变压器低压侧引接的低压所用工作变压器 T3、T4 供电。专用所用备用变压器 T5 由所外 35kV 系统引接，作为低压所用工作变压器的明备用。重要的所用负荷均采用双回路电源供电，图 6.15 示出了主控制楼和通信楼配电屏的供电方式。

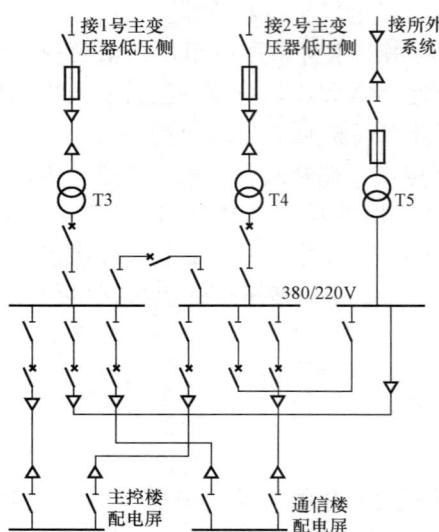

图 6.15　某 500kV 降压变电所所用电接线

6.5　厂（所）用变压器的选择

6.5.1　厂（所）用变压器选择的基本原则

（1）变压器一、二次额定电压应分别与引接点和厂（所）用电系统的额定电压相适应。

（2）连接组别的选择，宜使同一电压级（高压或低压）的厂（所）用工作、备用变压器输出电压的相位一致。

（3）阻抗电压及调压型式的选择，宜使在引接点电压及厂（所）用电负荷正常波动范围内，厂（所）用电各级母线的电压偏移不超过额定电压的±5%。

（4）变压器的容量必须保证厂（所）用机械及设备能从电源获得足够的功率。

6.5.2　厂用负荷的计算

要正确选择厂用变压器的容量，先应对厂用主要用电设备的数量、容量及特性（类别、使用机会和使用时间）有所了解。在此基础上，按照主机满发的要求及厂用电母线按炉分段的原则，进行厂用变压器的选择。

如前所述，厂用母线是按炉分段的，要确定厂用变压器的容量，首先要列出该变压器所供厂用母线段上电动机的容量和台数，然后计算母线段的计算负荷，即在正常情况下全厂发电机满负荷运行时，各厂用母线段上的最大负荷。

一、厂用负荷的具体计算原则

（1）连续运行的设备应予以计算。

（2）当机组运行时，对于不经常而连续运行的设备（如备用励磁机、备用电动给水泵等）也应予以计算。

（3）不经常而短时和不经常而断续运行的设备应不予计算，但由电抗器供电的应全部计算。

（4）由同一厂用电源供电的互为备用的设备（如甲、乙凝结水泵），只计算运行部分。

（5）由不同厂用电源供电的互为备用的设备，应全部计算。

（6）对于分裂变压器，其高、低压绕组通过的负荷应分别计算。当 2 个低压分裂绕组接有互为备用的设备时，对高压绕组的容量只计入运行部分（如甲或乙凝结水泵），低压绕组的容量则应分别计入运行部分（如一绕组计入甲凝结水泵，另一绕组计入乙凝结水泵）。

（7）对于分裂电抗器，应分别计算每一臂中通过的负荷。

二、厂用负荷的计算方法

厂用负荷的计算通常采用换算系数法。

（一）电动机的计算负荷

电动机的计算负荷可用式（6.1）计算，即

$$S_c = \sum(KP) \tag{6.1}$$

式中　S_c——电动机的计算负荷，$kV \cdot A$；

　　　P——电动机的计算功率，kW；

　　　K——换算系数。

换算系数 K 已经考虑了将电动机的功率（kW）换算为视在容量（$kV \cdot A$）。换算系数 K 的数值一般取自表 6.3。

表 6.3　　　　　　　　　　　**换 算 系 数 表**

	机组容量（MW）	$\leqslant 125$	$\geqslant 200$		机组容量（MW）	$\leqslant 125$	$\geqslant 200$
换算系数	给水泵及循环水泵电动机	1.0	1.0	换算系数	其他高压电动机	0.8	0.85
	凝结水泵电动机	0.8	1.0		其他低压电动机	0.8	0.7

电动机的计算功率 P 应按负荷特点确定：

（1）经常连续和不经常连续运行的电动机应全部计入，计算式为

$$P = P_N \tag{6.2}$$

式中　P_N——电动机的额定功率，kW。

（2）短时及断续运行的电动机应适当计入，计算式为

$$P = 0.5 P_N \tag{6.3}$$

（3）中央修配厂的计算功率 P，计算式为

$$P = 0.14 \sum P + 0.4 P_{\sum 5} \tag{6.4}$$

式中　$\sum P$——全部电动机额定功率总和，kW；

　　　$P_{\sum 5}$——额定功率最大的 5 台电动机的额定功率之和，kW。

（4）煤场机械。应对中小型机械及大型机械分别计算。

1）中小型机械。计算式为

$$P = 0.35 \sum P + 0.6 P_{\sum 3} \tag{6.5}$$

式中　$P_{\sum 3}$——额定功率最大的 3 台电动机的额定功率之和，kW。

2）大型机械。计算式分别如下。

翻车机：

$$P = 0.22\sum P + 0.5P_{\Sigma 5} \tag{6.6}$$

悬臂式斗轮机：

$$P = 0.13\sum P + 0.3P_{\Sigma 5} \tag{6.7}$$

门式斗轮机：

$$P = 0.1\sum P + 0.3P_{\Sigma 5} \tag{6.8}$$

式中　$P_{\Sigma 5}$——额定功率最大的 5 台电动机的额定功率之和，kW。

（二）电气除尘器的计算负荷

电气除尘器的计算负荷的计算式为

$$S_c = K\sum P + \sum P_N \tag{6.9}$$

式中　K——晶闸管整流设备的换算系数，取 $0.45\sim 0.75$；

　　$\sum P$——晶闸管高压整流设备额定容量之和，kW；

　　$\sum P_N$——电加热设备额定容量之和，kW。

（三）照明系统的计算负荷

照明系统的计算负荷的计算式为

$$S_c = \sum\left[K_{sim}P_A(1+\alpha)/\cos\varphi\right] \tag{6.10}$$

式中　P_A——照明安装功率，kW；

　　K_{sim}——照明负荷同时系数，其取值见表 6.4；

　　$\cos\varphi$——功率因数，白炽灯、卤钨灯 $\cos\varphi=1$，气体放电灯 $\cos\varphi=0.6$；

　　α——镇流器及其他附件损耗系数，白炽灯、卤钨灯 $\alpha=0$，气体放电灯 $\alpha=0.2$。

表 6.4　　　　　　　　　　照明负荷同时系数取值表

工作场所	K_{sim}值		工作场所	K_{sim}值	
	正常照明	事故照明		正常照明	事故照明
汽机房	0.8	1.0	屋外配电装置	0.3	—
锅炉房	0.8	1.0	辅助生产建筑物	0.6	—
主控制楼	0.8	0.9	办公楼	0.7	—
运煤系统	0.7	0.8	道路及警卫照明	1.0	—
屋内配电装置	0.3	0.3	其他露天照明	0.8	—

6.5.3　厂用变压器容量的选择

将接于一段母线上的各种负荷，按上述的计算方法一一计算相加，即为该段母线的计算负荷，并按此负荷来选择变压器的容量。具体按下述有关公式计算。

（1）高压厂用工作变压器容量应按高压厂用电计算负荷的 110% 与低压厂用电计算负荷之和选择。

1）双绕组变压器的容量 S_{TN} 应满足

$$S_{TN} \geqslant 1.1S_H + S_L \tag{6.11}$$

式中　S_H——高压厂用电计算负荷之和，kV·A；

　　　S_L——低压厂用电计算负荷之和，kV·A。

　　2）分裂绕组变压器的容量选择：

分裂绕组容量 S_{TNS2}（kV·A）应满足

$$S_{TNS2} \geqslant S_c = 1.1S_H + S_L \tag{6.12}$$

高压绕组容量 S_{TNS1}（kV·A）应满足

$$S_{TNS1} \geqslant \sum S_c - S_r = \sum S_c - (1.1S_{Hr} + S_{Lr}) \tag{6.13}$$

式中　S_c——1 个分裂绕组的计算负荷，kV·A；

　　　$\sum S_c$——2 个分裂绕组的计算负荷之和，kV·A；

　　　S_r——2 个分裂绕组的重复计算负荷，kV·A；

S_{Hr}，S_{Lr}——2 个分裂绕组的高、低压重复计算负荷，kV·A。

　　（2）高压厂用备用变压器或启动/备用变压器容量不应小于最大一台高压厂用工作变压器的容量；当启动/备用变压器带有公用负荷时，其容量还应满足最大一台高压厂用工作变压器的备用要求。

　　1）双绕组变压器的容量应满足

$$S_{TN} \geqslant S_0 + S_{Tmax} \tag{6.14}$$

式中　S_0——启动/备用变压器本段原有（公用）负荷，kV·A；

　　　S_{Tmax}——最大一台工作变压器分支计算负荷之和，kV·A。

　　2）分裂绕组变压器：

分裂绕组容量应满足

$$S_{TNS2} \geqslant S_c = S_0 + S_{Tmax} \tag{6.15}$$

高压绕组容量应满足

$$S_{TNS1} \geqslant \sum S_c - S_r \tag{6.16}$$

　　（3）有明备用的低压厂用工作变压器容量 S_{TNL} 应满足

$$S_{TNL} \geqslant S_L / K_\theta \tag{6.17}$$

式中　S_L——低压厂用电计算负荷之和，kV·A；

　　　K_θ——变压器温度修正系数，一般取 1。

低压厂用工作变压器的容量宜留有 10% 的裕度。

　　（4）低压厂用备用变压器的容量应与最大一台低压厂用工作变压器的容量相同。

6.5.4　所用变压器容量的选择

一、主要所用电负荷特性

220～500kV 变电所的主要所用电负荷特性见表 6.5。

表 6.5　　　　　　　　　　220～500kV 变电所主要所用电负荷特性

名　　称	类别	运行方式	名　　称	类别	运行方式
充电装置	Ⅱ	不经常、连续	变压器有载调压装置		经常、断续
浮充电装置	Ⅱ	经常、连续	有载调压装置的带电滤油装置	Ⅱ	经常、连续
变压器强油风（水）冷却装置	Ⅰ	经常、连续	断路器、隔离开关的操作电源		经常、断续

名　称	类别	运行方式	名　称	类别	运行方式
断路器、隔离开关的端子箱加热	Ⅱ	经常、连续	空压机	Ⅱ	经常、短时
通风机	Ⅲ		深井水泵或给水泵		
事故通风机	Ⅱ	不经常、连续	生活水泵		
空调机、电热锅炉	Ⅲ	经常、连续	雨水泵	Ⅱ	不经常、短时
载波、微波通信电源	Ⅰ		消防水泵、变压器水喷雾装置	Ⅰ	
远动装置		经常、连续	配电装置检修电源	Ⅲ	
微机监控系统	Ⅰ		电气检修间（行车、电动门）		
微机保护、检测装置电源			所区生活用电	Ⅲ	经常、连续

二、所用变压器负荷计算原则

（1）连续运行及经常短时运行的设备应予以计算。

（2）不经常短时及不经常断续运行的设备不予计算。

三、所用变压器容量选择

负荷计算采用换算系数法，所用变压器容量 $S_{TN}(kV \cdot A)$ 应满足

$$S_{TN} \geqslant K_1 P_1 + P_2 + P_3 \tag{6.18}$$

式中　　　K_1——所用动力负荷换算系数，一般取 0.85；

　P_1，P_2，P_3——所用动力、电热、照明负荷之和，kW。

6.5.5　厂（所）用变压器容量选择实例

一、厂用变压器容量选择实例

某火电厂（2×300MW 机组）6kV 厂用负荷分配及高压厂用工作变压器容量选择实例见表 6.6。计算时注意到按 K 值相同的情况进行归并较方便。

表 6.6　某火电厂（2×300MW 机组）6kV 厂用负荷分配及高压厂用工作变压器容量选择

序号	设备名称	额定容量（kW）	1号高压厂用变压器					重复容量（kW）	2号高压厂用变压器					重复容量（kW）
			6kVⅠA段		6kVⅠB段				6kVⅡA段		6kVⅡB段			
			台数	容量（kW）	台数	容量（kW）			台数	容量（kW）	台数	容量（kW）		
1	电动给水泵	5500	1	5500					1	5500				
2	循环水泵	1250	1	1250	2	2500			1	1250	2	2500		
3	凝结水泵	315	1	315	1	315		315	1	315	1	315		315
	$\sum P_1$，P_{1Hr}（kW）			7065		2815		315		7065		2815		315
4	吸风机	2240	1	2240	1	2240			1	2240	1	2240		
5	送风机	1000	1	1000	1	1000			1	1000	1	1000		
6	一次风机	300	1	300	1	300			1	300	1	300		
7	排粉机	680	2	1360	2	1360			2	1360	2	1360		
8	磨煤机	1000	2	2000	2	2000			2	2000	2	2000		

续表

序号	设 备 名 称	额定容量 (kW)	1号高压厂用变压器					2号高压厂用变压器				
			6kVⅠA段		6kVⅠB段		重复容量 (kW)	6kVⅡA段		6kVⅡB段		重复容量 (kW)
			台数	容量 (kW)	台数	容量 (kW)		台数	容量 (kW)	台数	容量 (kW)	
9	凝结水升压泵	630	1	630	1	630	630	1	630	1	630	630
10	主汽机调速油泵	350	1					1				
11	碎煤机	320	1		1	320		1			320	
12	喷射水泵	260	1	260				1	260			
13	1 号皮带机	300	1	300						1	300	
14	4 号胶带机	300	1	300						1	300	
	$\sum P_2$，P_{2Hr} (kW)			8390		7850	630		7530		8710	630
	$S_H=\sum P_1+0.85\sum P_2$，$S_{Hr}=0.85(P_{1Hr}+P_{2Hr})$			14196.5		9487.5	850.5		13465.5		10218.5	850.5
15	机炉变压器 (kV·A)	1600	1	1600	1	1600	1600	1	1600	1	1600	1600
16	电除尘变压器 (kV·A)	1250	1	1250	1	1250	1250	1	1250	1	1250	1250
17	化学水变压器 (kV·A)	1000				1000				1	1000	
18	公用变压器 (kV·A)	1000	1	1000		1000	1000	1	1000			
19	输煤变压器 (kV·A)	1000	1	1000		1000				1	1000	
20	灰浆泵变压器 (kV·A)	1000			1	1000						
21	负压风机房变压器 (kV·A)	1000								1	1000	
22	污水变压器 (kV·A)	315			1	315				1	315	
23	修配变压器 (kV·A)	800			1	800						
24	水源地变压器 (kV·A)	1000			1	1000				1	1000	
25	照明变压器 (kV·A)	315			1	315				1	315	
	$\sum P_3$，P_{3Hr} (kW)			4850		9280	2850		3850		7480	2850
	$S_L=0.85\sum P_3$ (kV·A)，$S_{Lr}=0.85P_{3Hr}$ (kV·A)			4122.5		7888	2422.5		3272.5		6358	2422.5
	分裂绕组负荷 $S_c=1.1S_H+S_L$ (kV·A) 重复容量 $S_r=1.1S_{Hr}+S_{Lr}$ (kV·A)			19738.6		18324	3358		18084.5		17598	3358
	高压绕组负荷 $\sum S_c-S_r$ (kV·A)			34704.5					32324.5			
	选择分裂绕组变压器容量 (kV·A)			40000/20000−20000					40000/20000−20000			

注　1. $\sum P_1$ 为换算系数为 1.0 的高压厂用负荷功率之和；$\sum P_{1Hr}$ 为换算系数为 1.0 的高压厂用负荷在每个分裂绕组的重复计算功率之和。

　　2. $\sum P_2$ 为换算系数为 0.85 的高压厂用负荷功率之和，$\sum P_{2Hr}$ 为换算系数为 0.85 的高压厂用负荷在每个分裂绕组的重复计算功率之和。

　　3. $\sum P_3$ 为换算系数为 0.85 的低压厂用负荷功率之和，$\sum P_{3Hr}$ 为换算系数为 0.85 的低压厂用负荷在每个分裂绕组的重复计算功率之和。

二、所用变压器容量选择实例

某 500kV 变电所所用变压器负荷计算及容量选择实例见表 6.7。选择变压器容量为

800kV·A。

表 6.7　　　　　　　　**某 500kV 变电所所用变压器负荷计算及容量选择**

序号	设 备 名 称	额定容量（kW）	运行容量（kW）	序号	设 备 名 称	额定容量（kW）	运行容量（kW）
1	充电装置	33	33	12	35kV 配电装置加热	5.5	5.5
2	浮充电装置	16.2×2 4.5×2	42	13	电热锅炉①	150×2 2.6×2	152.6
3	主变压器冷却装置	60×2	120	14	空调机②	74.22	74.22
4	500kV 保护屏室分屏	90	90		小计 P_2（10～14 项）	359.7	359.7
5	220kV 保护屏室分屏	90	90	15	500kV 配电装置照明	20	20
6	通信电源	30	30	16	220kV 配电装置照明	11.8	11.8
7	逆变器及 UPS	15	15	17	35kV 配电装置照明	10	10
8	深井水泵	22	22	18	屋外道路照明	4	4
9	生活水泵	5.5	5.5	19	综合楼照明	30	30
	小计 P_1（1～9 项）	447.5	447.5	20	辅助建筑照明	12	12
10	500kV 配电装置加热	21	21		小计 P_3（15～20 项）	87.8	87.8
11	220kV 配电装置加热	28	28		计算负荷（按运行容量）$S=0.85P_1+P_2+P_3$		675.3

①　两台电热锅炉分别接在两段母线上运行，计算负荷时按一台考虑。

②　空调机为单冷型，该负荷仅在夏季使用。

6.6　厂用电动机的自启动

在厂用电系统中运行的电动机，当断开电源或厂用电压降低时，电动机转速就会下降，甚至会停止运行，这一转速下降的过程称为惰行。若电动机失去电压以后，不与电源断开，在很短时间（一般在 0.5～1.5s）内，厂用电压又恢复或通过自动切换装置将备用电源投入，此时电动机惰行尚未结束，又自动启动恢复到稳定状态运行，这一过程称为电动机的自启动。若参加自启动的电动机的数量多、容量大时，启动电流过大，可能会使厂用母线及厂用电系统电压下降，甚至引起电动机本身发热。这些数值如果超过允许值，将危及厂用电系统的稳定运行和电动机的安全与寿命，因此必须进行电动机自启动校验。若经校验不能自启动时，应采取相应的措施。

根据电动机运行状态的不同，自启动可分为三种类型：

（1）失压自启动。当运行中突然出现事故，造成电压降低，在事故消除电压恢复时形成的自启动。

（2）空载自启动。备用电源处于空载状态时，自动投入失去电源的工作段所形成的自启动。

（3）带负荷自启动。备用电源已带有一部分负荷，又自动投入失去电源的工作段时形成的自启动。

厂用工作电源一般仅考虑失压自启动，而厂用备用电源或启动电源则需考虑失压、空载及带负荷自启动等三种方式。

6.6.1　电动机自启动时厂用母线电压的最低限值

异步电动机的电磁转矩 M_e 与电压 U 的平方成正比关系。异步电动机的转矩特性如图 6.16 所示。随着电压下降，电动机转矩将急剧下降，当电压下降到某一数值时，如果电动机已带有额定负载转矩，此刻，剩余转矩将变为负值，电动机受到制动而开始惰行，最终可能停止运转。出现惰行时的电压称为临界电压 U_{cr}。通常，异步电动机的临界电压标幺值达 0.64 ~0.75，即电压降低到额定值的 64%~75%，电动机就开始惰行。为了系统能稳定运行，规定电动机正常启动时，厂用母线电压的最低允许值为额定电压的 80%，电动机端电压最低值为 70%。但是，由于自启动时可能有成组电动机参与启动，被拖动设备飞轮转矩很大，产生很大的惯性。当电压降低后，电磁转矩立即下降，而机械转速由于惯性造成的时延，在短时间内几乎无大变化。为了保证厂用 I 类负荷自启动且考虑到惯性因素，规定厂用母线电压在电动机自启动时，母线电压的最低限值应不低于表 6.8 所列数值。对于高压厂用母线失压或空载自启动时取上限值；带负荷自启动时取下限值。

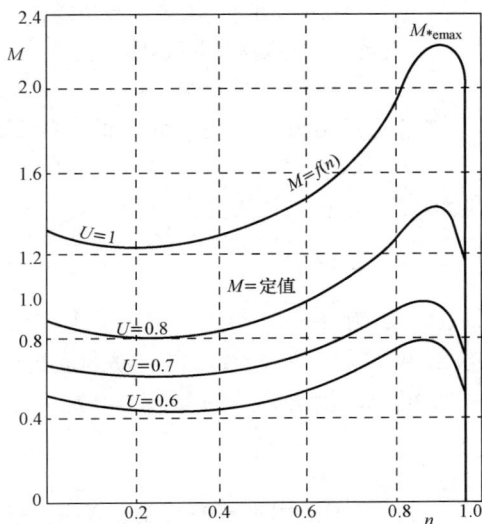

图 6.16　异步电动机转矩与电压、转速的关系

表 6.8　　　　　　　电动机自启动要求的最低母线电压

名　称	类　型	自启动电压为额定电压的百分值（%）
高压厂用母线	高温高压电厂	65~70
	中压电厂	60~65
低压厂用母线	由低压母线单独供电电动机自启动	60
	由低压母线与高压母线串接供电电动机自启动	55

6.6.2　成组电动机自启动电压校验

图 6.17 所示为一组电动机经厂用高压变压器自启动的接线图及等值电路。假设成组电动机在电压消失或下降后全部处于制动状态，当恢复供电后同时开始启动，如果忽略外电路所有元件的电阻，由于电动机此时的转差率为 1，等值电阻也可忽略。现以厂用高压变压器额定容量 S_N 为基准值，各元件参数均用标幺值表示，由图 6.17（b）可得

$$U_{*0} = I_{*st}(X_{*T} + X_{*m}) \tag{6.19}$$

$$I_{*st} = \frac{U_{*0}}{X_{*T} + X_{*m}} \tag{6.20}$$

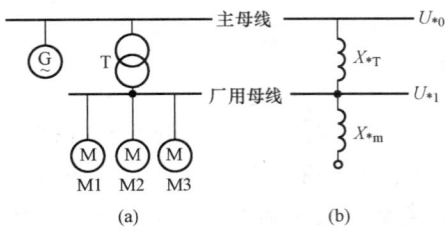

图 6.17　一组电动机经厂用高压变压器

自启动的接线图及等值电路

（a）接线图；（b）等值电路

式中　$I_{*\mathrm{st}}$——参加自启动电动机的启动电流总和；

U_{*0}——电源母线电压标幺值，一般采用经电抗器供厂用电时取 1，采用无励磁调压变压器时取 1.05，采用有载调压变压器时取 1.1；

$X_{*\mathrm{T}}$——厂用高压变压器或电抗器的电抗标幺值；

$X_{*\mathrm{m}}$——参加成组自启动电动机的等值电抗标幺值。

自启动开始瞬间厂用母线上的电压 U_{*1} 为

$$U_{*1} = I_{*\mathrm{st}}X_{*\mathrm{m}} \tag{6.21}$$

将式（6.20）代入式（6.21）得

$$U_{*1} = \frac{U_{*0}X_{*\mathrm{m}}}{X_{*\mathrm{T}}+X_{*\mathrm{m}}} \tag{6.22}$$

对一台静止的电动机，当启动电流倍数为 K 时，在启动瞬间的电抗 $X_{*\mathrm{m}}$ 等于启动电流倍数 K 的倒数。如果参加自启动的成组电动机取一个平均的启动电流倍数 K_{av}，则参加自启动的成组电动机折算后的等值总电抗可写为

$$X_{*\mathrm{m}} = \frac{S_{\mathrm{TN}}}{K_{\mathrm{av}}S_{\mathrm{m}\Sigma}} \tag{6.23}$$

式中　S_{TN}——厂用高压变压器的额定容量，kV·A；

$S_{\mathrm{m}\Sigma}$——参加自启动的成组电动机总容量，kV·A；

K_{av}——成组电动机自启动电流平均倍数，当备用电源快速切换时可取 2.5，慢速切换时取 5（当备用电源自动切换的总时间大于 0.8s 为慢速切换，小于 0.8s 为快速切换）。

将式（6.23）代入式（6.22）中，即得在成组电动机自启动开始瞬间高压厂用母线的电压为

$$U_{*1} = \frac{U_{*0}X_{*\mathrm{m}}}{X_{*\mathrm{T}}+X_{*\mathrm{m}}} = \frac{U_{*0}}{1+X_{*\mathrm{T}}S_{*\mathrm{m}\Sigma}} \tag{6.24}$$

$$S_{*\mathrm{m}\Sigma} = \frac{K_{\mathrm{av}}P_{\mathrm{m}\Sigma}}{S_{\mathrm{TN}}\eta\cos\varphi}$$

上两式中　$S_{*\mathrm{m}\Sigma}$——参加自启动的成组电动机容量的标幺值；

$P_{\mathrm{m}\Sigma}$——参加自启动的成组电动机有功功率，kW；

$\eta\cos\varphi$——电动机的效率和功率因数乘积，一般取 0.8。

利用式（6.24）计算出的高压厂用母线的电压值（标幺值）不应低于高压厂用母线在自启动时最低电压允许值，方能保证电动机顺利自启动。

6.6.3　高、低压厂用变压器串接自启动电压校验

高、低压厂用变压器串接自启动，是指低压厂用变压器串接在高压厂用变压器下，高、低压电动机同时自启动的情况。运行中高压母线突然停电再恢复送电时，便形成高、低压厂用变压器串接自启动。在这种情况下，由于高压母线电压降低较多，使低压厂用电动机的启动情况变得更严重。但是，在这种自启动过程中，高压厂用母线的电压会逐渐升高。因此，

要求低压母线与高压母线串接自启动时，低压母线电压可以低一些，但不应低于额定电压的 55%。

图 6.18 表示高、低压变压器串联，高、低压电动机同时自启动的等值电路。在这种情况下，应对高压厂用母线电压 U_{*1} 和低压厂用母线电压 U_{*2} 分别进行校验。

一、高压厂用母线电压校验

假设高压母线已带有负荷 S_0，自启动过程中 S_0 继续运行。由图 6.18 可得电压关系为

$$U_{*0} - U_{*1} = I_{*T1} X_{*T1} \tag{6.25}$$

式中 U_{*0}——厂用高压变压器电源侧电压的标幺值；

       U_{*1}——厂用高压母线电压标幺值；

       I_{*T1}——自启动时通过厂用高压变压器电流的标幺值（以厂用高压变压器额定容量为基准）；

       X_{*T1}——厂用高压变压器电抗标幺值。

由图 6.18 可知，自启动时通过厂用高压变压器的电流 I_{*T1} 为

$$I_{*T1} = I_{*1} + I_{*2} + I_{*0} \tag{6.26}$$

图 6.18   高、低压电动机同时自启动的等值电路

式中 I_{*1}——流过高压母线参加自启动的电动机电流；

       I_{*2}——流过低压厂用变压器的电流；

       I_{*0}——流过高压母线自启动前已带有的负荷电流。

式 (6.26) 中，由于 I_{*2} 所占比重较小，可以略去；而 $I_{*1} = K_1 U_{*1} S_1 / S_{TN1}$，$I_{*0} = K_0 U_{*1} S_0 / S_{TN1}$，其中 K_0、K_1 为 S_0、S_1 负荷支路的电动机平均启动电流倍数。当 K_0 等于 1 时，将 I_{*T1} 代入式 (6.25) 中，可得

$$U_{*0} - U_{*1} = \frac{(K_1 S_1 + S_0) U_{*1} X_{*T1}}{S_{TN1}} \tag{6.27}$$

因为 $S_1 = \dfrac{P_1}{\eta_1 \cos\varphi_1}$，代入式 (6.27) 中，并进行变换可得

$$U_{*1} = \frac{U_{*0}}{1 + X_{*T1} S_{*H}} \tag{6.28}$$

式中 S_{*H}——高压厂用母线的合成负荷标幺值；

       X_{*T1}——厂用高压变压器电抗标幺值，当厂用高压变压器为双绕组变压器时，$X_{*T1} = 1.1 U_k\% / 100$，当厂用高压变压器采用分裂低压绕组变压器时，$X_{*T1} = \dfrac{1.1 U_K\% S_{TNS2}}{100 S_{TNS1}}$，$U_k\%$ 为短路电压百分比；

       U_{*0}——电源母线电压标幺值。

高压厂用母线的合成负荷标幺值 S_{*H} 的计算分如下两种情况：

(1) 当厂用高压变压器为双绕组变压器，而且变压器额定容量为 S_{TN1} 时，高压厂用母线的合成负荷标幺值 S_{*H} 将为

$$S_{*H} = \frac{\dfrac{K_1 P_1}{\eta_1 \cos\varphi_1} + S_0}{S_{TN1}} \tag{6.29}$$

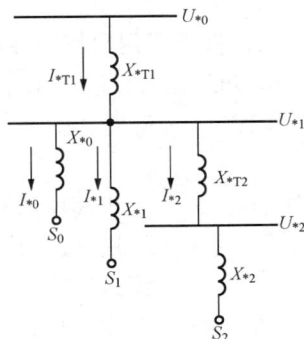

（2）当厂用高压变压器采用分裂低压绕组变压器，而且高压绕组额定容量为 S_{TNS1}，分裂绕组额定容量为 S_{TNS2} 时，高压厂用母线的合成负荷标幺值 S_{*H} 将为

$$S_{*H} = \frac{\dfrac{K_1 P_1}{\eta_1 \cos\varphi_1} + S_0}{S_{TNS2}} \tag{6.30}$$

二、低压厂用母线电压校验

假设低压母线上自启动电动机的容量为 S_2，厂用低压变压器容量为 S_{TN2}。

由图 6.18 可得电压关系

$$U_{*1} - U_{*2} = I_{*2} X_{*T2} \tag{6.31}$$

式中　U_{*1}——厂用高压母线电压标幺值；

　　　U_{*2}——厂用低压母线电压标幺值；

　　　I_{*2}——流过厂用低压变压器的电流标幺值；

　　　X_{*T2}——厂用低压变压器电抗标幺值，$X_{*T2} = 1.1 U_k\% / 100$。

由于 $I_{*2} = \dfrac{K_2 U_{*2} S_2}{S_{TN2}}$，$S_2 = \dfrac{P_2}{\eta_2 \cos\varphi_2}$，代入式（6.31）可得

$$U_{*2} = \frac{U_{*1}}{1 + X_{*T2} S_{*L}} \tag{6.32}$$

$$S_{*L} = \frac{\dfrac{K_2 P_2}{\eta_2 \cos\varphi_2}}{S_{TN2}} \tag{6.33}$$

式中　S_{*L}——低压厂用母线的合成负荷标幺值；

　　　$\eta_2 \cos\varphi_2$——低压母线上自启动电动机的效率和功率因数乘积。

6.6.4　自启动电动机允许容量的确定

电动机自启动时厂用母线上的电压不仅与变压器的电抗和容量有关，而且与总启动电流倍数和参加自启动的电动机容量有关。若把厂用母线最低允许自启动电压当作已知值，则可计算出自启动时最大允许电动机总有功功率，表达式为

$$P_{m\Sigma} = \frac{(U_{*0} - U_{*1}) \eta \cos\varphi S_{TN}}{U_{*1} X_{*T} K_{av}} \quad (kW) \tag{6.34}$$

由式（6.34）可知，当电动机额定启动电流倍数大，变压器短路电压大，机端残压要求高时，允许自启动电动机的功率就小；当发电机母线电压高，厂用变压器容量大，电动机效率和功率因数均高时，允许参加自启动电动机的功率就大。因此，当自启动的电动机容量超过允许值时，为保证重要厂用机械电动机能够自启动，可以采取如下措施。

（1）限制参加自启动的电动机数量，对不重要设备的电动机加装低电压保护装置，延时 0.5s 断开，不参加自启动。

（2）对负载转矩为定值的重要设备电动机，因其只能在接近额定电压下启动，也不要参加自启动，当厂用母线电压低于临界值时，通过低电压保护将电动机从母线上断开，而在母线电压恢复后利用自动重合闸装置又将被断开的电动机自动投入。这样，不仅能够保证该部分电动机的逐级自启动，而且改善了其他未曾断开电动机的自启动条件。

（3）对重要的机械设备，应选用具有高启动转矩和允许过载倍数较大的电动机。

（4）在不得已的情况下，增大厂用变压器的容量。

【例 6.1】　某发电厂高压厂用母线电压为 6(kV)。高压厂用变压器为无激励调压双绕组变压器，其参数如下：额定容量 $S_N=16000(kV \cdot A)$，短路电压百分比 $U_k\%=7.54$。给水泵参数如下：额定功率 $P_N=5500kW$，启动电流倍数 $K_1=6$，额定效率 $\eta_N=0.963$，额定功率因数 $\cos\varphi_N=0.9$，额定电压 $U_N=6kV$。给水泵启动前，高压厂用母线上的负荷为 $S_0=8500kV \cdot A$。试确定给水泵能否正常启动？

解　取基准容量 $S_B=16000kV \cdot A$，基准电压 $U_B=6kV$。将已知条件代入式（6.29），可求出高压厂用母线的合成负荷标幺值为

$$S_{*H}=\frac{\dfrac{K_1 P_N}{\eta_N \cos\varphi_N}+S_0}{S_{TN1}}=\frac{\dfrac{6 \times 5500}{0.963 \times 0.9}+8500}{16000}=2.91$$

$$X_{*T1}=1.1 U_k\%/100=1.1 \times 7.54/100=0.0829$$

对于无励磁调压变压器，电源母线电压标幺值取 1.05，则给水泵启动时，高压厂用母线电压为

$$U_{*1}=\frac{U_{*0}}{1+X_{*T1}S_{*H}}=\frac{1.05}{1+2.91 \times 0.0829}=0.846$$

给水泵启动时，由于厂用高压母线电压标幺值为 0.846，满足给水泵启动时厂用高压母线电压不低于额定电压 65% 的要求，所以给水泵可以正常启动。

【例 6.2】　某高温高压火电厂高压厂用备用变压器为低压分裂绕组变压器，调压方式为有载调压，高、低压绕组额定容量分别为 50000、25000kV · A，以高压绕组容量为基准的半穿越电抗为 $U_{k12}\%=19$。高压厂用备用变压器已带负荷 6200kV · A，高压母线上参加自启动的电动机容量为 13363kW，电动机启动电流平均倍数为 $K_1=5$，$\eta_1 \cos\varphi_1=0.8$，高压厂用母线电压 $U_{*0}=1.1$（有载调压）。低压厂用变压器额定容量为 1000kV · A，短路电压百分数 $U_{k2}\%=10$。低压母线上参加自启动的电动机容量为 500kW。电动机启动电流平均倍数为 $K_2=5$，$\eta_2 \cos\varphi_2=0.8$。试计算高压厂用备用变压器自投高、低压母线串接自启动时，能否实现自启动？

解　（1）高压厂用母线电压校验。

由式（6.30）可得高压厂用母线的合成负荷标幺值为

$$S_{*H}=\frac{\dfrac{K_1 P_1}{\eta_1 \cos\varphi_1}+S_0}{S_{TNS2}}=\frac{\dfrac{5 \times 13363}{0.8}+6200}{25000}=3.59$$

高压厂用变压器电抗标幺值为

$$X_{*T1}=\frac{1.1 U_{k12}\% S_{TNS2}}{100 S_{TNS1}}=\frac{1.1 \times 19 \times 25000}{100 \times 50000}=0.104$$

由式（6.28）可得高压母线电压标幺值为

$$U_{*1}=\frac{U_{*0}}{1+X_{*T1}S_{*H}}=\frac{1.1}{1+0.104 \times 3.59}=0.8>65\%$$

可见，满足自启动要求。

（2）低压厂用母线电压校验。

由式（6.33）可得低压厂用母线的合成负荷标幺值为

$$S_{*L}=\frac{\dfrac{K_2 P_2}{\eta_2 \cos\varphi_2}}{S_{TN2}}=\frac{\dfrac{5 \times 500}{0.8}}{1000}=3.125$$

低压厂用变压器电抗标幺值为

$$X_{*T2} = \frac{1.1U_{k2}\%}{100} = \frac{1.1 \times 10}{100} = 0.11$$

由式（6.32）可得低压母线电压标幺值为

$$U_{*2} = \frac{U_{*1}}{1 + X_{*T2}S_{*L}} = \frac{0.8}{1 + 3.125 \times 0.11} = 0.595 > 55\%$$

可见，满足自启动要求。

综上所述，该高压厂用备用变压器可以顺利实现高、低压母线串接自启动任务。

6.7　发 电 厂 的 直 流 系 统

6.7.1　直流系统的构成

在发电厂和变电所中，为了供给控制、信号、保护、自动装置、事故照明、直流油泵、交流不停电电源等重要回路和辅机的用电，必须设置具有高度可靠性和稳定性，电源容量和电压质量在最严重的事故情况下仍能保证用电设备可靠工作的直流电源。在发电厂中通常采用蓄电池组为主体的直流系统作为直流电源。

蓄电池组直流系统是一种独立的直流电源，无论电力系统中发生何种事故，甚至在交流电源全部停电的情况下，它都能保证控制回路、继电保护和自动装置可靠地工作，并能为事故照明提供电源。由于蓄电池组具有供电可靠、特性平坦，能承受较大冲击负荷等优点，在各种类型的发电厂中得到了广泛的应用。

蓄电池组直流系统由蓄电池组、充电设备、直流母线、监察设备和直流供电网组成，如图 6.19 所示。从图中可看出，蓄电池组、充电设备组成直流电源部分，母线部分有闪光装置、电压监察和绝缘监察，另外还有动力直流馈线、操作直流馈线和信号直流馈线等。

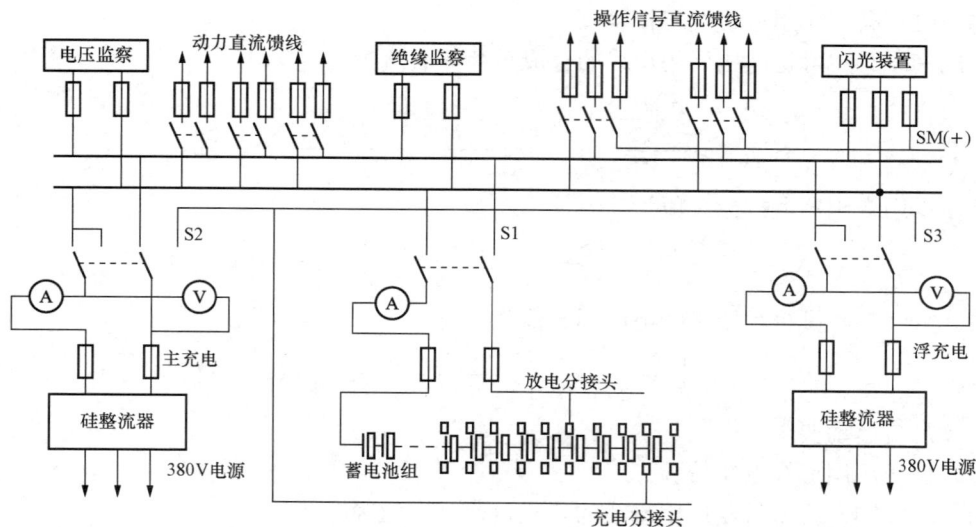

图 6.19　蓄电池组直流系统接线图

为了简化接线，提高直流系统运行的可靠性，蓄电池组均不设端电池。蓄电池的容量范围为 200～3000A·h。蓄电池组的电压采用 110V 和 220V 两种电压，即供给控制负荷专用的蓄电池组采用 110V，供给动力负荷和直流事故照明负荷专用的蓄电池组采用 220V。对供给控制负荷、动力负荷和事故照明负荷共用的蓄电池组，则可考虑用 110V 或 220V 电压对各种负荷进行供电。

6.7.2　充电设备

蓄电池只能用直流电源来充电，而发电厂的厂用电是交流电，这就需要使用整流设备将交流电变为直流电。用作充电设备的整流设备包括：

(1) 电动机—发电机组；

(2) 汞弧整流器；

(3) 钨管整流器；

(4) 半导体整流器（硅整流器和硒整流器等）。

目前，蓄电池组广泛采用的充电设备是硅整流器。硅整流装置具有效率高、允许工作温度高、整流特性好、寿命长等特点。硅整流装置分为非晶闸管整流和晶闸管整流装置。目前国产的硅整流充电设备有手动调压硅整流装置、手动及自动调压晶闸管整流装置及可逆变运行的晶闸管整流装置三类。

图 6.20 所示为 GCA 系列硅和晶闸管整流充电装置电气接线图。GCA 系列硅和晶闸管整流充电装置由交流接触器 KO、调压器 AV、整流变压器 TU、硅和晶闸管整流元件 V1～V6 及控制保护回路等组成。

整流装置与蓄电池组相连接时，整流装置的正极接蓄电池组的正极，整流装置的负极与蓄电池组的负极相连，不能将极性接反。整流装置的正极输出不允许过负荷或短路，否则将烧坏整流元件。

从图 6.20 中可见，该装置使用三相 380V 交流电源，经熔断器 FU1、FU2、FU3、交流接触器 KO、调压器 AV、电流继电器 KA1、KA2 及整流变压器 TU 向三相桥式整流电路供电。考虑到当整流器电路发生过载或负载侧短路时，流过硅元件的电流很大，将使硅元件的温度急剧上升而被烧坏，所以装置中采用了快速熔断器 FU1～FU4 做装置外部短路的过电流保护。

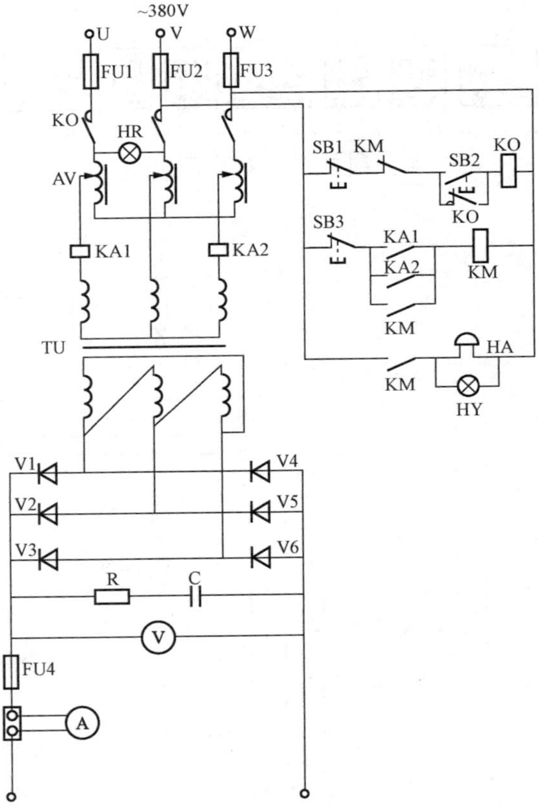

图 6.20　GCA 系列硅和晶闸管整流充电装置电气接线图
SB1—跳闸用按钮；SB2—合闸用按钮；SB3—复归按钮；
KM—中间继电器；HR—红灯

KA1、KA2 和 KM 作为装置的过载保护。当过载时，KA1 或 KA2 动作，经 KM 使接触器 KO 跳闸，切断电源，并有警铃 HA 响声及黄灯 HY 指示。R 和 C 构成装置的过电压保护。

6.7.3　直流系统网络接线

发电厂的直流系统采用单母线或单母线分段的接线方式。母线一般采用矩形截面的铝母线，电流较大时则采用铜母线。

发电厂直流系统的负荷包括经常负荷、事故负荷和冲击负荷三类。

经常负荷是指在各种运行状态下，由直流母线不间断供电的负荷。这类负荷包括经常带电的继电器、信号灯、位置指示器和经常直流照明灯，以及由直流母线供电的交流不停电电源。

事故负荷是指当发电厂失去交流电源引起全厂停电时，必须由直流系统供电的负荷。事故负荷包括事故照明、汽机或一些重要辅机的润滑油泵、发电机氢冷密封油泵及载波通信备用电源等。

冲击负荷是指断路器合闸时的短时冲击电流与此时直流母线所承受的负荷电流（包括经常与事故负荷）的总和。

直流负荷通过馈线电缆与直流母线相连接，形成直馈线配电网络，如图 6.19 所示。直流馈线配电网络有环形供电和辐射形供电两种方式。环形供电网络多用于中小容量的发电厂和变电所中。图 6.21 所示为合闸网络。图 6.22 所示为控制和信号电源网络。

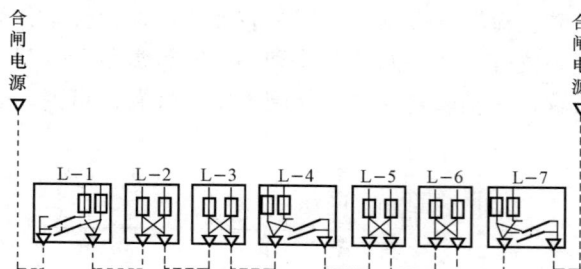

图 6.21　合闸网络

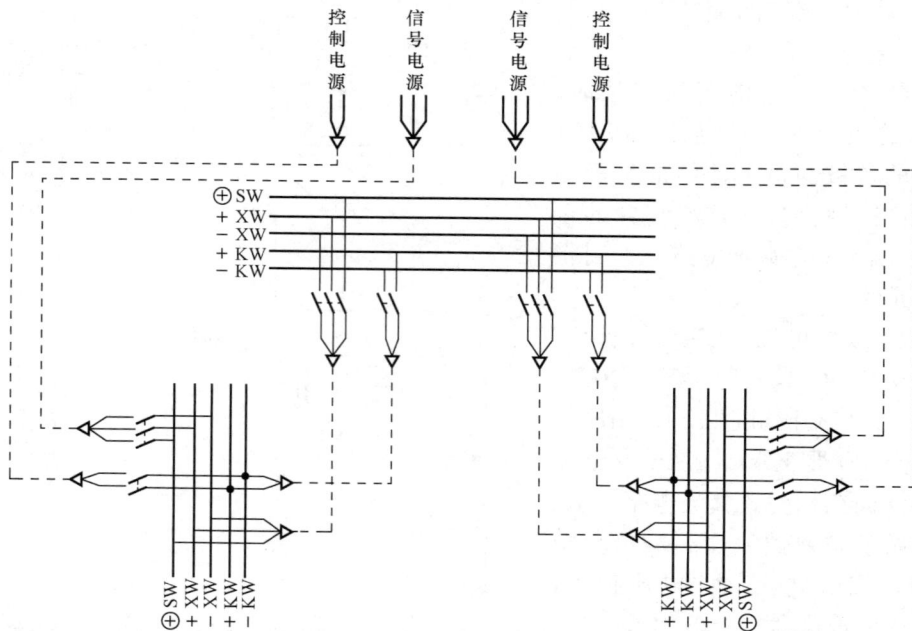

图 6.22　控制和信号电源网络

SW—反母线；XW—信号母线；KW—控制母线

对于大容量机组的发电厂，因供电网络较大、供电距离长，如果采用环形供电网络供电，电缆的压降较大，往往需选择较大截面的电缆。又由于大机组的发电厂蓄电池组按机组配置，为保证供电更为可靠，多采用辐射式供电网络。这种供电方式具有以下优点：

(1) 减少了由感应耦合和电容耦合所产生的干扰；

(2) 一个设备或系统由 1～2 条馈线直配供电，当设备检修或调试时，可方便地退出运行，且不会影响其他设备；

(3) 便于寻找接地故障。

对于 500kV 系统或 220kV 系统的重要输电线和主变压器的进线断路器，根据双重化原则，线路和主变压器均设有 2 套主保护，断路器也有 2 个跳闸线圈和 2 个合闸线圈（有些断路器只有 1 个合闸线圈），要求直流电源均由 2 组蓄电池供电。若只有 1 组蓄电池时，也应有 2 条直流电源馈线供电。为了简化供电网络，减少馈线电缆数量，可在靠近配电装置处设直流分电屏，每个分电屏由 2 组蓄电池各用 1 条馈线供电。断路器等的电源由分电屏引接。

直流系统的操作采用刀开关或组合开关，保护采用熔断器。

为了监视直流系统的绝缘水平，防止由于直流系统两点接地可能引起的断路器误动作的严重后果，必须在直流系统中装设连续工作且足够灵敏的绝缘监察装置。当 220V（或 110V）直流系统中任何一极的绝缘下降到 15～20kΩ（或 2～5kΩ）时，绝缘监察装置应发出灯光和音响信号。

为了监视直流系统的电压状况，直流系统还设有电压监视装置，当系统出现低电压或过电压时，发出信号。

小　结

(1) 为发电厂的主机（锅炉、汽轮机、发电机等）和辅助设备服务的各类电动机，以及全厂的运行操作，热工和电气试验、机械修配、电气照明、电焊机等用电设备的总耗电量，统称为厂用电。

厂用电率是发电厂的一项重要的经济运行指标，其值是机炉发电和供热所需的自用电能消耗量分别与同一时期对应机组发电量和供热量的比值。

为了保证厂用电的连续供电，保证机组安全、经济地运行，厂用电接线应满足：①安全可靠、运行灵活；②投资少，接线简单、清晰，运行费用低；③供电的对应性；④系统设计的整体性。

(2) 根据火电厂内厂用负荷的重要性不同可将厂用负荷分为Ⅰ类负荷、Ⅱ类负荷、Ⅲ类负荷和事故保安负荷。

(3) 在我国火力发电厂中，厂用电一般采用高压和低压两种电压等级供电。高压厂用电电压一般采用 3、6、10kV，低压厂用电电压一般采用 380/220V。

高压厂用电电压的选择，一般可按下列原则考虑：

1) 容量为 60MW 及以下的机组，发电机电压为 10.5kV 时，可采用 3kV；

2) 容量为 100～300MW 的机组宜采用 6kV；

3) 容量为 300MW 以上的机组，当技术经济合理时，也可采用两种高压厂用电电压。

(4) 发电厂厂用负荷除应具有正常工作电源外，还应设置备用电源。对单机容量在

200MW 及以上的发电厂，还应考虑设置启动电源、事故保安电源和交流不停电电源。

发电厂的厂用工作电源是保证发电机正常运行的最基本电源。

厂用高压工作电源的引接方式通常是，当主接线具有发电机电压母线时，高压厂用工作电源一般直接由发电机电压母线上引接，供给接在该母线段机组的厂用负荷；在大容量机组的发电厂中，采用发电机—变压器组单元接线时，高压厂用工作变压器均从发电机至主变压器的封闭母线上引接。如果发电机出口装有断路器，则厂用工作电源接至断路器与变压器之间。

厂用低压工作电源，一般由高压厂用母线段上引接，供给厂用低压动力设备、照明和其他负荷用电。当无高压厂用母线段时，可从发电机电压母线或发电机出口经厂用变压器或电抗器获得厂用低压工作电源。

厂用备用电源主要用于事故情况失去工作电源时起后备作用。对于 200MW 及以上大容量机组，为了保证大容量机组的启动和停机的负荷用电，设置启动电源并兼做事故备用电源。

备用电源或启动/备用电源的引接应保证其独立性，避免与厂用工作电源由同一电源处引接，引接点处电源数量应有两个以上，并且具有足够的电源容量。最好能与电力系统紧密联系，在全厂停电情况下仍能从电力系统获得厂用电源。高压厂用备用或启动/备用电源常用的引接方式为：

1）当有发电机电压母线时，一般由该母线引接一个备用电源；

2）当采用发电机—变压器单元接线时，一般由升高电压母线中电源可靠的最低一级电压母线或由联络变压器的第三（低压）绕组引接；

3）当技术经济合理时，也可由外部电网引接专用线路供给。

备用电源的设置方式，一般分为明备用和暗备用两种。

大型火力发电厂中，事故保安电源的作用是当厂用工作电源和备用电源都消失时，确保在事故状态下向事故保安负荷连续供电。目前，在大容量机组的发电厂中，事故保安电源有下列三种类型：

1）快速启动的柴油发电机；

2）可靠的外部独立电源；

3）由蓄电池组供电的逆变装置。

交流不停电电源用于在大容量发电厂整个正常或异常运行期间里，对不允许间断供电的交流负荷提供电源。根据采用的逆变装置不同，交流不停电电源系统分为晶闸管逆变器型和逆变机组型。

交流不停电电源系统包括稳定的不停电电源系统、配电系统和必要的控制系统及测试设备。

（5）在火力发电厂中，厂用电系统接线通常采用单母线接线，并将厂用电母线按照锅炉的台数分成若干的独立段，各独立母线段分别由工作电源和备用电源供电。

（6）厂（所）用变压器的选择应遵循一定的基本原则，统筹考虑一、二次额定电压、连接组别、阻抗电压、调压型式及容量。

（7）要正确选择厂用变压器的容量，应先对厂用主要用电设备的数量、容量及特性（类别、使用机会和使用时间）有所了解。在此基础上，按照主机满发的要求及厂用电母线按炉分段的原则，进行厂用变压器的选择。

（8）确定厂用变压器的容量，首先要列出该变压器所供厂用母线段上电动机的容量和台数，然后计算母线段的计算负荷，即在正常情况下全厂发电机满负荷运行时，各厂用母线段上的最大负荷。厂用负荷的计算通常采用换算系数法。

（9）在厂用电系统中运行的电动机，当断开电源或厂用电压降低时，电动机将进入惰行状态。在短时间内，当电源恢复时，电动机惰行尚未结束，又自动启动恢复到稳定状态运行，这一过程称为电动机的自启动。

根据电动机运行状态的不同，自启动可分为三种类型，即失压自启动、空载自启动、带负荷自启动。

为了保证电动机自启动时厂用母线电压不低于最低限值，应当进行厂用电动机的自启动电压校验，包括单台电动机自启动电压校验、成组电动机自启动电压校验、高/低压厂用变压器串接自启动电压校验。

根据厂用母线最低允许自启动电压的要求，可以计算出自启动时最大允许电动机总容量。当同时自启动的电动机容量超过允许值时，为保证重要厂用机械电动机能够自启动，可以采取的措施包括：①限制参加自启动的电动机数量；②对负载转矩为定值的重要设备电动机，不参加自启动；③对重要的机械设备，应选用具有高启动转矩和允许过载倍数较大的电动机；④在不得已的情况下，增大厂用变压器的容量。

（10）在发电厂和变电所中，直流电源用来提供给控制、信号、保护、自动装置、事故照明、直流油泵、交流不停电电源等重要回路和辅机的用电。在发电厂中通常采用蓄电池组为主体的直流系统作为直流电源。

蓄电池组直流系统是一种独立的直流电源，由蓄电池组、充电设备、直流母线、监察设备和直流供电网组成。

思考题与习题

6.1　什么是厂用电和厂用电率？

6.2　为了保证厂用电的连续供电，保证机组安全、经济地运行，厂用电接线应满足哪些基本要求？

6.3　火力发电厂的厂用负荷是如何分类的？

6.4　怎样确定火力发电厂的厂用电电压等级？

6.5　高压厂用工作电源应当如何引接？

6.6　为什么要设置厂用备用电源？通常有几种备用形式？各适用于什么情况？

6.7　为什么在大容量火力发电厂中，要设启动电源和事故保安电源？

6.8　考虑主变压器高、低压侧的相位差，接于主变压器高压母线上的高压厂用备用变压器和接于主变压器低压侧的厂用工作变压器，它们的连接组别应如何配合？

6.9　交流不停电电源系统的作用及常用系统接线如何？

6.10　火力发电厂的厂用电接线为什么要采用按炉分段？

6.11　厂（所）用变压器的选择应从哪些方面加以考虑？

6.12　如何确定厂用变压器的容量大小？

6.13　什么是厂用电动机的自启动？自启动可分为哪几种类型？

6.14　当同时自启动的电动机容量超过允许值时，为保证重要厂用机械电动机能够自启动，可以采取的措施包括哪些？

6.15　发电厂中直流系统的作用是什么？蓄电池组直流系统由哪些部分组成？

6.16　试校验某高温高压火电厂高压厂用备用变压器容量，能否适应自启动要求。其参数为：高压厂用备用变压器容量为 12500kV·A，$U_k\% = 8$，调压方式为有载调压。要求同时参加自启动的电动机容量为 11400kW，电动机启动电流平均倍数为 5，$\cos\varphi = 0.8$，$\eta = 0.9$。

6.17　某高温高压火电厂高压厂用备用变压器为低压分裂绕组变压器，调压方式为有载调压。其高压绕组额定容量为 40000kV·A，低压绕组额定容量为 20000kV·A，以高压绕组容量为基准的半穿越电抗为 $U_{k12}\% = 17.5$。高压厂用变压器已带负荷 7000kV·A，高压母线上参加自启动的电动机容量为 14000kW，电动机启动电流平均倍数为 5，$\cos\varphi_1 = 0.8$，$\eta_1 = 0.93$，高压厂用母线 $U_{*0} = 1.1$（有载调压）。低压厂用变压器额定容量为 1600kV·A，短路阻抗电压 $U_{k2}\% = 4.5$。低压母线上参加自启动的电动机容量为 500kW，电动机启动电流平均倍数为 5，$\eta_2\cos\varphi_2 = 0.8$。试计算自投高、低压母线串接启动时，能否实现自启动。

第7章 配 电 装 置

7.1 概 述

配电装置是发电厂和变电所的重要组成部分，它是按主接线的要求，由开关设备、载流导体、保护和测量电器以及其他必要的辅助设备构成，用来接受和分配电能的装置。

扫一扫 观看教学视频

配电装置的安全净距

配电装置按电气设备装置地点不同，可分为屋内配电装置和屋外配电装置。按其组装方式不同，又可分为把电气设备在现场进行组装的配电装置，称为装配式配电装置；若在制造厂内把电气设备全部或部分组装完成，然后运至安装地点，则称为成套配电装置。

屋内配电装置的设备都布置在屋内，具有如下特点：①由于允许安全净距小和可以分层布置，占地面积较小；②维修、巡视和操作在室内进行，不受气候影响；③能有效地防止污染，减少事故和维护工作量；④房屋建筑投资较大。

屋外配电装置的电气设备都布置在屋外，具有如下特点：①不需要建筑房屋，土建工程量和费用较小，使建设周期缩短；②相邻设备之间距离可适当加大，使运行安全，便于带电作业；③扩建方便；④占地面积大；⑤受环境条件影响，使设备的运行、维修和操作条件较差。

成套配电装置的特点为：①电气设备布置在封闭或半封闭的金属外壳中，结构紧凑，占地面积小；②安装简便，有利于缩短建设周期和进行扩建；③运行可靠性高，维护方便；④耗用钢材较多，造价较高。

配电装置的设计和安装应满足如下基本要求：①必须贯彻执行国家基本建设方针和技术经济政策；②合理选用设备，在布置上力求整齐、清晰，满足对设备和人身的安全要求，保证运行的可靠性；③保证操作维护的方便性；④在保证安全的前提下，采取有效措施减少钢材、木材和水泥的消耗，努力降低造价，节省占地面积；⑤便于安装和扩建。

扫一扫 观看教学视频

配电装置的安全净距

配电装置的整个结构尺寸的确定，要综合考虑到设备外形尺寸、检修维护和搬运的安全距离、电气绝缘距离等因素。各种间隔距离中最基本的是空气中的最小安全净距，即 DL/T 5352—2006《高压配电装置设计技术规程》中所规定的 A 值，它表明带电部分至接地部分或相间的最小安全净距，保持这一距离时，无论正常或过电压的情况下，都不致发生空气绝缘的电击穿。上述规程中，其余的 B、C、D、E 值是在 A 值的基础上，加上运行维护、搬运和检修工具活动范围及施工误差等尺寸而确定的。A 值与电极的形状、冲击电压波形、过电压及其保护水平和环境条件等因素有关。一般地说，220kV 及以下的配电装置，大气过电压起主要作用；330kV 及以上的配电装置，内过电压起主要作用。

屋、内外配电装置中各有关部分之间的最小安全净距见表 7.1 和表 7.2。它们的含义如图 7.1 和图 7.2 所示。

表 7.1   屋内配电装置的安全净距（mm）

符号	适用范围	额定电压（kV）									
		3	6	10	15	20	35	60	110J	110	220J
A_1	（1）带电部分至接地部分之间 （2）网状和板状遮栏向上延伸线距地 2.3m 处，与遮栏上方带电部分之间	75	100	125	150	180	300	550	850	950	1800
A_2	（1）不同相的带电部分之间 （2）断路器和隔离开关的断口两侧带电部分之间	75	100	125	150	180	300	550	900	1000	2000
B_1	（1）栅状遮栏至带电部分之间 （2）交叉的不同时停电检修的无遮栏带电部分之间	825	850	875	900	930	1050	1300	1600	1700	2550
B_2	网状遮栏至带电部分之间	175	200	225	250	280	400	650	950	1050	1900
C	无遮栏裸导体至地（楼）面之间	2375	2400	2425	2450	2480	2600	2850	3150	3250	4100
D	平行的不同时停电检修的无遮栏裸导体之间	1875	1900	1925	1950	1980	2100	2350	2650	2750	3600
E	通向屋外的出线套管至屋外的通道路面	4000	4000	4000	4000	4000	4000	4500	5000	5000	5500

注 1. 110J、220J 系指中性点直接接地电网。

2. 当为板状遮栏时，其 B_2 值可取 A_1+30mm。

3. 当出线套管外侧为户外配电装置时，其至屋外地面的距离不应小于表 7.1 中所列屋外部分之 C 值。

表 7.2   室外配电装置的安全净距（mm）

符号	适用范围	额定电压（kV）								
		3～10	15～20	35	60	110J	110	220J	330J	500J
A_1	（1）带电部分至接地部分之间 （2）网状遮栏向上延伸线距地 2.5m 处与遮栏上方带电部分之间	200	300	400	650	900	1000	1800	2500	3800
A_2	（1）不同相的带电部分之间 （2）断路器和隔离开关的断口两侧引线带电部分之间	200	300	400	650	1000	1100	2000	2800	4300
B_1	（1）设备运输时其外廓至无遮栏带电部分之间 （2）交叉的不同时停电检修的无遮栏带电部分之间 （3）栅状遮栏至绝缘体和带电部分之间 （4）带电作业时的带电部分至接地部分之间	950	1050	1150	1400	1650	1750	2550	3250	4550

续表

符 号	适 用 范 围	额 定 电 压 (kV)								
		3～10	15～20	35	60	110J	110	220J	330J	500J
B_2	网状遮栏至带电部分之间	300	400	500	750	1000	1100	1900	2600	3900
C	(1) 无遮栏裸导体至地面之间 (2) 无遮栏裸导体至建筑物、构筑物顶部之间	2700	2800	2900	3100	3400	3500	4300	5000	7500
D	(1) 平行的不同时停电检修的无遮栏带电部分之间 (2) 带电部分与建筑物、构筑物的边延部分之间	2200	2300	2400	2600	2900	3000	3800	4500	5800

注 1. 110J、220J、330J、500J 系指中性点直接接地电网。

2. 对于 220kV 及以上电压，可按绝缘体电位的实际分布，采用相应的 B_1 值进行校验。此时，允许栅状遮栏与绝缘体的距离小于 B_1 值，当无给定的分布电位时，可按线性分布计算，校验 500kV 相间通道的安全净距，也可用此原则。

3. 带电作业时，不同相或交叉的不同回路带电部分之间，其 B_1 值可取 $A_2+750mm$。

4. 500kV 的 A_1 值，双分裂软导线至接地部分之间可取 3500mm。

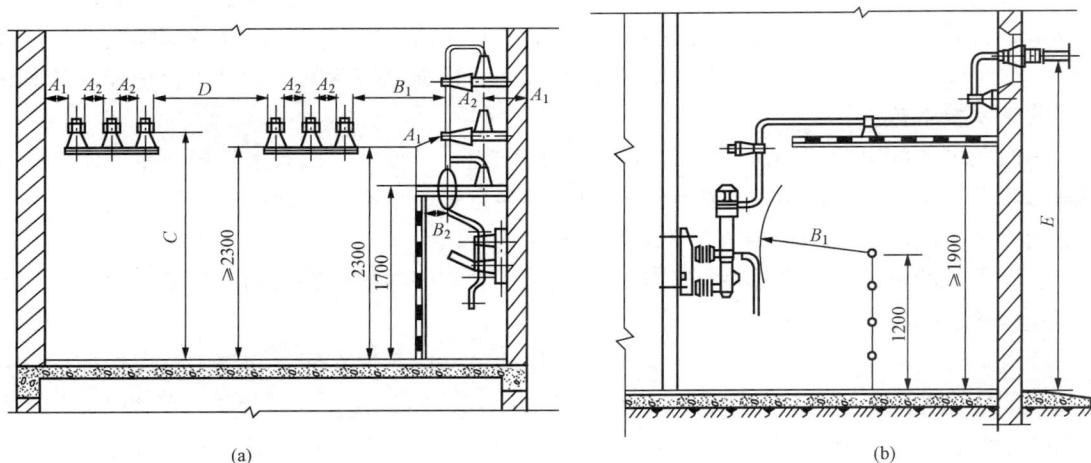

图 7.1 屋内配电装置 A、B、C、D、E 值示意图（单位：mm）
(a) A_1、A_2、B_1、B_2、C、D 值；(b) B_1、E 值

设计配电装置，确定带电导体之间和导体对接地构架的距离时，还应考虑减少相间短路的可能性及减少电动力。例如，软绞线在短路电动力、风摆、温度等因素作用下使相间及对地距离的减小，以及减少大电流导体附近的铁磁物质的发热等。110kV 以上配电装置还要考虑减少电晕损失、带电检修等因素，故工程上采用的距离，通常大于表 7.1 和表 7.2 所列的数值。

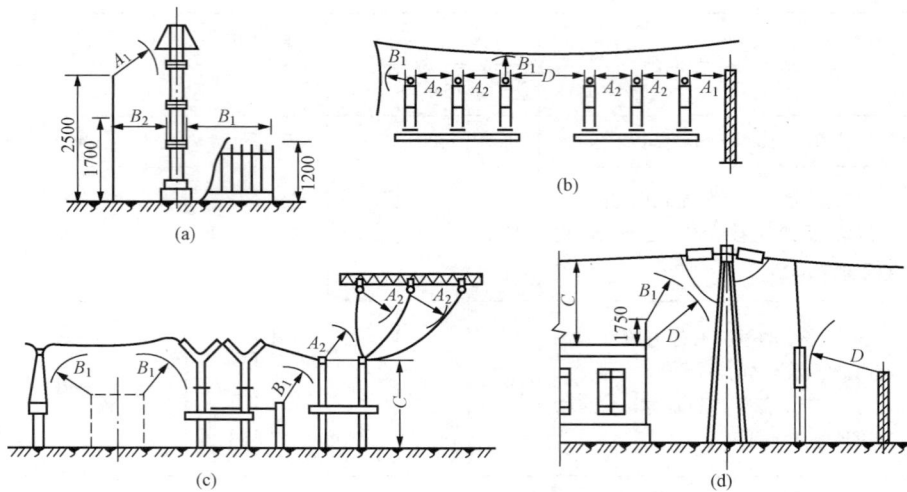

图 7.2　屋外配电装置 A、B、C、D 值示意图（单位：mm）

(a) A_1、B_1、B_2 值；(b) A_1、A_2、B_1、D 值；(c) A_2、B_1、C 值；(d) B_1、C、D 值

在设计配电装置时，为了表示整个配电装置的结构，以及其中设备的布置和安装，经常要使用配电装置的配置图、平面图和断面图。

配置图是把进出线（进线—发电机、变压器，出线—线路）、断路器、互感器、避雷器等设备，合理地分配在配电装置的各层间隔中，并且用代表图形表示出在各间隔中的导线和电器。配置图不要求按比例尺寸绘制，通常用它来分析配电装置的布置是否合理和统计其中所用的主要设备数量。

平面图表明配电装置的房屋及其间隔、走廊和出口等处的平面布置轮廓。平面图要按比例画出，并且只表示已确定的间隔数目及间隔排列方式，不必表示间隔中所装电气设备。但局部间隔平面图应表明间隔中所装的电气设备。

断面图是配电装置的结构图，要按比例画出。它表明在配电装置的间隔断面中，设备间的相互连接及具体布置方式。

配电装置的布置原则为：①同一回路的导体和电器应布置在同一间隔内，以保证检修安全和限制故障范围；②尽量将电源布置在一段的中部，使母线截面通过较小的电流；③既要考虑设备的质量，把最重的设备（如电抗器、断路器）放在底层，以减轻楼板的荷重并便于安装，又要按照主接线的连接顺序来考虑设备的连接，做到进出线方便；④布置对称、便于操作；⑤充分利用各间隔的空间；⑥容易扩建。

7.2　屋 内 配 电 装 置

屋内配电装置的结构形式，除与电气主接线方式、电压等级及采用的电气设备的型式有密切关系外，还与施工、检修条件、运行经验和习惯有关。随着新技术和新设备的采用，运行和检修经验的不断丰富，配电装置的结构和型式将会不断出现新的发展与变化。

在发电厂和变电所中屋内配电装置的接线方式多为双母线接线或单母线分段接线，按其布置形式的不同，一般可分为单层装配式布置、单层成套式布置、单层装配与成套混合式布置、双层装配式布置、双层装配与成套混合式布置。单层装配式、双层装配式配电装置占地面积大，结构相对复杂，设计和施工工作量大。采用装配式和成套式配电装置混合布置、单层成套式布置的方式，具有占地面积小、土建结构简单、设计施工进度快、便于运行管理等优点。

7.2.1　屋内配电装置布置的若干问题

一、母线及隔离开关

母线通常布置在配电装置的顶部，一般呈水平、垂直和三角形布置，水平布置安装容易，可降低建筑物的高度，因此在中、小容量变电所的配电装置中采用较多。垂直布置时，相间距离可以取得较大，支持绝缘子装在水平隔板上，绝缘子间的距离可取较小值。因此母线结构可获得较高的机械强度，但结构复杂，增加建筑物高度，可用于 20kV 以下、短路电流很大的配电装置中。直角三角形布置方式，结构紧凑，可充分利用间隔的高度和深度，但三相为非对称布置，外部短路时各相母线和绝缘子机械强度均不相同，这种布置方式常用于 6～35kV 大、中容量的配电装置中。

母线相间距离 a 决定于相间电压，并考虑短路时母线和绝缘子的机械强度与安装条件。在 6～10kV 小容量配电装置中，母线水平布置时 a 为 0.25～0.35m；垂直布置时为 0.7～0.8m；35kV 水平布置时 a 约为 0.5m。

母线支持绝缘子的跨距 L 决定于短路时的机械强度。母线作水平布置时，L 最好等于配电装置的间隔宽度，这样绝缘子便可安装在间隔的隔墙上，使结构简化。

双母线布置的两组母线应利用垂直的隔板分开，以便在一组母线运行时安全地检修另一组母线。母线分段布置时，在两段母线之间也要用隔墙隔开。

在负荷变动或温度变化时，硬母线将会胀缩。普通支持绝缘子在装配时允许其上的母线蠕动，但如果母线很大又是固定连接，则在母线、绝缘子和套管中可能产生危险的应力。为了将其消除，必须按规定加装母线补偿器。不同材料的导体相互连接时应采取措施，防止产生电化腐蚀。

母线隔离开关通常设在母线的下方。为了防止带负荷误拉隔离开关引起的飞弧造成母线短路，在 3～35kV 双母线的布置中，母线与母线隔离开关之间宜装设耐火隔板。两层以上的配电装置中，母线隔离开关宜单独布置在一个小室内。

为了确保设备及工作人员的安全，屋内配电装置应设置防止误拉合隔离开关、带接地线合闸、带电合接地开关、误拉合断路器、误入带电间隔等（常称"五防"）电气误操作事故的闭锁装置。

二、断路器及其操动机构

断路器通常设在单独的小室内。油断路器（或含油设备）小室的形式，按照油量多少及防爆结构的要求，可分为敞开式、封闭式及防爆式。

为了防火安全，屋内 35kV 以下的断路器和油浸互感器，一般安装在两侧有隔墙（板）的间隔内；35kV 及以上则应安装在有防爆隔墙的间隔内。

断路器的操动机构设在操作通道内。手动操动机构和轻型远距离控制的操动机构均装在壁上，重型远距离控制的操动机构则落地装在混凝土基础上。

三、互感器和避雷器

电流互感器无论是干式或油浸式，都可与断路器放在同一小室里。穿墙式电流互感器应尽可能作为穿墙套管使用。

电压互感器经隔离开关和熔断器（60kV 及以上只用隔离开关）接到母线上，需占用专用的间隔，但同一个间隔内可以装设几个不同用途的电压互感器。

当母线接有架空线路时，母线上应装设避雷器。由于避雷器体积不大，通常与电压互感器共占一个间隔（以隔层隔开），并可共用一组隔离开关。

四、电抗器

电抗器按其容量不同有三种不同的布置方式，即三相垂直、品字形和三相水平布置。通常线路电抗器采用垂直布置或品字形布置。

安装电抗器必须注意：垂直布置时，V 相应放在上下两相之间；品字形布置时，不应将U、W 相重叠在一起。其原因是 V 相电抗器线圈的缠绕方向与 U、W 相线圈相反，这样在外部短路时，电抗器相间的最大作用力是吸力，而不是排斥力，以便利用瓷绝缘子抗压强度比抗拉强度大的特点。

五、配电装置的通道和出口

配电装置的布置应便于设备操作、检修和搬运，故需设置必要的通道。凡用来维护和搬运各种电器的通道，称为维护通道。如果通道内设有断路器（或隔离开关）的操动机构、就地控制屏等，称为操作通道。仅和防爆小室相通的通道，称为防爆通道。

为了保证工作人员的安全及工作便利，配电装置室长度大于 7m 时，应有 2 个出口（最好设在两端）；当长度大于 60m 时，在中部适当的地方再增加 1 个出口。

六、电缆隧道及电缆沟

电缆隧道及电缆沟是用来放置电缆的。电缆隧道为封闭狭长的建筑物，高 1.5m 以上，两侧设有数层敷设电缆的支架，可放置较多的电缆，便于敷设和维修，但造价太高，一般用于大型电厂。电缆沟为有盖板的沟道，沟宽与深不足 1m，敷设与维修不方便，但土建施工简单、造价低，一般用于中、小型发电厂和变电所中。

七、配电装置室的采光和通风

配电装置室可以采用开窗采光和通风，但应采取防止雨雪、风沙、污秽和小动物进入室内的措施，并按事故排烟要求装设足够的事故通风装置。

7.2.2　屋内配电装置实例

图 7.3 所示为 66kV 全室内两层、单通道布置的配电装置断面图。这种方式适用于城镇和沿海等污秽比较严重的地区。

66kV 电源通过穿墙套管引入第二层 66kV 侧，通过 SF$_6$ 手车组合式开关后送到变压器室。若为两台主变压器时，通过上母线送至另一台主变压器。66kV 侧设置单面操作通道，考虑 66kV 手车柜的操作维护的方便性，操作通道宽为 3500mm。电流互感器采用穿墙式兼作穿墙套管。

变压器室设在第一层，落地式布置采用穿墙套管进出线方式。10kV 配电室也设在第一层，采用手车式开关柜对面布置方式，中间为操作通道，两侧是维护通道。操作通道考虑两

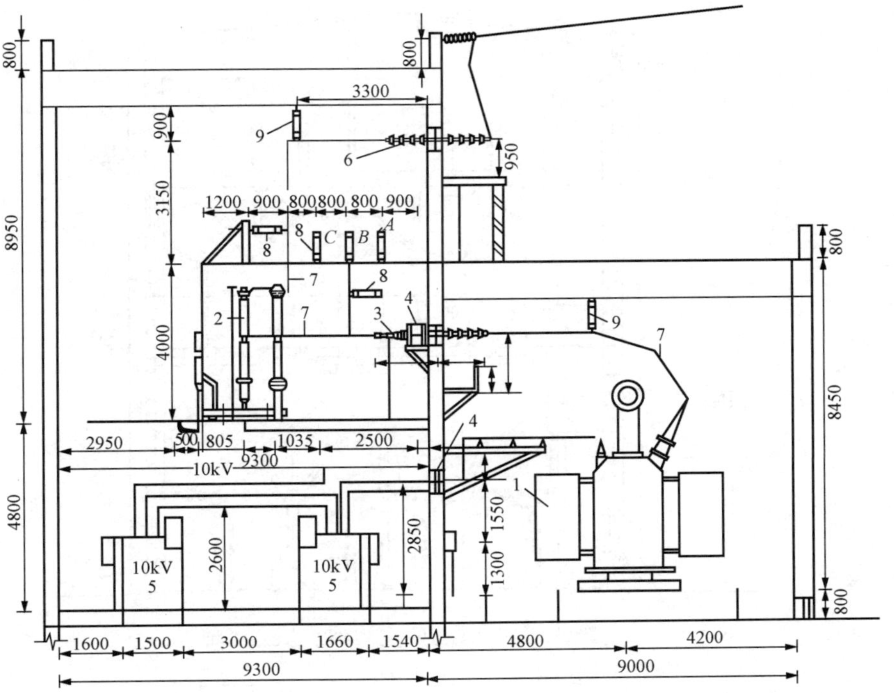

图 7.3　66kV 全室内两层、单通道布置的配电装置断面图（单位：mm）

1—电力变压器；2—SF₆ 手车组合式开关；3—穿墙套管；4—套管式电流互感器；

5—10kV 手车式开关柜；6—户外式穿墙套管；7—母线；

8—棒式支持绝缘子；9—悬式支持绝缘子

面有开关设备，其操作通道宽度设为 3000mm，维护通道宽度为 1540mm。两面柜之间通过封闭母线桥连接。

　　图 7.4 所示为 110kV 屋内铝管母线配电装置的出线间隔断面图（图中所标注尺寸单位除标高为 m 外，其他均为 mm）。图中所示为 110kV 屋内配电装置中应用最广泛的一种形式，采用双层单列双通道的布置形式。其特点为：

　　（1）将主要电气设备布置在双层建筑物内。上层布置铝管母线和隔离开关，底层布置断路器等其他电气设备，布置清晰。

　　（2）隔离开关采用 GW5-110 型，安装在上层的混凝土梁上，并将其操动机构的连杆延长到底层，以便于操作。断路器采用 SW7-110 型单柱式少油断路器（额定电流 1500A、额定开断容量 3000MV·A），排成单列。在底层主要电气设备的两侧各设置一条巡视操作通道，运行维护和设备检修都比较方便。

　　（3）两组主母线均采用铝锰合金管，固定在支持绝缘子上，相间距离为 1.25m，铝管母线的跨距等于间隔宽度。由于采用了铝管母线，将整个屋内配电装置的建筑高度压缩在 11.2m 之内，节省了土建投资，并使占地面积减少了一半以上。

　　这种布置形式主要适用于采用较复杂接线的污秽地区和高压深入城市中心的 110kV 配电装置。

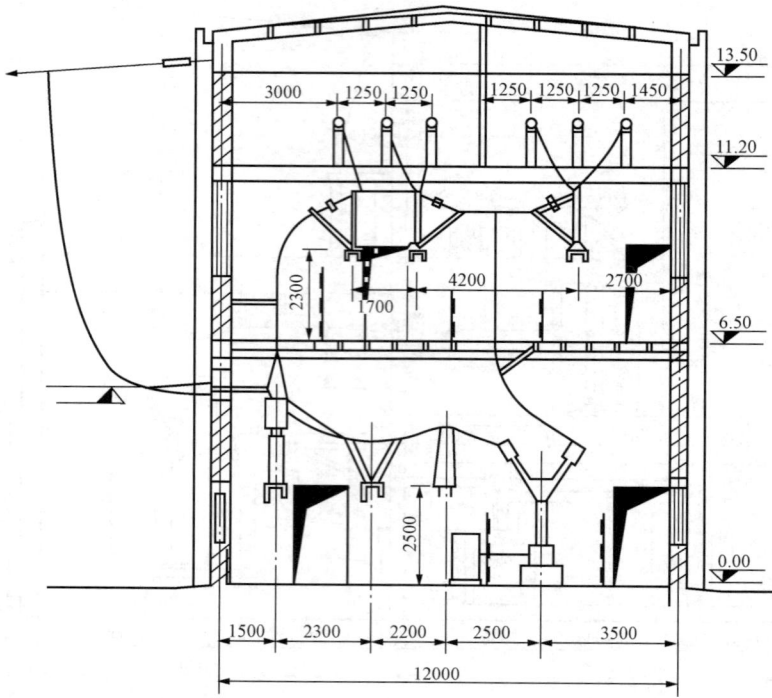

图 7.4　110kV 屋内铝管母线配电装置的出线
间隔断面图

7.3　屋 外 配 电 装 置

　　根据电气设备和母线的布置高度，屋外配电装置可分为中型、半高型和高型等。

　　在中型屋外配电装置中，所有电气设备都装在地面设备支架上。中型配电装置大多采用悬挂式软母线，或用硬管母线和支持绝缘子组成，固定在母线支架上，母线所在水平面高于开关电器所在水平面。在半高型和高型屋外配电装置中，电气设备分别安装在几个水平面内，并重叠布置。凡是将一组母线与另一组母线重叠布置的，称为高型配电装置。如果仅将母线与断路器、电流互感器等重叠布置，则称为半高型配电装置。高型布置中母线、隔离开关位于断路器之上，主母线又在母线隔离开关之上，整个配电装置的电气设备形成了三层布置。而半高型的高度则处于中型和高型之间。

7.3.1　屋外高压配电装置布置的若干问题

一、母线及构架

　　屋外配电装置的母线有软母线和硬母线两种。软母线为钢芯铝绞线，扩径软管母线和分裂导线，三相呈水平布置，用悬式绝缘子悬挂在母线构架上。硬母线常用的有矩形、管形和组合管形。矩形用于 35kV 及以下的配电装置中，管形则用于 66kV 及以上的配电装置中。管形母线一般安装在支持绝缘子上，母线不会摇摆，相间距离可缩小，与剪刀式隔离开关配合可节省占地面积。管形母线直径大，表面光滑，可提高电晕起始电压。

屋外配电装置的构架，可由型钢或钢筋混凝土制成。钢构架强度大，可以按任何负荷和尺寸制造，便于固定设备，抗震能力强，运输方便，但金属消耗量大，需要经常维护。钢筋混凝土构架可以节约大量钢材，也可以满足各种强度和尺寸的要求，经久耐用，维护简单。以钢筋混凝土环形和镀锌钢梁组成的构架，兼有二者的优点，目前已在我国 220kV 以下的各种配电装置中广泛使用。由钢板焊成的板箱式构架和钢管混凝土柱，则是一种用材少、强度高的结构形式，适用于 500kV 配电装置。

二、变压器

变压器基础一般做成双梁形并辅以铁轨，轨距等于变压器的滚轮中心距。单个油箱油量超过 1000kg 以上的变压器，按照防火要求，在设备下面需设置储油池或挡油墙，其尺寸应比设备外廓大 1m，储油池内一般铺设厚度不小于 0.25m 的卵石层。主变压器与建筑物的距离不应小于 1.25m。当变压器油量超过 2500kg 以上时，两台变压器之间的防火距离不应小于 5～10m，如布置有困难，应设防火墙。

三、电器的布置

（一）断路器、隔离开关、电流互感器、电压互感器的布置

按照断路器在配电装置中所占据的位置，可分为单列、双列和三列布置。断路器的排列方式，必须根据主接线的接线方式、场地地形条件、总体布置和出线方向等多种因素合理选择。

断路器有低式和高式两种布置。低式布置的断路器安装在 0.5～1m 的混凝土的基础上，其优点是检修比较方便，抗震性能好；但低式布置必须设置围栏，因而影响通道的畅通。高式布置断路器安装在高约 2m 的混凝土基础上，基础高度应满足：①电气支持绝缘子最低裙边的对地距离为 2.5m；②电气间的连线对地距离应符合 C 值的要求。

隔离开关和电流互感器、电压互感器等均采用高式布置，对其支架高度的要求与断路器相同。

（二）并联电容器及配套装置的布置

电容器装置的构架设计应便于维护和更换设备，分层布置时每层不应超过两排，四周及层间不应设置隔板，以利通风散热。构架式安装的电容器装置的安装尺寸不应小于表 7.3 的要求。

表 7.3　　　　　　　　　　**电容器组安装尺寸表（mm）**

名称	电容器（户外、户内）		电容器底部距地面		框架顶部至屋顶净距
	间距	排间距离	户外	户内	
最小尺寸	100	200	300	200	1000

电容器装置应设维护通道，其宽度（净距）不应小于 1200mm，维护通道与电容器之间应设置网状遮栏。电容器构架与墙或构架之间设置检修通道时，其宽度不应小于 1000mm。单台电容器套管与母线应使用软导线连接。不得利用电容器套管支撑母线。单套管电容器组的接壳导线，应由接线端子的连接线引出。

串联电抗器采用干式空心串联电抗器时接在装置电源侧，采用铁芯串联电抗器时宜接在中性点侧。

电抗器的布置方式要求为：

（1）干式空心串联电抗器推荐采用水平布置，应避免三相叠装。

（2）布置空心电抗器时，要避开继电保护和微机室。空心电抗器周边墙体的金属结构件及地下接地体均不得呈金属闭合环路状态，避免电抗器损坏，可选择特殊的围栏。如有问题时可选用铁芯电抗器或屏蔽式空心电抗器解决。

（3）干式空心串联电抗器的电源引入线应采用软连接。

（三）并联补偿电抗器的布置

空心并联电抗器宜"品"字形布置。电抗器的围网、围栏、支架、基础内钢筋、接地导体及二次接线应避免形成闭环连接，应满足制造厂所要求的防电磁感应的空间距离。距电抗器的外线圈壁一个半径的范围内不应有粗大的金属构件及金属闭合体；电抗器周围的围网、围栏必须开路；电抗器底部升高座下的地基内不应有构成闭合回路的钢筋或其他金属构件；两台电抗器的中心距应不小于本体外圆直径的 1.8 倍，电抗器中心距围栏的距离不小于本体外圆直径的 1.3 倍；电抗器接线端子与外部母线不能进行完全刚性连接，应有一段过渡软接头，以免在承受短路所产生的电动力时拉坏接线端子或其他电器。

低于电网绝缘水平的空心并联电抗器应装设在与电网绝缘水平相一致的绝缘平台上。电抗器的板型引接线宜立放布置，电抗器所有组件的零部件宜用不锈钢螺栓。

高压并联电抗器的布置应根据电气主接线、配电装置场地条件而定，可有以下几种方式：

（1）对于双母线带旁路母线的接线，宜将高压并联电抗器布置在主变压器同一侧；

（2）对于 3/2 断路器的接线，宜将高压并联电抗器布置在出线侧。

（四）避雷器的布置

避雷器也有高式和低式两种布置。110kV 以上的阀形避雷器由于器身细长，多落地安装在 0.4m 的基础上；110kV 及以下的氧化锌避雷器形体矮小、稳定度好，一般采用高式布置。

四、电缆沟和通道

屋外配电装置中电缆沟的布置，应使电缆所走的路径最短。电缆沟按其布置方向，可分为纵向和横向电缆沟。一般横向电缆沟布置在断路器和隔离开关之间。大型变电所的纵向电缆沟，因电缆数量较多，一般分为两路。

为了满足运输设备和消防的需要，应在主要设备近旁铺设行车道路。大、中型变电所内一般均应铺设宽 3m 的环行道路。对于超高压配电装置，由于设备比较笨重，应能满足检修机械行驶到设备旁边的要求，必要时应增加纵向通道或升高构架和设备基础。车道上空及两侧带电裸导体应与运输设备保持足够的安全净距。

屋外配电装置内应设置 0.8～1m 的巡视小道，以便于运行人员巡视电气设备。电缆沟盖板可作为部分巡视小道。

7.3.2　屋外配电装置布置实例

一、中型配电装置

屋外中型配电装置按照隔离开关的布置方式不同，可分为普通中型和分相中型两种。

　　图 7.5 所示为 220kV 双母线进出线带旁路、合并母线架、断路器单列布置的普通中型配电装置进出线平面图和断面图。采用 GW4-220 型双柱式隔离开关和少油断路器。除避雷器外，所有电器都布置在 2～2.5m 的基础上。主母线及旁路母线的边相距离隔离开关较远，其引下线通过支持绝缘子 15 与隔离开关相连。这种布置方案将两组主母线的电压互感器和专用旁路断路器合并在同一间隔内，以达到节约占地面积的目的。搬运设备的环形道路设在断路器和主母线架之间，使检修和搬运设备都比较方便，道路还可兼作断路器的检修场地。采用钢筋混凝土环形杆和三角钢梁，母线架 17 与中央门型架 13 合并，以使结构简化。当断路器为单列布置、进出线都上旁路时，配电装置的进线（为便于看图，进线用虚线表示）将出现双层构架，造成跨线增多，降低了可靠性。

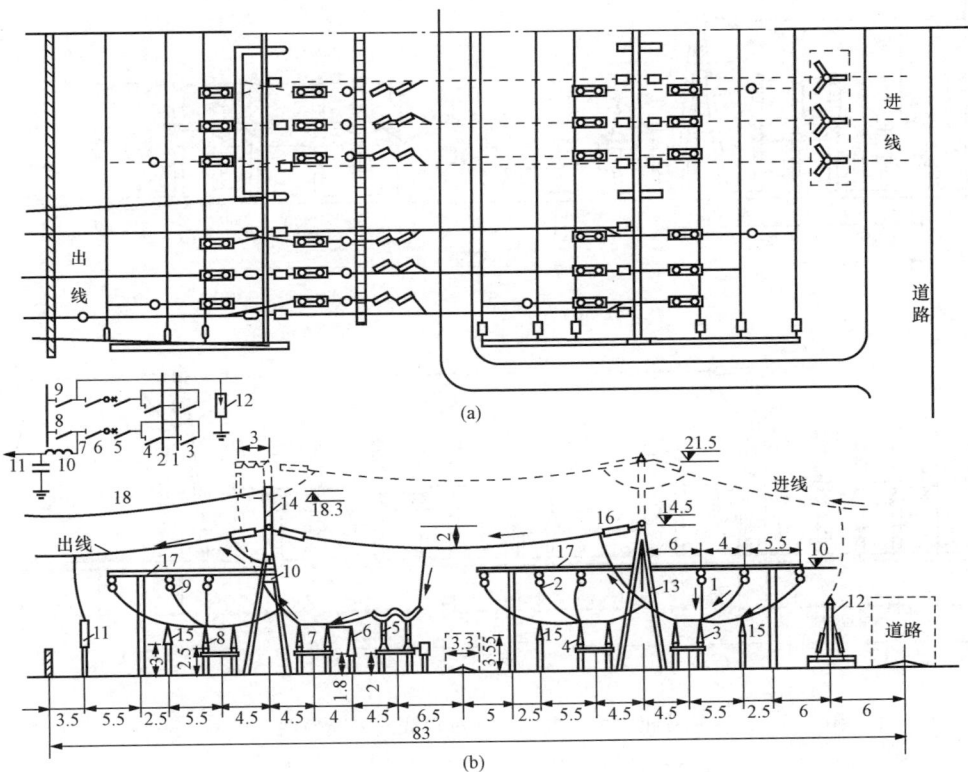

图 7.5　220kV 双母线进出线带旁路、合并母线架、断路器单列
布置的普通中型配电装置进出线（单位：m）
（a）平面图；（b）断面图
1、2、9—母线Ⅰ、Ⅱ和旁路母线；3、4、7、8—隔离开关；5—断路器；6—电流互感器；
10—阻波器；11—耦合电容器；12—避雷器；13—中央门形架；14—出线门形架；
15—支持绝缘子；16—悬式绝缘子串；17—母线构架；18—架空地线

　　普通中型配电装置的优点是布置比较清晰，不易误操作，运行可靠，施工和维修都比较方便，构架高度较低，抗震性能较好，所用钢材较少，造价较低；最大的缺点是占地面积比较大，近年来已被其他能节约用地的各种配电装置所代替。

　　图 7.6 所示为典型的铝管母线配单柱式隔离开关的 220kV 分相中型配电装置的进出线间隔断面图。与图 7.5 所示的普通中型配电装置相比，这种方式不同点是将断路器一侧的母线隔离开关分解为 U、V、W 三相，每相隔离开关直接布置在各相母线的下部，母线引下线直接从分相隔离开关支柱和支持绝缘子引至断路器，从而取消了复杂的双层构架，布置更加清晰。悬式绝缘子串数量也减少了 1/2，使正常的检修和维护工作量相应减少。由于母线采用硬管母线，不存在软母线的弧垂和摆动问题，使母线相间距离被压缩到 3m，母线对地高度压缩为 8.42m。单柱式隔离开关采用分相布置后，可使主变压器进线间隔只需单层进线构架，避免了在电器设备上方出现双层软导线的情况。此外，该种方案还使整个配电装置取消了中央门型构架。

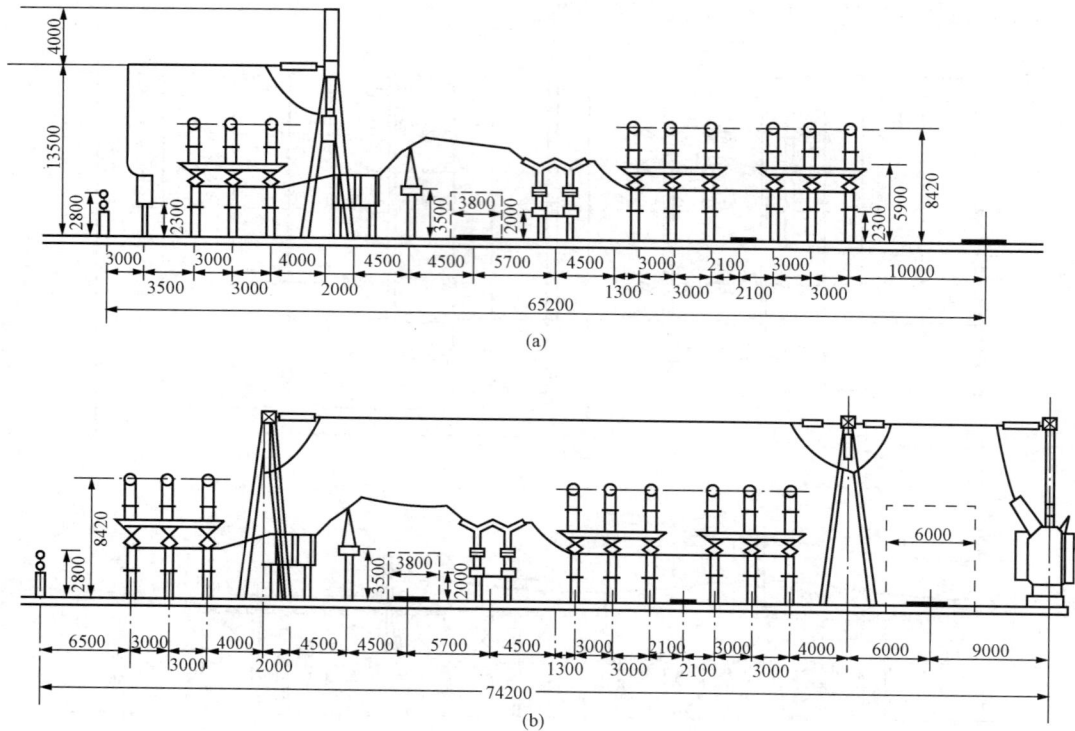

图 7.6　220kV 分相中型配电装置的进出线间隔断面图（单位：mm）
（a）出线间隔断面图；（b）主变压器进线间隔断面图

　　如上所述，这种配电装置除了具有节省占地面积的优点之外，由于在各个间隔中取消了一层软导线和中央门型构架，使运行检修更加方便；同时简化了土建结构，减少了土建材料和电气材料的消耗。

二、屋外高型配电装置

　　屋外高型配电装置按其结构的不同，可分为单框架双列式、双框架单列式和三框架双列式三种。

　　图 7.7 所示为采用三框架双列式布置方式的 220kV 高型配电装置进出线间隔断面图。主接线采用双母线带旁路母线的接线方式。这种布置方式除将 2 组主母线及其隔离开关上下重叠布置外，再把 2 个旁路母线架提高，并列设在主母线的两侧，使 3 个高型框架合

并，成为三框架结构。它可以双侧出线，在中间一个框架中布置了两层主母线及其母线隔离开关，两侧的 2 个框架的上层布置旁路母线和旁路隔离开关，下层布置进出线断路器、电流互感器和进出线隔离开关，从而达到了充分地利用空间位置，使占地面积压缩到最小程度的目的。高型配电装置的缺点是钢材消耗量大，操作条件比中型差，上层设备的检修也不方便。

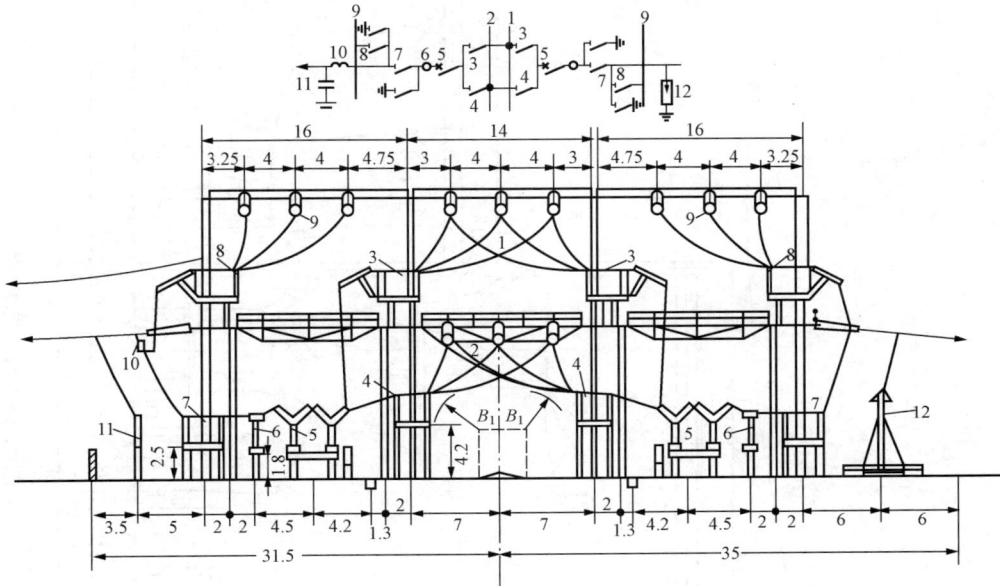

图 7.7 采用三框架双列式布置方式的 220kV 高型配电
装置进出线间隔断面图（单位：m）

1、2、9—母线Ⅰ、Ⅱ和旁路母线；3、4、7、8—隔离开关；5—断路器；6—电流
互感器；10—阻波器；11—耦合电容器；12—避雷器

三、屋外半高型配电装置

半高型配电装置比中型配电装置高，而比高型配电装置低，比普通中型可节约用地 40%。其布置特点是抬高母线，在母线下方布置断路器、电流互感器和隔离开关等电器设备。

半高型配电装置有软母线田字形、品字形和硬母线三种布置形式。

图 7.8 所示为采用品字形布置的 220kV 半高型配电装置进（出）线间隔断面图。图中所标注尺寸单位除标高为 m 外，其他均为 mm。这种布置是将一组母线及母线隔离开关分别抬高，而将另一组母线及母线隔离开关、旁路母线及旁路隔离开关布置在两侧，抬高的隔离开关仍在地面进行操作。断路器呈单列布置在底部。在高处的隔离开关与断路器之间直接用软导线连接。道路设置在配电装置的外侧。此外，设置了上层母线隔离开关的巡视通道，以便对设在高处的母线及隔离开关进行巡视和检修。

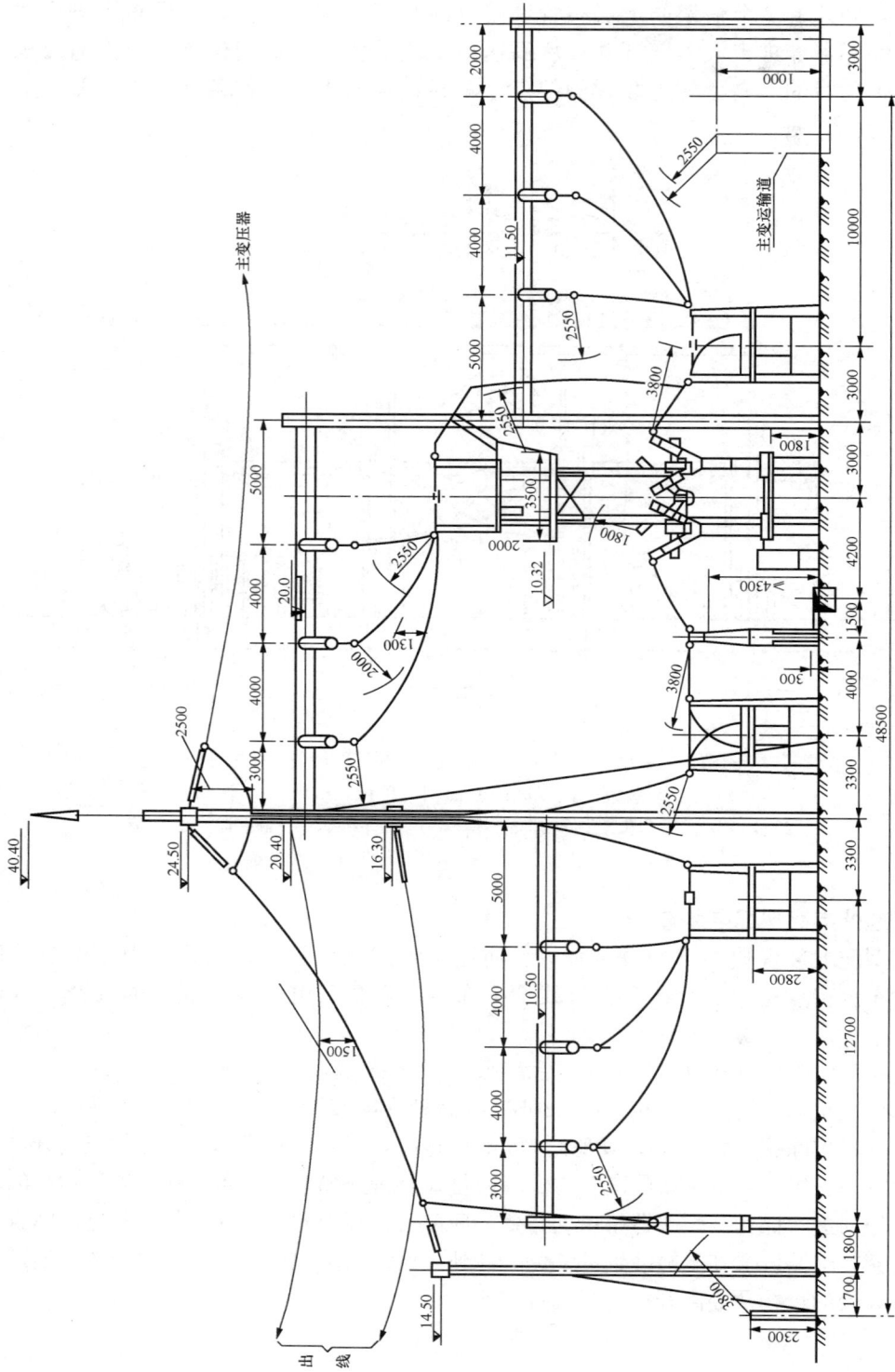

图7.8 采用品字形布置的220kV半高型配电装置进（出）线间隔断面图

7.4 成套配电装置

成套配电装置由标准的开关柜组成。在高、低压开关制造厂内按照发电厂和变电所电气主接线的要求，把装配式配电装置每个间隔内的开关电器、测量仪表、保护电器和辅助设备都装配在一个或两个全封闭或半封闭的金属柜中，组成成套配电装置，从而使配电装置的间隔小型化、成套化。在工程设计中，只要合理选用制造厂生产的各种标准单元的开关柜，按照电气主接线的要求组合在一起，即可组成配电装置。

成套配电装置分为低压开关柜、高中压开关柜、SF_6 全封闭组合电器、箱式变电所等。其按安装地点不同又分为屋内式和屋外式。低压开关柜只做成屋内式；高压开关柜有屋内和屋外两种，由于屋外式涉及防水和锈蚀问题，故目前大量使用的是屋内式；SF_6 全封闭组合电器也因屋外气候条件较差，电压在 380kV 以下时大都布置在屋内；箱式变电所大多为屋外式。

7.4.1 低压成套配电装置

一、低压成套配电装置的特点

（1）低压成套配电装置是指各种用于发电厂、变电所和工矿企业的电压为 1kV 以下低压系统中的动力、配电和照明的成套设备。例如低压配电屏、开关柜、开关板、照明箱、动力箱和电动机控制中心（MCC）的电气设备等。

（2）低压成套配电装置是由电控设备和配电设备两种类型组成。电控设备和配电设备的主要区别是：电控设备的功能是以控制为主，多采用接触器、继电器等控制电器，操作频率高，控制电路较为复杂。具体传动控制方案，根据被控制设备需要而定，方案线路变化较大。

（3）配电装置的功能是以传输电能为主，多采用隔离开关、断路器、熔断器等配电电器，根据使用要求也可配用接触器（多作为线路接触器用），其操作频率低，控制电路较为简单，其主电路和辅助电路方案标准化程度较高。

二、低压成套配电装置的分类

（1）按外部设计划分低压成套配电装置可分为开启式和封闭式。封闭式又分为有柜式、多柜组合式、台式、箱式和多箱组合式等，还有一种母线桥系统。

（2）按安装位置划分可分为户内型和户外型。

（3）按安装条件划分可分为固定式和移动式。

（4）按元件装配方式可分为固定装配式和抽屉式。

此外，其还可按防护等级、外壳形式和人身安全防护措施进行分类。

三、低压成套配电装置的型式

目前国产设备产品外部和结构型式多采用控制屏（开启式）、控制柜（包括多柜组合）、控制箱（包括多箱组合）和控制台等形式，并且以户内型、固定式、元件固定装配的为多数。国产配电装置的外部设计则较多采用前面板式（屏式）、柜式（包括多柜组合）和箱式（包括多箱组合），也以户内型、固定式和元件固定装配为多，部分产品（如开关柜中的电动机控制中心）采用抽屉式柜的形式。

　　我国低压成套配电装置产品主要有四个大类，即固定式低压配电屏、抽出式低压开关柜、XL类低压动力配电箱和XM类低压照明配电箱。此外，还有电能表箱。

四、低压成套配电装置实例

（一）GCL1系列动力中心

　　GCL1系列动力中心（以下简称开关柜）为三相交流50Hz，额定电压至660V的电路中作为电能分配的户内抽出式成套配电设备。

　　GCL1系列开关柜的进线、母联柜内部结构如图7.9所示，出线柜内部结构如图7.10所示。

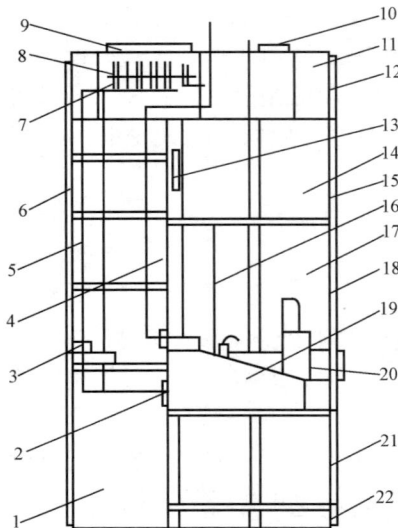

图 7.9　GCL1 系列开关柜的进线、母联柜内部结构示意图

1—电缆室；2—绝缘隔板；3—电流互感器；4—金属隔板；5—垂直母线；6—后门；7—水平母线；8—水平母线夹；9—防尘盖；10—压力释放装置；11—控制线室；12—控制线室封板；13—安装板；14—仪表室；15—仪表门；16—活门；17—抽屉室；18—隔室门；19—主开关；20—绝缘套；21—小门；22—封板

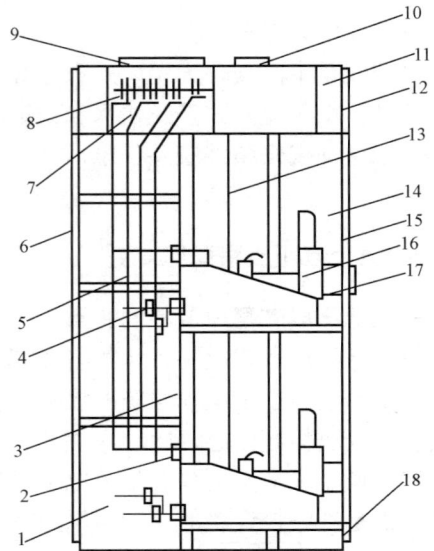

图 7.10　GCL1 系列开关柜的出线柜内部结构示意图

1—电缆室；2—绝缘隔板；3—金属隔板；4—电流互感器；5—垂直母线；6—后门；7—水平母线夹；8—水平母线；9—防尘盖；10—压力释放装置；11—控制线室；12—控制室封板；13—活门；14—隔室；15—隔室门；16—主开关；17—绝缘套；18—封板

　　GCL1型系列开关柜由柜体和功能单元两大部分组成。功能单元按其用途区分为可抽出的进线、馈线、照明切换、母联单元等四种，此外还有固定安装的进线计量、照明及功率因数补偿三种型式。

　　GCL1型系列动力中心属于间隔型结构，是由型钢和钢板弯制件通过螺栓连接而成。开关柜外壳防护等级为IP30。地面作为开关柜外壳的一部分，在电缆沟上有盖板，以防止小动物从电缆沟进入柜体内部。开关的门除采用金属铰链外，还用铜质编织线与柜体连接。

　　每个开关柜中装有数个单元隔室，隔室之间均设有金属隔板，隔室与电缆室之间设有金属或绝缘隔板。一次动、静插头之间设有绝缘的活动隔板，以确保断路器抽出后不至于误触带电体。单元隔室设置通风道，柜顶部装设压力释放装置，在发生短路故障开关分断时产生的游离气体，可通过释放装置释放到柜体外部。

主母线及电缆室设置于开关柜的上面和后面，主母线立装于柜上母线夹内，后面的电缆走线室用于安装母线或电缆、电流互感器之用，主母线顶上设有防尘盖。

进线开关柜功能单元隔室上面为仪表室，可安装继电器、熔断器、电压互感器和端子，前面的小门可安装观察计量仪表。

在仪表室的上面设有二次小母线室，小室顶上和前面的封板可拆卸，以便于安装接线。

功能单元（断路器）在开关柜内具有"工作"、"试验"和"分离"三个位置。在"工作"、"试验"两个位置时，隔室门均可关闭，防护等级为 IP30。

功能单元与隔室门设置机械连锁装置，能确保隔室门关上，功能单元只有在"工作"和"试验"两个位置时，断路器才能进行合闸。若在两个位置之间不能合闸时，只有在断路器处于分闸状态下才能打开门。另外设有解锁装置，在紧急情况下，允许断路器在合闸状态下打开门（合、分控制开关设置一个塑料罩子，可挂锁，以防止不必要的操作）。

当变电所是双电源或单电源并设有备用电源时，电源相互装设电气连锁，防止发生误并列事故。

开关柜为离墙安装平面布置，可单列或双列布置。

（二）GCK1 系列电动机控制中心

GCK1 系列电动机控制中心主要由组合式电动机控制单元组成，用于交流 50Hz、380V 的三相供配电系统中，作为供配电及电气设备控制保护之用。

GCK1 型电动机控制中心分为进线柜和控制柜两种结构，分别如图 7.11、图 7.12 所示。

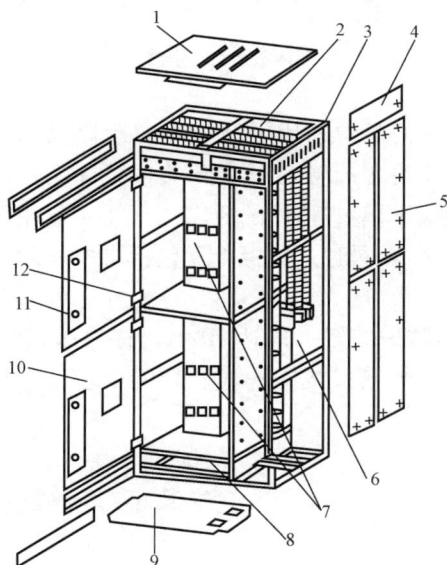

图 7.11 GCK1 型电动机控制中心进线柜结构示意图

1—顶盖；2—水平母线室；3—水平母线；4—护板；5—侧板；6—电缆室；7—ME 开关室；8—公用电源室；9—底板；10—门；11—门锁；12—铰链

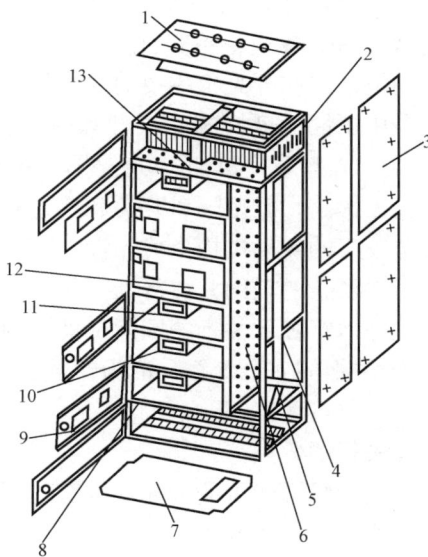

图 7.12 GCK1 型电动机控制中心控制柜结构示意图

1—顶板；2—水平母线；3—侧板；4—后板；5—共用接地；6—电缆室；7—底板；8—公用电源室；9—门；10—垂直母线室；11—功能单元室；12—控制室；13—水平母线室

进线柜内安装 2 台 ME 型断路器，专用于 1000A 及以上的受电，柜顶部为水平母线室，有 2 组水平母线与 ME 型断路器相连接，可作为双电源和备用电源柜之用。控制柜柜顶部的水平母线室仅有 1 组水平母线，柜后是垂直母线室。正面左侧为安装单元间隔，右侧为主辅电路端子室，供外接线用。每个间隔各自有门，并与主开关有机械（或电磁）连锁，防止主开关带负荷从运行位置抽出或主开关处于合闸状态时插入。

控制柜的主要特点是能够灵活地根据所需要的各种单元线路方案进行任意组合，且一旦发生故障时，可以在很短时间内将单元抽出，换上备用单元继续运行。相同单元可在任一柜上互换。柜体采用薄壁异型钢管型材拼装而成，强度高、质量轻。柜架、门板等构件用环氧粉末涂料静电喷涂，涂层均匀耐久。

公用电源单元安装在柜的底部，不占安装单元的间隔。指示仪表、按钮、控制开关和指示灯等成组装在控制板上，该控制板安装在各自单元的正面，随单元一起插入或抽出。单元的插入和抽出靠杠杆操作。在高 400mm 及以上的单元上下部有杠杆。继电器、控制按钮、开关、信号指示灯及二次仪表装在箱面上，均为挂墙式安装。

7.4.2　高中压开关柜

高中压开关柜是以开关为主体，将其他各种电器元件按一定主接线要求组装为一体的成套电气设备。除一次电器元件外，还包括控制、测量、保护和调整等方面的元件和电气连接辅件、外壳等。

一、开关柜的特点

20 世纪 80 年代以来，我国开关柜的面貌有了巨大的变化，出现了自行设计或引进消化的几十种型号的铠装式、箱式开关柜，有通用的单层、双层开关柜系列，也有 F-C 柜和环网柜等专用柜。这些开关柜主要的共同特点为：

（1）采用了性能良好的元器件和原材料。现在的开关柜中采用了新型真空断路器（如 ZN23 型、ZN12 型等）和 SF_6 断路器，各种型式负荷开关和接触器等主开关，其开断性能参数有了很大提高。新型隔离开关和接地开关，可满足不同型式柜体的要求。采用了与主开关特性配合较好的操动机构，可靠性大幅提高，尺寸缩小，同时开关柜上还包括带电显示装置、电缆附件及新的辅助开关等新一代附件。

（2）较好地符合开关柜的国际标准。现在的开关柜防护等级一般达 IP2X，有的达 IP3X 和 IP4X。开关柜的安全等级一般为铠装式，目前也有少数箱式或间隔式。环网柜较多采用箱式结构。

二、开关柜的分类

开关柜按绝缘方式可分为充气（SF_6）柜和空气绝缘柜两大类。空气绝缘开关柜按结构可分为固定式和手车式两种。

固定式的优点是结构简单，工艺要求低，价格便宜，主回路接线固定；缺点是尺寸偏大，检修开关的工作条件差，检修时间长。因此，固定式开关柜的新型设计如 XGN2 型、GGX2 型等柜体尺寸已大为减小，也便于检修。

手车式目前大体上可分为铠装型和间隔型两种。

（一）铠装型

铠装型按手车的位置可分为落地式和中置式两种，落地式的主要特点是落地手车易于兼容少油、SF_6、真空断路器，配置电磁或弹簧操动机构，制造工艺较中置式要求低，手车进出和停放方便，便于维修。目前 10kV 落地式铠装型手车柜有多种型号，如 KYN1、3、4、8 等；在结构上也有众多差别，如母线采用三角、垂直、水平排列，手车插头有圆形或扁形，CT 单独安装或与触头组合，关门操作或是打开门操作等。多数产品有单独的门，有的产品则手车面板与门合一等。35kV 级则主要是落地式铠装柜，采用环氧涂覆母线等复合绝缘，其产品代表有 KYN10 型、KYN34 型等。

中置式开关柜是在真空、SF$_6$ 断路器小型化后设计出的产品。手车小型化后，有利于手车的互换性和经济性，提高了电缆终端的高度，符合用户的要求；同时也使柜体尺寸（宽度）大为缩小；可实现单面维护。总的来讲，中置柜的使用性能有所提高，代表产品有 KYN28A-12 型等。

（二）间隔型

间隔型的代表产品有 JYN1-35 型及 JYN2.6-12 型等。间隔型比铠装型造价低，深度尺寸小，可简化触头盒和活门结构。但从整个开关柜的造价比例看，间隔型节省部分不多，而安全等级要比铠装型低得多。

三、高、中压开关柜实例

（一）KYN1-12 型铠装移开式金属封闭开关柜

KYN1-12 型铠装移开式金属封闭开关柜用于交流 50Hz、额定电压为 3～10kV、额定电流为 3150A 的单母线及单母线分段接线系统中，用于接受和分配电能。该开关柜有完善的"五防"闭锁装置，适用于各类电厂、变电所及工矿企业。

该开关柜柜体用钢板弯制焊接组合而成，全封闭型结构，外壳防护等级 IP2X。它由继电器室、手车室、母线室和电缆室四个部分组成，各部分由钢板分隔、螺栓连接，具有架空进出线、电缆进出线及左右联络的功能。其结构及安装尺寸如图 7.13 所示。

手车是由角钢和钢板焊接而成，分为断路器手车、电压互感器避雷器手车、电容器避雷器手车、所用变压器手车、隔离手车及接地手车等。断路器根据需要可配少油或真空断路器。相间采用绝缘隔板，电磁操动机构采用 CD10，弹簧操动机构采用 CT8。手车上的面板就是柜门，门上部有观察窗及照明灯，能清楚地观看断路器的油位指示。门正中的模拟线旁有手车位置指示旋钮，同时具有把手车锁定在工作位置、试验位置及断开位置的功能。旁边有紧急分闸按钮及分合闸位置指示孔，能清楚反映断路器的工作状态。手车底部装有接地触头及 5 个轮子，其中 4 个滚轮能沿手车柜内的导轨进出，当抽出柜后，另一附加转向小轮能使手车灵活转动。手车在试验位置可使用推进装置使手车均匀插入或抽出。该开关柜还具有同类型的手车可互换及防止不同类型手车误入其他柜内的措施。

继电仪表室底部用 4 组减震器与柜体连成一体，前门可装设仪表、信号灯、信号继电器、操作开关等。小门装电能表或继电器，室内活动板上装有继电器，布置合理、维修方便。二次电缆沿手车室左侧壁自底部引至仪表继电器室。柜体顶部装有泄压孔，手车室、母线室及电缆室均装有泄压活门，在发生内部闪络时可及时打开，泄放内部压力和隔开带电间隔。柜体的前后柜之间用钢板及活门隔离，柜内装设电流互感器、接地开关、电压互感器等元件。各段母线室用金属板隔开，后门用螺栓紧固。电流互感器采用专门设计，具有较高的动、热稳定电流倍数。电流互感器与一次触头盒组成一体，均能承受与主回路一致的动、热稳定电流。

手车面板上装有位置指示旋钮的机械闭锁装置，只有断路器处于分闸位置时，手车才可

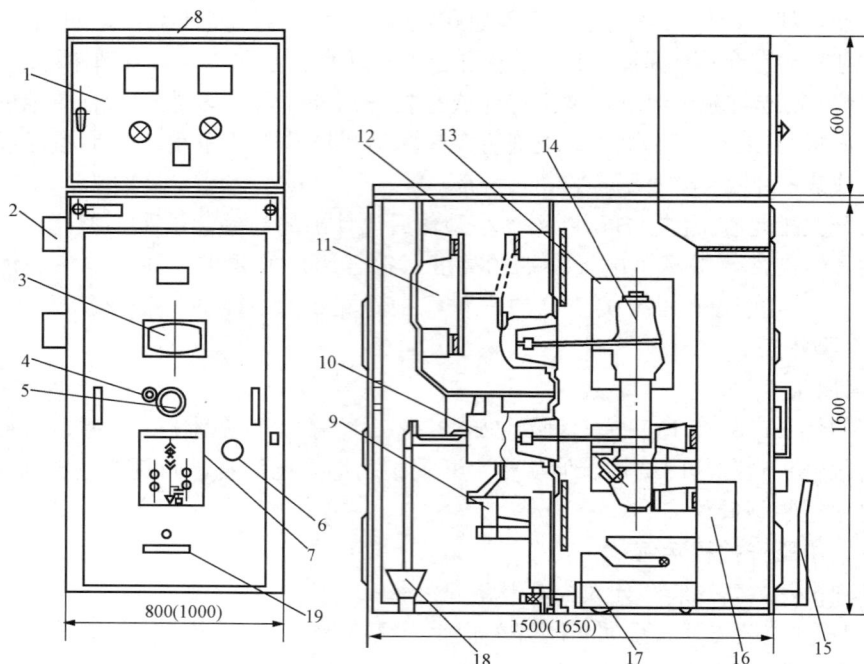

图 7.13 KYN1-12 型开关柜结构及安装尺寸（单位：mm）

1—仪表室；2—一次套管；3—观察窗；4—推进机构；5—手车位置指示及锁定旋钮；6—紧急分闸旋钮；
7—模拟母线牌；8—标牌；9—接地开关；10—电流互感器；11—母线室；12—排气窗；13—绝缘隔板；
14—断路器；15—接地开关手柄；16—电磁式弹簧机构；17—手车；18—电缆头；19—厂标牌

以抽出或插入。手车在工作位置时，一、二次回路接通；手车在试验位置时，一次回路断开，二次回路仍然接通，断路器可作分合闸试验；手车在断开位置时，一、二次回路全部断开，手车与柜体保持机械联系。

断路器与接地开关装有机械连锁，只有断路器分闸，手车抽出后，接地开关才能合闸。手车在工作位置时，接地开关不能合闸，防止带电挂接地线。接地开关接地后，手车只能推进到试验位置，能有效防止带地线合闸。柜后的上下门装有连锁，只有在停电后手车抽出，接地开关接地后，才能打开后下门，再打开后上门。通电前，只有先关上后上门，再关上后下门，接地开关才能分闸，使手车能插入工作位置，防止误入带电间隔。

仪表板上装有带钥匙的 KK 控制开关（或防误型插座），防止误分、误合主开关。各柜间连锁可按一次线路方案要求加装电气连锁或程序锁等。

（二）KYN28A-12 型金属铠装中置式开关柜

KYN28A-12 型金属铠装中置式开关柜，用于交流 50Hz、额定电压为 3～10kV 的单母线或单母线分段系统中，作为接受和分配电能的成套电气设备。KYN28A-12 型开关柜的结构及安装尺寸如图 7.14 所示。开关柜由柜体和中置式可抽出部件（即手车）两大部分组成。柜体的外壳及各功能单元的隔板均用铝锌复合钢板经数控机床加工和折弯之后拴接而成，其内部可分为手车室、母线室、电缆终端室以及继电器仪表室四个部分。

中置式开关柜由于母线排列方式的不同（有三角、垂直、一字形等）、出线电缆室中电缆头的前后位置不同、选用开关不同，以及手车插接头不同可以分成很多种，但基本结构和构造相仿。其特点是采用中置式手车取代旧式落地手车，实现真正意义上的手车互换。

手车骨架也采用薄钢板经数控机床加工而成，手车与柜体绝缘配合，机械连锁安全、可靠、灵活。根据用途不同手车分为断路器手车、电压互感器手车、计量手车、隔离手车。同规格手车可以完全自由互换。手车在柜体内有断开位置、试验位置和工作位置，每一位置分别设有定位装置，为保证连锁可靠必须按连锁防误操作程序进行操作。各种手车均采用丝杠、螺母推进、退出，其操作轻便、灵活。手车当需要移开柜体时，用一只专用转运车就可以方便取出，进行各种检查维护。采用中置式手车后，整个小车体积小，检查、维护都很方便。断路器手车上装有真空断路器及其他辅助设备。当手车用转运车运入柜体断路器室时，便能可靠锁定在断开或试验位置，而且柜体位置显示灯显示其所在位置。只有完全锁定后，才能摇动推进机构，将手车推向工作位置。到工作位置后，推进手柄被锁定，

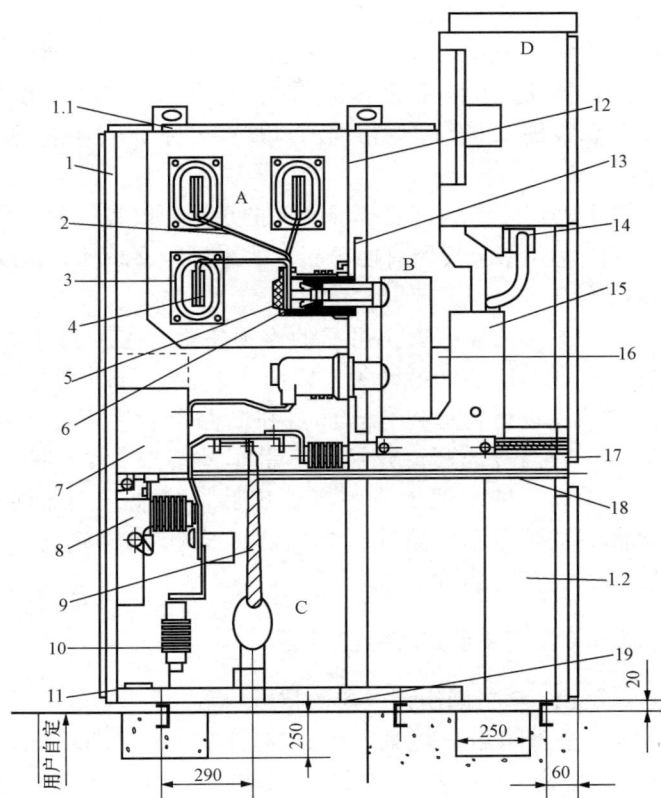

图 7.14　KYN28A-12 型开关柜的结构及安装尺寸（单位：mm）
A—母线室；B—断路器手车室；C—电缆室；D—继电器仪表室
1.1—泄压装置；1.2—控制小线槽
1—外壳；2—分支小母线；3—母线套管；4—主母线；5—静触头装置；
6—静触头盒；7—电流互感器；8—接地开关；9—电缆；10—避雷器；
11—接地主母线；12—装卸式隔板；13—隔板；14—二次插头；
15—断路器手车；16—加热装置；17—可抽出式水平隔板；
18—接地开关操动机构；19—底板

其对应位置显示灯显示其所在位置。手车的机械连锁能可靠保证手车只有在工作位置或试验位置，断路器才能进行合闸；手车只有在分闸状态，断路器才能移动。

开关柜中主要电气元件都设有独立隔室，各隔室间防护等级都达到 IP2X。除继电器仪表室外，其他 3 个隔室都分别设有泄压通道。由于采用了中置式，电缆室位置大大增加，因此设备可接多路电缆。

断路器隔室两侧安装了轨道，供手车在其上移动和定位。当手车抽出或手车在试验位置时，静触头盒的隔板（活门）则自动闭合，完全盖住静触头盒，形成有效隔离，从而保证检修人员不触及带电体。在断路器室门关闭时，也可对手车进行操作，通过上门观察窗，可以观察隔室内手车所处位置，合、分闸显示及储能状况。

母线隔室中主母线是单台拼接相互贯穿连接的，通过支母线与静触头盒固定，主、支母线均为矩形铜排。用于大电流负荷时采用双根母线拼成。支母线通过螺栓连接于静触头盒和

主母线上，不需要其他支撑。

由于采用中置式结构，电缆室内空间较大，电流互感器、接地开关装在电缆隔室后壁上，避雷器安装在隔室后下部。维护时将手车和可抽出式水平板移开后，就可从正面进入柜内安装和维护。电缆室内根据需要每相可并 1～3 根单芯电缆，必要时每相可并接 6 根单芯电缆。

继电器仪表室内可安装继电保护元件、仪表、带电监察指示器，以及特殊要求的二次设备。在隔室顶壁上还留有便于施工的小母线穿越孔，接线时仪表室顶盖板可供翻转，便于小母线的安装。

该开关柜内装有安全可靠的连锁装置，完全满足"五防"要求。仪表室门上装有提示性按钮或者 KK 型转换开关，以防止误合、分断路器。断路器手车在试验或工作位置时，断路器才能进行合分操作，而且在断路器合闸后，手车无法移动，防止带负荷误推动断路器。只有当接地开关分闸后，手车才能被插入到工作位置，防止带接地线合断路器。只有当手车在试验位置或手车抽出后，接地开关才能合闸。断路器手车在工作位置时，二次插头被锁定不能拔除。各柜体可装电气连锁，还可以在接地开关操动机构上加装电磁锁，以提高可靠性。

7.4.3　SF$_6$ 全封闭组合电器

一、SF$_6$ 全封闭组合电器的特点

SF$_6$ 全封闭组合电器（Gas Insulated Switchgear，GIS）由断路器、隔离开关、接地（快速）开关、互感器、避雷器、母线（三相或单相）、连接管和过渡元件等电气设备组成。它以金属筒为外壳，导电杆和绝缘件封闭在金属筒内并充入一定压力的 SF$_6$ 气体作为绝缘和灭弧介质。

根据电气接线的要求选择各电气元件，各组合元件通过相同结构的法兰密封与内部导电杆上的触头连接，以组合成封闭组合电器。目前全封闭组合电器有单相组成的一个间隔的布置（见图 7.15）和三相组成的一个间隔的布置（见图 7.16）。

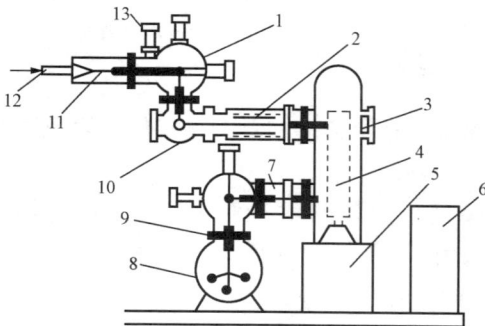

图 7.15　单母线单相单筒式布置

1—隔离开关；2—电流互感器；3—吸附剂；4—断路器灭弧室；5—操动机构；6—控制柜；7—伸缩节；8—三相母线筒；9—绝缘子；10—导电杆；11—电缆头；12—电缆；13—接地开关

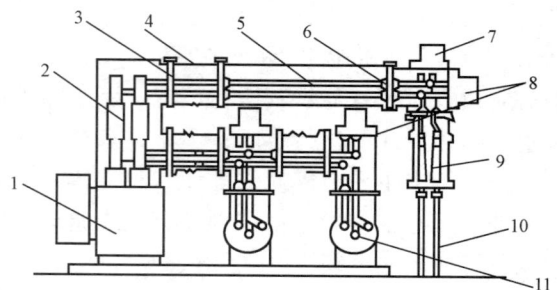

图 7.16　双母线三相共筒式布置

1—操动机构；2—断路器；3—绝缘子；4—伸缩节；5—导电杆；6—触头；7—接地开关；8—隔离开关；9—电缆头；10—电缆；11—三相母线

GIS 一般采用户内布置较多，也可安装在户外。由 GIS 组成的气体绝缘变电所与敞开式常规电器变电所相比，其占地面积和空间随着电压的增加而显著减少，如 500kV GIS 变电所占地仅为敞开式常规变电所的 1.2%～2%，因此适宜在市区使用。GIS 的带电导体绝缘件封闭在金属壳内，不受外界环境影响，适宜在污秽严重的地区使用。GIS 布置重心低、抗震能力强，此外，大修周期长，一般为 10～20 年。由于上述优点，GIS 自 1960 年开始，总计已有上万个间隔投入使用。目前，国外气体绝缘变电所和常规变电所之比约为 1∶6。对进入城市负荷中心的变电所，由于地价和协调环境等要求，气体绝缘变电所有取代常规变电所的趋势。

二、SF₆ 全封闭组合电器中各元件结构

（一）断路器

目前广泛使用的是压气式断路器（单压式）。压气式断路器制造简单，使用压力一般为 0.049～0.686MPa。在一般地区工作时，SF₆ 气体没有液化问题，但其行程特别是预压缩行程大，因而分闸时间和金属性接通时间均较长。单压式断路器的断口可以垂直布置，也可以水平布置（见图 7.17）。它的特点是两侧出气孔需支持在其他元件上，检修时灭弧室由端盖方向抽出，因此没有起吊灭弧室高度的要求，但侧向要求有一定的宽度。断口垂直布置的断路器，出气孔布置在两侧，操动机构一般作为断路器的支座，检修时灭弧室垂直向上吊出，配电室高度要求较高，但侧向距离一般比断口水平布置的断路器小（见图 7.18）。

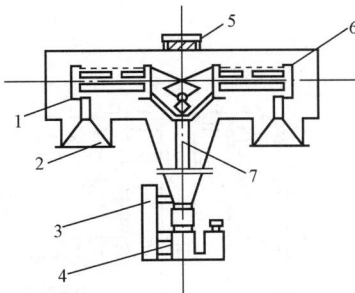

图 7.17　断口水平布置的断路器

1—均压电容；2—绝缘子；3—储压缸；
4—操作箱；5—吸附剂；6—灭弧室；7—绝缘拉杆

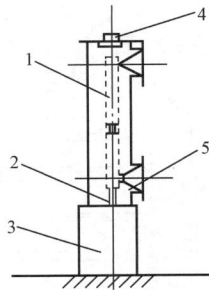

图 7.18　断口垂直布置的断路器

1—灭弧室；2—绝缘拉杆；3—操作箱；
4—吸附剂；5—绝缘子

（二）隔离开关和接地（快速）开关

在一般情况下，隔离开关和接地（快速）开关组合成一个元件，其结构如图 7.19 所示。隔离开关从结构上可分为直动式和转动式两种。转动式宜布置在 90°转角处和直线回路中，由于动触头通过蜗轮传动，结构复杂，检修不便；直动式宜布置在 90°转角处，结构简单，检修方便，且分合速度容易达到最大值。

（三）电压互感器

220kV 及以下电压级一般采用环氧浇注的电磁式电压互感器，如图 7.20 所示。500kV 及以上电压互感器普遍采用电容式电压互感器。

（四）电流互感器

组合电器中的电流互感器可以单独组成一个元件或套在电缆头上联合组成一个元件，如

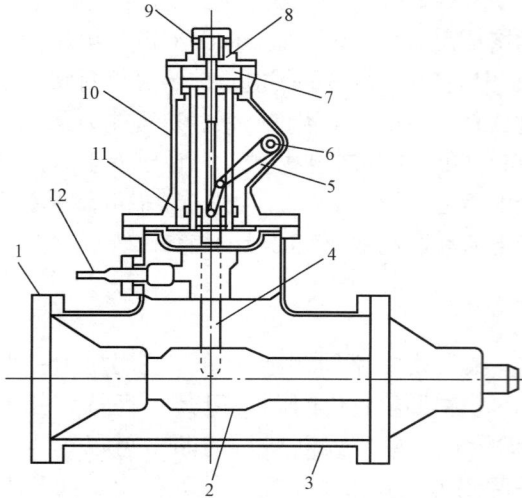

图 7.19　隔离开关和接地开关的结构原理图
1—支持绝缘子；2—静触头；3—外壳；4—动触头；
5—连杆；6—主轴；7—减震器；8—合、分指示；
9—透明管；10—操动机构；11—导向装置；
12—接地端子

图 7.21 所示。单独的电流互感器放在一个直径较大的筒内，筒内根据需要可以放置 4～6 个单独的环形铁芯，并可根据需要选择不同的电流比。一次侧只有一匝（导电杆），额定电流在 600A 以下，准确度为 1 级。

（五）母线

母线有两种布置型式：一种是将三相母线封闭于一个筒内，导电杆采用条形（或盆式）绝缘子支撑固定，优点是金属外壳涡流损失小，相应载流量大，但三相母线布置在一个筒内，存在相间短路的可能性大；另一种是用单相母线筒将每根母线分别封闭在筒内，主要优点是杜绝发生相间短路的可能性。单相母线圆筒直径较同级电压的三相母线共筒时小，并且可分为若干个气隔，回收 SF6 气体工作量减少；但存在占地面积大、加工量大和涡流损失大的缺点。

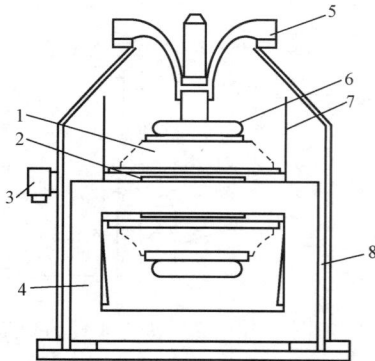

图 7.20　电磁式电压互感器结构示意图
1—高压绕组；2—低压绕组；3—二次端子盒；
4—铁芯；5—支持绝缘子；6—高压屏蔽电极；
7—接地屏蔽电极；8—外壳

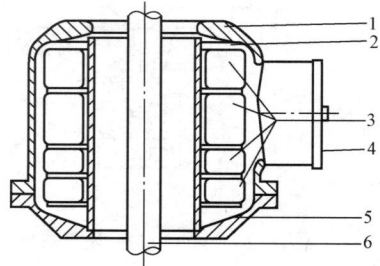

图 7.21　电流互感器结构示意图
1—外壳；2—非磁性金属屏蔽电极；
3—环状铁芯；4—二次端子盒；
5—底部法兰；6—高压导体

（六）避雷器

目前 GIS 中普遍采用金属氧化锌避雷器，它具有残压低、通流容量大、体积小的优点。

（七）连接管

各种用途的连接管，如 90°三通、四通、转角管、直线管、伸缩节等。一般选择定型规格。

（八）过渡元件

SF6 电缆终端盒（见图 7.22）是 SF6 全封闭组合电器和高压电缆出线的连接部分。为避免 SF6 气体进入油中，目前一般采用加强过渡的密封或采用中油压电缆。SF6 充气套管是

SF_6 全封闭组合电器和架空线的连接部分，套管内充入 SF_6 气体。
SF_6 油套管是 SF_6 全封闭组合电器直接和油变压器连接的部分。为了
防止组合电器上的环流扩大到变压器上，以及防止变压器的振动传至
全封闭组合电器上，在 SF_6 油套管上有绝缘垫和伸缩节。

7.4.4 智能化 GIS

随着电力系统的发展，对高压开关，包括 GIS 的可靠性和自动化
的要求也日益提高，尤其是变电所自动化系统无人值守运行模式的实
施，在很大程度上要求 GIS 在监测、控制和保护等方面完全自动化和
智能化。随着微电子技术、电力电子技术、计算机控制技术及网络通
信技术的发展，一种以数字处理技术为核心的智能 GIS 应运而生，不
仅能够满足电力系统发展的需要，而且能够满足电力用户对高质量、
可靠供电的需要。

图 7.22 电缆终端盒
1—外壳；2—电极；3—插
头式连接件；4—环氧树脂
浇注绝缘

一、智能化 GIS 的含义及内容

智能化 GIS 是将微电子技术、计算机技术、传感器技术及数字处
理技术同电器控制技术结合在一起应用在 GIS 的一次和二次部分，将传统的机电系统发展
成以计算机为中心的现代智能化系统。具体来说，智能化 GIS 是采用数字信号处理，用新
型传感器替代笨重的电流/电压互感器，用新的电子操动机构代替机电继电器，利用免损
传感器采集 GIS 的状态数据；这些数据通过光纤数据总线送到其他具有控制、保护、计
量功能的计算机中；计算机对数据进行检测、分析、判断、控制、保护和测量，进而监
视 GIS 的运行状态，并可对系统自身进行定期自检；变定期检修（TBM）为状态检修
（CBM）；通过趋势分析，识别存在的故障，采取必要的措施，大大提高运行的可靠性，
节省检修费用。

按以上定义的智能 GIS，除应包含 GIS 设备本体外，还应包括以现代传感器为主的信息
采集监测系统和以计算机为主的控制、保护、计量单元两部分。

二、GIS 设备本体

GIS 设备本体包括套管、断路器、隔离开关、接地开关、电流/电压互感器等。随着对
GIS 研究的不断深入和电力系统的发展需要，设备本体的发展趋势主要有：

（1）趋向小型化。例如采用单断口断路器、三相共箱、新型高性能氧化锌避雷器、新型
电流/电压传感器等，从而减少元件数，缩小设备体积，提高设备的可靠性。

（2）提高对环境的适应性，减少对环境的污染。例如金属外壳选用新材料、消除 SF_6 气
体对大气产生的影响等。

三、以现代传感器为主的信息采集监测系统

智能 GIS 设备本体的发展，在一定程度上依赖于其他两部分的研究和发展，尤其是新
型电流/电压传感器，更是与以现代传感器为主的信息采集监测系统紧密联系在一起。

（一）采用新型电流/电压传感器

对保护、控制单元来讲，电流、电压传感器是提供电流与电压信息的采集单元，传统的
电磁式电流/电压互感器由于体积大、铁芯的饱和特性差，已经不能满足智能化高压电器的
要求。当采用了现代传感器与微机综合继电保护装置后，其信号全部是数字式信号，接口的

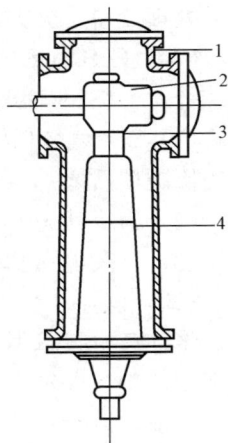

信号处理变得十分方便，通过这样的组合，构成了新一代的智能化成套装置。

（二）GIS 的运行状态监测

针对 GIS 的特殊性，对 GIS 的状态监测内容有：

（1）SF_6 气体监测。对 SF_6 气体进行监测，包括温度、压力和气体密度等，是 GIS 中重要的检测项目之一，可以提供趋势分析和维护预测，预防内部故障，并且成本较低。

（2）绝缘状态监测。绝缘状态监测包括局部放电、介质损失、漏电流和电晕等。

（3）开关电弧状态监测。

（三）以计算机为主的控制、保护、计量系统

将计算机技术引入控制、保护、计量模块中，取代传统的电磁式控制、保护技术，形成数字化控制、保护、计量系统，适应现代配电自动化发展的需要。

目前，以计算机为主的控制、保护、计量系统具体向以下几个方面发展：

（1）集成化。传统的 GIS 中一次和二次技术分开，其中一次部分包括各种高压元件，用来完成变电所的一次功能，如分、合操作和短路开断、测量、绝缘隔离等；二次部分包括控制、保护和计量的各个元件。智能 GIS 将计量、保护、控制、通信、录波诸功能集成一体，比以往传统的机电式和模拟集成电路式二次部分具有更全面的功能。

（2）智能化。可以根据电网和 GIS 的运行状态进行智能控制和保护，真正做到了各自诊断，运行状态可控，能及时发现故障的前兆。

（3）网络化。一次部分与二次部分之间，各个间隔之间和间隔与变电所计算机之间均通过光纤经过总线，按照通信协议进行通信联络，可以大大减少它们之间连接线的数量，解决了电磁干扰问题。

四、GIS 二次设备的发展历程

GIS 的二次设备从传统技术、现代技术发展到智能技术的三个阶段，如图 7.23 中Ⅰ、Ⅱ、Ⅲ所示。

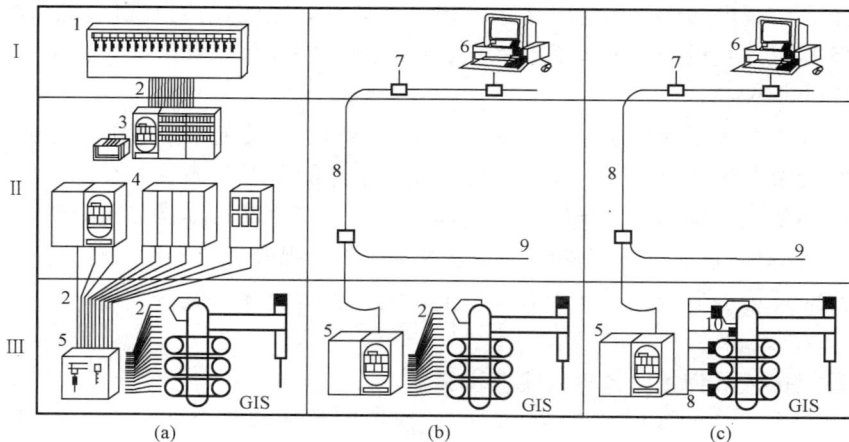

图 7.23 气体绝缘全封闭组合电器二次设备的发展历程

(a) 传统 GIS；(b) 现代 GIS；(c) 智能 GIS

1—操作控制台；2—硬线连接；3—事件记录器；4—配电和测量；5—间隔控制柜；

6—人机接口；7—入口；8—串行数据连接；9—通向其他间隔线；10—传感器和执行器

在传统的 GIS 二次回路中［见图 7.23（a）］，主要采用了电磁式电器技术，各种电器功能单一，为完成复杂的功能需要大量各种不同类型的电器。同时为连接这些电器而使用了上千条硬导线，在 GIS 旁边专门建造了控制室以便安置其庞大的控制柜。GIS 壳体上的柜体仅作母线室用。

在具有现代技术的 GIS 中［见图 7.23（b）］，数字继电器取代了传统的继电器，加上自监视程序的采用，其可靠性得到了提高。GIS 的二次回路不断改进，在间隔之间以及间隔与变电所控制计算机之间的通信联络使用了串行光纤技术，使器件数大大减少。为完成控制、保护和测量等功能所需的设备安装在 GIS 壳体上的控制柜中，不再专为二次回路建造控制室；使用光纤通信总线简化了设备之间的连接，并解决了电磁干扰问题；控制柜内电子器件的自动控制和自监视功能提高了 GIS 的自动化程度。

在只有智能化技术的 GIS 中［见图 7.23（c）］，所有一次回路与二次回路之间的连接均通过串行光纤连接到控制箱中，完全淘汰了传统的硬导线连接方式。每个一次装置（互感器）配备了称为 PISA（传感器和执行器处理接口）的电子接口，其主要任务包括 A/D 变换、测量信号的预处理、通过总线及经过串接总线执行控制和保护命令。由于采用了 PISA 技术，使脱扣、连锁、电压、电流等信号的传递时间大大减小，并能迅速作出控制或保护等操作的判断，使保护和监控更为及时、可靠。

7.4.5 箱式变电所

箱式变电所自 20 世纪 70 年代问世以来，由于具有占地面积小，适合工厂化批量生产，施工安装方便、外形美观、维护工作量小且节约投资等诸多优点，在国内外都受到了普遍的重视和欢迎。在我国的城市配电网中箱式变电所得到了广泛的应用。

箱式变电所也称为组合式变电所，主要由高压配电室、电力变压器室和低压配电室等三部分组成，可安装 1250kV·A 及以下容量的变压器。

箱式变电所的外壳主要由钢板、铝合金材料及混凝土预制板等几种材料制成。变电所配电形式分终端供电和环网供电两种形式，低压侧出线回路一般可达到 4～16 回。

箱式变电所目前已广泛用于油田、矿山、铁路、高层建筑、临时工地、密集商业区、住宅、小区、码头、工厂等地，特别适用于战时快速供电和军营建设。箱式变电所高压 10kV 侧一般为电缆进出线，也可根据需要采用架空进出线或架空进线、电缆出线的形式。10kV 电压等级一般为电缆出线。

图 7.24 所示为 XB-12 型箱式变电所的外形结构。XB-12 型箱式变电所箱体有三种结构形式，即整体组合无焊接拼装式结构、集装箱式结构和框架焊接式结构。

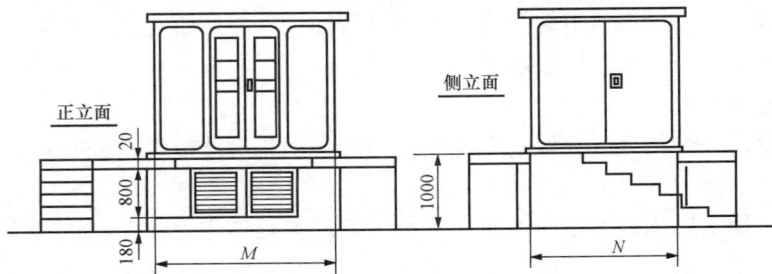

图 7.24   XB-12 型箱式变电所的外形结构（单位：mm）

整体组合无焊接拼装式结构变电所，外壳采用钢板或铝合金材料，用型钢将内部分成高压室、变压器室、低压室 3 个功能单元，整体起吊采用箱变下部起吊方式。

集装箱式结构的箱式变电所外壳和型式均与集装箱货柜相同，具有结构牢固、运输装卸方便的特点。内部用隔板间隔成高压室、变压器室、低压室 3 个功能单元，整体起吊采用变电所上部起吊方式。

框架焊接式结构的箱式变电所内部的框架均为焊接，外壳采用彩涂钢板，焊接框架时内部分为高压室、变压器室、低压室 3 个功能单元。该结构箱式变电所具有刚性强度好、防锈能力强、外形美观等特点。箱变整体起吊采用上部起吊方式。

箱式变电所外壳采用铝合金、钢板或彩涂钢板及隔热材料制作，箱壳顶盖采用隔热通气孔结构，内装有隔热层以抵御太阳辐射的影响。箱体底部和各室之间设有冷却进出风口，采用自然通风和自动控制的强迫散热风冷装置等形式，保证电器设备的正常运行，可以提高变压器的负荷系数。箱体内各外露的通风孔均采取滤网结构，即可防尘、防小动物入内，又不影响空气流通。当变压器容量小于等于 400kV·A 时，箱式变电所的长、宽、高尺寸为 3200mm×1800mm×2440mm；当变压器容量大于等于 500kV·A 时，箱式变电所的尺寸为 3400mm×2200mm×2440mm。

XB-12 型箱式变电所有终端型和环网型两种形式。高压电器设备可采用环网真空开关柜，也可采用压气式环网开关柜。低压设备可采用 GHB 等多种低压开关柜。根据用户需要，高压室与低压室间可设操作走廊或维修走廊，必要时也可设值班室。为了适应高湿度地区的需要，箱变内还可装设湿度监控系统和加热器等附属设备。

7.4.6　模块化变电所

一、模块化变电所的构成及特点

模块化变电所是一种变电所建设的新模式，它将变电所划分为高压开关、主变压器、中压开关、综合自动化、中压配套设备五个功能模块。高压开关功能模块为进出线采用拔插式电缆接头连接的气体绝缘封闭式组合电器；主变压器模块的变压器高压进线采用拔插式电缆接头结构，中压出线采用多股电缆或硬母线桥架方式；中压开关模块内的中压开关采用永磁机构真空开关柜；综合自动化模块根据用户要求选用相应产品；中压配套设备模块包括无功补偿装置、接地变压器、消弧线圈等配套设备。

中压开关、综合自动化、中压配套设备等模块中的主要设备均安装在增强型玻璃纤维水泥箱体或其他材料箱体内。各功能模块在工厂中预制完成，并分别进行调试。现场安装时，将高压开关、主变压器、中压开关及中压配套设备等模块采用次电缆进行连接，并将综合自动化模块与其他模块采用二次电缆及通信线路进行连接，然后进行整体调试，即可完成变电所的建设。图 7.25 所示为模块化变电所的鸟瞰图。

模块化变电所具有如下特点：

（1）产品设计一体化。开关设备和变压器综合自动化系统放置在同一箱体中，将一次设备的紧凑性和二次设备的分散性进行了结合。

（2）生产过程工厂化。变电所所有设备都装在模块箱体内，在工厂进行模块化生产。

（3）现场安装简单化。变电所各功能模块在工厂已安装调试完毕，只要在现场完成吊装接线即可，极大地减少了现场基建工作量，缩短了施工周期。

图 7.25   模块化变电所的鸟瞰图

（4）节约土地、美化城市。整个变电所实行模块化布置，节约土地资源；变电所内无架空线路，不再构架高耸，不再高压线交错，整体界面简约，与周围环境协调一致。

（5）运行可靠、经济适用。由于选用高可靠性设备，运行维护工作量少；可靠性可达到户内变电所的效果，造价与户外变电所相当。

此种工厂模块化生产的变电所模式是落实"两型一化"变电所建设思想的具体措施，可以缩短变电所的施工周期；在无需建房的情况下，实现变电所没有高压构架和裸露带电导体，提高运行的可靠性，并与周围环境协调，容易选择建设地点；节省土地资源；降低变电所的整体造价。同时，模块化变电所建设模式的实施和推广将会带动封闭式高压开关技术、电力变压器技术、电缆附件技术及自动化数字技术的发展，推动相应产业技术的进步。

随着电力系统的不断发展，模块化变电所建设模式已应用于 35、66、110kV 变电所建设工程中。

二、模块化变电所的主要设备

（一）主变压器模块

变压器在工厂内制作完成并通过相应试验，高压侧预设拔插式电缆附件接头。变压器运抵现场安装就位后，通过拔插式电缆接头将变压器高压侧与高压进线模块连接；变压器低压侧采用密集型母线或套管出线形式，通过 10kV 电缆附件与中压出线模块连接。

（二）高压开关模块

选用 72.5kV 及以上气体绝缘金属封闭式开关设备（GIS）或接插式开关装置（PASS），作为 110（66）kV 模块化变电所的高压开关模块；选用气体绝缘开关设备作为 35kV 模块化变电所的高压开关模块。进出线采用拔插式电缆附件，现场连接方便。全电缆进出线结构实现了全绝缘全封闭，安全可靠。图 7.26 所示为气体绝缘金属封闭式开关设备（GIS）外形图。

（三）中压开关模块

将 10kV 开关设备和变压器综合自动化系统放置在同一箱体中。10kV 断路器本体采用永磁操动机构的真空断路器。变电所综合自动化系统在设计上采用分散分布式结构，将大部

图 7.26　110（66）kV 模块化变电所的高压开关模块外形图

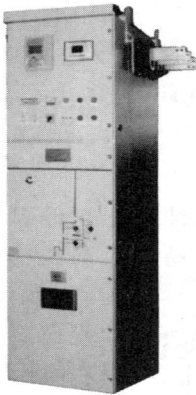

图7.27　模块化变电所的中压开关模块外形图

分保护、控制功能下放到各开关间隔内；将一次设备的紧凑性和二次设备的分散性进行了结合，以计算机网络实现信息共享，消除了冗余硬件。图 7.27 所示为模块化变电所的中压开关模块外形图。

（四）电缆插头

模块化变电所的一次设备均通过电缆进行连接，高中压电缆终端都使用现场拔插式设计。电缆终端在工厂内预先安装调试，现场工作量小，互换性强，可重复使用，可灵活配装故障指示器、带电显示器、氧化锌避雷器。图 7.28 所示为模块化变电所35～110kV 电缆插头外形图。图 7.29 所示为模块化变电所的10kV 电缆插头外形图。

三、110（66）kV 模块化变电所布置实例

（一）主要结构型式

该 110（66）kV 模块化变电所是将变电所划分成 110（66）kV高压开关模块、变压器模块、10kV 中压开关模块、综合自动化模块、无功补偿和消弧线圈模块等。各模块均在工厂内预制完成，各设备整体或部分运输到现场，施工时只需将各模块吊装接线即可完成变电所建设。按此模式建设的变电所具有工业化程度高、现场施工工作量少、建设周期短、全绝缘全密封、安全可靠等诸多优点，特别适用于电力系统、石油系统及矿山等场所。

（二）模块功能及模块接口

表 7.4　　　　　　　　110（66）kV 模块化变电所模块功能及模块接口

模块名称	模块构成	模块功能	模块接口
进线模块	110（66）kV GIS 开关	满足线路变压器组、单母线、单母线分段、内桥等接线方式的需求	一次：通过插拔式电缆或油气套管与变压器模块连接 二次：二次电缆和通信线路与其他模块连接

续表

模块名称	模块构成	模块功能	模块接口
变压器模块	三相双绕组自冷式变压器 有载调压开关	变电及调压功能	一次：进线通过插拔式电缆或油气套管与 110（66）kV 开关模块连接，出线通过电缆或母线桥与 10kV 出线模块连接 二次：通过二次电缆和通信线路与其他模块连接
出线模块	10kV 开关 10kV 线路保护装置 站用变压器 母线 TV 装置 计量装置	满足 10kV 各种接线需求，提供 10kV 出线保护、测控、计量功能	一次：通过一次电缆与其他模块连接 二次：通过二次电缆和通信线路与其他模块连接
综合自动化模块	保护屏、测控屏、计量屏 监控屏 远动屏 交、直流屏 通信屏 火灾报警、视频监视屏	主变压器保护、测控、计量、公共测控、备自投等功能 变电所监控、远动通信功能 提供交、直流电源，火灾报警及视频监控功能	二次：通过二次电缆和通信线路与其他模块连接
无功补偿和消弧线圈模块	10kV 并联成套补偿装置 消弧线圈	无功补偿及消弧线圈功能	一次：通过一次电缆与其他模块连接 二次：通过二次电缆和通信线路与其他模块连接

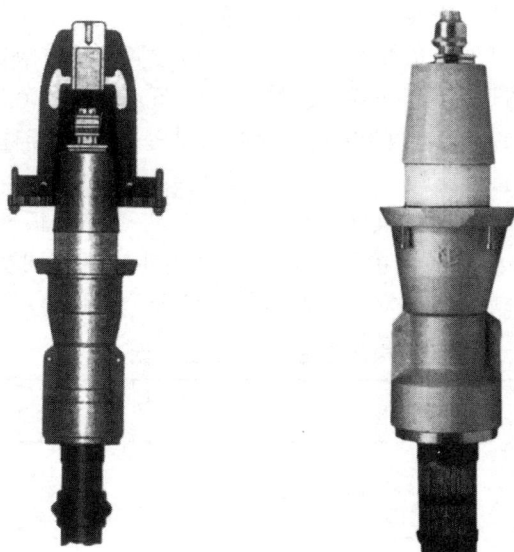

图 7.28　模块化变电所 35～110kV 电缆插头外形图

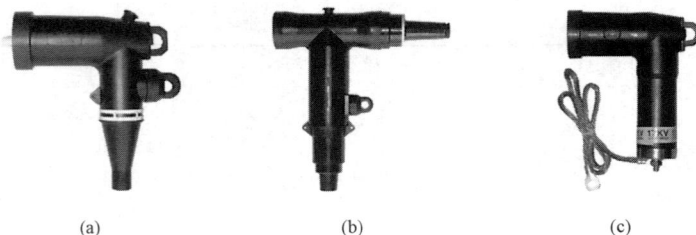

图 7.29　模块化变电所 10kV 电缆插头外形图

（a）肘型电缆插头；（b）T 型电缆接头；（c）氧化锌避雷器

7.4.7　DF 电缆分支箱

DF 电缆分支箱用于电压等级 15kV 及以下的单相或三相电缆系统，尤其适用于地下电缆系统分支的场合。该分支箱连接方式简单、方便、灵活，具有全绝缘、全密封、耐腐蚀、免维护、安全可靠等性能，适用于各种恶劣环境（如暴风雪、洪水多发区及高污染区等），可大大节省设备及电缆的投资，必要时还可代替环网柜。另外，在电缆主网或分支网的电缆接头上安装短路故障指示器，可迅速判断短路故障区段，缩短查找故障时间。因此，其广泛用于商业中心、工业园区、城市负荷密集区等场所。

一、主要组成及特点

DF 电缆分支箱主要由箱体外壳、母排接板、T 型电缆连接头、T-Ⅱ型电缆连接头或肘型电缆插头组成，另外也可灵活配装带电指示器、故障指示器、氧化锌避雷器等。箱外壳用钢板加工而成，电缆连接头则需满足全绝缘、全屏蔽、防尘、防水、防电磁干扰、安全等要求，是城市中压电缆配电系统的理想设备。DF 电缆分支箱主要功能特点有：

（1）全绝缘、全密封结构，无需绝缘距离，可保证人身安全；

（2）具有防尘、防潮、抗洪水、耐腐蚀及免维护等特点，还可浸在水中，适合各种恶劣环境；

（3）组合灵活，可满足多种接线要求，进出线可多达 8 回；

（4）体积小、结构紧凑、安装简单、操作方便；

（5）分支电缆连接头可作为负荷开关，可带负荷拔插，具有隔离开关的特点；

（6）所有电缆连接头都适用于交联聚乙烯绝缘电缆，其中 200A 肘型电缆插头适用电缆标称截面积为 $35\sim120mm^2$，600A 的 T 型电缆连接头适用电缆标称截面积为 $50\sim500mm^2$。

二、电缆分支箱典型接线方案

在有电缆分支箱安装场地时，其基本组合方式是将母排接板安装固定在大电缆分支箱内，母排接板出口配接 T 型电缆连接头、T-Ⅰ型电缆连接头或肘型电缆插头。对应于不同型号的电缆分支箱，其接线组合及分支箱外形尺寸见表 7.5。

表 7.5　　　　　　　　　　　　　　电缆分支箱典型接线方案

型　号	组　合　图	尺寸（高 $H\times$ 长 $A\times$ 宽 B）（mm³）
DF3-200		$762\times1219\times457$

型　号	组　合　图	尺寸（高 H×长 A×宽 B）（mm^3）
DF4-200	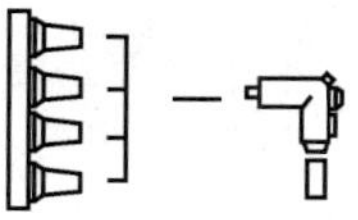	762×1524×457
DF3-600	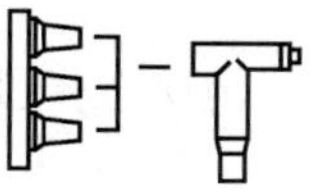	762×1219×622
DF4-600	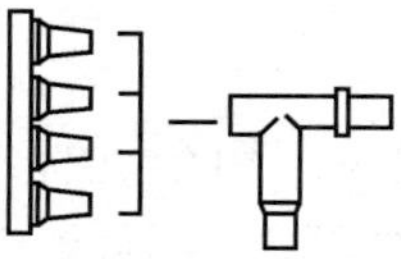	762×1676×622
DF22-600/200	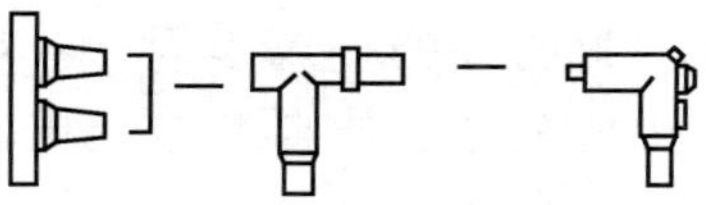	762×1219×622
DF24-600/200	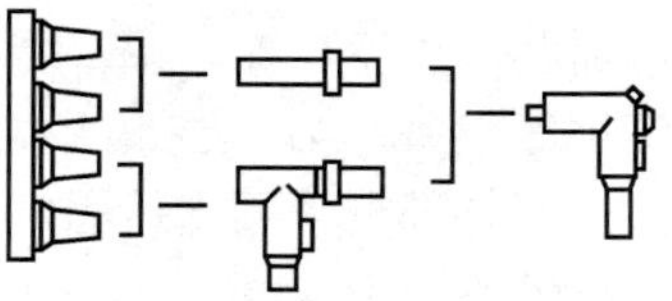	762×1676×622
DF44-600/200	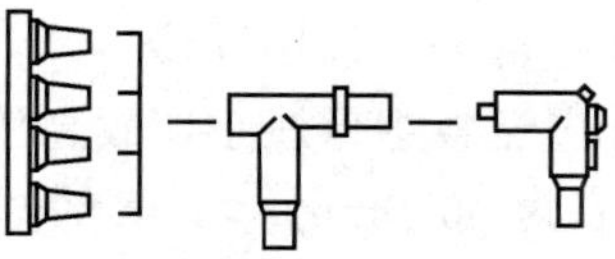	762×1676×622

三、电缆分支典型接线方案

如果因场地所限，不能放置电缆分支箱时，则可由电缆连接头直接组合构成多路电缆分支而不需要母排接板，电缆分支可根据需要任意扩展或减少。电缆分支可外罩箱体，放置在电缆沟内或其他地点。电缆分支组合实例及尺寸如图 7.30 所示。

图 7.30（a）为 4 路进出线（2×600A＋2×200A）实际组合接线。每相由 2 只 T-Ⅰ型连接头、2 只肘型插头和 1 只中间连接头组成。T-Ⅱ型接头 200A 侧接肘型电缆分支插头（另一侧可以接全绝缘氧化锌避雷器）。

图 7.30（b）为 3 路进出线（3×600A）实际接线组合。每相由 3 只 T 型连接头和 2 只中间连接头组成。

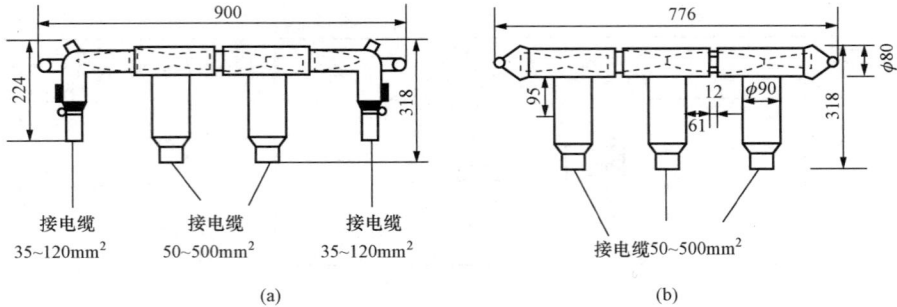

图 7.30　电缆分支典型接线实例及尺寸（单位：mm）
（a）4 路进出线；（b）3 路进出线

7.4.8　封闭母线

200MW 及以上大容量发电机引出母线、厂用分支母线和电压互感器分支母线等，为了避免相间短路、提高运行的安全可靠性和减少母线电流对邻近钢构的感应损耗发热，一般采用全连式分相封闭母线，通称封闭母线。与封闭母线配套供应的电压互感器、避雷器和电容器等，分别装在分相封闭式的金属柜内，一般为抽屉式。发电机中性点设备（电压互感器、消弧线圈或接地配电变压器和接地电阻等）亦装设在单独的封闭金属柜内。

图 7.31 所示为 1 台 300MW 发电机—变压器组全连式分相封闭母线布置图。引出线装置的运转层分为三层：第一层布置主变压器和厂用变压器；第二层为封闭式小室，布置电压互感器柜、避雷器柜、励磁灭磁屏和整流屏等设备；第三层布置主回路分相封闭母线等。分相封闭母线的屋内部分采用悬吊固定方式，屋外部分采用支持固定式。主回路分相封闭母线导体为 $\phi500mm \times 12mm$ 圆管形铝母线，金属外壳为 $\phi1000mm \times 8mm$ 的铝管。母线用 3 只绝缘子固定在弹性板上，母线与外壳成同心圆布置（见图 7.32）。封闭母线与发电机、变压器及设备连接处采用螺栓连接，其余的连接部分均采用焊接。

由于高压厂用分支回路最大持续工作电流较主母线小，故高压厂用分支封闭母线导体为 $\phi150mm \times 10mm$ 圆管形铝母线，金属外壳为 $\phi650mm \times 5mm$ 的铝管。由于发电机出线套管间尺寸过小，因此在风室内采用敞露式母线。

为了使外壳环流形成回路，封闭母线外壳在发电机出线和中性点、主变压器及厂用变压器进线、出线电压互感器柜等处均设有短路板，并应接地。短路板采用有良好导电性的铝板焊成，其截面按外壳电流大小选择。

考虑到温度变化时母线及外壳将会伸缩，所连设备沉陷及可能出现振动，在母线与发电机、变压器连接处设置挠性连接的伸缩接头。当母线较长时，在封闭母线中部也应设置伸缩接头。载流母线的伸缩接头采用叠片或绞线连接，外壳采用波纹管连接。

为了便于检查，在封闭母线上设有各种检查孔和窥视孔。母线上各种检查孔及连接处均有良好的密封，防止雨水及潮气侵入造成事故。每次检查打开之后，均应按规定进行密封，防止留下隐患。此外，在封闭母线系统中还设有吸潮装置。

与敞露母线相比全连式分相封闭母线有以下优点：

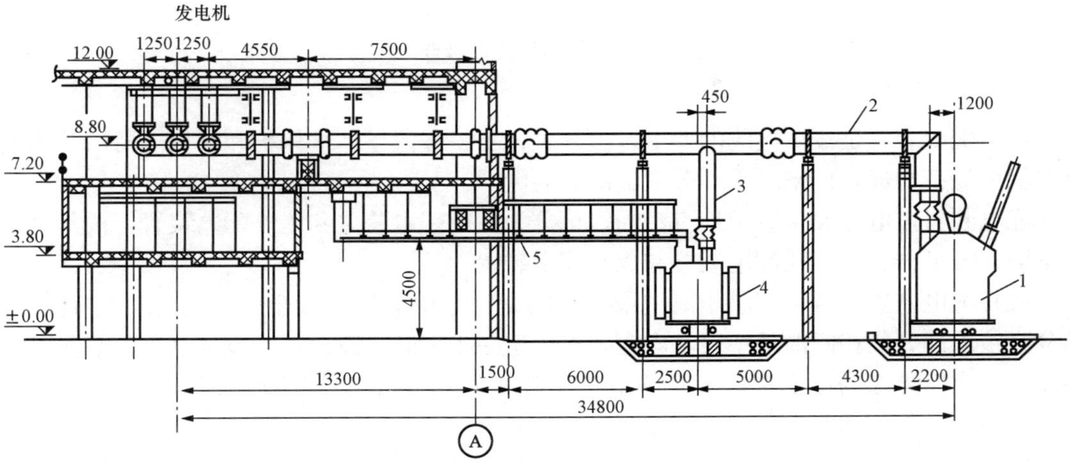

(a)

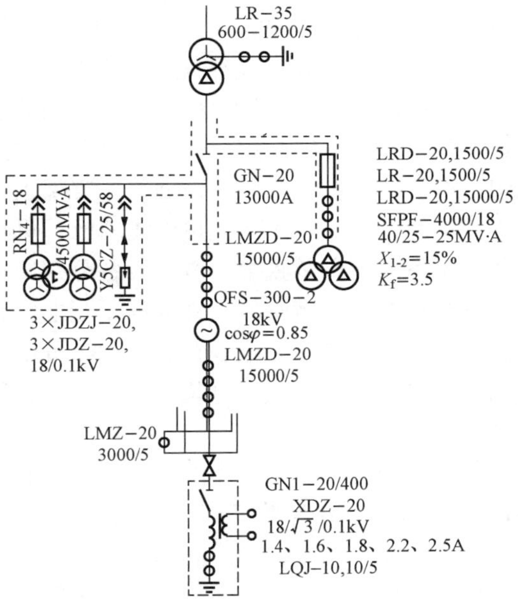

(b)

图 7.31　300MW 发电机—变压器组全连式分相封闭母线布置图（单位：mm）

(a) 发电机引出线装置布置断面图；(b) 电气接线图

1—主变压器；2—发电机主回路分相封闭母线；3—厂用分支封闭母线；4—厂用变压器；5—6kV 共箱母线

（1）供电可靠。封闭母线有效地防止了绝缘子遭受灰尘、潮气等污秽和外物造成的短路。

（2）运行安全。由于母线封闭在外壳中，且外壳接地，使工作人员不会触及带电导体。

（3）由于外壳的屏蔽作用，母线电动力大大减少，而且基本消除了母线周围钢构的发热。

（4）运行维护工作量小。

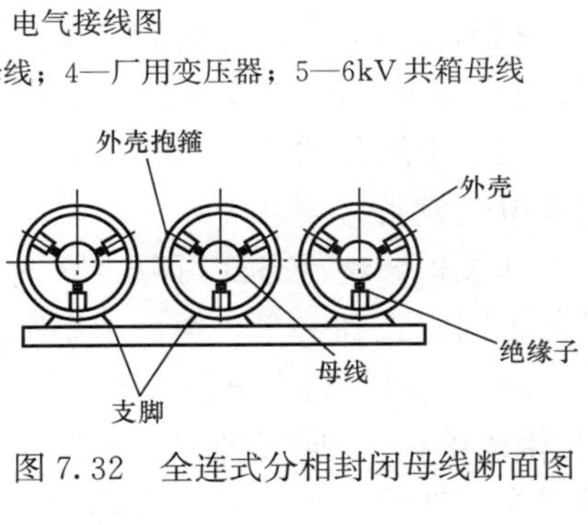

图 7.32　全连式分相封闭母线断面图

小　　结

（1）配电装置是按主接线的要求，由开关设备、载流导体、保护和测量电器以及其他必要的辅助设备构成，用来接受和分配电能的装置。

配电装置按电器设备装置地点不同，可分为屋内配电装置和屋外配电装置；按其组装方式不同，又可分为装配式配电装置和成套配电装置。

（2）配电装置的各种间隔距离中最基本的是空气中的最小安全净距 A 值，它表明带电部分至接地部分或相间的最小安全净距，保持这一距离时，无论正常或过电压的情况下，都不致发生空气绝缘的电击穿。其余的 B、C、D、E 值是在 A 值的基础上，加上运行维护、搬运和检修工具活动范围及施工误差等尺寸而确定的。

（3）在设计配电装置时，为了表示整个配电装置的结构，以及其中设备的布置和安装，经常要使用配电装置的配置图、平面图和断面图。

（4）6～10kV 屋内配电装置多采用装配式和成套式配电装置混合布置的方式，具有占地面积小、土建结构简单、设计施工进度快、便于运行管理等优点。对于 35～220kV 的屋内配电装置，因安全净距大、设备的体积和质量也较大，只采用双层和单层式布置。

（5）屋外配电装置根据电气设备和母线的布置高度，可分为中型、半高型和高型等。

在中型屋外配电装置中，所有电气设备都装在地面设备支架上。主母线大多采用悬挂式软母线，或用硬管母线和支持绝缘子组成，固定在母线支架上，母线所在水平面高于开关电器所在水平面。在半高型和高型屋外配电装置中，电气设备分别装在几个水平面内，并重叠布置。凡是将一组母线与另一组母线重叠布置的，称为高型配电装置。如果仅将母线与断路器、电流互感器等重叠布置，则称为半高型配电装置。高型布置中母线、隔离开关位于断路器之上，主母线又在母线隔离开关之上，整个配电装置的电气设备形成了三层布置，而半高型的高度则处于中型和高型之间。

屋外中型配电装置按照隔离开关的布置方式不同，可分为普通中型和分相中型两种。

高型配电装置按其结构的不同，可分为单框架双列式，双框架单列式和三框架双列式三种。

半高型配电装置有软母线田字形、品字形和硬母线三种布置形式。

（6）成套配电装置由各类标准的单元组成。成套配电装置分为低压开关柜、高中压开关柜、SF_6 全封闭组合电器、箱式变电所、电缆分支箱、封闭母线等。

我国低压成套配电装置产品主要有四大类，即固定式低压配电屏、抽出式低压开关柜、XL 类低压动力配电箱和 XM 类低压照明配电箱。此外，还有电能表箱。

高、中压开关柜是以开关为主体，将其他各种电器元件按一定主接线要求组装为一体的成套电气设备。

开关柜按绝缘方式可分为充气（SF_6）柜和空气绝缘柜两大类。空气绝缘开关柜按结构可分为固定式和手车式两种。手车柜目前大体上可分为铠装型和间隔型两种。

SF_6 全封闭组合电器由断路器、隔离开关、接地（快速）开关、互感器、避雷器、母线（三相或单相）、连接管和过渡元件等电气设备组成。它是以金属筒为外壳，导电杆和绝缘件封闭在内部并充入一定压力的 SF_6 气体作为绝缘和灭弧介质。

目前全封闭组合电器有单相组成的一个间隔的布置和三相组成的一个间隔的布置。

智能化 GIS 是将微电子技术、计算机技术、传感器技术及数字处理技术同电器控制技术结合在一起应用在 GIS 的一次和二次部分，将传统的机电系统发展成以计算机为中心的现代智能化系统。

智能化 GIS 除包含 GIS 设备本体外，还包括以现代传感器为主的信息采集监测系统和以计算机为主的控制、保护、计量单元两部分。

（7）箱式变电所也称为组合式变电所，主要由高压配电室、电力变压器室和低压配电室等三部分组成，可安装 1250kV·A 及以下容量的变压器。箱式变电所具有占地面积小，适合工厂化批量生产，施工安装方便，外形美观，维护工作量小且节约投资等诸多优点。

（8）模块化变电所是一种变电所建设的新模式，它将变电所划分为高压开关、主变压器、中压开关、综合自动化、中压配套设备五个功能模块。各功能模块在工厂中预制完成和调试。现场安装时，将高压开关、主变压器、中压开关及中压配套设备等模块采用一次电缆进行连接，将综合自动化模块与其他模块采用二次电缆及通信线路进行连接，然后进行整体调试，即可完成变电所的建设。

（9）DF 电缆分支箱用于电压等级 15kV 及以下的单相或三相电缆系统，尤其适用于地下电缆系统分支的场合。

DF 电缆分支箱主要由箱体外壳、母排接板、T 型电缆连接头、T-Ⅱ型电缆连接头或肘型电缆插头组成，另外也可灵活配装带电指示器、故障指示器、氧化锌避雷器等。

（10）200MW 及以上大容量发电机引出母线、厂用分支母线和电压互感器分支母线等一般采用封闭母线。封闭母线有供电可靠、运行安全、母线电动力小和运行维护工作量小等优点。

思 考 题

7.1　什么是配电装置？它的作用是什么？

7.2　配电装置怎样进行分类？

7.3　什么是配电装置的最小安全净距？配电装置的 A、B、C、D、E 值是怎样确定的？

7.4　什么是配电装置的配置图、断面图和平面图？进行配置时应注意哪些问题？

7.5　为了确保设备及工作人员的安全，屋内配电装置应设置的"五防"功能是什么？

7.6　屋外配电装置的种类有哪些？各种类型的结构特点如何？

7.7　普通中型和分相中型配电装置有什么区别？试比较其优缺点？

7.8　高型与半高型配电装置有什么区别？

7.9　什么是成套配电装置？特点是什么？

7.10　低压成套配电装置包括哪些类型？

7.11　什么是高中压开关柜？各类高中压开关柜是如何进行分类的？

7.12　什么是 SF_6 全封闭组合电器？它由哪些主要元件组成，主要优点是什么？

7.13　什么是智能化 GIS？主要由哪些部分组成？

7.14　什么是箱式变电所，其基本结构包括哪些部分？

7.15　DF 电缆分支箱主要由哪些部分组成？

7.16　为什么在封闭母线上设置短路板和伸缩接头？

第8章 电力系统中性点接地方式

电力系统的中性点是指三相绕组作星形连接的发电机、同步调相机和电力变压器的中性点。电力系统中性点的接地方式包括中性点不接地、中性点经消弧线圈接地、中性点经电阻接地及中性点直接接地等多种方式。

电力系统中性点接地方式的选择是一个较为复杂的综合性问题，不仅与电力系统的电压等级、单相接地短路电流、过电压水平、继电保护的配置等因素有关，而且直接关系到电网的绝缘水平、供电的可靠性和连续性、发电机和主变压器的运行安全，以及对通信线路的干扰。

8.1 中性点不接地系统

图 8.1（a）所示为一中性点不接地系统正常运行时的接线图和相量图。为了分析问题简便起见，假定系统负荷为零，并认为三相系统是对称的。系统各相对地之间均匀分布的电容采用集中电容 C_0 代替。由于各相导线之间的电容以及由它们所决定的附加电流数值较小，并且由于发生单相接地时相间电压不变，相间电容电流也不会改变，所以忽略不计。

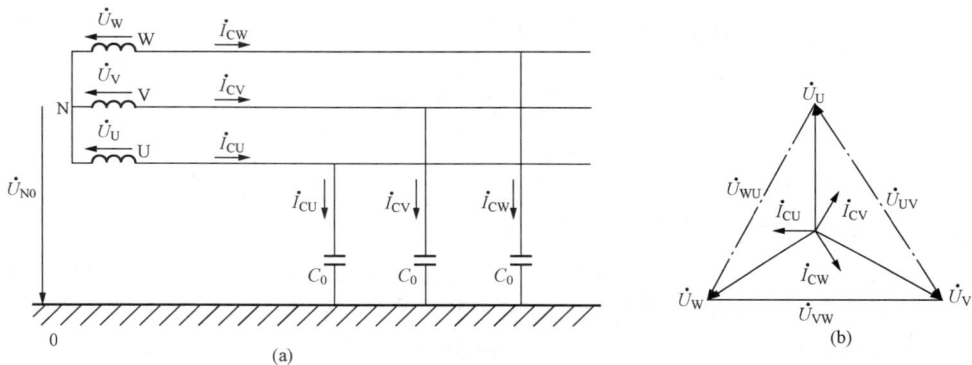

图 8.1 中性点不接地系统的正常运行

（a）接线图；（b）相量图

在系统正常运行时，各相对地电压是对称的，中性点对地电压为零，即 $U_{N0}=0$。各相集中电容在三相对称电压作用下，产生的电容电流也是对称的，并超前相应的相电压 90°，每相电容电流值为 $I_{C0}=U_x\omega C_0$（下角标"x"表示 U、V、W 相，U_x 为相应相的相电压），其相量图如图 8.1（b）所示。

当系统由于绝缘损坏发生一相接地时，各相对地电压及电容电流的情况与正常运行时大不相同。按照接地点阻抗是否为零，可分为完全接地和不完全接地两种情况。假定 U 相发生完全接地，如图 8.2（a）所示，则各相对地电压的对称性受到破坏。此时中性点对地电压为 $\dot{U}'_{N0}=-\dot{E}_U$，故障相对地电压 $\dot{U}'_U=0$，非故障相对地电压为 $\dot{U}'_V=\dot{E}_V-\dot{E}_U=$

$\sqrt{3}\dot{E}_U e^{-j150°}$，$\dot{U}'_W = \dot{E}_W - \dot{E}_U = \sqrt{3}\dot{E}_U e^{j150°}$。其中 $\dot{E}_U$、$\dot{E}_V$、$\dot{E}_W$ 为电源的三相电动势。系统发生 U 相完全接地时的电压、电流相量关系如图 8.2（b）所示，原有的电压三角形（虚线）平移到了新的位置（实线和点划线）。

通过上述分析可见，在中性点不接地系统中，当发生一相完全接地时，故障相对地电压变为零，中性点对地电压变为相电压，非故障相的对地电压升高了 $\sqrt{3}$ 倍，即变为线电压，而系统的相间电压和相对中性点电压的大小及相位均没有发生变化。

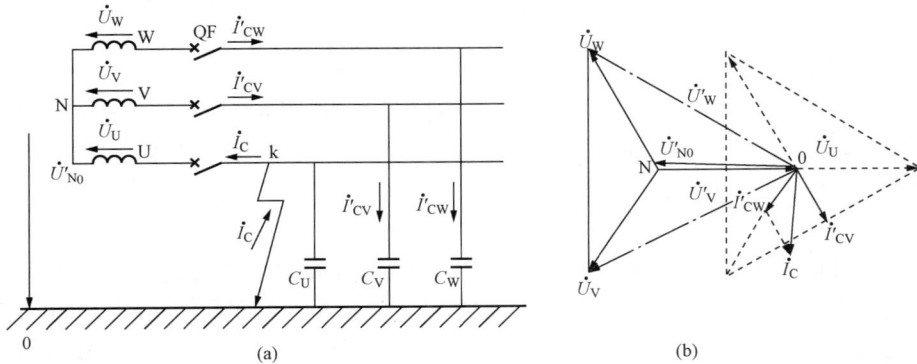

图 8.2　中性点不接地系统一相完全接地
（a）故障后的系统接线图；（b）故障后的电容电流相量图

随着各相对地电压对称性的破坏，各相对地电容电流的对称性也被破坏，故障相对地的电容电流变为零，非故障相对地电容电流变为

$$\dot{I}'_{CV} = j\dot{U}'_V \omega C_0 = \sqrt{3}\omega C_0 \dot{E}_U e^{-j60°} \tag{8.1}$$

$$\dot{I}'_{CW} = j\dot{U}'_W \omega C_0 = \sqrt{3}\omega C_0 \dot{E}_U e^{-j120°} \tag{8.2}$$

若设电流正方向是由大地注入电网，则可得出通过 U 相接地点处的接地电流为

$$\dot{I}_C = \dot{I}'_{CV} + \dot{I}'_{CW} = -j3\omega C_0 \dot{E}_U = j3\omega C_0 \dot{U}'_{N0} \tag{8.3}$$

系统发生 U 相完全接地后的电容电流相量图如图 8.2（b）所示。由上面分析可知，单相接地时的接地电流等于正常时各相对地电容电流的 3 倍，即 $I_C = 3I_{C0}$，且为电容性。接地电流 I_C 的大小与网络的电压、频率和相对地的电容有关，而相对地电容与电网的结构和线路的长度有关。

单相接地故障不一定都是完全接地，在许多情况下可能是不完全接地（如经过弧光电阻接地）。在发生单相不完全接地故障时，故障相对地电压大于零而小于相电压，非故障相对地的电压则大于相电压而小于线电压。系统的相间电压（即线电压）大小和相位不发生变化。接地电流也比完全接地时要小些。

综上所述，在中性点不接地系统中发生一相接地时，电网相间电压的大小和相位仍维持不变，并未使负载的正常工作受到影响。同时这种系统中相与地之间的绝缘水平是按照线电压设计的，虽然发生一相接地时，非故障相对地电压可能会升高 $\sqrt{3}$ 倍变为线电压，但对设备的绝缘并不危险。根据上述理由，中性点不接地系统在发生单相接地时可以继续保持供电。但是考虑到长期运行可能引起非故障相绝缘薄弱的地方损坏而造成相间短路，一般允许继续工作至多不超过两小时，并且要求在中性点不接地系统中必须装设绝缘监察装置或继电保护设备，以便及时把单相接地故障通知运行人员，采取措施找出接地部位并将故障消除。

单相接地时的接地电流将在故障点形成电弧。当出现稳定电弧时可能烧坏电气设备，或引起两相或三相短路。尤其是电机或电器内部因绝缘损坏而造成一相导体与设备外壳之间接触产生稳定电弧时，更容易烧坏电机、电器或造成相间短路。

在一定的条件下当电容性接地电流超过允许值时，将会在接地点产生周期性地燃烧和熄灭的间歇性电弧。由于电网是一个具有电容和电感的电磁回路，不易自熄的间歇电弧将引起电网发生振荡，产生较高的弧光间歇接地过电压（其值可达 $2.5 \sim 3$ 倍的相电压峰值），危及整个电网的绝缘。

我国对采用中性点不接地方式规定如下：

额定电压小于 500V（380/220V 的照明装置除外）的低压电网，为了提高供电可靠性，可采用中性点不接地系统。额定电压为 $3 \sim 6$kV、单相接地电流不大于 30A，额定电压为 10kV、单相接地电流不大于 20A，额定电压为 $20 \sim 60$kV、单相接地电流不大于 10A 的高压电网，亦可采用中性点不接地系统。

对于接有发电机的系统，当发电机绕组发生单相接地故障时，接地点流过的电流是发电机本身及其引出回路连接元件（主母线、厂用分支、主变压器低压绕组等）的对地电容电流。当该电流超过允许值时，将烧伤定子铁芯，进而损坏定子绕组绝缘，引起匝间或相间短路。当接地电容电流不超过表 8.1 所列允许值时，也可采用中性点不接地系统。

表 8.1   发电机接地电容电流允许值

发电机额定电压（kV）	发电机额定容量（MW）	接地电容电流允许值（A）
6.3	≤50	4
10.5	50～100	3
13.8～15.75	125～200	2 (2.5)
18～20	300	1

注　对于氢冷发电机接地电容电流允许值为 2.5A。

发电机中性点应装设电压为额定相电压的避雷器，防止三相进波在中性点反射引起过电压。当有发电机电压架空直配线时，在发电机出线端应装设电容器和避雷器，以削弱进入发电机的电压冲击波陡度和幅值。

8.2 中性点经消弧线圈接地系统

在中性点不接地系统中，当单相接地电流超过规定值时，电弧将不能自行熄灭，这时可以采取中性点经消弧线圈的接地方式。消弧线圈的作用主要是将系统的接地电容电流加以补偿，使接地点电流达到较小的数值，防止弧光短路，保证安全供电。同时降低弧隙电压恢复速度，提高弧隙绝缘强度，保证接地电弧瞬间熄灭，以避免产生弧光间歇接地过电压。

中性点经消弧线圈接地系统 U 相金属性接地的电流分布如图 8.3（a）所示。消弧线圈是一个具有分段（即带间隙的）铁芯的电感线圈，接在系统的中性点与大地之间。

8.2.1 消弧线圈的工作原理

在正常工作时，假设三相系统完全对称，此时中性点对地电压为零，没有电流通过消弧线圈。当某一相（如 U 相）发生完全接地故障时，中性点对地电压为 $\dot{U}'_{N0}=-\dot{E}_U$，它作用于消弧线圈两端并产生一个电感电流 $\dot{I}_L$ 流过消弧线圈和接地点。$\dot{I}_L$ 在相位上滞后于 $\dot{U}'_{N0}$ 90°。此外，发生一相接地后，在接地点处还有电容性的单相接地电流 $\dot{I}_C$ 通过，$\dot{I}_C$ 在相位上超前于 $\dot{U}'_{N0}$ 90°［见图 8.3（b）］。由于 $\dot{I}_L$ 和 $\dot{I}_C$ 同时流过接地点，则通过接地点处的总电流为 $\dot{I}_L$ 和 $\dot{I}_C$ 的相量和，二者在相位上相差 180°，因而可以互相抵消。如果适当选择消弧线圈的电感值（通过改变消弧线圈的匝数来实现），就能使流过接地点的电容电流得到合理的补偿，达到使电弧不致产生的目的。

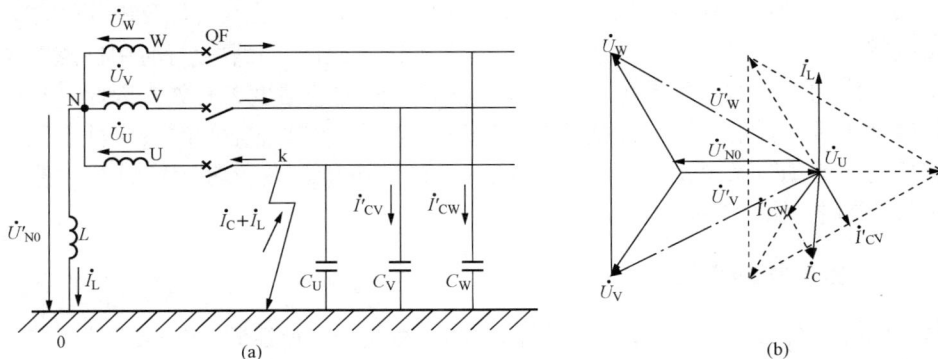

图 8.3　中性点经消弧线圈接地系统 U 相金属性接地
（a）电容电流分布；（b）相量图

中性点经消弧线圈接地系统与中性点不接地系统一样，发生一相完全接地时，故障相对地电压变为零，非故障相对地电压升高 $\sqrt{3}$ 倍。因此，这种系统各相对地的绝缘水平也按线电压考虑。

8.2.2　消弧线圈的补偿方式

根据消弧线圈产生的电感电流 I_L 对接地电容电流 I_C 的补偿度不同，消弧线圈可以分为三种补偿方式。

一、全补偿

接地点电流被补偿达到零值时称为全补偿。此时有 $I_L=I_C$（$\omega L=1/3\omega C_0$）。从消除故障点电弧的观点来看，全补偿是十分有利的，但实际上并不采用这种补偿方式。因为在全补偿时，$\omega L=1/3\omega C_0$ 正是产生串联谐振的条件。这样，在正常情况下如果线路三相对地电容不完全相等，或者在断路器三相触头不同时闭合时，都将使电源中性点对地间产生一个电压偏移。在上述两种情况下所出现的零序电压（用 U_0 表示），都串接于由消弧线圈和三相对地电容所构成的串联谐振电路中，如图 8.4 所示。在串联谐振时，将产生很大的电流，该电流在消弧线圈上产生很大的压降，从而造成电源中性点对地电压严重升高，使设备绝缘受到破坏。

二、欠补偿

使电感电流小于接地电容电流（即 $I_L<I_C$ 或 $\omega L>1/3\omega C_0$），接地点处仍流过较小的未被补偿的电容电流，这种补偿方式叫欠补偿。在欠补偿方式下，当系统配电线

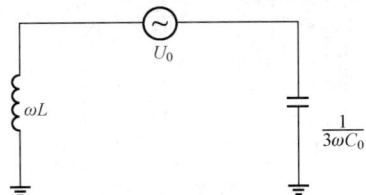

图 8.4　串联谐振电路

路被部分切除（检修或停用）或系统频率下降时，将造成网络对地电容电流的减小，同样可能发生电感和电容的谐振现象。所以欠补偿方式一般也不采用。但当消弧线圈容量不足时，或部分消弧线圈需要进行检修等特定情况下，才允许短时期以欠补偿方式运行，但脱谐度 λ [$\lambda=(I_L-I_C)/I_C\times100\%$] 不宜超过 10%。

三、过补偿

使电感电流大于接地电容电流（即 $I_L>I_C$ 或 $\omega L<1/3\omega C_0$），接地电容电流被全部补偿后尚有多余的电感电流，这种补偿方式称为过补偿。采用过补偿方式即使系统运行方式发生变化也不会出现串联谐振的情况，因此得到广泛采用。

中性点经消弧线圈接地的系统，在正常运行情况下如果中性点的位移电压过高，即使采用了消弧线圈，在发生单相接地时接地电弧也难以熄灭。由于正常运行时中性点的位移电压不仅与所接系统的不对称程度有关，而且也与消弧线圈的脱谐度 λ 有关。因此，在选择消弧线圈的脱谐度 λ 时，要求中性点经消弧线圈接地的系统，在正常运行时的中性点位移电压不超过额定相电压的 15%；中性点经消弧线圈接地的发电机，在正常运行时的中性点位移电压不超过额定相电压的 10%。

8.2.3　消弧线圈的结构

消弧线圈有多种类型，包括离线分级调匝式、在线分级调匝式、气隙可调铁芯式、气隙可调柱塞式、直流偏磁式、直流磁阀式、调容式、五柱式等。

图 8.5 所示为离线分级调匝式消弧线圈内部结构示意图。其外形和小容量单相变压器相似，有油箱、油枕、玻璃管油表及信号温度计，而内部实际上是一只具有分段（即带气隙）铁芯的电感线圈。气隙沿整个铁芯柱均匀设置，以减少漏磁。采用带气隙铁芯的目的是避免磁饱和，使补偿电流和电压呈线性关系，减少高次谐波，并得到一个较稳定的电抗值，从而保证已整定好的调谐值恒定。另外，带气隙可减小电感、增大消弧线圈的容量。

在铁芯柱上设有主线圈，一般采用层式结构，以利于线圈绝缘。XDJ 型消弧线圈均按相电压设计，在铁轭上设有电压测量线圈（即信号线圈），其标称电压为 110V（实际电压随不同分接头而变化），额定电流为 10A。为了测量主线圈中通过的电流，在主线圈的接地端装有次级额定电流为 5A 的电流互感器。

消弧线圈均装有改变线圈的串联连接匝数（从而调节补偿电流）的分接头，通常为 5～9 个，最大和最小补偿电流之比为 2 或 2.5。电压测量线圈也有分接头，以便得到合适的变比。分接头被引到装于油箱内壁的切换器上，切换器的传动机构则伸到顶盖外面。当补偿网络的线路长度增减或某一台消弧线圈退出运行时，都应考虑对消弧线圈切换分接头，使其补偿值适应改变后的情况。这种消弧线圈不允许带负荷调整补偿电流，切换分接头时需先将消弧线圈断开，所以称为离线分级调匝式。

在线分级调匝式消弧线圈，是由电动传动机构驱动油箱上部的有载分接开关，以改变线圈的串联连接匝数，从而改变线圈电感和电流大小。

气隙可调铁芯式、气隙可调柱塞式消弧线圈，是

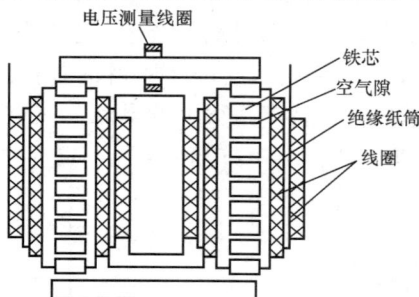

图 8.5　离线分级调匝式消弧线圈
内部结构示意图

（图中标注：电压测量线圈、铁芯、空气隙、绝缘纸筒、线圈）

由电动机经蜗杆驱动可移动铁芯，通过改变主气隙的大小来调节导磁率，从而改变线圈的电感和电流。

直流偏磁式消弧线圈中，带气隙的铁芯上有交流绕组和直流控制绕组，通过调节直流控制绕组的励磁电流，来实现平滑调节消弧线圈的电感和电流。

长期以来，消弧线圈补偿电流都是用手动调节方式（分接头切换），不能做到准确、及时，不能得到令人满意的补偿效果，因而有待改进为自动跟踪补偿方式。采用自动跟踪补偿装置，能跟踪电网电容电流变化而进行自动调谐，平均无故障时间最少，其补偿效果是离线调匝式消弧线圈无法比拟的。

当电网运行方式改变时，其对地电容 C_0 随之改变，对地电容电流 I_C 会有相应变化。为保证在任何运行方式下的残流或脱谐度在规程允许范围内，必须使消弧线圈的电感电流 I_L 对 I_C 作跟踪调整，即实现自动跟踪补偿。所以，消弧线圈自动调谐的核心问题是，怎样实现在线准确监测 I_C。

调节铁芯线圈的电感 L，即能调节电感电流 I_L。铁芯线圈的电感 L 与线圈匝数、磁路磁阻、铁芯磁路长度和气隙长度、铁芯截面积和气隙等效磁路面积、空气磁导率和硅钢片相对磁导率等因素有关。因此，要平滑调节 L 值有两种方法：

（1）改变铁芯气隙长度。将铁芯制成可移动式，用机械方法平滑调节铁芯气隙长度，即可平滑调节 L 值。前述气隙可调铁芯式、气隙可调柱塞式消弧线圈就是基于这一原理制造。

（2）改变铁芯磁导率。采用电气方法，运用现代电子技术来改变铁芯的磁导率，也可平滑调节 L 值。前述直流偏磁式、直流磁阀式消弧线圈就是基于这一原理制造。

8.2.4　消弧线圈容量选择及台数、安装地点的确定

（1）整个补偿电网消弧线圈的总容量，是根据该电网的接地电容电流值选择的，选择时应考虑电网 5 年左右的发展远景及过补偿运行的需要。其计算式为

$$S = 1.35\, I_C U_N \quad (kV \cdot A) \tag{8.4}$$

式中　S——消弧线圈的总容量，$kV \cdot A$；

　　　I_C——接地电容电流，A；

　　　U_N——电网的额定相电压，kV。

（2）消弧线圈的台数和配置地点，原则上应使得在各种运行方式下（如解列时）电网每个独立部分都具有足够的补偿容量。在此前提下，台数应选得少些，以减少投资、运行费用及操作次数。

（3）当采用两台及以上消弧线圈时，应尽量选用额定容量不同的消弧线圈，以扩大其所能调节的补偿范围。

（4）消弧线圈的安装位置，可按下述原则选择：

1）在任何运行方式下，大部分电网不得失去消弧线圈的补偿。不应将多台消弧线圈集中安装在一处。并应尽量避免在电网中仅安装一台消弧线圈。

2）消弧线圈应尽可能装在电力系统或消弧线圈负责补偿的那部分电网的送电端，以减小消弧线圈被切除的可能性。通常应装在有不少于两回线路供电的变电所内，有时也装在某些发电厂内。当有两台及以上的变压器可接消弧线圈时，通常是将消弧线圈经两台隔离开关分别接到两台变压器的中性点上（见图 8.6），但运行中只有一台隔离开关合上；当任一台

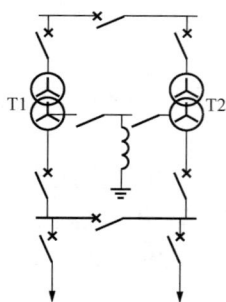

图 8.6　消弧线圈与两台
变压器连接示意图

变压器退出时，应保证消弧线圈不退出。

3）在发电厂中，发电机电压的消弧线圈可安装在发电机中性点上，也可安装在厂用变压器中性点上；当发电机与主变压器为单元连接时，消弧线圈应安装在发电机中性点上。

4）在变电所中消弧线圈一般安装在变压器的中性点上，6～10kV 消弧线圈也可安装在调相机的中性点上。

5）按照相关规程规定，消弧线圈应尽量接在 YNd11 接线或 YNynd11 接线的变压器中性点上。消弧线圈的容量不应超过变压器三相总容量的 50％，并且不得大于三绕组变压器任一绕组的容量。如果消弧线圈接于 YNy 接线变压器中性点上，其容量不应超过变压器三相总容量的 20％；但不应将消弧线圈接于三相磁路互相独立、零序阻抗甚大的 YNyn0 接线变压器的中性点上。

（5）如果变压器无中性点或中性点未引出，应装设专用接地变压器。

8.2.5　适用范围

凡不符合中性点不接地要求的 3～63kV 电网，均可采用中性点经消弧线圈接地方式。必要时，110kV 电网也可采用这种方式。

电压等级在 110kV 以上的电网不宜采用这种方式。因为经消弧线圈接地时，电网的最大长期工作电压和过电压水平都较高，将显著地增加绝缘方面的费用；另外，这种电网的接地电流中，除了无功分量（电容电流）外，还有有功分量（有功损耗电流），即使消弧线圈能对无功分量电流完全补偿，接地点仍有残存的有功分量电流流过。电压等级越高、线路总长越长，电流值越大，以致电弧不能熄灭。

发电机中性点经消弧线圈接地方式适用于单相接地电流超过允许值的中小机组，或要求能带单相接地故障运行的 200MW 及以上大机组。

（1）对具有直配线的发电机，消弧线圈可接在发电机的中性点，也可接在厂用变压器的中性点，并宜采用过补偿方式。

（2）对单元接线的发电机，消弧线圈应接在发电机的中性点，并宜采用欠补偿方式。

（3）可以做到经补偿后的单相接地电流小于 1A，因此，可不跳闸停机，仅作用于信号，大大提高供电的可靠性。

8.2.6　交流网络接地故障点的寻找

在中性点不接地或中性点经消弧线圈接地的电网中，当发生一相接地时虽然不妨碍对用户的供电，但由于未故障相对地电压升高到线电压，可能引起电网对地的绝缘击穿而形成相间短路。因此，长期带一相接地故障运行是不允许的，必须在中性点不接地或中性点经消弧线圈接地系统中，装设专门的绝缘监察装置，用来及时地反映系统中的接地故障。

图 8.7 所示为发电厂中曾广泛采用的交流绝缘监察装置的原理接线图。该装置由电压互感器 TV、电压表 PV、过电压继电器 KV 及开关电器构成。电压互感器 TV 可采用一台三相五柱式或三台单相电压互感器组。电压互感器的一次绕组及主二次绕组都接成星形接线。二次辅助绕组接成开口三角形。一次绕组的中性点必须接地，这是为了反映各相对地电压所必需的工作

接地。主二次绕组可以采用中性点接地，也可以采用 V 相接地，这是为了保证工作人员的安全进行的保护接地。在发电厂中电压互感器一般采用二次侧 V 相接地。接成星形的主二次绕组供电给绝缘监察电压表、保护及测量仪表；接成开口三角形的二次辅助绕组供电给绝缘的信号部分，即过电压继电器 KV。

对于中性点非直接接地系统，主二次绕组每相绕组的额定电压设计为 $100/\sqrt{3}$V；二次辅助绕组每相绕组的额定电压设计为 $100/3$V。

正常运行时三相系统电压对称，电压互感器开口三角形两端没有电压或仅有很小的不对称电压，不足以启动电压继电器 KV，接于二次星形接线中的三个电压表指示相电压值（$100/\sqrt{3}$V）。当一次系统 U 相发生完全接地时，电压互感器一次侧 U 相绕组所加电压降到零值，V、W 两相绕组电压升高到线电压。这样二次侧开口三角形的 U 相绕组电压降到零，其他两相绕组电压升高到 100V，开口三角形两端电压升

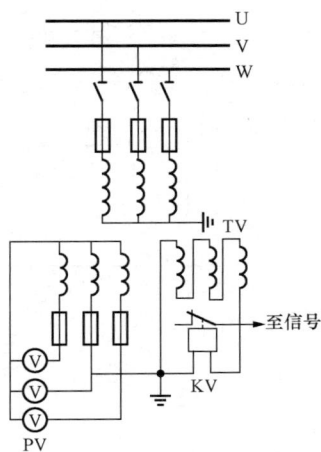

图 8.7　交流绝缘监察装置的
　　　　原理接线图

高到 100V。因而加在继电器 KV 上的电压，由 0V 升高到 100V，使 KV 动作，发出预告信号。同时接于二次星形接线中的 U 相电压表指示为零，其他两相电压表指示为 100V，由此可以判断出一次系统发生了 U 相接地故障。

当 U 相经高电阻或经电弧接地时，U 相电压表指示低于 $100/\sqrt{3}$V，V、W 相电压表指示高于 $100/\sqrt{3}$V，但达不到 100V，即反映出接地相电压降低，正常相电压升高。电压互感器开口三角形两端的电压虽然达不到 100V，但达到电压继电器 KV 的启动值时，同样可发出预告信号。

当运行人员接到系统发生接地的信号后，应采取措施尽快地找出故障点，并在最短时间内将故障切除。常规的处理方法是依次拉合各线路寻找接地点。若断开某条线路时，接地信号消失（接于二次星形接线中的 3 个电压表均指示 $100/\sqrt{3}$V），则接地故障点就在这条线路上，应将该条线路停电检修。如果断开该线路时接地信号仍存在，应重新接通该线路，再拉合下一条线路。如果所有馈线都逐条拉闸后仍没有找出故障回路，则接地故障点可能在母线上。采用这种处理方法往往造成非故障线路送电中断，延误故障的处理，并可能造成较大的经济损失。目前，国内许多厂家生产了接地故障选测装置，应用在中性点不接地系统或中性点经消弧线圈接地系统中。当发生接地故障后这些装置不仅能自动音响报警，而且可以自动判断出接地故障点的位置，并通过一定方式加以显示；此外，还能自动记忆每次故障的信息，以备追忆时使用。

8.3　中性点经电阻接地系统

当接地电容电流超过允许值时，也可以采用中性点经电阻接地方式，如图 8.8 所示。

中性点经电阻接地与经消弧线圈接地相比，改变了接地电流的相位，使通过接地点的电流不再是容性电流（欠补偿时）或感性电流（过补偿时），而成为阻容性电流。由图 8.8

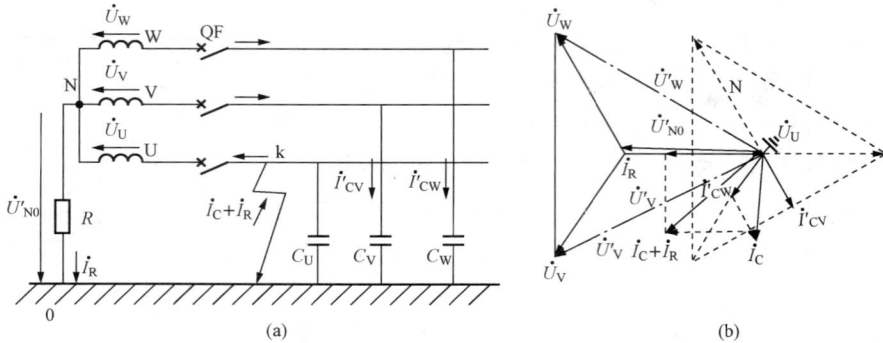

图 8.8 中性点经电阻接地系统的单相接地

(a) 接线图；(b) 相量图

(b) 可见，接地点的电流是电容性电流 I_C 与电阻性电流 I_R 的相量和。其值比中性点不接地时的接地电容电流 I_C 要大。但由于流过接地点总电流 $I_C + I_R$ 与 U'_{N0} 间相位角的减小，可促使接地点处的电弧容易自行熄灭，从而降低弧光间隙接地过电压，同时可提供足够的电流和零序电压，使接地保护可靠动作。

当中性点经电阻接地系统单相接地故障电流不超过 10～15A 时，中性点接地电阻的数值较大，此种系统称为高电阻接地系统。

当中性点经电阻接地系统单相接地故障电流大于 15A 时，其中性点接地电阻值较前一种情况要小些，此种系统称为中值电阻接地系统。在这种系统中发生单相接地时，由于总接地电流较大，电弧较强，为避免电气设备灼伤面过大，则应使零序保护作用于跳闸，切断故障线路。中性点经中值电阻接地方式适用于大型电厂的高压厂用电系统以及 6～10kV 的城市电网中。

由于选择中性点电阻性电流值的大小时，要看电网电容电流值的大小，因此，究竟采用高电阻接地还是采用中值电阻接地，最终还是取决于电网电容电流的大小。

为了减小中性点接地电阻的电阻值，接地电阻一般经配电变压器接入中性点。图 8.9 所示的中性点经配电变压器高电阻接地方式，目前在国际上被广泛应用于与变压器接成单元接线的大中型发电机中。配电变压器一次侧接于发电机的中性点，而接地电阻 R 接于配电变压器的二次侧。具体装置是将电阻 R 经单相接地变压器 TE（或配电变压器、电压互感器）接入中性点，电阻在接地变压器的二次侧。变压器的作用是使低压小电阻起高压大电阻的作用，从而可简化电阻器的结构，降低其价格，使安装空间更容易解决。

大型发电机中性点经高电阻接地后，不仅可以限制过电压超过 2.6 倍额定相电压，限制接地故障电流不超过 10～15A；而且还能为定子接地保护提供电源，便于检测。在大型火电厂的 3～6kV 高压厂用电系统和 6～10kV 的城市电网中，采用中性点经高电阻接地方式后，可通过装设的继电保护装置动作于信号，而不动作于跳闸，因而能不中断系统的运行。

图 8.10 所示为大型火电厂高压厂用电系统中性点经高电阻接地的原理接线。图 8.10 (a) 适用于厂用变压器二次侧为星形接线的场合。图 8.10 (b) 适用于厂用变压器二次侧为三角形接

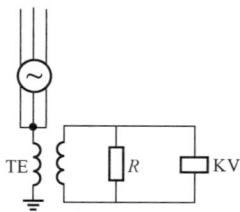

图 8.9 中性点经配电变压器高电阻接地方式

线时，设置一台 Yd11 接线的专用接地变压器，将接地电阻接于二次侧的开口三角形上。接地变压器可采用 3 台单相变压器，也可采用壳式三相变压器，接地变压器一次侧中性点直接接地。接地变压器一般连接在母线的进线开关侧。

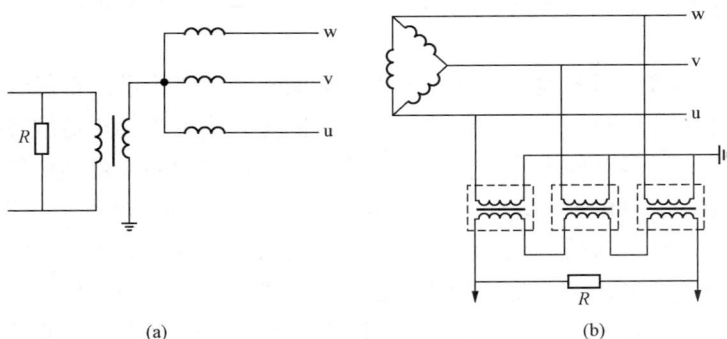

图 8.10　中性点经高电阻接地
（a）厂用变压器二次侧为星形接线；（b）厂用变压器二次侧为三角形接线

8.4　中性点直接接地系统

将电力系统的中性点直接接地就形成了中性点直接接地系统，如图 8.11 所示，这是防止中性点电位变化及其电压升高的根本方法。在这种系统中发生单相接地故障时，故障相便直接经过大地而形成单相短路。在这种情况下，中性点的电位不发生位移，其对地电压仍保持为零；接地点非故障相对地电压的升高或降低的数值，与电力系统零序电抗 X_0 和正序电抗 X_1 的比值有密切关系。当 $X_0 > X_1$ 时，接地点非故障相对地电压有最大值，可达到正常相电压的 1.25 倍；当 $X_0 = X_1$ 时，接地点非故障相对地电压保持不变；当 $X_0 < X_1$ 时，接地点非故障相对地电压低于正常时的相电压。总之，接地点非故障相对地电压基本上不变，不会上升为线电压。

由于单相接地短路电流 $I_k^{(1)}$ 很大，继电保护装置动作，将接地的线路自动切除，因而防止了单相接地时产生间歇电弧过电压的可能性，同时也降低了对电网绝缘水平的要求，大大降低了电网的造价，特别是在高压和超高压电网中，其经济效益更加显著。

目前在我国，一般情况下 110kV 系统多采用中性点直接接地系统，220kV 及以上系统一律采用中性点直接接地系统。

中性点直接接地系统与其他中性点接地系统相比具有如下特点：

（1）发生单相接地时，线路或设备必须立即切除，降低了供电的连续性；

（2）由于单相接地短路电流较大，引起电压急剧降低，以致影响系统的稳定性；

（3）单相接地短路电流将产生很大的电动力效应及热效应，可能使故障范围扩

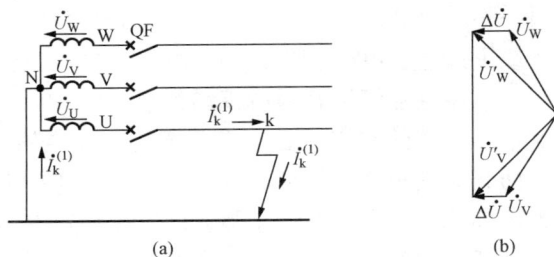

图 8.11　中性点直接接地系统
（a）原理接线图；（b）电压相量图

大和损坏设备；

（4）单相接地短路电流可能超过三相短路电流，使高压断路器的选择必须按照单相短路的条件进行校验，并且由于高压断路器的跳闸次数增多，增大了断路器的维修工作量；

（5）单相接地短路电流在导线周围形成较强的单相磁场，使邻近的通信线路和信号装置受到干扰。

为了克服因单相接地引起线路跳闸中断供电的缺点，提高供电的可靠性，可在中性点直接接地系统的线路上装设自动重合闸装置。由于线路上发生的单相接地故障大多数是由电弧引起的暂时性故障，当线路停电后，使电弧熄灭，电网的对地绝缘得到恢复；当断路器重合后，又恢复了对用户的供电。如果单相接地为永久性故障，则继电保护再次将断路器断开。统计表明，采用只重合 1 次的一次重合闸时，重合的成功率约在 70％以上。

为了限制单相接地的短路电流，我国在电压不超过 220kV 的系统中，多采用减少中性点接地数目，增大零序电抗的方法。通常在整个系统中仅保留 2～3 个中性点直接接地，其余的中性点不接地。但是应当注意，在倒闸操作或事故跳闸之后有可能把系统解列成几个部分，从而使系统的某些部分失去接地的中性点，并使中性点上出现较高的过电压。为了避免出现严重后果，应在那些不接地的中性点上装设专用避雷器予以保护。

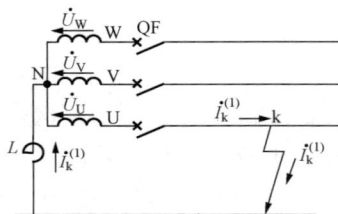

图 8.12　中性点经电抗器接地系统

限制单相短路电流的另一种方法，是将中性点经小阻抗（小电阻或电抗器）接地，如图 8.12 所示。中性点经小阻抗接地与经消弧线圈接地不同，其着眼点是为了增大零序电抗，以限制单相短路电流，并且每台变压器的中性点均经过小阻抗接地。这样即使系统被解列为几个部分，也不会出现有中性点不接地的变压器，因而对主变压器中性点绝缘水平的要求可大大降低。

小　　结

一、中性点不接地系统发生单相接地

中性点不接地系统、中性点经消弧线圈接地系统及中性点经电阻接地系统均属于小接地电流系统。当中性点不接地系统发生一相完全接地时，其接地相电压为零；中性点对地电压达到相电压；非故障相对地电压升高 $\sqrt{3}$ 倍；系统的相间电压（线电压）不变；接地电流值为正常运行时一相对地电容电流的 3 倍，性质为电容性。电容性接地电流产生的稳定电弧能够灼伤电气设备或飞弧造成相间短路；若产生间歇电弧，还可能引起系统的电磁振荡造成过电压。

二、中性点经消弧线圈接地系统

消弧线圈的作用主要是将系统的接地电容电流加以补偿，使接地点电流达到较小的数值，防止弧光短路，保证安全供电；降低弧隙电压恢复速度，提高弧隙绝缘强度，保证接地电弧瞬间熄灭，以避免产生弧光间歇接地过电压。

消弧线圈的补偿方式分为全补偿、欠补偿和过补偿三种方式。一般经消弧线圈接地系统宜采用过补偿方式；单元接线发电机系统采用消弧线圈接地时，宜采用欠补偿方式。

消弧线圈的类型包括离线分级调匝式、在线分级调匝式、气隙可调铁芯式、气隙可调柱塞式、直流偏磁式、直流磁阀式、调容式、五柱式等。

三、中性点经电阻接地系统

中性点经电阻接地与经消弧线圈接地相比，改变了接地电流的相位，使通过接地点的电流成为阻容性电流，可促使接地点处的电弧容易自行熄灭，从而降低弧光间隙接地过电压。同时可提供足够的电流和零序电压，使接地保护可靠动作。

中性点经电阻接地系统按照对单相接地故障电流限制数值的不同，分为高电阻接地系统和中值电阻接地系统。为了减小中性点接地电阻的电阻值，接地电阻一般经配电变压器接入中性点。

四、中性点直接接地系统

中性点直接接地系统发生一相接地故障时，中性点的电位不发生位移，其对地电压仍保持为零；接地点非故障相对地电压基本上不变，不会上升为线电压；随着继电保护装置的动作，将接地的线路自动切除，因而防止了单相接地时产生间歇电弧过电压的可能性；同时也降低了对电网绝缘水平的要求，大大降低了电网的造价，特别是在高压和超高压电网中，其经济效益更加显著。

五、各类中性点接地方式的适用范围

（1）中性点不接地系统适用于接地电流不超过规定值的 60kV 及以下高压系统，以及三相三线制低压系统。

（2）中性点经消弧线圈接地系统适用于接地电流超过规定值的 60kV 及以下高压系统，以及少数雷电电流强烈地区的 110kV 系统。

（3）中性点经电阻接地系统适用于 20 万 kW 及以上发电机、大型发电厂的 3～6kV 厂用电系统、6～10kV 城市电网。

（4）目前在我国，一般情况下 110kV 系统多采用中性点直接接地系统，而 220kV 及以上系统一律采用中性点直接接地系统。

思 考 题

8.1　目前我国电力系统中性点采用的接地方式有哪几种？

8.2　小接地电流系统的优点是什么？

8.3　画出中性点不接地系统 V 相发生完全接地时的电压相量图，并说明各相对地电压有何变化。

8.4　电力系统使用消弧线圈有什么作用？简述其工作原理。

8.5　电力系统采用经消弧线圈接地方式运行时，有哪几种补偿方式？一般应选择何种方式运行？为什么？

8.6　单元接线发电机系统采用消弧线圈接地时，为什么不能采用过补偿方式？

8.7　中性点经电阻接地系统有什么优点？

8.8　接地变压器的作用是什么？其结构和运行特点怎样？

8.9　大接地电流系统的优点是什么？怎样限制单相短路电流？

第9章 载流导体的发热、电动力及选择

9.1 载流导体的发热

导体和电器在运行中常遇到两种工作状态：

（1）正常工作状态。当电压和电流都不超过额定值时，导体和电器可以长期正常而经济地运行。

（2）短路工作状态。系统发生短路故障引起电流突然增加，短路电流比额定值要高出几倍甚至几十倍。在故障即将切除的短期内，导体或电器应能承受短时发热和电动力的作用。

导体正常工作时将产生各种损耗，包括：①导体通过电流，由于本身电阻产生的电阻损耗；②绝缘材料中出现的介质损耗；③导体周围的金属构件，在电磁场作用下引起的涡流和磁滞损耗。这些损耗变成热能使导体的温度升高，以致材料的物理性能和化学性能变坏。

发热对电器产生的不良影响包括：

（1）机械强度下降。金属材料温度升高时，会使材料退火软化，机械强度下降。例如，铝导体在长期发热，当温度超过100℃时，其抗拉强度便急剧降低。

（2）接触电阻增加。导体的接触连接处，如果温度过高，接触连接表面会强烈氧化，使得接触电阻增加，温度便随着增加，因而可能导致接触处松动或烧熔。

（3）绝缘性能降低。有机绝缘材料长期受到高温作用，将逐渐变脆和老化，以致绝缘材料失去弹性和绝缘性能下降，使用寿命大为缩短。

导体短路时，虽然时间不长，但短路电流很大，发热量仍然很大。这些热量在极短时间内不容易散出，于是导体的温度迅速升高。此外，导体还受到电动力的作用，如果电动力超过允许值，将使导体变形或损坏。由此可见，发热和电动力是导体和电器运行中必须注意的问题。

为了保证导体和电器可靠工作，必须使其发热温度不得超过一定数值，这个限值称为最高允许温度。

按照有关规定，导体的正常最高允许温度一般不超过+70℃；在计及太阳辐射（日照）的影响时，钢芯铝绞线及管形导体，可按不超过+80℃来考虑；当导体接触面处有镀（搪）锡的可靠覆盖层时，可提高到+85℃。

导体通过短路电流时，短时最高允许温度可高于正常最高允许温度，对硬铝及铝锰合金可取220℃，硬铜可取320℃。

9.1.1 载流导体的长期发热

导体中通过正常负荷电流时，导体温度由周围介质温度 θ_0 逐渐升高最后达到稳定，这个稳定温度即为正常负荷电流的发热温度 θ_L（见图9.1中曲线的 MA 段）。其计算式为

$$\theta_L = \theta_0 + (\theta_N - \theta_0)\left(\frac{I_L}{I_N}\right)^2 \tag{9.1}$$

式中 θ_0——导体周围介质温度；

       θ_N——导体的正常最高允许温度；

I_L——导体中通过的长期最大负荷电流；

I_N'——导体容许电流，为导体额定电流 I_N 的修正值。

求取载流导体允许电流 I_N'，在周围介质的温度 θ_0 不等于规定的周围介质极限温度 θ_{tim} 时，应将导体额定电流 I_N 乘以修正系数 k_1；当实际并列敷设的电缆根数不是 1 时，I_N 还要乘以修正系数 k_2。如果还有其他因素需要考虑时，还要乘以其他的修正系数，因而，载流导体的允许电流为

$$I_N' = k_1 k_2 I_N \qquad (9.2)$$

修正系数 k_1、k_2 的取值见表 9.1 和表 9.2。

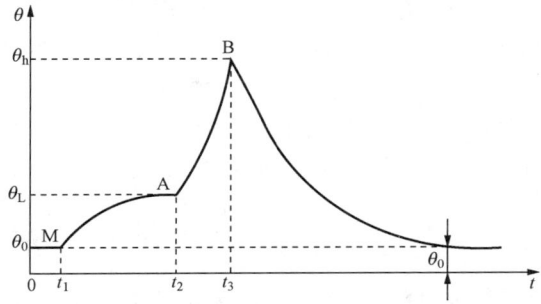

图 9.1　导体中通过负荷电流及短路电流时温度的变化

t_1—开始通过负荷电流的时刻；t_2—短路开始的时刻；
t_3—切除短路的时刻

当周围介质温度 θ_0 不等于规定的周围介质极限温度 θ_{tim} 时，裸导体允许电流 I_N' 也可按下式进行修正，即

$$I_N' = I_N \sqrt{\frac{\theta_N - \theta_0}{\theta_N - \theta_{tim}}} = k_\theta I_N \qquad (9.3)$$

式中　k_θ——周围介质温度修正系数，$k_\theta = \sqrt{\dfrac{\theta_N - \theta_0}{\theta_N - \theta_{tim}}}$；

I_N——对应导体正常最高允许温度 θ_N 和规定的周围介质极限温度 θ_{tim} 的允许电流，A；

I_N'——对应于导体正常最高允许温度 θ_N 和实际周围介质温度 θ_0 的允许电流，A。

表 9.1　　　　载流导体温度修正系数 k_1

介质极限温度（℃）	导体正常最高允许温度（℃）	下列实际温度的修正系数											
		−5	0	+5	+10	+15	+20	+25	+30	+35	+40	+45	+50
15	80	1.14	1.11	1.08	1.04	1.00	0.96	0.92	0.88	0.83	0.78	0.73	0.68
25	80	1.24	1.20	1.17	1.13	1.09	1.04	1.00	0.95	0.90	0.85	0.80	0.78
25	70	1.29	1.24	1.20	1.15	1.11	1.05	1.00	0.94	0.88	0.81	0.74	0.67
15	65	1.18	1.14	1.10	1.05	1.00	0.95	0.89	0.84	0.77	0.71	0.63	0.55
25	65	1.32	1.27	1.22	1.17	1.12	1.06	1.00	0.94	0.87	0.79	0.71	0.61

表 9.2　　　　并列敷设在地下的电力电缆导体额定电流修正系数 k_2

系数 净距（m） ＼ 根数	1	2	3	4	5	6
0.1	1	0.90	0.85	0.80	0.78	0.75
0.2	1	0.92	0.87	0.84	0.82	0.81
0.3	1	0.93	0.90	0.87	0.86	0.85

【例 9.1】 某降压变电所 10kV 屋内配电装置采用裸铝母线，母线截面积为 $120 \times 10 \text{mm}^2$，规定允许电流 I_N 为 1905A。配电装置室内空气温度为 36℃。试计算母线实际允许电流。（θ_tim 取 25℃）

解 因铝母线的 $\theta_\text{N} = 70℃$，规定的周围介质极限温度 $\theta_\text{tim} = 25℃$，介质实际温度为 36℃，规定允许电流 I_N 为 1905A。由式（9.3）可得

$$I'_\text{N} = I_\text{N} \sqrt{\frac{\theta_\text{N} - \theta_0}{\theta_\text{N} - \theta_\text{tim}}} = 1905 \times \sqrt{\frac{70 - 36}{70 - 25}} = 1905 \times 0.869 = 1655.8 (\text{A})$$

【例 9.2】 铝锰合金管状裸母线，直径为 $\phi 120/110\text{mm}$，最高允许工作温度 80℃时的额定载流量是 2377A。如果正常工作电流为 1875A，周围介质（空气）实际温度 θ_0 为 25℃，试计算管状母线的正常工作温度 θ_L。（$\theta_\text{tim} = 25℃$）

解 因为 $\theta_0 = \theta_\text{tim} = 25℃$，所以利用式（9.1）计算可得

$$\theta_\text{L} = \theta_0 + (\theta_\text{N} - \theta_0)\left(\frac{I_\text{L}}{I'_\text{N}}\right)^2 = 25 + (80 - 25) \times \left(\frac{1875}{2377}\right)^2 = 59.2 (℃)$$

【例 9.3】 3 根 10kV 纸绝缘 3 芯铝电缆，截面各为 150mm^2，并列敷设在地下，净距为 0.1m，土壤的实际温度为 30℃。该电缆在 $\theta_\text{N} = 60℃$，$\theta_\text{tim} = 25℃$ 时的规定容许正常工作电流为 235A。试求每根电缆的实际允许电流，并求最大长期负荷电流为 160A 时电缆线芯的正常工作温度 θ_L。

解 由表 9.1 查得 $k_1 = 0.94$，由表 9.2 查得 $k_2 = 0.85$，则每根电缆的实际允许电流为

$$I'_\text{N} = 0.94 \times 0.85 \times 235 = 187.7 (\text{A})$$

最大长期负荷电流为 160A 时的发热温度为

$$\theta_\text{L} = \theta_0 + (\theta_\text{N} - \theta_0)\left(\frac{I_\text{L}}{I'_\text{N}}\right)^2 = 30 + (60 - 30) \times \left(\frac{160}{187.7}\right)^2 = 52 (℃)$$

9.1.2 载流导体的短时发热

载流导体的短时发热，是指短路开始至短路切除为止很短一段时间内导体发热的过程。此时，导体发出的热量比正常发热要多，导体温度升得很高。短时发热计算的目的，就是要确定导体的最高温度 θ_max，以校验导体和电器的热稳定是否满足要求。

一、短时发热过程

载流导体短时发热的特点是发热时间很短，发出的热量来不及向周围介质散布，因此散失的热量可以不计，基本上是一个绝热过程，即导体产生的热量全都用于使导体温度升高。又因载流导体短路前后温度变化很大，电阻和比热容也随温度而变，故也不能作为常数对待。

在导体短时发热过程中热量平衡的关系是，电阻损耗产生的热量应等于使导体温度升高所需的热量，用公式可表示为

$$Q_\text{R} = Q_\text{c} \quad (\text{W/m}) \tag{9.4}$$

导体在较短时间 dt 内产生的热量，可写成

$$I_\text{f}^2 R_\theta dt = mC_\theta d\theta \quad (\text{J/m}) \tag{9.5}$$

式中 I_f——短路全电流有效值，A；

       R_θ——温度为 θ℃时导体的电阻，Ω；

       C_θ——温度为 θ℃时导体的比热容，J/(kg·℃)；

m——导体的质量，kg。

其中 R_θ、C_θ、m 的表达式分别为

$$R_\theta = \rho_0(1+\alpha\theta)\frac{L}{S}$$

$$C_\theta = C_0(1+\beta\theta)$$

$$m = \rho_{\rm m}SL$$

上三式中　　ρ_0——0℃时导体的电阻率，$\Omega \cdot {\rm m}$；

　　　　　　α——ρ_0 的温度系数，$℃^{-1}$；

　　　　　　C_0——0℃时导体的比热容，J/(kg·℃)；

　　　　　　β——C_θ 的温度系数，$℃^{-1}$；

　　　　　　L——导体的长度，m；

　　　　　　S——导体的截面积，m^2；

　　　　　　$\rho_{\rm m}$——导体材料的密度，kg/m^3。

将 R_θ、m 、C_θ 的值代入式（9.5），即得导体短时发热的微分方程式

$$I_{\rm f}^2\rho_0(1+\alpha\theta)\frac{L}{S}{\rm d}t = \rho_{\rm m}SL\, C_0(1+\beta\theta){\rm d}\theta \tag{9.6}$$

整理后可得

$$\frac{I_{\rm f}^2}{S^2}{\rm d}t = \frac{\rho_{\rm m}C_0}{\rho_0}\left(\frac{1+\beta\theta}{1+\alpha\theta}\right){\rm d}\theta \tag{9.7}$$

对式（9.7）进行积分，当时间由 0 到 $t_{\rm d}$（$t_{\rm d}$ 为短路切除时间），导体温度由开始温度 $\theta_{\rm L}$ 上升到最高温度 $\theta_{\rm h}$，于是

$$\frac{1}{S^2}\int_0^{t_{\rm d}}I_{\rm f}^2{\rm d}t = \frac{\rho_{\rm m}C_0}{\rho_0}\int_{\theta_{\rm L}}^{\theta_{\rm h}}\left(\frac{1+\beta\theta}{1+\alpha\theta}\right){\rm d}\theta \tag{9.8}$$

式（9.8）等号左边的 $I_{\rm f}^2{\rm d}t$ 与短路电流产生的热量成正比，称为短路电流的热效应，用 $Q_{\rm k}$ 表示；等号右边为导体吸热后温度的变化。

二、短路电流热效应 $Q_{\rm k}$ 的计算

由电力系统分析课程中的短路计算可知，短路全电流为

$$I_{\rm f}^2 \approx I_{{\rm p}t}^2 + I_{{\rm np}t}^2 \approx I_{{\rm p}t}^2 + i_{{\rm np}t}^2 \tag{9.9}$$

因而

$$Q_{\rm k} = \int_0^{t_{\rm d}}I_{\rm f}^2{\rm d}t \approx \int_0^{t_{\rm d}}I_{{\rm p}t}^2{\rm d}t + \int_0^{t_{\rm d}}i_{{\rm np}t}^2{\rm d}t = Q_{\rm p} + Q_{\rm np} \tag{9.10}$$

上两式中　　$I_{{\rm p}t}$——对应时间 t 的短路电流周期分量有效值，kA；

　　　　　　$I_{{\rm np}t}$——短路电流非周期分量有效值，kA；

　　　　　　$i_{{\rm np}t}$——短路电流非周期分量，kA；

　　　　　　$Q_{\rm p}$——短路电流周期分量热效应，$kA^2 \cdot s$；

　　　　　　$Q_{\rm np}$——短路电流非周期分量热效应，$kA^2 \cdot s$。

图 9.2 是计算短路电流周期分量热效应的图示。求短路电流周期分量的热效应，就是求 0 至 $t_{\rm d}$ 区间内 $I_{{\rm p}t}^2$ 曲线下的面积。为此可采用近似的数值积分法，即可求出短路电流周期分量热效应 $Q_{\rm p}$ 为

$$Q_{\rm p} = \int_0^{t_{\rm d}}I_{{\rm p}t}^2{\rm d}t = \frac{I''^2_{(0)} + 10I_{(t_{\rm d}/2)}^2 + I_{(t_{\rm d})}^2}{12}t_{\rm d} \tag{9.11}$$

$$t_d = t_b + t_{off} \tag{9.12}$$

式中　$I''_{(0)}$——次暂态短路电流周期分量有效值；

$\qquad I_{(t_d/2)}$——$t_d/2$ 时刻短路电流周期分量有效值；

$\qquad I_{(t_d)}$——t_d 时刻短路电流周期分量有效值；

$\qquad t_d$——短路电流计算时间；

$\qquad t_b$——继电保护动作时间；

$\qquad t_{off}$——断路器全分闸时间。

当为多支路向短路点提供短路电流时，$I''_{(0)}$、$I_{(t_d/2)}$、$I_{(t_d)}$ 分别为各支路短路电流之和。

图 9.3 是计算短路电流非周期分量热效应 Q_{np} 的图示。求短路电流非周期分量的热效应 Q_{np}，就是求 $0 \sim t_d$ 区间内 i^2_{npt} 曲线下的面积。

根据短路电流计算的基本原理，$i_{npt} = \sqrt{2}I'' e^{-t/T_a}$。因而有

$$Q_{np} = \int_0^{t_d} i^2_{npt} dt = 2I''^2 \int_0^{t_d} e^{-2t/T_a} dt = T_a(1 - e^{-2t_d/T_a})I''^2 = TI''^2 \tag{9.13}$$

$$T = T_a(1 - e^{-2t_d/T_a})$$

式中　T——非周期分量等效时间，它的大小决定于非周期分量衰减时间常数 T_a 及 t_d。

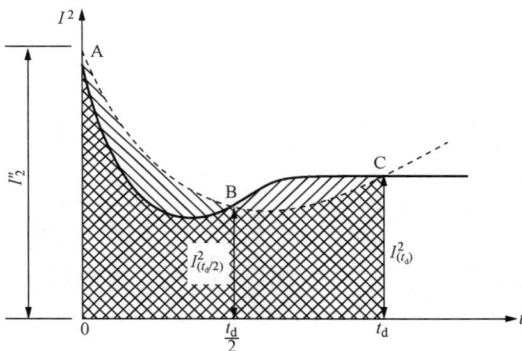

图 9.2　短路电流周期分量热效应的图示　　　图 9.3　短路电流非周期分量热效应的图示

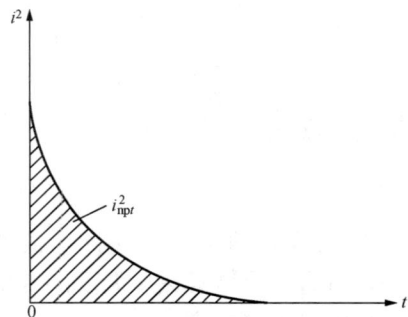

为了简化计算，可以从表 9.3 中查取不同情况的 T 值。

表 9.3　　　　　　　　　　　　　　　　非周期分量等效时间 $T(s)$

短　路　点	T (s)	
	$t_d \leqslant 0.1$	$t_d > 0.1$
发电机出口及母线发电机电压电抗器后	0.15	0.2
发电厂升高电压母线及出线	0.08	0.1
变电所各级电压母线及出线	0.05	

【例 9.4】　发电机出口的短路电流 $I''_{(0)} = 18\text{kA}$，$I_{(0.5)} = 9\text{kA}$，$I_{(1)} = 7.8\text{kA}$，短路电流持续时间 $t_d = 1\text{s}$，试求短路电流热效应。

解　短路电流周期分量热效应为

$$Q_p = \int_0^1 I^2_{pt} dt = \frac{I''^2_{(0)} + 10I^2_{(t_d/2)} + I^2_{(t_d)}}{12} t_d$$

$$= (18^2 + 10 \times 9^2 + 7.8^2) \times 1/12 = 101(\text{kA}^2 \cdot \text{s})$$

短路电流非周期分量热效应为

$$Q_{np} = \int_0^1 i_{npt}^2 \mathrm{d}t = TI''^2_{(0)} = 0.2 \times 18^2 = 64.8(\text{kA}^2 \cdot \text{s})$$

短路电流热效应为

$$Q_k = Q_p + Q_{np} = 101 + 64.8 = 165.8(\text{kA}^2 \cdot \text{s})$$

9.1.3　导体短时最高温度 θ_h 的计算

为求得导体短时最高温度 θ_h，需求解式（9.8）等号右端的定积分，即

$$\frac{\rho_m C_0}{\rho_0} \int_{\theta_L}^{\theta_h} \frac{1 + \beta\theta}{1 + \alpha\theta} \mathrm{d}\theta = A_h - A_L \tag{9.14}$$

式中　A_h，A_L——导体材料的参数及温度的函数。

为了简化计算，在图 9.4 中按铜、铝、钢三种材料的平均参数做成了 $A_\theta = f(\theta)$ 曲线。当已知导体温度 θ 时，可方便地求出 A_θ 值；反之，由 A_θ 值也可求出导体温度 θ。

热平衡方程式（9.8）可改写为

$$A_h = A_L + \frac{Q_k}{S^2} = A_L + \frac{Q_p + Q_{np}}{S^2} \tag{9.15}$$

当已知导体材料和导体正常发热温度 θ_L 时，可按图 9.4 查出相应的 A_L 值。然后加上短路电流的热效应 $\dfrac{Q_k}{S^2}$，即可求出 A_h 值，最后再由图 9.4 的曲线查出 A_h 对应的导体短时最高温度 θ_h。

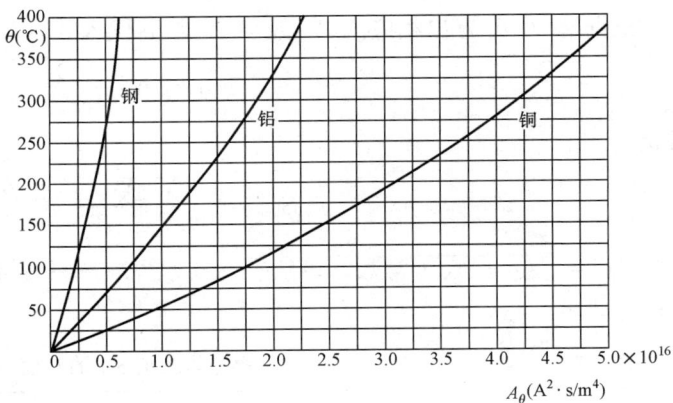

图 9.4　铜、铝、钢三种材料的 $A_\theta = f(\theta)$ 曲线

所求得的短时最高温度 θ_h 应小于或等于导体短时最高允许温度 θ_{ht}，才能满足导体短路热稳定要求。导体的短时最高允许温度列于表 9.4 中。

表 9.4　　　　　　　　　　　　　导体的短时最高允许温度 θ_{ht}（℃）

导体材料和种类		短时最高允许温度	导体材料和种类		短时最高允许温度
母线	铜	320	充油纸绝缘电缆 60～330kV		150
	铜（有锡覆盖层接触面）	220	橡皮绝缘电缆		150
	铝	220	聚氯乙烯电缆		120
	钢（不和电器直接接触）	420	交联聚乙烯电缆	铜芯	230
	钢（和电器直接接触）	320		铝芯	200
油浸纸绝缘电缆	铜芯 10kV 及以下	250	有中间接头的电缆 （不包括聚氯乙烯电缆）		150
	铝芯 10kV 及以下	200			
	20～30kV	175			

【例 9.5】 截面积为 $150 \times 10^{-6} \mathrm{m}^2$ 的 10kV 铝芯纸绝缘电缆，正常运行时温度 θ_L 为 50℃，短路电流热效应为 $165.8 \mathrm{kA}^2 \cdot \mathrm{s}$，试校验该电缆能否满足热稳定要求。

解　由图 9.4 查得 $A_L = 0.38 \times 10^{16} \mathrm{A}^2 \cdot \mathrm{s}/\mathrm{m}^4$，则有

$$A_h = A_L + \frac{Q_k}{S^2} = 0.38 \times 10^{16} + 165.8 \times 10^6 / (150 \times 10^{-6})^2$$

$$= 1.12 \times 10^{16} (\mathrm{A}^2 \cdot \mathrm{s}/\mathrm{m}^4)$$

由图 9.4 查得 $\theta_h = 150℃ < \theta_{ht} = 220℃$，该电缆的热稳定满足要求。

9.1.4　导体最小允许截面 S_{min} 的计算

为了简化计算，也可用计算导体最小允许截面积 S_{min} 的方法来校验导体的热稳定。为此，可假定短路前导体的温度已达正常最高允许温度 θ_N，而切断短路时导体的温度恰好达到短时允许最高温度 θ_{ht}，这时对应的导体截面积即为满足热稳定条件的最小允许截面积 S_{min}。

根据 θ_N 及 θ_{ht} 查出相应的 A_N 及 A_{ht}，然后代入式（9.15）中，可得

$$A_{ht} = A_N + \frac{Q_k}{S_{min}^2} \tag{9.16}$$

因此

$$S_{min} = \sqrt{\frac{Q_k}{A_{ht} - A_N}} = \frac{\sqrt{Q_k}}{C} \tag{9.17}$$

其中，$C = \sqrt{A_{ht} - A_N}$ 为常数，可从表 9.5 中查取。只要导体的截面积 $S \geqslant S_{min}$，导体即满足热稳定要求。

表 9.5　　　　　　　　　　　　　裸导体决定 S_{min} 的 C 值

导 体 材 料	θ_{ht}（℃）	C	导 体 材 料	θ_{ht}（℃）	C
铜	320	175×10^6	钢（不与电器直接连接）	420	66×10^6
铝	220	97×10^6	钢（与电器直接连接）	320	62×10^6

【例 9.6】 10kV 铝芯纸绝缘电缆，截面积 S 为 $150 \times 10^{-6} \mathrm{m}^2$，$Q_k = 165.8 \mathrm{kA}^2 \cdot \mathrm{s}$。试用最小允许截面积法校验导体的热稳定。

解　从表 9.5 中查得 $C = 97 \times 10^6$，所以有

$$S_{min} = \frac{\sqrt{Q_k}}{C} = \frac{\sqrt{165.8 \times 10^6}}{97 \times 10^6} = 132.7 \times 10^{-6} (\mathrm{m}^2)$$

由于电缆截面积 $S = 150 \times 10^{-6} \mathrm{m}^2 > S_{min} = 132.7 \times 10^{-6} \mathrm{m}^2$，所以热稳定满足要求。

9.2　载流导体短路的电动力效应

载流导体处在磁场中将受到电磁作用力。此磁场可能是邻近的另一载流导体产生的，也可能是曲折形载流导体本身的其他部分产生的，所以在配电装置中，许多地方都存在着电磁作用力。

短路电流产生的电磁力称为电动力效应。因短路电流数值很大，产生的电动力也非常

大，足以使电气设备和载流导体产生变形或被破坏。所以设计配电装置时必须验算电动力是否在允许范围内。

9.2.1　平行载流导体的电动力

如图 9.5（a）所示，两根平行载流导体 1 和 2 分别流过电流 i_1 和 i_2。若导体长度 L 远大于两导体轴线间距离 a（单位：m），而轴线间距离 a 又比导体直径大得多，则可以把导体当作无限长来处理。电流 i_2 在导体 1 轴线位置产生的磁感应强度为

$$B = \frac{\mu_0 i_2}{2\pi a} \quad (9.18)$$

式中　μ_0——真空中的磁导率，

$\mu_0 = 4\pi \times 10^{-7}\,\mathrm{H/m}$。

导体 1 轴线上的磁感应强度 B 处处相等。在导体 1 轴线上每一点 B 的方向处处与导体 1 轴线垂直，因此导体 1 所受电动力的大小为

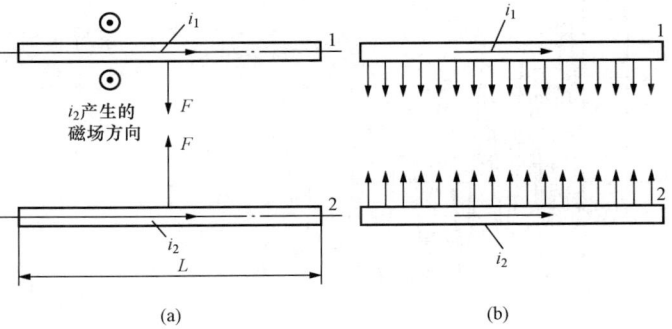

图 9.5　平行载流导体间的电动力
(a) 集中力作用；(b) 均匀分布力作用

$$F = \frac{\mu_0 i_1 i_2 L}{2\pi a} \quad (\mathrm{N}) \quad\quad\quad\quad (9.19)$$

式中　L——导体长度，m。

导体 2 受力与导体 1 受力相等。电动力 F 的方向为：电流 i_1 和 i_2 在两平行导体中流向相同时，产生相互吸引的力；电流 i_1 和 i_2 的流向相反时，产生互相排斥的力。

电动力 F 在导体上实际是均匀分布的，如图 9.5（b）所示。单位长度载流导体上的受力为

$$f = 2 \times 10^{-7} i_1 i_2 \frac{1}{a} \quad (\mathrm{N/m}) \quad (9.20)$$

式（9.20）是假设电流集中在载流导体的轴线上而得出的。由于受邻近效应的影响，实际电流 i_1 和 i_2 并非在轴线而是向导体截面外侧排挤，电流在导体截面上分布不均匀。所以应引入一个系数，即

$$F = 2 \times 10^{-7} i_1 i_2 k_x \frac{L}{a} \quad (\mathrm{N}) \quad (9.21)$$

式中　k_x——形状系数。

常用矩形截面的导体，其形状系数可用理论公式计算，但公式太复杂。为了计算方便，它的形状系数用运算曲线的形式给出，如图 9.6 所示。曲线的横坐标为 $\dfrac{a-b}{b+h}$，其中 a 为平行导体轴线间距离，b 和 h 各为矩形截面导体的厚和宽，每条曲线对应于一个厚宽比值 $m = \dfrac{b}{h}$。当 $\dfrac{a-b}{b+h}$

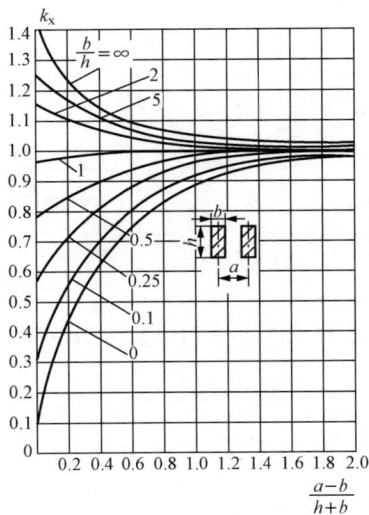

图 9.6　矩形截面母线形状
系数用运算曲线

值接近于 2 时，形状系数 $k_x \approx 1$。

9.2.2 短路电流的电动力

式（9.19）和式（9.21）也可用来计算平行导体的短路电流电动力。例如在三相交流电路中发生两相短路时，仅有两相母线流过短路电流，第三相无电流流过，相当于图 9.5 的两条导体流过交流电流的情况。这时两相中电流大小相等，相位相反，产生互相排斥的力。设短路电流周期分量不衰减，短路电流的变化曲线如图 9.7 所示。

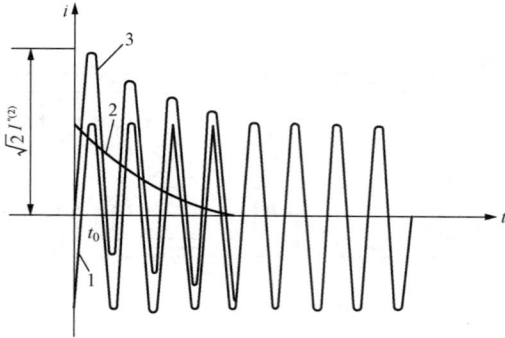

图 9.7　短路电流变化曲线
1—短路电流周期分量变化曲线；2—短路电流
非周期分量变化曲线；3—短路全电流变化曲线

两相短路电流的表达式为

$$i^{(2)} = \sqrt{2} I''^{(2)} (\mathrm{e}^{-t/T_a} - \cos\omega t) \quad (9.22)$$

式中　$I''^{(2)}$——两相短路次暂态电流，A；

　　　T_a——非周期分量衰减时间常数，s。

将式（9.22）代入式（9.19），因为 i_1 和 i_2 相等，两相短路电流在平行导体中产生的电动力大小为

$$F^{(2)} = 2 \times 10^{-7} [\sqrt{2} I''^{(2)} (\mathrm{e}^{-t/T_a} - \cos\omega t)]^2 \frac{L}{a} \quad \text{(N)} \quad (9.23)$$

可见，交流电流产生的电动力大小也随时间 t 而变动。最大电动力出现在短路开始后 0.01s。这时的短路电流最大，等于冲击电流 $i_{sh}^{(2)}$，所以

$$F_{max}^{(2)} = 2 \times 10^{-7} [i_{sh}^{(2)}]^2 \frac{L}{a} \quad (9.24)$$

因为 $i_{sh}^{(2)} : i_{sh}^{(3)} = \sqrt{3} : 2$，则有

$$F_{max}^{(2)} = 1.5 \times 10^{-7} [i_{sh}^{(3)}]^2 \frac{L}{a} \quad (9.25)$$

式（9.25）便是两相短路时最大电动力计算公式。

如果为三相平行载流导体流过三相短路电流，各相短路电流分别为

$$\begin{cases} i_U^{(3)} = \sqrt{2} I''^{(3)} [\mathrm{e}^{-t/T_a} \cos\varphi_U - \cos(\omega t + \varphi_U)] \\ i_V^{(3)} = \sqrt{2} I''^{(3)} [\mathrm{e}^{-t/T_a} \cos(\varphi_U - 2\pi/3) - \cos(\omega t + \varphi_U - 2\pi/3)] \\ i_W^{(3)} = \sqrt{2} I''^{(3)} [\mathrm{e}^{-t/T_a} \cos(\varphi_U + 2\pi/3) - \cos(\omega t + \varphi_U + 2\pi/3)] \end{cases} \quad (9.26)$$

式中　φ_U——短路瞬间时 U 相电流的相位。

此时，U 相导体受 V 相和 W 相电流作用力，V 相导体受 U 相和 W 相电流作用力。由此可写出下列关系

$$\overrightarrow{F_U} = \overrightarrow{F_{UV}} + \overrightarrow{F_{UW}}, \overrightarrow{F_V} = \overrightarrow{F_{VU}} + \overrightarrow{F_{VW}}$$

W 相导体位置与 U 相导体位置相同，所以 $|\overrightarrow{F_U}| = |\overrightarrow{F_W}|$。利用式（9.19）可以得

$$F_U = 2 \times 10^{-7} \frac{L}{a} [i_U^{(3)} i_V^{(3)} + i_U^{(3)} i_W^{(3)}/2] \quad \text{(N)} \quad (9.27)$$

$$F_V = 2 \times 10^{-7} \frac{L}{a} [i_U^{(3)} i_V^{(3)} - i_V^{(3)} i_W^{(3)}] \quad \text{(N)} \quad (9.28)$$

将式（9.26）各相短路电流代入式（9.27）和式（9.28），便可得到各相导体在任意瞬间所受电动力表达式。

可以证明，在图 9.8 中 U 相或 W 相（所谓旁边相）所受最大电动力为

$$F_{\text{U.max}} = F_{\text{W.max}} = 1.616 \times 10^{-7} \frac{L}{a} [i_{\text{sh}}^{(3)}]^2 \quad (\text{N}) \tag{9.29}$$

V 相（所谓中间相）所受最大电动力为

$$F_{\text{V.max}} = 1.73 \times 10^{-7} \frac{L}{a} [i_{\text{sh}}^{(3)}]^2 \quad (\text{N}) \tag{9.30}$$

比较式（9.29）和式（9.30）可知，三相短路时中间相（V 相）所受电动力最大。因此在设计水平布置的三相平行载流导体时，应以 V 相所受最大电动力作为验算机械强度的依据，即利用式（9.30）进行计算。

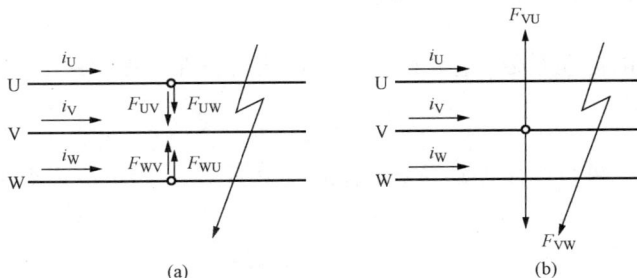

图 9.8　三相短路时母线所受电动力
（a）旁边相；（b）中间相

在配电装置中硬母线通常用支持绝缘子固定，成为有弹性的连续梁，组成一个弹性系统。母线有质量和弹性，支持绝缘子严格地讲也是有弹性的，不过弹性很小。若将支持绝缘子看作是刚体不参加振动，则在此系统中只有母线是弹性体，就形成了单自由度振动系统。如果考虑支持绝缘子也是有弹性的，那么支持绝缘子在短路电动力作用下也会产生振动。这时在母线结构中就有两个振动系统结合在一起，称为多自由度振动系统或称双频系统。

母线作为一个弹性振动系统，也具有固有振动频率。在短路持续时间内，短路电动力作用于母线。如果短路电动力中的工频分量和 2 倍工频分量的频率与母线固有频率相等或接近，母线将产生共振（强迫振动）。共振的特点是振幅不断增加，但由于摩擦和阻尼作用，母线的振幅不会无限增加。必须指出，共振时母线的振幅要比静态电动力作用下的振幅大。

弹性体受一次外力作用时将产生振动，在静态位置附近往复运动，最后振动衰减到零。

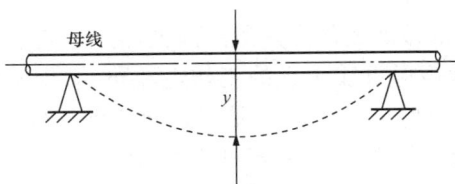

图 9.9　母线振动时的位移

振动频率等于固有频率。母线也不例外，受一次外力（短路电动力）作用时产生振动。两支点中间点在振动时的位移就是挠度，如图 9.9 中的 y 所示。挠度 y 越大，母线材料所受弯曲应力越大，超过允许极限应力时母线将变形损坏。

因作用于母线的外力（短路电动力）中有固定不变的分量、衰减的非周期分量，以及工频和 2 倍工频的周期分量，所以母线振动时挠度也随时间变化，其表达式为

$$y = y_c \beta(\omega t) \tag{9.31}$$

式中　y_c——作用于母线的静态外力（即作用力等于短路电动力）的幅值且保持不变时母线的挠度，m；

　　$\beta(\omega t)$——以时间 t 为变量的振动系数函数。

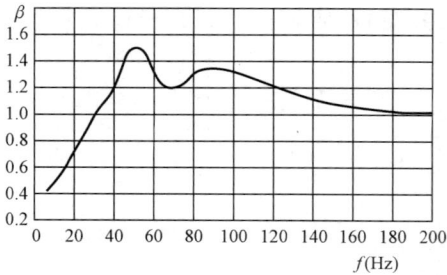

图 9.10 单自由度振动系数 β_{max} 值曲线

振动过程中母线的最大挠度 y_{max} 为

$$y_{max} = y_c\beta_{max} \qquad (9.32)$$

式中 $\quad \beta_{max}$——最大振动系数。

在弹性限度范围内，母线材料的应力 σ 和母线挠度 y 成正比，挠度最大时，应力也最大，所以有

$$\sigma_{max} = \sigma_c\beta_{max} \quad (Pa) \qquad (9.33)$$

式中 $\quad \sigma_c$——母线在静态电动力作用下的应力，Pa。

式（9.33）说明共振时的动态应力大于静态应力。可见只要把式（9.30）表示的最大电动力 F_{max} 乘以振动系数 β_{max}，就可以把母线材料在共振时所受应力的额外增大部分考虑进来了，即有

$$F_{max} = 1.73 \times 10^{-7}\beta_{max}\frac{L}{a}[i_{sh}^{(3)}]^2 \quad (N) \qquad (9.34)$$

单自由度振动系数 β_{max} 值可由图 9.10 所示曲线查得。图 9.10 中的 β 就是 β_{max}。β 与母线的固有振动频率 f 有关系。f 较低时，$\beta<1$；f 较高时，$\beta\approx1$；只有当固有振动频率 f 在中间数值时，$\beta>1$，这时由于共振的影响，动态应力比较大。所以只在 f 位于中间频率范围内，才必须考虑动态应力的影响。

9.3 母线和电缆的选择

9.3.1 母线的选择

配电装置中的母线，应根据具体使用情况按下列条件选择和校验：①母线材料、截面形状和布置方式的选择；②母线截面尺寸的选择；③电晕电压校验；④热稳定校验；⑤动稳定校验；⑥共振校验。

一、母线材料、截面形状和布置方式的选择

母线一般采用导电率高的铝、铜型材制成。由于铝的成本低，现在除对于持续工作电流较大且位置特别狭窄的发电机、变压器出线端部，或对采用硬铝导体穿墙套管有困难，以及对铝有较严重腐蚀的场所才采用铜导体外，普遍使用铝导体。

常用的硬母线截面形状为矩形、槽形和管形。矩形截面的优点是散热面大，并且便于固定和连接，但电流的集肤效应强烈。我国最大的单片矩形母线承载的工作电流可达 2kA 左右。当工作电流较大时，可采用 2～4 片组成的多条矩形母线。但是受邻近效应的影响，4片矩形母线的载流能力一般不超过 6kA。因此，矩形母线常被用于容量为 50MW 及以下的发电机或容量为 60MV·A 及以下的降压变压器 10.5kV 侧的引出线及其配电装置。槽形截面母线具有机械强度好、载流量大、集肤效应小的特点。当回路正常工作电流在 4～8kA 时，一般选用槽形母线。管形母线同样具有机械强度高、集肤效应小的优点，且其电晕放电电压较高，管内可通风或通水进行冷却，从而使载流量增大。因此，管形母线可用于 8kA 以上的大电流母线和 110kV 及以上的配电装置母线。

母线的散热条件和机械强度与母线的布置方式有关。母线布置方式可分为支持式和悬挂式。支持式是用适合母线工作电压的支持绝缘子把母线固定在钢构架或墙板等建筑物上。支持式常见的布置方式又有水平布置、垂直布置和三角形布置。悬挂式是用悬垂绝缘子把母线

吊挂在建筑物上。悬挂式常见的布置方式又包括三相垂直排列、水平排列和等边三角形排列。图 9.11 为矩形母线的支持式布置方式。图 9.11 (a) 和图 9.11 (b) 相比，前者散热条件好、载流量大，但机械强度差；而后者则相反。图 9.11 (c) 兼顾了图 9.11 (a)、(b) 的优点，但增加了配电装置的高度。因此，母线的布置方式应综合考虑载流量的大小、短路电流的大小和配电装置的具体情况确定。

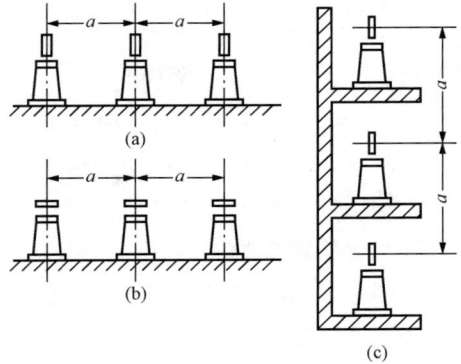

图 9.11　矩形母线的支持式布置方式
(a)、(b) 水平布置；(c) 垂直布置

二、母线截面尺寸选择

（1）为了保证母线的长期安全运行，母线导体在周围介质极限温度 θ_{tim} 和导体正常发热最高允许温度 θ_N 下的允许电流 I_N，经过修正后的数值应大于或等于流过导体的最大持续工作电流 I_{Wmax}，即

$$I_{Wmax} \leqslant K I_N \tag{9.35}$$

式中　K——综合修正系数（K 值与海拔高度、环境温度和邻近效应等因素有关，可查阅有关手册）。

（2）为了考虑母线长期运行的经济性，除了配电装置的汇流母线及断续运行或长度在 20m 以下的母线外，一般均应按经济电流密度选择导体的截面，这样可使年计算费用最低。经济电流密度的大小与导体的种类及最大负荷年利用小时数 T_{max} 有关。我国现行规定的导体经济电流密度见表 9.6。

表 9.6　　　　　　　导体的经济电流密度（A/mm²）

导 体 材 料		最大负荷年利用小时数 T_{max} （h）		
		3000 以下	3000～5000	5000 以上
铝裸导体		1.65	1.15	0.9
铜裸导体		3.0	2.25	1.75
35kV 以下	铝芯电缆	1.92	1.73	1.54
	铜芯电缆	2.5	2.25	2.0

导体的经济截面积 S_{sec} 计算式为

$$S_{sec} = \frac{I_{Wmax}}{j} \tag{9.36}$$

式中　j——经济电流密度，A/mm²。

由于按经济电流密度选择的截面积是在总费用的最低点，在该点附近总费用随截面积变化不明显。因此，选择时如果导体截面积无合适的数值时，允许选用略小于按经济电流密度求得的截面积。

三、电晕电压校验

电晕放电会造成电晕损耗、无线电干扰、噪声和金属腐蚀等许多危害。因此，110～

220kV 裸母线晴天不发生可见电晕的条件是，电晕临界电压 U_c 应大于最高工作电压 U_{Wmax}，即

$$U_c > U_{Wmax} \tag{9.37}$$

对于 330～500kV 超高压配电装置，电晕是选择导线的控制条件。要求在 1.1 倍最高工作相电压下，晴天夜晚不应出现可见电晕。选择母线时应综合考虑导体直径、分裂间距和相间距离等条件，经过技术经济比较，确定最佳方案。

四、热稳定校验

按照上述情况选择的导体截面积 S，还应校验其在短路条件下的热稳定。

裸导体热稳定校验公式为

$$S \geqslant S_{min} = \frac{\sqrt{k_f Q_k}}{C} \tag{9.38}$$

式中　S——所选导体截面积，mm^2；

S_{min}——根据热稳定条件决定的导体最小允许截面积，mm^2；

Q_k——短路电流热效应；

k_f——集肤效应系数；

C——热稳定系数，其值与导体材料及发热温度有关，见表 9.7。

表 9.7　　　　　　　　不同工作温度下裸导体的 C 值

工作温度（℃）	40	45	50	60	65	70	75	80	85	90
硬铝及铝锰合金	99	97	95	91	89	87	85	83	82	81
硬铜	186	183	181	176	174	171	169	166	164	161

五、动稳定校验

由于硬母线都安装在支持绝缘子上，当短路冲击电流通过母线时，电动力将使母线产生弯曲应力。因此，母线应进行短路机械强度计算。

按照母线与绝缘子、金具的连接特点，母线的每个支持点都属于简支。在跨数很多、母线所受载荷是同向均匀分布电动力的情况下，可以把母线作为自由支撑在绝缘子上的多跨距、载荷均匀分布的连续梁来考虑。

在电动力的作用下，当跨距数大于 2 时，母线所受的最大弯矩为

$$M = \frac{fL^2}{10} \quad (N \cdot m) \tag{9.39}$$

式中　f——单位长度母线上所受最大相间电动力，N/m；

L——母线支持绝缘子之间的跨距，m。

当跨距数等于 2 时，母线所受最大弯矩为

$$M = \frac{fL^2}{8} \quad (N \cdot m) \tag{9.40}$$

母线最大相间计算弯曲应力为

$$\sigma_{cmax} = \frac{M}{W} \quad (Pa) \tag{9.41}$$

式中　W——母线对垂直于作用力方向轴的截面系数（或称抗弯矩）。

矩形母线按图 9.11 (a) 布置时，$W = W_y = b^2 h / 6 (\text{m}^3)$；按图 9.11 (b)、(c) 布置时，$W = W_x = b h^2 / 6 (\text{m}^3)$。

当三相母线水平布置且相间距离为 a (m) 时，三相短路造成的单位长度母线上所受最大相间电动力为

$$f_{max} = 1.73 \times 10^{-7} [i_{sh}^{(3)}]^2 \times \frac{1}{a} \qquad (\text{N}) \qquad (9.42)$$

式中 $i_{sh}^{(3)}$——三相短路冲击电流值，A。

由式 (9.39)、式 (9.41)、式 (9.42) 可得

$$\sigma_{cmax} = 1.73 \times 10^{-7} [i_{sh}^{(3)}]^2 \frac{L^2}{aW} \qquad (\text{Pa}) \qquad (9.43)$$

若按式 (9.43) 求出的母线最大相间计算应力 σ_{cmax} 不超过母线材料的允许应力 σ_y，即有

$$\sigma_{cmax} \leqslant \sigma_y \qquad (9.44)$$

此时，认为母线的动稳定是满足要求的。不同母线材料的允许应力 σ_y 见表 9.8。

表 9.8　　　　　　　　不同母线材料的允许应力 σ_y (Pa)

导体材料	硬铝	硬铜	LF$_{21}$铝锰合金管
最大允许应力	70×10^6	140×10^6	90×10^6

在设计中，常根据母线材料的最大允许应力 σ_y 来决定绝缘子间的最大允许跨距 L_{max}，由式 (9.39)、式 (9.41)、式 (9.44) 可得

$$L_{max} \leqslant \sqrt{\frac{10 \sigma_y W}{f_{max}}} \qquad (\text{m}) \qquad (9.45)$$

计算得到的 L_{max} 可能较大，为了避免水平放置的母线因自重而过分弯曲，所选择的跨距一般不超过 $1.5 \sim 2\text{m}$。为便于安装绝缘子支座及引下线，最好选取跨距等于配电装置的间隔宽度。

六、共振校验

如果母线的固有振动频率与短路电动力交流分量的频率相近以至发生共振，则母线导体的动态应力将比不发生共振时的应力大得多，这可能使得母线导体及支持结构的设计和选择发生困难。此外，正常运行时若发生共振，会引起过大的噪声，干扰运行。因此，母线应尽量避免共振。为了避开共振和校验机械强度，对于重要回路（如发电机、变压器及汇流母线等）的母线应进行共振校验。

母线的一阶自振频率 f_1 的表达式为

$$f_1 = \frac{N_f}{L^2} \sqrt{\frac{EI}{m}} \qquad (9.46)$$

式中　L——母线绝缘子之间的跨距，m；

　　　E——导体材料的弹性模量，N/m²；

　　　I——导体截面的惯性矩，m⁴；

　　　m——单位长度母线导体的质量，kg/m；

　　　N_f——频率系数，与母线的连接跨数和支撑方式有关，可由表 9.9 查得。

表 9.9 多跨距连续梁的频率系数

跨数 支撑方式	1	2	3	4	5	6	∞
两端简支	1.57	1.57	1.57	1.57	1.57	1.57	1.57
一端固定，一端简支	2.45	1.83	1.69	1.64	1.62	1.60	1.57
两端固定	3.56	2.45	2.01	1.83	1.74	1.60	1.57

为了避免导体产生危险的共振，对于重要回路的母线，应使其固有振动频率在下述范围以外。

（1）单条母线及母线组中各单条母线：35～150Hz。

（2）对于多条母线组及带引下线的单条母线：35～155Hz。

（3）对于槽形母线和管形母线：30～160Hz。

（4）当母线固有振动频率无法限制在共振频率范围之外时，母线受力计算必须乘以振动系数 β，β 值可由图 9.10 曲线查得。

由式（9.46）可得在考虑母线共振影响的母线绝缘子之间的最大允许跨距为

$$L_{\max} = \sqrt{\frac{N_f}{f_0}} \sqrt{\frac{EI}{m}} \quad \text{（m）} \tag{9.47}$$

若已知母线的材料、形状、布置方式和应避开共振的固有振动频率 f_0（一般 $f_0 = 200$ Hz）时，可由式（9.47）计算出母线不发生共振所允许的最大绝缘子跨距。如选择的绝缘子跨距小于 $L_{\max}$，则 $\beta = 1$。

9.3.2 电力电缆的选择和校验

电力电缆应按下列条件选择和校验：①按结构类型选择；②按额定电压选择；③按最大持续工作电流选择电缆截面；④按经济电流密度选择电缆截面；⑤按短路热稳定校验电缆截面；⑥按电压损失校验。

一、按结构类型选择

根据电力电缆的用途、敷设方法和使用场所，选择电力电缆的芯数、芯线的材料、绝缘的种类、保护层的结构及电缆的其他特征，最后确定电力电缆的型号。

二、按额定电压选择

要求电力电缆的额定电压 U_N 不小于安装地点的最大工作电压 U_{Wmax}，即

$$U_N \geqslant U_{Wmax} \tag{9.48}$$

三、按最大持续工作电流选择电缆截面

在正常工作时，电缆的正常最高允许温度 θ_N 决定于电缆芯线的绝缘、电缆的电压和结构等。如果电缆的长期发热温度超过 θ_N 时，电缆的绝缘强度将很快降低，可能引起芯线与金属外皮之间的绝缘击穿。电缆的长期允许电流 I_N 就是根据这一正常最高允许温度 θ_N 和周围介质的极限温度 θ_{lim} 来决定的。要使电缆的正常发热温度不超过其正常最高允许温度 θ_N，必须满足下列条件

$$I_{Wmax} \leqslant k I_N \tag{9.49}$$

式中 I_{Wmax}——电缆电路中长期通过的最大工作电流；

I_N——电缆的长期允许电流；

k——综合修正系数，与环境温度、敷设方式及土壤热阻有关。

四、按经济电流密度选择电缆截面

对于发电机、变压器回路，当其最大负荷年利用小时数超过 5000h/年，且长度超过 20m 时，应按经济电流密度选择电缆截面，并按最大长期工作电流进行校验。电缆的经济电流密度见表 9.6。

按经济电流密度选出电缆后，还应确定经济合理的电缆根数。一般情况下，电缆截面积在 150mm² 以下时，其经济根数为 1 根。当截面积 S 大于 150mm² 时，其经济根数可按 S/150 决定。若电缆截面积比 1 根 150mm² 的电缆大，但又比两根 150mm² 的电缆小时，通常宜采用两根 120mm² 的电缆。

五、按短路热稳定校验电缆截面

满足热稳定要求的最小电缆截面积为

$$S_{min} = \frac{\sqrt{Q_k}}{C} \tag{9.50}$$

式中　Q_k——短路电流热效应，$A^2 \cdot s$；

　　　C——电缆热稳定系数，它与电缆类型、额定电压及短路允许最高温度有关，见表 9.10。

表 9.10　　　　　　　　　　　　　电缆热稳定系数 C 值

导体种类	铜			铝		
电缆类型	电缆线路有中间接头	20、35kV 油浸纸绝缘	10kV 及以下油浸纸绝缘	电缆线路有中间接头	20、35kV 油浸纸绝缘	10kV 及以下油浸纸绝缘橡皮绝缘
额定电压（kV）	短路允许最高温度（℃）					
	120	175	250	120	175	200
3~10	93.4	—	159	60.4	—	90.0
20~35	101.5	130	—	—	—	—

六、按电压损失校验

当电缆用于远距离输电时，还应对其进行允许电压损失校验。电缆电压损失校验公式为

$$\Delta U\% \approx \frac{\sqrt{3}I_{Wmax}\rho L \times 100}{U_N S} \tag{9.51}$$

式中　ρ——电缆导体的电阻率，$\Omega \cdot mm^2/m$；

　　　L——电缆长度，m；

　　　U_N——电缆额定电压，V；

　　　S——电缆截面积，mm²；

　　I_{Wmax}——电缆的最大长期工作电流，A。

【例 9.7】　如图 9.12 所示接线，选择出线电缆。在变电所 A 两段母线上各接有 1 台 3.15MV·A 变压器，正常时母线分段运行。当一条线路故障时，要求另一条线路能供 2 台变压器满负荷运行时功率的 70%。最大负荷年利用小时数 T_{max}=4500h。变电所

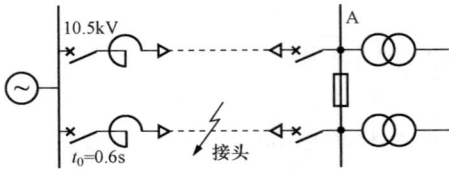

图 9.12　选择出线电缆接线图

距电厂 500m，在 250m 处电缆有中间接头，该接头处发生三相短路时的短路电流热效应 $Q_k = 125 \times 10^6 A^2 \cdot s$，电缆采用直埋地下，间距取 200mm，土壤温度 $\theta_0 = 20℃$，热阻系数 $g = 80℃ \cdot cm/W$。

解　（1）截面积选择：

$$I_{Wmax} = \frac{1.05 \times 31500}{\sqrt{3} \times 10.5} = 183(A)$$

由表 9.6 查得，当铝芯电缆 $T_{max} = 4500h$ 时，经济电流密度 $j = 1.73A/mm^2$，则电缆经济截面积为

$$S_{sec} = I_{Wmax}/j = 105mm^2$$

选用两根 10kV ZLL12 型三芯油浸纸绝缘铝芯铅包防腐电缆，每根截面积 $S = 95mm^2$，$I_N = 185A$，正常最高允许温度 60℃。

（2）按长期发热允许电流校验。考虑一条线路故障时，另一条线路要供 2 台变压器满负荷运行时 70% 的负荷，故最大长期工作电流为

$$I'_{Wmax} = 2 \times 183 \times 70\% = 256.2(A)$$

当实际土壤温度为 +20℃ 时，由附表 3.29 可查出温度修正系数 $k_1 = 1.07$。当电缆间距取 200mm 时，由书后附表 3.30 可查得两根并排电缆修正系数 $k_2 = 0.9$。当土壤热阻系数 $g = 80℃ \cdot cm/W$ 时，由附表 3.31 可查得修正系数 $k_3 = 1$。故综合修正系数为

$$k = k_1 k_2 k_3 = 1.07 \times 0.9 \times 1 = 0.963$$

两根电缆的允许载流量为

$$I'_N = 2kI_N = 2 \times 0.963 \times 185 = 356.3(A) > I'_{Wmax}$$

（3）热稳定校验。对于电缆线路中间有连接头者，应按第一个中间接头处短路进行热稳定校验。

短路前电缆最高运行温度为

$$\theta_L = \theta_0 + (\theta_N - \theta_0)\left(\frac{I'_{Wmax}}{I'_N}\right)^2$$

$$= 20 + (60 - 20) \times (256.2/356.3)^2 = 43.2(℃)$$

由表 9.10 查得 $C = 60.4$，满足电缆热稳定所需最小截面积为

$$S_{min} = \frac{\sqrt{Q_k}}{C} = \frac{\sqrt{125 \times 10^6}}{60.4} = 182(mm^2) < 2 \times 95(mm^2)$$

（4）电压损失校验。已知铝的电阻率为 $0.035\Omega \cdot mm^2/m$，则有

$$\Delta U\% = \frac{\sqrt{3} I_{Wmax} \rho L \times 100}{U_N S}$$

$$= \frac{\sqrt{3} \times 366 \times 0.035 \times 500 \times 100}{10500 \times 2 \times 95} = 0.55\% < 5\%$$

综上所述，选用两根 ZLL12-2×95 型电力电缆能满足本例要求。

小　结

（1）导体和电器的运行状态分为正常工作状态和短路工作状态。

导体正常工作时将产生各种损耗，这些损耗变成热能将使导体的温度升高，致使导体和电器的机械强度下降、接触电阻增加、绝缘性能降低。

导体短路时，短路电流的发热量将使导体的温度迅速升高。短路电流产生的巨大电动力将使导体变形或损坏。

为了保证导体可靠地工作，必须使其发热温度不得超过最高允许温度，所受到的短路电动力不能超过规定值。

（2）载流导体通过正常负荷电流的发热温度 θ_L 与通过的正常负荷电流大小、周围介质温度 θ_0、导体的正常最高容许温度 θ_N 及导体容许电流 I'_N 有关。其计算式为 $\theta_L = \theta_0 + (\theta_N - \theta_0)\left(\dfrac{I_L}{I'_N}\right)^2$。

当周围介质的温度 θ_0 不等于规定的周围介质极限温度 θ_{tim}、实际并列敷设的电缆根数不是 1，以及有其他因素要考虑时，应对导体额定电流 I_N 乘以相应的修正系数。

（3）载流导体的短时发热时间很短，基本上是一个绝热过程。计算短时发热的目的，就是要确定短路时导体的最高温度 θ_h，以校验导体和电器的热稳定是否满足要求。

按能量守恒原理，可导出短时发热过程。其中所涉及的短路电流热效应 Q_k 的计算方法是实用计算法。利用短路电流热效应 Q_k，根据不同材料的正常发热温度和 A-θ 曲线可求出导体短时最高温度 θ_h 或确定导体最小允许截面 S_{min}。

（4）通过对三相载流导体在发生三相短路和两相短路时，外边相所受的力、中间相所受的力及三相和两相电动力进行的比较，得出三相短路时中间相所受的电动力为最大。在设计水平布置的三相平行载流导体时，以 V 相所受最大电动力作为验算机械强度的依据。最大电动力的计算式为

$$F_{max} = 1.73 \times 10^{-7} \frac{L}{a}\left[i_{sh}^{(3)}\right]^2 \quad (N)$$

当考虑导体的截面影响时，应将最大电动力计算公式乘以相应的形状系数。

当把母线材料在共振时所受应力的额外增大部分考虑进来时，最大电动力 F_{max} 应乘以振动系数 β_{max}，即有

$$F_{max} = 1.73 \times 10^{-7} \beta_{max} \frac{L}{a}\left[i_{sh}^{(3)}\right]^2 \quad (N)$$

（5）配电装置中的母线，应根据具体使用情况按下列条件选择和校验：①母线材料、截面形状和布置方式的选择；②母线截面尺寸的选择；③电晕电压校验；④热稳定校验；⑤动稳定校验；⑥共振频率校验。

电压在 110kV 及以上的母线要校验电晕电压；汇流母线、发电机和变压器等重要回路母线需要校验机械共振。

（6）电力电缆应按下列条件选择和校验：①按结构类型选择；②按额定电压选择；③按最大持续工作电流选择电缆截面；④按经济电流密度选择电缆截面；⑤按短路热稳定校验电缆截面；⑥按电压损失校验。

思考题与习题

9.1　载流导体的长期发热和短时发热各有什么特点？发热对导体和电器有何不良影响？

9.2　导体的长期允许载流量与哪些因素有关？提高长期允许载流量应采取哪些措施？

9.3　载流导体的长期发热温度如何计算？

9.4　计算导体短时发热温度的目的是什么？怎样采用实用计算法求取短路电流热效应？

9.5　短路电动力对载流导体和电器的运行有什么影响？计算电动力的目的是什么？

9.6　布置在同一平面中的三相导体，最大电动力发生在哪一相上？在校验三相母线系统的动稳定时，应以哪种短路方式、哪相导体所受的电动力作为计算依据？

9.7　为什么要考虑母线振动条件对电动力大小的影响？如何考虑？

9.8　在进行导体热稳定校验时，短路计算时间应如何确定？

9.9　按经济电流密度选择导体截面后，为什么还必须按最大长期工作电流进行校验？

9.10　配电装置的汇流母线为什么不按经济电流密度选择导体截面？

9.11　简述单条矩形母线动稳定的校验方法和步骤。如果发现不能满足动稳定要求时，应该采取哪些措施？

9.12　某降压变电所 10kV 屋内配电装置的主接线采用矩形截面的铝母线，三相垂直布置，母线在绝缘子上立放。母线的允许应力为 $\sigma_y = 70 \times 10^6 \text{Pa}$，每相母线的截面尺寸为 120mm×8mm，母线支持绝缘子之间的跨距 $L = 1.5\text{m}$，母线的相间距离 $a = 0.65\text{m}$。发生三相短路故障时，流过母线的最大冲击电流为 $i_{sh} = 35.7\text{kA}$。试校验母线在发生短路时的动稳定，并求出绝缘子间最大的允许跨距。（母线抗弯矩 $W = bh^2/6$）

第 10 章　电气设备的选择

　　电气设备的选择是发电厂和变电所电气部分设计的重要内容之一。如何正确地选择电气设备，将直接影响到电气主接线和配电装置的安全及经济运行。因此，在进行电气设备的选择时，必须执行国家的有关技术经济政策，在保证安全、可靠的前提下，力争做到技术先进、经济合理、运行方便和留有适当的发展余地，以满足电力系统安全、经济运行的需要。

　　学习本章时应注意把学过的基本理论与工程实践结合起来，在熟悉各种电气设备性能的基础上，结合实例来掌握各种电气设备的选择方法。

10.1　电气设备选择的一般条件

　　电力系统中的各种电气设备由于用途和工作条件各异，它们的具体选择方法也就不尽相同，但从基本要求来说是相同的。电气设备要能可靠地工作，必须按正常工作条件进行选择，按短路条件校验其动、热稳定性。

10.1.1　按正常工作条件选择

　　导体和电气设备的正常工作条件是指额定电压、额定电流和自然环境条件三个方面。

一、额定电压

　　一定额定电压的高压电气设备，其绝缘部分应能长期承受相应的最高工作电压。由于电网调压或负荷的变化，使电网的运行电压常高于电网的额定电压。因此，所选导体和电气设备的允许最高工作电压应不低于所连接电网的最高运行电压。

　　当导体和电气设备的额定电压为 U_N 时，导体和电气设备的最高工作电压一般为 $(1.1\sim1.15)U_N$；而实际电网的最高运行电压一般不超过 $1.1U_N$。因此，在选择设备时一般按照导体和电气设备的额定电压 U_N 不低于安装地点电网额定电压 U_{NS} 的条件选择，即

$$U_N \geqslant U_{NS} \tag{10.1}$$

二、额定电流

　　在规定的周围介质极限温度下，导体和电气设备的额定电流 I_N 应不小于流过设备的最大持续工作电流 I_{Wmax}，即

$$I_N \geqslant I_{Wmax} \tag{10.2}$$

　　由于发电机、调相机和变压器在电压降低 5% 时输出功率保持不变，故其相应回路的最大持续工作电流 $I_{Wmax}=1.05I_N$（I_N 为电机的额定电流）；母联断路器和母线分段断路器回路的最大持续工作电流，一般取该母线上最大一台发电机或一组变压器的；母线分段电抗器回路的最大持续工作电流，按母线上事故切除最大一台发电机时，这台发电机额定电流的 50%～80% 计算；馈电线回路的最大持续工作电流，除考虑线路正常负荷电流外，还应包括线路损耗和事故时转移过来的负荷。

此外，还应考虑到装置地点、使用条件、检修和运行等要求，对导体和电气设备进行型式的选择。

三、自然环境条件

选择导体和电气设备时，应按当地环境条件校核它们的基本使用条件。当气温、风速、湿度、污秽等级、海拔高度、地震烈度、覆冰厚度等环境条件超出一般电气设备的规定使用条件时，应向制造部门提出补充要求或采取相应的防护措施。例如，当电气设备布置在制造部门规定的海拔高度以上地区时，由于环境条件变化的影响，引起电气设备所允许的最高工作电压下降，需要进行校正。一般当海拔在 $1000\sim3500m$ 范围内，若海拔高度比厂家规定值每升高 $100m$，则最高工作电压要下降 1%。在海拔高度超过 $1000m$ 的地区，应选用高原型产品或选用外绝缘提高一级的产品。对于现有 $110kV$ 及以下大多数电气设备，因外绝缘具有一定裕度，故可使用在海拔 $2000m$ 以下的地区。

当周围介质温度 θ_0 和导体（或电气设备）周围介质极限温度 θ_{tim} 不同时，其额定电流 I_N 可按下式进行修正，即

$$I'_N = I_N \sqrt{\frac{\theta_N - \theta_0}{\theta_N - \theta_{tim}}} = K_\theta I_N \tag{10.3}$$

其中　K_θ——周围介质温度修正系数，$K_\theta = \sqrt{\dfrac{\theta_N - \theta_0}{\theta_N - \theta_{tim}}}$；

　　　　I'_N——对应于导体（或电气设备）的正常最高允许温度 θ_{tim} 和实际周围介质温度 θ_0 的允许电流，A；

　　　　θ_N——导体（或电气设备）的正常最高允许温度。

我国目前生产的电气设备周围介质极限温度 θ_{tim} 为 $+40℃$。当这些电气设备使用在环境温度高于 $+40℃$（但不高于 $+60℃$）时，环境温度每增加 $1℃$，额定电流减少 1.8%；当使用在环境温度低于 $+40℃$ 时，环境温度每降低 $1℃$，额定电流增加 0.5%，但最大不得超过额定电流的 20%。

我国生产的裸导体在空气中的周围介质极限温度 θ_{tim} 为 $+25℃$，当装置地点环境温度在 $-5\sim+50℃$ 范围内变化时，导体的额定载流量可按式（9.2）修正。

10.1.2　按短路条件校验

一、按短路热稳定校验

短路热稳定校验就是要求，当短路电流通过所选择的导体和电气设备时，导体和电气设备所能达到的最高温度不应超过其短时发热最高允许温度，即要求

$$Q_k \leqslant Q_r \tag{10.4}$$

或

$$Q_k \leqslant I_r^2 t_r \tag{10.5}$$

上两式中　Q_k——短路电流热效应，$kA^2 \cdot s$；

　　　　　Q_r——导体和电气设备允许的短时热效应，$kA^2 \cdot s$；

　　　　　I_r——t_r 时间内导体和电气设备允许通过的热稳定电流，kA；

　　　　　t_r——导体和电气设备的热稳定时间，s。

二、短路动稳定校验

动稳定是指导体和电气设备承受短路电流机械效应的能力。满足动稳定的条件为

$$i_{sh} \leqslant i_{ds} \tag{10.6}$$

或

$$I_{sh} \leqslant I_{ds} \tag{10.7}$$

上两式中　i_{sh}，I_{sh}——短路冲击电流幅值及有效值，kA；

　　　　　　i_{ds}，I_{ds}——导体和电气设备允许通过的动稳定电流的幅值及有效值，kA。

三、短路电流的计算条件

为使所选导体和电气设备具有足够的可靠性、经济性和合理性，并在一定的时期内适应电力系统的发展需要，对导体和电气设备进行校验用的短路电流应满足下列条件：

（1）计算时应按本工程设计的规划容量计算，并考虑电力系统的远景发展规划（一般考虑本工程建成后 5～10 年）。所用的接线方式，应按可能发生最大短路电流的正常接线方式，而不应按仅在切换过程中可能并列运行的接线方式。

（2）短路的种类可按三相短路考虑。若发电机出口的短路，或中性点直接接地系统、自耦变压器等回路中的单相、两相接地短路较三相短路严重时，则应按严重情况验算。

（3）短路计算点应选择在正常接线方式下，通过导体或电气设备的短路电流为最大的地点。但对于带电抗器的 6～10kV 出线及厂用分支线回路，在选择母线至母线隔离开关之间的引线、套管时，计算短路点应该取在电抗器前。选择其余的导体和电器时，计算短路点一般取在电抗器后。

现将短路计算点的选择方法以图 10.1 为例进行说明。

（1）发电机、变压器回路的断路器应把断路器前或后短路时通过断路器的电流值进行比较，取其较大者为短路计算点。例如，要选择发电机断路器 QF1 的短路计算点，当 k1 点短路时，流过 QF1 的电流为 I_{k1}，当 k2 点短路时，流过 QF1 的电流为 $I_{k2}+I_B$；若两台发电机的容量相等，则 $I_{k2}+I_B>I_{k1}$，故应选 k2 点作为 QF1 的短路计算点。

（2）母联断路器 QFC 应考虑其闭合并向备用母线充电时，备用母线故障，即 k4 点短路。此时，全部短路电流 $I_{k2}+I_B+I_{k1}$ 流过母联断路器 QFC 及汇流母线。

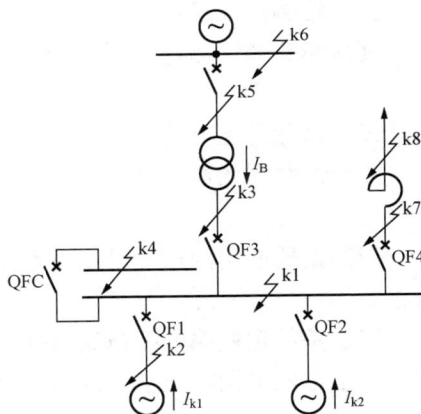

图 10.1　短路计算点的选择

（3）带电抗器的出线回路在母线和母线隔离开关隔板前的母线引线及套管，应按电抗器前如 k7 点短路选择。而对隔板后的导体和电器一般可按电抗器后 k8 为短路计算点，以便出线选用轻型断路器，节约投资。

（4）短路计算时间。校验短路热稳定和开断电流时，还必须合理地确定短路计算时间 t_k。短路计算时间 t_k 为继电保护动作时间 t_b 和相应断路器的全分闸时间 t_{off} 之和，即

$$t_k = t_b + t_{off} \tag{10.8}$$

式中　t_{off}——断路器的固有分闸时间和燃弧时间之和。

在验算裸导体的短路热效应时，宜采用主保护动作时间。如主保护有死区时，则采用能对该死区起作用的后备保护动作时间，并采用相应处的短路电流值。在验算电气设备的短路热效应时，宜采用后备保护动作时间。

对于开断电器（如断路器、重合器、熔断器等），应能在最严重的情况下开断短路电流。因此电器的开断计算时间 $t_{k.in}$ 是从短路瞬间开始到断路器灭弧触头分离的时间，为包括主保护动作时间 t_{b1} 和断路器固有分闸时间 t_{in} 之和，即

$$t_{k.in} = t_{b1} + t_{in} \tag{10.9}$$

10.2 高压断路器、隔离开关及高压熔断器的选择

10.2.1 高压断路器的选择

高压断路器按下列项目选择和校验：①型式和种类；②额定电压；③额定电流；④额定短路开断电流；⑤额定关合电流；⑥动稳定；⑦热稳定。

一、按种类和型式选择

高压断路器的种类和型式的选择，除满足各项技术条件和环境条件外，还应考虑便于安装调试和运行维护，并经技术经济比较后才能确定。根据我国当前生产制造情况，电压等级为 $6 \sim 220kV$ 的电网可选用少油断路器、真空断路器和 SF_6 断路器；$330 \sim 500kV$ 电网一般采用 SF_6 断路器。采用封闭母线的大容量机组，当需要装设断路器时，应选用发电机专用断路器。

二、按额定电压选择

高压断路器的额定电压 U_N 应大于或等于所在电网的额定电压 U_{NS}，即

$$U_N \geqslant U_{NS} \tag{10.10}$$

三、按额定电流选择

高压断路器的额定电流 I_N 应大于或等于流过它的最大持续工作电流 I_{Wmax}，即

$$I_N \geqslant I_{Wmax} \tag{10.11}$$

当断路器使用的环境温度不等于设备周围介质极限温度时，应对断路器的额定电流进行修正。

四、按额定短路开断电流选择

在给定的电网电压下，高压断路器的额定短路开断电流 I_{Nbr} 应满足

$$I_{Nbr} \geqslant I_{kp} \tag{10.12}$$

式中　I_{kp}——断路器实际开断时间的短路电流周期分量有效值。

断路器的实际开断时间等于继电保护主保护动作时间与断路器的固有分闸时间之和。

对于设有快速保护的高速断路器，其开断时间小于 $0.1s$，当在电源附近短路时，短路电流的非周期分量可能超过周期分量幅值的 20%，因此其开断电流应计及非周期分量的影响，取短路全电流有效值 I_f 进行校验。

装有自动重合闸装置的断路器，应考虑重合闸对额定开断电流的影响。

五、按额定关合电流选择

在断路器合闸之前，若线路上已存在短路故障，则在断路器合闸过程中，触头间在未接触时即有很大的短路电流通过（预击穿），更易发生触头熔焊和遭受电动力的破坏，且断路器在关合短路电流时，不可避免地在接通后又自动跳闸，此时要求能切断短路电流。为了保证断路器在关合短路时的安全，断路器的额定关合电流 i_{Ncl} 应不小于短路冲击电流幅值

i_{sh}，即

$$i_{Ncl} \geqslant i_{sh} \tag{10.13}$$

六、动稳定校验

高压断路器的动稳定电流 i_{ds} 应不小于三相短路时通过断路器的短路冲击电流幅值 i_{sh}，即

$$i_{ds} \geqslant i_{sh} \tag{10.14}$$

七、热稳定校验

高压断路器的额定短时耐受热量 $I_r^2 t_r$ 应不小于短路期内短路电流热效应 Q_k，即

$$I_r^2 t_r \geqslant Q_k \tag{10.15}$$

10.2.2　隔离开关的选择

隔离开关应根据下列条件选择：①型式和种类；②额定电压；③额定电流；④动稳定；⑤热稳定。

隔离开关的型式和种类的选择应根据配电装置的布置特点和使用条件等因素，进行综合技术经济比较后确定，其他四项技术条件与高压断路器相同，此处不再重述。

10.2.3　高压熔断器的选择

高压熔断器应根据下列条件选择：①额定电压；②额定电流；③开断电流；④保护熔断特性。

一、按额定电压选择

熔断器的额定电压应不小于所在电网的额定电压。但对于限流式高压熔断器，则只能用在等于其额定电压的电网中。这是因为限流式熔断器熔断时有过电压发生，如果将其用在低于其额定电压的电网中，过电压可能达到 $3.5\sim4$ 倍的电网相电压，超过电网的绝缘水平而造成危险。

二、按额定电流选择

要求熔断器必须符合

$$I_{NFU} \geqslant I'_{NFU} \geqslant I_{Wmax} \tag{10.16}$$

式中　I_{NFU}——熔断器熔管的额定电流，kA；

　　　I'_{NFU}——熔断器熔件的额定电流，kA；

　　　I_{Wmax}——流过熔断器的最大长期工作电流，kA。

熔件的额定电流还应按高压熔断器的保护熔断特性选择，即达到选择性熔断的要求。同时，还应考虑熔断器在运行中可能通过的冲击电流（如变压器励磁涌流，保护范围以外的短路电流、电动机自启动电流及补偿电容器组的涌流电流等）作用下，不致误熔断。

三、按开断电流校验

按开断电流选择时，要求熔断器的额定开断电流 I_{Nbr} 应不小于三相短路冲击电流的有效值 I_{sh}（或 I''），即

$$I_{Nbr} \geqslant I_{sh}(I'') \tag{10.17}$$

对于非限流式熔断器，选择时用冲击电流有效值 I_{sh} 进行校验；对于限流式熔断器，由于在电流通过最大值之前电路已截断，故可采用三相短路次暂态电流有效值 I'' 进行校验。

四、按保护熔断特性校验

根据保护动作选择性的要求校验熔件的额定电流，使其保证前后两级熔断器之间或熔断器与电源侧（或负荷侧）继电保护之间动作的选择性。各种熔件的熔断时间与通过熔件的短路电流的关系曲线，由制造厂商提供。此外，保护电压互感器用的熔断器，只需按额定电压和开断电流选择。

【例 10.1】 选择图 10.2 中发电机 G1 的出口断路器 QF。发电机参数和系统阻抗如图 10.2 所示。主保护动作时间 $t_{b1}=0.05\mathrm{s}$，后备保护动作时间 $t_{b2}=4\mathrm{s}$。

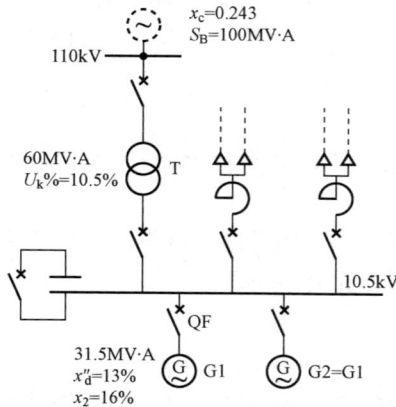

图 10.2　[例 10.1] 主接线图

解　发电机 G1 的最大持续工作电流为

$$I_{Wmax}=1.05I_N=1.05\times\frac{31500}{\sqrt{3}\times10.5}=1804\,(\mathrm{A})$$

因为所选断路器在 10.5kV 屋内配电装置中，故选用 ZN12-12 型真空断路器，其主要技术参数见表 10.1。该型断路器的分闸时间小于 0.06s。由于真空断路器的熄弧时间十分短暂，故取分闸时间作为固有分闸时间。

开断计算时间：$t_{k\,in}=t_{b1}+t_{in}=0.05+0.06=0.11$（s）

短路计算时间：$t_k=t_{b2}+t_{off}=4+0.06=4.06$（s）

当在 QF 的下侧发生三相短路时，由上侧电力系统提供的短路电流大于发电机 G1 提供的短路电流。通过短路电流计算可得

$$I''_{(0)}=I_{(2.03)}=I_{(4.06)}=39.47\mathrm{kA}$$

$$i_{sh}=2.69I''=106.2\mathrm{kA}$$

由于开断计算时间为 0.11s，超过了短路电流周期分量 5 个周期的变化时间，可以认为短路电流非周期分量已经衰减为零，因此断路器的开断能力校验以 I_{pt} 为依据。

由于短路计算时间 $t_k>1\mathrm{s}$，所以短路电流热效应不考虑非周期分量发热。短路电流热效应为

$$Q_p=\int_0^{t_d}I_{pt}^2\,\mathrm{d}t=\frac{I''^2_{(0)}+10I^2_{(t_d/2)}+I^2_{(t_d)}}{12}t_d=39.47^2\times4.06=6325\,(\mathrm{kA}^2\cdot\mathrm{s})$$

断路器的选择结果表见表 10.1。

表 10.1　　　　　　　　　ZN12-12 型真空断路器主要技术参数

额定参数		计算数据		额定参数		计算数据	
U_N	12kV	U_{NS}	10kV	i_{Ncl}	125kA	i_{sh}	106.2kA
I_N	2000A	I_{Wmax}	1804A	i_{ds}	125kA	i_{sh}	106.2kA
I_{Nbr}	50kA	I_{pt}	310.47kA	$I_t^2t_r$	$50^2\times4\mathrm{kA}^2\cdot\mathrm{s}$	Q_k	$6325\mathrm{kA}^2\cdot\mathrm{s}$

10.3　限流电抗器的选择

电力系统中使用的电抗器，分为普通电抗器和分裂电抗器两种。普通电抗器一般装设在发电厂馈电线路或发电机电压母线的分段上。分裂电抗器常装设在负荷平衡的双回馈电线、

变压器的低压侧以及发电机回路上。两者的选择方法原则上是相同的，一般按下列项目选择和校验：①额定电压；②额定电流；③电抗百分数；④动稳定；⑤热稳定。

10.3.1　按额定电压选择

电抗器的额定电压 U_N 应大于或等于所在电网的额定电压 U_{NS}，即

$$U_N \geqslant U_{NS} \tag{10.18}$$

10.3.2　按额定电流选择

电抗器的额定电流 I_N 应大于或等于通过它的最大持续工作电流 I_{Wmax}，即

$$I_N \geqslant I_{Wmax} \tag{10.19}$$

对于母线分段电抗器的最大持续工作电流，应根据母线上事故切除最大一台发电机时，可能通过电抗器的电流选择，一般取该台发电机额定电流的 $50\% \sim 80\%$。

对于分裂电抗器，当安装在发电厂的发电机或主变压器回路时，其最大工作电流一般按发电机或主变压器额定电流的 70% 选择；当用于变电所主变压器回路时，应按负荷电流大的一臂中通过的最大负荷电流选择；当无负荷资料时，可按主变压器额定电流的 70% 选择。

10.3.3　按电抗百分数选择

一、普通电抗器电抗百分数的选择

（一）按将短路电流限制到要求值选择

设要求将短路电流限制到 I''，则短路回路总电抗的标幺值 $X_{*\Sigma}$ 为

$$X_{*\Sigma} = \frac{I_B}{I''} \tag{10.20}$$

式中　I_B——基准电流，kA；

　　　I''——次暂态短路电流周期分量有效值，kA。

所需电抗器的基准电抗标幺值应为

$$X_{*R} = X_{*\Sigma} - X'_{*\Sigma} = \frac{I_B}{I''} - X'_{*\Sigma} \tag{10.21}$$

式中　$X'_{*\Sigma}$——电源至电抗器前的系统电抗标幺值。

电抗器在额定参数条件下的百分比电抗为

$$X_R\% = X_{*R}\frac{I_N U_B}{I_B U_N} \times 100\% \tag{10.22}$$

或

$$X_R\% = \left(\frac{I_B}{I''} - X'_{*\Sigma}\right)\frac{I_N U_B}{I_B U_N} \times 100\% \tag{10.23}$$

上两式中　U_B——基准电压，kV。

（二）按电压损失校验

普通电抗器在正常工作时，其电压损失不得大于母线额定电压的 5%。对于出线电抗器尚应计及出线上的电压损失，即

$$\Delta U\% = X_R\% \frac{I_{Wmax}\sin\varphi}{I_N} \leqslant 5\% \qquad (10.24)$$

式中　φ——负荷功率因数角，为方便计算一般 $\cos\varphi$ 取 0.8。

（三）按母线残余电压校验

当出线电抗器未设置无时限继电保护时，应按在电抗器后发生短路，母线残余电压不低于额定值的 60%~70% 校验，即

$$\Delta U_r\% = X_R\% \frac{I''}{I_N} \geqslant 60\% \sim 70\% \qquad (10.25)$$

二、分裂电抗器电抗百分数的选择

分裂电抗器的电抗百分数 $X_R\%$ 可按式（10.23）计算，但由于分裂电抗器的技术数据中只给出了单臂自感电抗 $X_L\%$，所以还应进行换算。$X_L\%$ 和 $X_R\%$ 之间的关系与电源连接方式及短路点的选择有关。分裂电抗器的接线如图 10.3 所示。

（1）当 3 侧有电源，1 侧和 2 侧无电源，而在 1 或 2 侧短路时，$X_L\% = X_R\%$；

（2）当 3 侧无电源，1 侧和 2 侧有电源，1（或 2）侧短路时，$X_R\% = 2(1+f)X_L\%$；

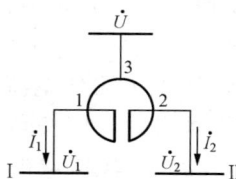

图 10.3　分裂电抗器接线图

（3）当 1 侧和 2 侧有电源，在 3 侧短路，或者三侧均有电源，而 3 侧短路时，$X_R\% = (1-f)X_L\%/2$，其中 f 为分裂电抗器的互感系数，当无制造部门资料时，一般取 0.5。

在正常运行条件下，分裂电抗器的电压损失很小，但两臂负荷变化所引起的电压波动却很大，故要求正常工作时两臂母线电压波动不大于母线额定电压的 5%。考虑到电抗器的电阻很小，而且电压降是由电流的无功分量在电抗器的电抗中产生的，故母线 1 上的电压为

$$U_1 = U - \sqrt{3}X_L I_1\sin\varphi_1 + \sqrt{3}X_L f I_2\sin\varphi_2 \qquad (10.26)$$

因为 $X_L = \dfrac{X_L\%}{100}\dfrac{U_N}{\sqrt{3}I_N}$，代入式（10.26）得

$$U_1 = U - \frac{X_L\%}{100}U_N\left(\frac{I_1}{I_N}\sin\varphi_1 - f\frac{I_2}{I_N}\sin\varphi_2\right) \qquad (10.27)$$

将式（10.27）除以 U_N，可得 I 段母线电压的百分数为

$$U_1\% = \frac{U}{U_N}\times100 - X_L\%\left(\frac{I_1}{I_N}\sin\varphi_1 - f\frac{I_2}{I_N}\sin\varphi_2\right) \qquad (10.28)$$

同理，可得 II 段母线电压百分数为

$$U_2\% = \frac{U}{U_N}\times100 - X_L\%\left(\frac{I_2}{I_N}\sin\varphi_2 - f\frac{I_1}{I_N}\sin\varphi_1\right) \qquad (10.29)$$

式中　U_1，U_2——I、II 段母线上电压；

$\quad\quad\quad U$——电源侧电压；

$\quad\quad\quad I_1$，I_2——I、II 段母线上负荷电流，无资料时，可取一臂为 $70\% I_N$，另一臂为 $30\% I_N$；

$\quad\quad\quad \varphi_1$，$\varphi_2$——I、II 段母线上的负荷功率因数角，一般可取 $\cos\varphi = 0.8$；

$\quad\quad\quad f$——分裂电抗器的互感系数。

10.3.4　动稳定和热稳定校验

电抗器的热稳定校验应满足

$$I_r^2 t_r \geqslant Q_k \tag{10.30}$$

式中　Q_k——电抗器后短路时短路电流的热效应；

　　　　I_r——电抗器 t_r 时间内的热稳定电流；

　　　　t_r——电抗器的热稳定时间。

电抗器的动稳定校验应满足

$$i_{ds} \geqslant i_{sh} \tag{10.31}$$

式中　i_{sh}——电抗器后短路冲击电流；

　　　　i_{ds}——电抗器的动稳定电流。

此外，由于分裂电抗器在两臂同时流过反向短路电流时的动稳定较弱，故对分裂电抗器应分别对单臂流过短路电流和两臂同时流过反向短路电流两种情况进行动稳定校验。在选择分裂电抗器时，还应考虑电抗器布置方式和进出线端子角度的选择。

【例 10.2】　如图 10.4 所示接线，当取 $S_B=100\text{MV}\cdot\text{A}$，$U_B=10.5\text{kV}$ 时，系统电抗标幺值 $X_L=0.33$，发电机电抗标幺值 $X_d''=0.418$。已知 10.5kV 出线断路器 QF 拟采用 SN10-10 Ⅰ 型，其额定短路开断电流 $I_{Nbr}=16\text{kA}$，全分闸时间 $t_{off}=0.06\text{s}$，出线保护动作时间 $t_b=1\text{s}$，线路最大持续工作电流为 360A，试选择出线电抗器。

解　取 $S_B=100\text{MV}\cdot\text{A}$，$U_B=10.5\text{kV}$，$I_B=5.5\text{kA}$。按正常工作电压和最大持续工作电流选择 NKL-10-400 型普通电抗器，其中 $U_N=10\text{kV}$，$I_N=400\text{A}$。

（1）由图 10.4 可求出电抗器前系统电抗为

$$X'_{*\Sigma} = 0.33 \times 0.209/(0.33 + 0.209) = 0.128$$

令 $I''=I_{Nbr}$，由式（10.23）得

$$\begin{aligned}
X_R\% &= \left(\frac{I_B}{I''} - X'_{*\Sigma} \right) \frac{I_N U_B}{I_B U_N} \times 100\% \\
&= \left(\frac{5.5}{16} - 0.128 \right) \times \frac{0.4 \times 10.5}{5.5 \times 10} \times 100\% \\
&= 1.63\%
\end{aligned}$$

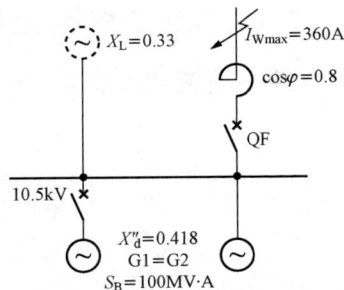

图 10.4　选择出线
电抗器接线图

若选用 $X_R\%=3$ 的电抗器，计算表明不满足动稳定要求。故选用 NKL-10-400-4 型，其 $X_R\%=4$，动稳定电流 $i_{ds}=25.5\text{kA}$，1s 的热稳定电流 $I_r=22.5\text{kA}$。

（2）计算电抗器后三相短路的短路电流。电抗器的电抗标幺值为

$$X_{*R} = \frac{X_R\%}{100} \frac{I_B U_N}{I_N U_B} = 0.04 \times \frac{5.5 \times 10}{0.4 \times 10.5} = 0.524$$

计及电抗器后的短路回路总电抗标幺值为

$$X_{*\Sigma} = X'_{*\Sigma} + X_{*R} = 0.128 + 0.524 = 0.652$$

将电力系统作为无限大容量电力系统考虑，短路电流周期分量有效值为 $I''=8.43\text{kA}$。校验动、热稳定如下：

三相短路冲击电流为

$$i_{\text{sh}}^{(3)} = 2.55 \times 8.43 = 21.5(\text{kA}) < 25.5(\text{kA})$$

短路计算时间为

$$t_{\text{k}} = t_{\text{b}} + t_{\text{off}} = 1 + 0.1 = 1.1(\text{s}) > 1(\text{s})$$

故不计非周期分量发热。

电抗器后短路时短路电流的热效应为

$$Q_{\text{k}} = I''^2 t_{\text{k}} = 8.43^2 \times 1.1 = 78.17(\text{kA}^2 \cdot \text{s}) < I_{\text{r}}^2 t_{\text{r}} = 506.25(\text{kA}^2 \cdot \text{s})$$

（3）校验电抗器正常运行情况下的电压损失，即

$$\Delta U\% = X_{\text{R}}\% \frac{I_{\text{Wmax}}\sin\varphi}{I_{\text{N}}} = 4\% \times \frac{360}{400} \times 0.6 = 2.16\% < 5\%$$

（4）校验电抗器后三相短路时母线残余电压，即

$$\Delta U_{\text{r}}\% = X_{\text{R}}\% \frac{I''}{I_{\text{N}}} = 4\% \times \frac{8360}{400} = 83.6\% \geqslant 60\% \sim 70\%$$

通过上述计算，表明选用 NKL-10-400-4 型普通电抗器满足要求。

10.4　电磁式电流互感器的选择

10.4.1　按设备种类和型式选择

电磁式电流互感器的种类和型式应根据使用环境条件和产品情况选择。对于 6～20kV 屋内配电装置，可采用瓷绝缘结构或树脂浇注绝缘结构的电流互感器。对于 35kV 及以上配电装置，宜采用油浸瓷箱式绝缘结构的独立式电流互感器。有条件时，应尽量采用套管式电流互感器。

10.4.2　按一次额定电压和额定电流选择

电磁式电流互感器的一次额定电压和额定电流必须满足

$$U_{\text{N1}} \geqslant U_{\text{W}} \tag{10.32}$$

$$I_{\text{N1}} \geqslant I_{\text{Wmax}} \tag{10.33}$$

上两式中　U_{N1}，I_{N1}——电流互感器一次额定电压和额定电流；

$\qquad U_{\text{W}}$，I_{Wmax}——电流互感器安装处一次回路工作电压和最大长期工作电流。

电流互感器一次额定电流的标准值为 10、12.5、15、20、25、30、40、50、60、75A，以及这些值的十进位倍数或小数。

10.4.3　按准确级和二次侧负荷选择

为了保证电流型测量仪表的准确度等级，电流互感器的准确度等级不得低于所供测量仪表的准确度等级。因此，应首先确定电流互感器二次回路所接测量仪表的类型及对准确度等级的要求，并按准确度等级要求最高的表计来选择电流互感器的准确度等级。

常用的测量仪表对电流互感器准确度等级的要求见表 10.2。

为了保证电流互感器在一定的准确度等级下工作，电流互感器二次侧所接负荷 S_2 应不大于该准确度等级所规定的额定容量 S_{N2}，即

$$S_{\text{N2}} \geqslant S_2 = I_{\text{N2}}^2 Z_2 \tag{10.34}$$

式中　Z_2——电流互感器二次负荷阻抗；

$\qquad I_{\text{N2}}$——电流互感器二次额定电流。

表 10.2　　　　　　　测量仪表与配套的电流互感器准确度等级

指 示 仪 表			计 量 仪 表		
仪表准确度等级	互感器准确度等级	辅助互感器准确度等级	仪表准确度等级		互感器准确度等级
			有功电能表	无功电能表	
0.5	0.5	0.2	0.2	1.0	0.1
1.0	0.5	0.2	0.5	2.0	0.2 或 0.2S
1.5	1.0	0.2	1.0	2.0	0.5 或 0.5S
2.5	1.0	0.5	2.0	3.0	0.5 或 0.5S

注　无功电能表一般与有功电能表采用同一等级的电流互感器。

由于电流互感器二次额定电流 I_{N2} 已标准化（5A 或 1A），故电流互感器的二次负荷主要由外接阻抗 Z_2 决定。若不计负荷电抗值时，则

$$Z_2 = K_{mc}\sum Z_m + K_{lc}Z_1 + R_c \tag{10.35}$$

式中　$\sum Z_m$——接入电流互感器二次电路的仪表串联线圈总阻抗，Ω；

　　　Z_1——二次电路连接导线单程的阻抗（一般可忽略电抗，仅计及电阻），Ω；

　　　R_c——二次电路的接触电阻，一般取 $0.05\sim0.1\Omega$；

　　　K_{mc}——仪表接线的阻抗换算系数；

　　　K_{lc}——连接线的阻抗换算系数。

测量用电流互感器各种接线方式的阻抗换算系数 K_{lc} 和 K_{mc} 见表 10.3。

接入电流互感器二次回路之中的仪表被确定以后，式（10.35）中仅有二次回路连接导线的阻抗是可调的。为了使电流互感器的二次负荷 S_2 不超过相应准确等级下的额定容量 S_{N2}，则 $K_{lc}Z_1$ 应满足

$$K_{lc}Z_1 \leqslant \frac{S_{N2} - I_{N2}^2(K_{mc}\sum Z_m + R_c)}{I_{N2}^2} \tag{10.36}$$

若连接导线的长度和电流互感器接线方式已定，则连接导线的截面积应为

$$A \geqslant \rho\frac{L}{Z_1} \quad (m^2) \tag{10.37}$$

式中　A——导线截面积（电流回路采用 $2.5mm^2$ 及以上的铜导线）；

　　　ρ——导线的电阻率，铜为 $1.75\times10^{-8}\Omega\cdot m$；

　　　L——电流互感器安装地点到测量仪表之间实际路径的长度，m。

表 10.3　　　　　　测量用电流互感器各种接线方式的阻抗换算系数

电流互感器接线方式		阻抗换算系数		备　注
		K_{lc}	K_{mc}	
单　相		2	1	
三相星形		1	1	
两相星形	$Z_{m0}=Z_m$	$\sqrt3$	$\sqrt3$	Z_{m0} 为中性线回路中的负荷阻抗
	$Z_{m0}=0$	$\sqrt3$	1	
两相差接		$2\sqrt3$	$\sqrt3$	
三角形		3	3	

10.4.4 热稳定校验

电流互感器的热稳定能力以 1s 内允许通过的一次额定电流倍数 K_t 表示，故热稳定按下式校验，即

$$(K_t I_{N1})^2 \times 1 \geqslant Q_k \tag{10.38}$$

10.4.5 动稳定校验

电流互感器流过短路电流时，不仅在电流互感器内部产生作用力，而且由于邻相之间电流的相互作用会使绝缘瓷帽上也受到外力的作用。应对不同类型的电流互感器分别进行内部动稳定和外部动稳定校验。

内部动稳定校验应满足

$$i_{sh} \leqslant \sqrt{2} I_{N1} K_{ds} \tag{10.39}$$

式中　K_{ds}——电流互感器的动稳定倍数。

外部动稳定校验有三种情况：

（1）当产品样本上标明瓷帽端部或接地端的允许应力 F_y 时，按下式校验，即

$$F_y \geqslant 0.5 \times 1.73 \times i_{sh}^2 \frac{l}{a} \times 10^{-7} \quad (N) \tag{10.40}$$

式中　a——相间距离，m；

　　　l——电流互感器出线（瓷帽）端部至最近一个支持绝缘子的距离，m。

（2）当产品样本未标明允许应力 F_y，而给出相间距离 $a=0.4m$，电流互感器出线（瓷帽）端部至最近一个支持绝缘子的距离 $l=0.5m$ 时的动稳定倍数 K_{ds} 时，则应按下式校验，即

$$i_{sh} \leqslant \sqrt{2} I_{N1} K_{ds} \sqrt{\frac{50a}{40l}} \times 10^{-3} \tag{10.41}$$

（3）对于母线型电流互感器，当产品样本上标明允许应力 F_y 时，按下式校验，即

$$F_y \geqslant 1.73 i_{sh}^2 \frac{L}{a} \times 10^{-7} \quad (N) \tag{10.42}$$

式中　L——导体平均计算长度，m，$L = l_1 + l$ [l_1 为电流互感器长度，l 为电流互感器出线（瓷帽）端部至最近一个支持绝缘子的距离]。

对于环氧树脂浇注的母线型电流互感器，可不校验动稳定。

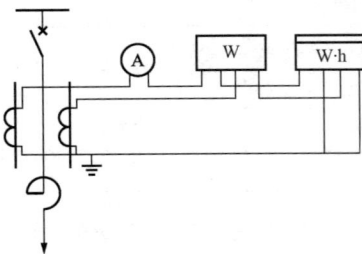

图 10.5　电流互感器回路接线图

【例 10.3】 选择 [例 10.2] 中 10kV 馈线上的电流互感器。已知电抗器后发生三相短路时，$I'' = 8.43kA$，相间距离 $a=0.4m$。电流互感器出线端部至最近一个支持绝缘子的距离 $l=1m$。电流互感器回路接线如图 10.5 所示，电流互感器安装地点与测量仪表相距 40m。电流互感器二次侧所接负荷情况见表 10.4。

解　（1）电流互感器的二次负荷统计见表 10.4，其最大相负荷为 1.45V·A。

表 10.4　　　　　　　　　　电流互感器二次侧所接负荷情况表（V·A）

仪表电流线圈名称	U 相	W 相	仪表电流线圈名称	U 相	W 相
电流表（40L1-A）	0.35		电能表（DS1）	0.5	0.5
功率表（40D1-W）	0.6	0.6	总计	1.45	1.1

（2）电流互感器的型式选择。根据电流互感器安装处的电网电压、最大工作电流和安装地点的要求，初选 LFC-10（L 表示电流互感器，F 表示复匝，C 表示瓷绝缘）型屋内型电流互感器，变比为 400/5。由于供给计费电能表使用，故应选 0.5 级。其额定二次负荷阻抗为 0.6Ω，动稳定倍数 $K_{ds}=250$，1s 内热稳定倍数 $K_t=80$，出线端部允许应力 $F_y=736(N)$。

（3）选择电流互感器连接导线截面。

所选电流互感器额定二次容量为

$$S_{N2} = I_{N2}^2 Z_{N2} = 5^2 \times 0.6 = 15(V \cdot A)$$

最大相负荷阻抗为

$$K_{mc}\sum Z_m = P_{max}/I_{N2}^2 = 1.45/5^2 = 0.058(\Omega)$$

电流互感器采用两相星形接线，故连接导线的阻抗换算系数 $K_{lc}=\sqrt{3}$，$K_{mc}=1$。连接导线的截面积满足

$$A \geqslant \frac{L}{Z_1} = \frac{K_{lc}L}{Z_{N2} - K_{mc}\sum Z_m - R_c} = \frac{1.75 \times 10^{-8} \times \sqrt{3} \times 40}{0.6 - 0.058 - 0.1}$$
$$= 2.74 \times 10^{-6}(m^2) = 2.74(mm^2)$$

因此，选用标准截面积为 $4mm^2$ 的铜导线。

（4）校验动、热稳定。按照规定应按电抗器后短路校验。由［例 10.2］可知，$I''=8.43kA$，$i_{sh}=21.5kA$。

校验热稳定：

$$(K_t I_{N1})^2 \times 1 = (80 \times 400)^2 \times 1 \geqslant Q_k = I''^2 t_k = 8.43^2 \times 1.1 = 78.17(kA^2 \cdot s)$$

校验内部动稳定：

$$\sqrt{2} I_{N1} K_{ds} = \sqrt{2} \times 0.4 \times 250 = 141.4(kA) > 21.5(kA)$$

校验外部动稳定：

$$F_y = 736(N) > 0.5 \times 1.73 \times 21500^2 \times 10^{-7} \times \frac{1}{0.4} = 98.2(N)$$

因此，所选电流互感器符合要求。

10.5　电磁式电压互感器的选择

10.5.1　按装置种类和型式选择

电压互感器的装置种类和型式应根据安装地点和使用条件进行选择。对于 3～20kV 屋内配电装置宜采用油浸绝缘结构，也可采用树脂浇注绝缘结构的电压互感器；对于 35kV 配电装置，宜采用电磁式电压互感器；对于 110kV 及以上配电装置，当容量和准确度满足要求时，宜采用电容式电压互感器。在需要检查和监视一次回路单相接地时，应选用三相五柱式电压互感器或具有剩余绕组的单相电压互感器组。

10.5.2 一次回路电压选择

为了保证电压互感器的安全和在规定的准确级下运行，电压互感器一次绕组所接电网电压 U_1 应满足

$$1.1U_{N1} > U_1 > 0.9U_{N1} \tag{10.43}$$

式中 U_{N1}——电压互感器一次绕组额定电压。

10.5.3 二次绕组和电压选择

电压互感器二次绕组数量按所供给仪表和继电器的要求确定。

（1）对于超高压输电线路和大型主设备，要求装设两套独立的主保护或继电保护按双重化配置，因而可能要求电压互感器具有两个独立二次绕组分别对两套保护供电。此外，对于某些计费用计量仪表，为提高可靠性和准确度，必要时可从二次绕组单独引出二次电缆回路供电，或采用具有两个独立二次绕组分别为测量和保护供电的电压互感器。

（2）保护用电压互感器一般设有剩余电压绕组，供接地故障产生剩余电压用。对于微机保护，推荐由保护装置内三相电压自动形成剩余（零序）电压，此时可不设剩余电压绕组。

电压互感器二次回路额定电压必须满足继电保护装置和测量用标准仪表的要求。电压互感器二次侧额定电压可按表 10.5 选择。

表 10.5   电压互感器二次侧额定电压选择表

绕 组	二 次 绕 组		接成开口三角形的剩余绕组	
高压侧接法	一次绕组接于线电压上	一次绕组接于相电压上	在中性点直接接地的系统中	在中性点不接地或经消弧线圈接地的系统中
二次电压（V）	100	$100/\sqrt{3}$	100	100/3

10.5.4 按准确度等级和二次绕组容量选择

在选择电压互感器时，应首先根据继电保护装置和测量用标准仪表的接线要求，并尽可能将负荷均匀分布在各相上，然后计算各相负荷大小，再按照所接仪表的准确度等级和容量选择电压互感器的准确度等级和额定容量。

测量用电压互感器的准确度等级应与测量仪表的准确度等级相适应，参见表 10.6。

表 10.6   测量仪表与配套的电压互感器准确度等级

指示仪表	计量仪表			指示仪表	计量仪表		
仪表准确度等级	仪表准确度等级		互感器准确度等级	仪表准确度等级	仪表准确度等级		互感器准确度等级
	有功电能表	无功电能表			有功电能表	无功电能表	
0.5	0.5	2	0.2	1.5	2	3	0.5
1	1	2	0.5	2.5			1

对应于测量仪表所要求的最高准确度等级的电压互感器的额定二次容量 S_{N2}，应不小于电压互感器的二次负荷容量 S_2，即

$$S_{N2} \geqslant S_2 \tag{10.44}$$

二次负荷容量 S_2 的计算，一般按最大的一相负荷进行验算。必要时可按表 10.7 列出的接线方式和计算式进行每相负荷的计算。

表 10.7　电压互感器接成星形时每相负荷的计算公式

接线图及相量图		接线图及相量图	
u	$P_u = [S_{uv}\cos(\varphi_{uv} - 30°)]/\sqrt{3}$ $Q_u = [S_{uv}\sin(\varphi_{uv} - 30°)]/\sqrt{3}$	uv	$P_{uv} = \sqrt{3}S\cos(\varphi + 30°)$ $Q_{uv} = \sqrt{3}S\sin(\varphi + 30°)$
v	$P_v = [S_{uv}\cos(\varphi_{uv} + 30°) + S_{vw}\cos(\varphi_{vw} - 30°)]/\sqrt{3}$ $Q_v = [S_{uv}\sin(\varphi_{uv} + 30°) + S_{vw}\sin(\varphi_{vw} - 30°)]/\sqrt{3}$	vw	$P_{vw} = \sqrt{3}S\cos(\varphi - 30°)$ $Q_{vw} = \sqrt{3}S\sin(\varphi - 30°)$
w	$P_w = [S_{vw}\cos(\varphi_{vw} + 30°)]/\sqrt{3}$ $Q_w = [S_{vw}\sin(\varphi_{vw} + 30°)]/\sqrt{3}$		

【例 10.4】　选择 [例 10.2] 中 10.5kV 母线上的电压互感器。已知母线上接有馈线 7 回，厂用变压器 2 台，主变压器 1 台，有功电能表 10 只，有功功率表 3 只，无功功率表 1 只，母线电压表及频率表各 1 只，绝缘监视电压表 3 只。电压互感器和仪表接线以及负荷分配如图 10.6 和表 10.8 所示。

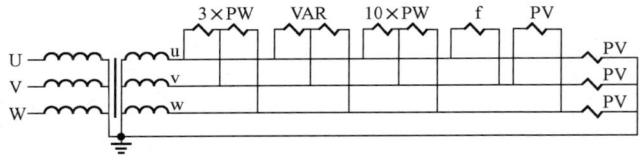

图 10.6　电压互感器和仪表接线及负荷分配图

表 10.8　电压互感器各相负荷分配（不完全星形负荷部分）

仪表名称及型号	每个绕组消耗功率（V·A）	仪表电压线圈 cosφ	仪表电压线圈 sinφ	仪表数目	uv 相 P_{uv}	uv 相 Q_{uv}	vw 相 P_{vw}	vw 相 Q_{vw}
有功功率表 16D1-W	0.6	1		3	1.8		1.8	
无功功率表 16D1-VAR	0.5	1		1	0.5		0.5	
有功电能表 DS1	1.5	0.38	0.925	10	5.7	13.9	5.7	13.9
频率表 16L1-Hz	0.5	1		1	0.5			
电压表 16L1-V	0.2	1					0.2	
总计					8.5	13.9	8.2	13.9

解　因为 10.5kV 系统为小接地电流系统，所以电压互感器除供测量仪表外，还用作交流电网的绝缘监视，故选用 JSJW-10 型三相五柱式电压互感器，其一、二次电压比为 $\dfrac{10}{\sqrt{3}}\bigg/\dfrac{0.1}{\sqrt{3}}\bigg/\dfrac{0.1}{3}$。由于回路中接有计费用电能表，故准确度选为 0.5 级。与之对应的电压互感器额定二次容量 S_{N2} 为 120V·A。电压互感器接线方式为 YNynd。

根据表 10.7 可求出不完全星形接线部分负荷为

$$S_{uv} = \sqrt{P_{uv}^2 + Q_{uv}^2} = \sqrt{8.5^2 + 13.9^2} = 16.3(V \cdot A)$$

$$S_{vw} = \sqrt{P_{vw}^2 + Q_{vw}^2} = \sqrt{8.2^2 + 13.9^2} = 16.1(V \cdot A)$$

$$\cos\varphi_{uv} = \frac{P_{uv}}{S_{uv}} = \frac{8.5}{16.3} = 0.52, \quad \varphi_{uv} = 58.7°$$

$$\cos\varphi_{vw} = \frac{P_{vw}}{S_{vw}} = \frac{8.2}{16.1} = 0.51, \quad \varphi_{vw} = 59.3°$$

由于每相上还接有绝缘监视电压表 PV（$P' = 0.2V \cdot A$，$Q' = 0V \cdot A$），故 U 相负荷为

$$P_u = \frac{1}{\sqrt{3}}S_{uv}\cos(\varphi_{uv} - 30°) + P_u'$$

$$= \frac{1}{\sqrt{3}} \times 16.3\cos(58.7° - 30°) + 0.2$$

$$= 8.45(W)$$

$$Q_u = \frac{1}{\sqrt{3}}S_{uv}\sin(\varphi_{uv} - 30°)$$

$$= \frac{1}{\sqrt{3}} \times 16.3\sin(58.7° - 30°)$$

$$= 4.5(var)$$

V 相负荷为

$$P_v = \frac{1}{\sqrt{3}}[S_{uv}\cos(\varphi_{uv} + 30°) + S_{vw}\cos(\varphi_{vw} - 30°)] + P_v'$$

$$= \frac{1}{\sqrt{3}} \times [16.3\cos(58.7° + 30°) + 16.1\cos(59.3° - 30°)] + 0.2$$

$$= 8.33(W)$$

$$Q_v = \frac{1}{\sqrt{3}}[S_{uv}\sin(\varphi_{uv} + 30°) + S_{vw}\sin(\varphi_{uw} - 30°)]$$

$$= \frac{1}{\sqrt{3}} \times [16.3\sin(58.7° + 30°) + 16.1\sin(59.3° - 30°)]$$

$$= 13.96(var)$$

显然，V 相负荷较大，故只需用 V 相总负荷进行校验。

$$S_v = \sqrt{P_v^2 + Q_v^2} = \sqrt{8.33^2 + 13.96^2} = 16.28(V \cdot A) < 120/3(V \cdot A)$$

因此，所选 JSJW-10 型电压互感器满足要求。

小　结

一、电气设备选择的一般条件

电气设备要能可靠地工作，必须按正常工作条件进行选择，按短路条件校验其动、热稳定性。

导体和电器的正常工作条件是指额定电压、额定电流和自然环境条件三个方面。

按短路条件校验要考虑短路电流的发热和短路电动力的大小、短路电流的计算条件（如

电源容量、短路种类、短路计算点的选择等）以及短路计算时间等。

二、高压断路器、隔离开关及高压熔断器的选择

高压断路器按下列项目选择和校验：①型式和种类；②额定电压；③额定电流；④额定开断电流；⑤额定关合电流；⑥动稳定；⑦热稳定。

隔离开关应根据下列条件选择：①型式和种类；②额定电压；③额定电流；④动稳定；⑤热稳定。

高压熔断器应根据下列条件选择：①额定电压；②额定电流；③额定开断电流；④保护熔断特性。

三、限流电抗器的选择

限流电抗器分为普通电抗器和分裂电抗器两种。普通电抗器一般装设在发电厂馈电线路和厂用馈电线路或发电机电压母线的分段上。分裂电抗器常装设在负荷平衡的双回馈电线、变压器的低压侧以及发电机回路上。两者的选择方法原则上是相同的，一般按下列项目选择和校验：①额定电压；②额定电流；③电抗百分数；④动稳定；⑤热稳定。

对普通电抗器电抗百分数的选择，应首先将短路电流限制到要求值，按此条件确定的电抗百分数应进行电压损失校验和母线残余电压校验。

分裂电抗器的电抗百分数 $X_R\%$ 可按普通电抗器电抗百分数的选择方法计算，但由于分裂电抗器的技术数据中只给出了单臂自感电抗 $X_L\%$，所以还应进行换算。

当分裂电抗器的两臂负荷变化所引起的电压波动很大时，应对分裂电抗器两臂母线电压的波动值进行校验。

四、电磁式电流互感器的选择

电磁式电流互感器按下列技术条件选择：①按设备种类和型式选择；②按一次额定电压和额定电流选择；③按准确级和二次负荷选择；④热稳定校验；⑤动稳定校验。

五、电磁式电压互感器的选择

电磁式电压互感器应按照下列技术条件进行选择：①按装置种类和型式选择；②按一次回路电压选择；③按二次绕组数量和电压选择；④按准确级和二次绕组容量选择。

思考题与习题

10.1　为什么要按正常工作条件选择电气设备，理论依据是什么？

10.2　为什么要按短路情况校验电气设备，理论依据又是什么？

10.3　当电网的运行电压达到 242kV 时，额定电压为 220kV 的高压断路器能否正常工作？为什么？

10.4　在选择电气设备时应如何考虑海拔高度的影响？

10.5　在选择电气设备时，短路计算点应如何选择？试说明选择母线分段断路器时，其最大持续工作电流和短路计算点应如何确定？

10.6　在进行电器选择时，短路计算时间应如何确定？

10.7　按额定短路开断电流校验高压断路器开断能力时，若电路的开断时间很短，应注意哪些问题？

10.8　限流式高压熔断器为什么不允许在低于熔断器额定电压的电网中使用？

10.9 分裂电抗器电抗百分值 $X_R\%$ 与单臂自感电抗 $X_L\%$ 应如何进行换算？

10.10 选择电压互感器第三绕组的额定电压时，应当注意哪些问题？

10.11 某 6.3kV 出线电抗器，若取 $S_B=100\text{MV}\cdot\text{A}$。$U_B=U_{av}$（平均额定电压），则电抗器前系统电抗标幺值 $X'_{*\Sigma}=0.119$。现选用额定电压 U_N 为 6kV，额定电流 I_N 为 500A 的电抗器，要求把短路电流限制到 12kA 以下，问电抗器的电抗百分数至少应选多大？

10.12 某变电所选用一台 LDC-10-600-0.5 型电流互感器，当准确度为 0.5 级时，其额定二次负荷为 20V·A，二次额定电流为 5A。二次侧所接测量表计最大一相负荷为 15V·A，连接表计与电流互感器的电缆长 25m。铜导线的电阻率 ρ 为 $1.75\times10^{-8}\Omega\cdot\text{m}$，接触电阻为 0.1Ω，电流互感器采用不完全星形接线，试选择连接电缆的线芯截面。

第 11 章　发电厂和变电所的控制与信号

11.1　电气二次回路图

11.1.1　二次回路图的定义

在发电厂和变电所中，对电气一次设备的工作进行监视、测量、控制、调节、保护，以及为运行、维护人员提供运行工况或生产指挥信号所必需的电气设备叫二次设备。例如测量仪表、继电器、控制操作开关、按钮、自动控制设备、计算机、信号设备、控制电缆以及供给这些设备电源的交、直流电源装置。电气二次设备按一定要求连接在一起构成的电路，称为二次接线或二次回路。电气二次设备的图形符号按一定顺序和要求相互连接，构成的电路称为二次回路图（或二次接线图）。

电气图纸是电气技术的工程语言。二次回路图是为了满足电气设计、制造、安装、运行等要求而设置的，使用国际通用的工程语言是电气技术与国际接轨的重要保证。在绘制二次回路图时，应使用最新版本国家标准规定的电气图形符号，并遵守规定的绘图规则。

11.1.2　二次回路图的分类

二次回路图一般分为三类，即归总式原理接线图、展开式原理接线图和安装接线图。

一、归总式原理接线图

归总式原理接线图是将二次回路与有关一次设备划在一起，以元件的整体形式表示二次设备间的电气联系，并将与其有关的电流、电压回路和直流回路，以及一次接线有关部分综合在一起。这种接线的特点是能清楚表述回路的构成和工作原理，使看图者对整个装置的构成有一个明确的整体概念。

图 11.1 所示为 6～10kV 线路两相式（一般只在 U、W 相装设电流互感器）过电流保护的归总式原理接线图。这里仅就其组成、接线和动作情况作一般介绍，以帮助建立二次回路图的初步概念。

图 11.1 中属于一次设备的包括母线、隔离开关、断路器 1、U 和 W 相的电流互感器 2 和线路等。一次与二次直接相关的部分（即电流互感器）以三线图的形式表示，其余则以单线图形式表示。组成过电流保护的二次设备及连接关系是：两只电流继电器 3、4 的线圈分别串接到对应 U、W 相电流互感器 2 的二次侧，其两对常开触点并联后接到时间继电器 5 的线圈上，时间继电器 5 延时闭合的常开触点与信号继电器 6 的线圈串联后，通过断路器常开辅助触点 7 接到断路器 1 的跳闸线圈 8 上。对二次接线部分应表示出交流回路的全部，直流回路电源可只标

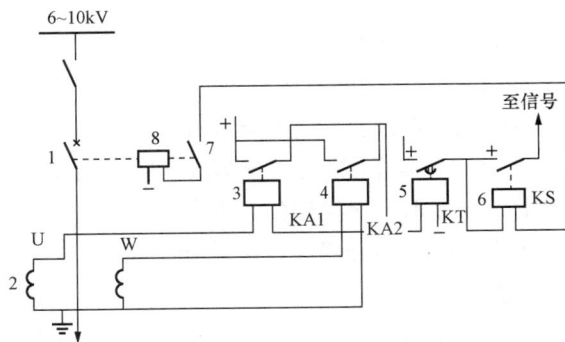

图 11.1　6～10kV 线路过电流保护的原理图

出正、负极。所有电气设备都用国家统一规定的图形符号表示，它们之间的联系应按照实际的连接顺序画出。

正常运行情况下，电流继电器线圈内通过的电流很小，继电器不动作，其触点是断开的。因此，时间继电器线圈与直流电源不构成通电回路，保护处于不动作状态。在线路故障情况下，例如在线路某处发生短路故障时，线路上通过短路电流，并通过电流互感器反映到二次侧；接在二次侧的电流继电器线圈中通过与短路电流成一定比例的电流，当达到其动作值时，电流继电器 3（或 4）瞬时动作，闭合其常开触点，将由直流操作正电源母线来的正电加在时间继电器 5 的线圈上，而线圈的另一端接在负电源上，时间继电器启动。经过一定时限后其触点闭合，这样正电源经过其触点和信号继电器 6 的线圈、断路器的辅助触点 7 和跳闸线圈 8 接至负电源，信号继电器 6 的线圈和跳闸线圈 8 中有动作电流流过便发出动作信号并使断路器 1 跳闸，切除线路的短路故障。此时电流继电器线圈中的电流消失，线路的保护装置返回。断路器事故跳闸后，接通中央事故信号装置发出事故音响信号。

从以上分析可见，归总式原理接线图能给出保护装置和自动装置总体工作概况，它能清楚地表明二次设备中各元件形式、数量、电气联系和动作原理。但是，它对于一些细节并未表示清楚。例如未画出各元件的内部接线、元件编号和回路编号。直流电源仅标出电源的极性，没有具体表示出是从哪一组熔断器下面引来的。另外，关于信号在图中只标出了"至信号"而没有画出具体的接线。因此，只有归总式原理接线图不能进行二次接线的施工，特别对复杂的二次设备，如发生故障，更不易发现和寻找。展开式原理接线图便可以弥补这些缺陷。

二、展开式原理接线图

展开式原理接线图（简称展开图）是将二次设备的构成元件（线圈、触点）分别用图形符号表示，按回路性质的不同分为几个部分绘制的图纸。

在绘制展开图时，一般分成交流电流回路、交流电压回路、直流操作回路和信号回路等几个主要组成部分，每一部分又分成许多行。交流回路按 U、V、W 的相序，直流回路按继电器的动作顺序依次从上到下地排列。展开图中同一个二次设备的不同元件（如线圈、触点），必须标以相同的文字符号。小母线及每一回路都要按等电位的原则分别给出回路编号。在每一回路的右侧通常有文字说明，以便于阅读。

图 11.2 是根据图 11.1 所示的归总式原理接线图而绘制的展开式原理接线图。图中，右侧为示图，表示一次接线情况及保护装置所连接的电流互感器在一次系统中的位置；左侧为保护回路，由三部分组成。阅读展开图时，一般先读交流回路后读直流回路。由图 11.2 可见，交流电流回路是按 u、w、N 的顺序由上而下地逐行排列。它是由 u、w 相电流互感器的二次侧 TAu 和 TAw 分别接到电流继电器 KA1 和 KA2 线圈，然后并联起来，经过一根公共线引至地线。这里，两只电流继电器线圈中通过的电流分别由 u、w 相电流互感器供给。u411、w411、N411 为回路编号。直流操作回路中，画在两侧的竖线条表示正、负电源，向上的箭头及编号 101、102 表示电源是从控制回路用的熔断器 FU1 和 FU2 下面引来的。横线条中上面两行为时间继电器启动回路，第三行为跳闸回路。最下一行为"掉牌未复归"的信号回路。其动作顺序如下：当线路上发生过电流时，电流继电器 KA1 和（或）KA2 动作，其动合触点闭合，接通时间继电器 KT 的线圈回路。KT 动作后经过整定时限其

延时触点闭合，接通跳闸回路。断路器在合闸状态时，其与主轴联动的动合辅助触点 QF 是闭合的，因而此时在跳闸线圈 YR 中有电流流过，使断路器跳闸。同时串联于跳闸回路中的信号继电器 KS 动作并掉牌，其在信号回路中的触点 KS 闭合，接通小母线 WAU 和 WSP，WAU 接信号正电源，WSP 经光字牌的信号灯接信号负电源，光字牌点亮，给出正面标有"掉牌未复归"的灯光信号，用以表明该线路过电流保护已经动作。

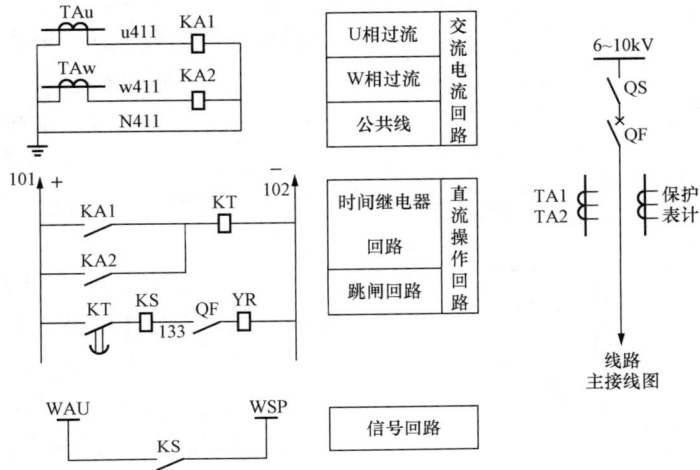

图 11.2　6～10kV 线路过电流保护展开原理接线图

展开式原理接线图能清晰表明设备间的连接关系，易于阅读，便于了解整套装置的动作程序和工作原理，特别是在复杂电路中其优点更为突出，广泛使用于综合自动化变电所的二次回路中。

三、安装接线图

安装接线图是制造厂加工制造各种屏台和现场施工安装必不可少的图纸，也是运行试验、检修等的主要参考图纸。它是在归总式原理图和展开式原理接线图的基础上进一步绘制的，主要包括屏面布置图、屏背面安装接线图和端子排图等三部分。控制电缆联系图与电缆清册也可视为安装接线图的一部分。

（1）屏面布置图。屏面布置图是加工制造和安装屏、台、盘上设备的依据。屏、台、盘上各个设备的排列、布置等根据运行操作的合理性并适当考虑到维护和施工的方便而决定，必须按照设备尺寸和设备之间的距离按比例尺寸进行绘制。

（2）屏背面安装接线图。屏背面安装接线图是以屏面布置图为基础绘制的，多用于控制屏和保护屏。它标明了屏上各个设备引出端子之间的连接情况，以及设备与端子排间的连接情况，它是一种指导屏上配线所必需的图纸。图中各个设备都编有一定的顺序号和代号，设备的接线柱上也加以标号，此标号完全与产品上的位置相对应。此外，每个接线柱上还注有明确的去向，即为了说明两设备相互连接的关系，可在甲设备接线柱上标出乙设备接线柱的号，而乙设备接线柱上标出甲设备接线柱的号。简单来说就是"甲编乙的号，乙编甲的号"，表明此甲乙设备对应两接线柱之间要连接起来。这种接线图用于检查和安装，远比归总式原理图方便得多。

（3）端子排图。凡屏内设备与屏外设备相连时，都要通过一些专门的端子，这些接线端子组合在一起，便称作端子排，可布置在屏后的左边或右边。端子排图是表示屏上两端相互呼应，需要装设的端子数目、类型及排列次序以及它与屏外设备连接情况的图纸。在端子接线图中，端子的视图应从布线时面对端子的方向。在屏的端子排上，属于同一个安装单位的端子应集中连续排列在一起。在端子排的内侧标注与屏内设备的连线，屏内连接线一般采用对面标号法的原则进行标注，即标明所接导线另一端的设备端子编号。端子排外侧标注与屏外设备的电缆连线，一般用回路编号。同时要将各条电缆的编号、去向、电缆型号、芯数、截面标注清楚。

图 11.3 所示为某端子排接线图。端子排的一侧与屏内设备相连，另一侧用电缆与其他结构单元（或屏）的端子排连接。由图 11.3 可见，1 号端子右侧与电流互感器 TA1 的接线端子 1 连通，而左侧由编号为 121 的电缆连至保护屏，其余按此类推。

安装接线图中的设备编号、回路编号、端子排编号和设备接线的编号都有相应的规定，在此限于篇幅不一一介绍。

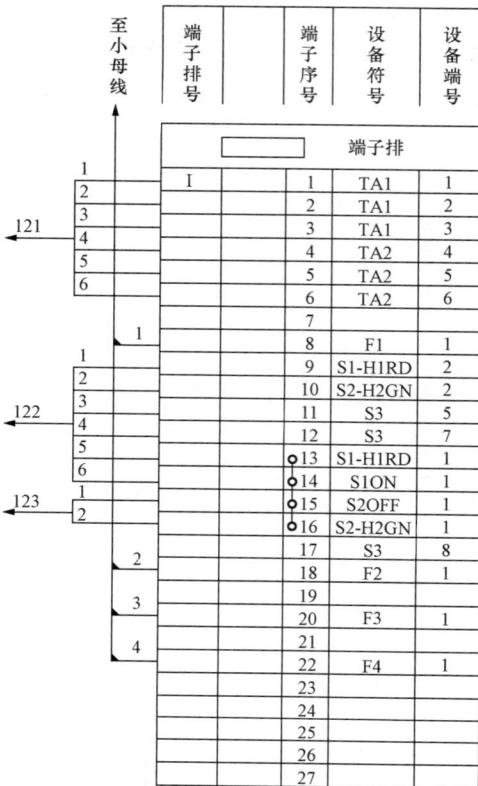

图 11.3　端子排接线图

端子排号	端子序号	设备符号	设备端号
		端子排	
I	1	TA1	1
	2	TA1	2
	3	TA1	3
	4	TA2	4
	5	TA2	5
	6	TA2	6
	7		
	8	F1	1
	9	S1-H1RD	2
	10	S2-H2GN	2
	11	S3	5
	12	S3	7
	13	S1-H1RD	1
	14	S1ON	1
	15	S2OFF	1
	16	S2-H2GN	1
	17	S3	8
	18	F2	1
	19		
	20	F3	1
	21		
	22	F4	1
	23		
	24		
	25		
	26		
	27		

上述三种形式的二次回路图是我国普遍采用的，至今还广泛使用着。但目前我国已开始采用国际通用的图形符号和文字符号来表示二次回路图。因而根据表达对象和用途的不同，二次回路图有新的表示形式，一般可分为：

（1）单元接线图。表示成套装置或设备中一种结构单元内连接关系的接线图，称为单元接线图。所谓结构单元，是指可独立运用的组件，或由零件、部件构成的结合件，如发电机、电动机、成套开关柜等。单元接线图中，各部件可按展开图形式画出，也可按集中形式画出；但大都采用前者，因而通常又称展开图。10kV 高压开关柜的单元接线图（见图 11.4）将在本章 11.2 节中作详细说明。

（2）互连接线图。这是表示成套装置或设备中的各个结构单元之间连接关系的一种接线图。

（3）端子接线图。这与前述的安装接线图中的端子排图是一致的。

（4）电缆配置图。此图中示出各单元之间的外部二次电缆敷设和路径情况，并注有电缆的编号、型号和连接点，它是进行二次电缆敷设的重要依据。

11.1.3　二次回路图中的图形符号和文字符号

二次回路图中的图形符号、文字符号和回路编号范围都有国家统一规定。图形符号和文字符号用以表示和区别接线图中各个电气设备，回路编号用以区别各电气设备间互相连接的各种回路。

一、图形符号

二次回路图中，任何一个设备或元件，须用具有一定特征的图形符号来表示，使接线图清晰实用。表 11.1 列出了一些二次回路图中常用的图形符号，供读者学习时参考。

表 11.1　二次回路图中常用的图形符号

序号	元件	图形符号	序号	元件	图形符号
1	操作器件、继电器线圈	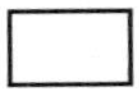	10	旋转开关	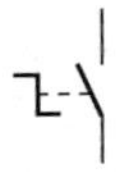
2	过流继电器	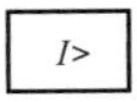 $I>$	11	动合触点	
3	欠压继电器	 $U<$	12	动断触点	
4	缓放继电器线圈		13	延时闭合的动合触点	
5	缓吸继电器线圈	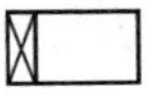	14	延时闭合的动断触点	
6	气体继电器	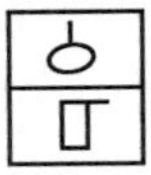	15	指示灯	
7	电铃		16	接通的连接片	
8	电喇叭	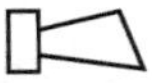	17	断开的连接片	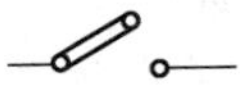
9	按钮开关	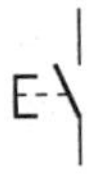	18	插头和插座	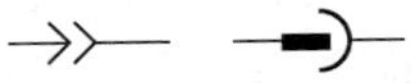

注　元件不带电（或断路器未合闸）时的状态为"常"态。

二、文字符号

二次回路图中，为了标明各种设备或元件的名称、类型和功能，应在设备或元件的近旁标注上规定的文字符号。基本文字符号，一般采用单字母符号。电气设备常用的单字母文字符号示于表 11.2。当需要进一步划分大类中的设备，以便更详细表明其种类，则应采用双字母符号，如 TA 为电流互感器，TV 为电压互感器，QF 为断路器，QS 为隔离开关等。

除基本文字符号外，有时还用辅助文字符号来表示电气设备的功能、状态和特征，如"ON"表示闭合，"OFF"表示断开，"RD"表示红色，"GN"表示绿色等，从而使设备更容易辨识。

表 11.2 电气设备常用的单字母文字符号

设备、装置和元器件种类	文字符号	设备、装置和元器件种类	文字符号
组件、部件	A	测量设备、试验设备	P
非电量到电量或电量到非电量变换器	B	电力电路的开关器件	Q
电容器	C	电阻器	R
二进制元件、延迟器件、存储器件	D	控制、记忆、信号电路的开关器件选择器	S
其他元器件	E	变压器	T
保护器件	F	调制器、变换器	U
发生器、发电机、电源	G	电子管、晶体管	V
信号器件	H	传输通道、波导、天线	W
继电器、接触器	K	端子、插头、插座	X
电感器、电抗器	L	电气操作的机械器件	Y
电动机	M	终端设备、混合变压器、滤波器、均衡器、限幅器	Z
模拟元件	N		

11.2 断路器的控制与信号接线

图 11.4 为 10kV 移开式高压开关柜单元接线图。断路器既可在主控制室内由分、合闸按钮 S5 ON 和 S6 OFF 进行远方控制，也可在开关柜上由分、合闸按钮 S1 ON 和 S2 OFF 实现就地控制，故在开关柜上设有转换开关 S3。当开关 S3 手柄转到"就地"位置时，触点 1 和 2、触点 3 和 4 接通；当转换开关 S3 手柄转到"远方"位置时，则触点 5 和 6、7 和 8 便接通。

现就手动合闸、手动跳闸和自动跳闸的操作过程及其信号分述如下。

（1）手动合闸。因合闸之前，断路器为跳闸状态，断路器操动机构中由机械联动的辅助触点 S4 均处于跳闸相应的位置，即动合触点断开，动断触点闭合。此时，绿灯回路接通，绿灯 GN1 发亮，表示断路器现为跳闸状态。

在开关柜上进行就地合闸时，首先将转换开关 S3 转到"就地"位置，再按合闸按钮 S1 ON，立即使合闸接触器 K1 通电。于是，在合闸线圈 Y1 ON 回路中，当触点 KM1 闭合后，便接通合闸线圈 Y1 ON 回路，经操动机构进行合闸操作。合闸完毕后，断路器的辅助触点 S4 也相继切换位置，致使红灯回路变为接通，红灯 RD1 发亮，表示断路器为合闸状态。同时，绿灯回路断开，绿灯 GN1 随之熄灭。

如果在主控制室控制屏上进行远方合闸时，须将切换开关 S3 转到"远方"位置，再按控制屏上的合闸按钮 S5 ON，以后回路动作情况，完全与就地手动合闸相同。

（2）手动跳闸。跳闸之前，断路器原为合闸状态，故断路器的辅助触点 S4 均已切换到合闸相应位置，即动合触点变为闭合，动断触点变为断开。

进行就地跳闸操作时，切换开关 S3 应转到"就地"位置，按下跳闸按钮 S2 OFF 后，电流便通过跳闸线圈 Y2 OFF 回路，使断路器跳闸。随后，断路器的辅助触点立即切换，其动断触点由断开变成闭合，接通绿灯回路后，绿灯 GN1 发亮，表示断路器已为跳闸状态。

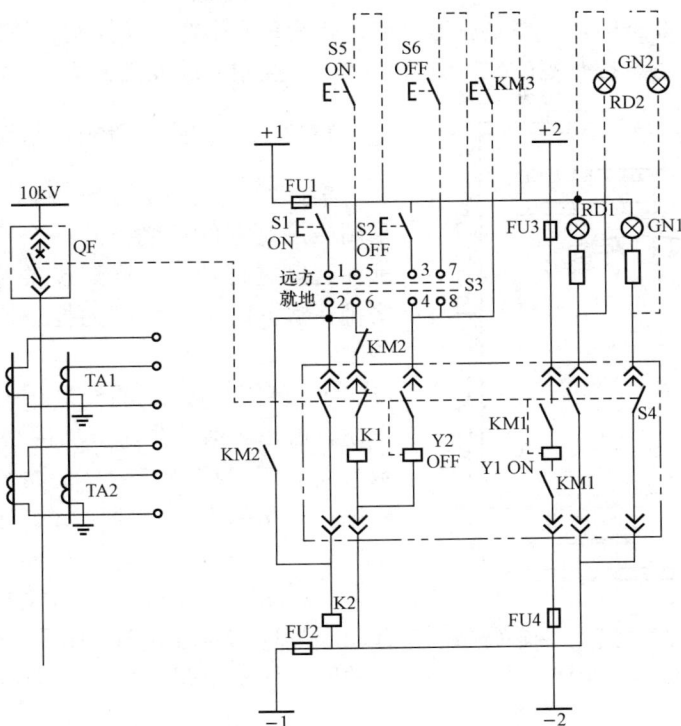

图 11.4　10kV 移开式高压开关柜单元接线图

QF—断路器；S1 ON、S5 ON—合闸按钮；S2 OFF、S6 OFF—跳闸按钮；S3—转换开关；
S4—断路器辅助触点；RD1、RD2—合闸信号灯（红灯）；GN1、GN2—跳闸信号灯（绿灯）；
Y1 ON—合闸线圈；Y2 OFF—跳闸线圈；K1—合闸接触器；K2—中间继电器；
FU1、FU2、FU3、FU4—熔断器

在主控制室进行远方跳闸操作时，应将切换开关 S3 转到"远方"位置，并按下控制屏上的跳闸按钮 S6 OFF，同样能将断路器跳闸。跳闸后，主控制屏上的绿灯 GN2 变亮。

（3）自动跳闸。如果外部线路发生短路故障，引起继电保护动作，保护出口继电器的触点 KM3 闭合后，使跳闸线圈 Y2 OFF 回路通电，断路器立即自动跳闸，绿灯 GN1 与 GN2 亦同时变亮。

在单元接线图中，设有断路器"跳跃"闭锁装置。因合闸过程中，若合闸按钮接触时间过长，或其触点被卡住而不能复归，那么合闸后，防跳继电器 K2 动作，其动断触点 KM2 断开，将合闸接触器 K1 回路切断。防跳继电器 K2 的另一动合触点 KM2 能使防跳继电器自保持。如果外部线路出现永久性故障，断路器跳闸后，由于合闸接触器回路已被切断，便不能再次合闸，也就防止了断路器发生"跳跃"现象。

11.3 火电厂的控制方式

发电厂的电气设备中，有些是就地控制，有些是集中在一起控制。目前，我国火电厂的控制方式可分为：①主控制室的控制方式；②单元控制室的控制方式。

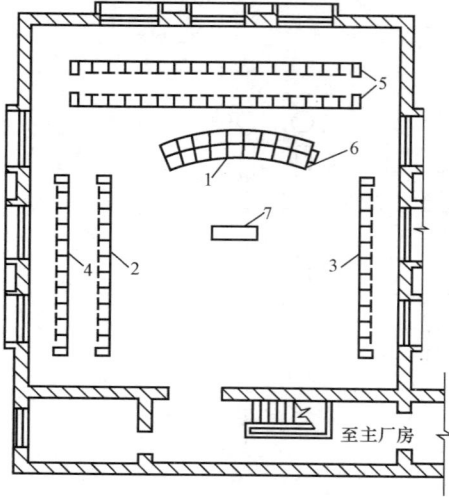

11.3.1 主控制室的控制方式

单机容量为 10 万 kW 及以下的火电厂，一般采用主控制室的控制方式。全厂的主要电气设备都在这里进行控制，锅炉设备及汽机设备则分别安排在锅炉间和汽机间的控制室或控制屏上进行控制。

主控制室为全厂的控制中心，因此要求监视方便，操作灵活，能与全厂进行联系。图 11.5 所示为火电厂主控制室的平面布置图。凡需要经常监视和操作的设备（如发电机和主变压器的控制元件、中央信号装置等）布置在主环正中的屏台上，而线路和厂用变压器的控制元件、直流屏及远动屏等均布置在主环的两侧。凡不需要经常监视的屏，如继电保护屏、自动装置屏及电能表屏等则布置在主环的后面。

主控制室的位置，对于小型发电厂，可设在主厂房的固定端；对于大、中型发电厂，主控制室常与 6～10kV 配电装置相连，而且主控制室与主厂房之间设有天桥连通。

图 11.5　火电厂主控制室的平面布置图
1—发电机、变压器、中央信号控制屏台；
2—线路控制屏；3—厂用变压器控制屏；
4—直流屏、远动屏；5—继电保护及
自动装置屏；6—同步小屏；7—值班台

11.3.2 单元控制室的控制方式

单机容量为 20 万 kW 及以上现代大型火电厂，为了提高热效率趋向采用亚临界或超临界高压、高温的机组。锅炉与汽机之间蒸汽管道的连接，由一台锅炉与一台汽机构成独立的单元系统，不同单元系统之间没有横的联系，这样管道最短，投资较少。运行中锅炉能配合机组进行调节，便于启停及处理事故。因此，对于单机容量为 20 万 kW 及以上的大型机组，常将机、炉、电的主要设备集中在一个单元控制室控制。

当发电厂的高压网络出线较多时，应单独设置网络控制室。如果当高压出线较少或远景规划明确时，电气网络控制部分可设在第一单元控制室内，各种操作都在电气网络控制屏上进行。

大型发电厂的单元控制室，通常设计成单机一控或两机一控，布置在主厂房机炉间的适中位置。

机、炉、电集中控制的范围，包括主厂房内的汽轮机、发电机、锅炉、厂用电以及与它们有密切联系的制粉、除氧、给水系统等，以便让运行人员注意主要的生产过程。至于主厂房以外的除灰系统、化学水处理等，均采用就地控制。

　　电气网络控制部分设在第一单元控制室内时，在电气网络控制屏上控制的设备包括联络变压器、高压母线设备、110（66）kV 以上线路、并联电抗器等。此外，在电气网络控制屏上还设有各单元发电机—变压器组及启动/备用变压器高压侧断路器的位置信号和必要的表计。

　　当高压电气网络采用一台半断路器接线时，为防止误操作，发电机—变压器组接入高压电气网络的两台断路器集中在单元控制室控制。在单元控制室的电气网络控制屏上设有发电机—变压器组接入高压电气网络的两台断路器的位置信号，以使网控人员掌握发电机—变压器组的运行状态，尤其是中间断路器的运行状态。

　　控制室内的布置，对两机一控的单元控制室，炉、机、电屏（BTG）多采用Ⅱ形布置；两台机组控制屏的布置，按相同的炉、机、电顺序排列，整体协调一致。由于单元控制室受面积的限制以及技术经济条件等因素的影响，网络部分的继电保护、自动装置和变压器屏，布置在靠近高压配电装置的继电器室内，发电机组的调节器、保护设备、自动装置及计算机等电子设备屏，均布置在主厂房内的电子设备室内。

　　装有 600MW 机组的大型电厂，通常采用分布式计算机控制系统（DCS），其显示操作器（CRT）是人机联系的主要手段，因而，通常将 DCS 的 CRT 布置在 BTG 屏的前面，以便通过 CRT 实现全厂的控制和监视。

　　图 11.6 所示为一种有两台 600MW 机组、单元控制室和电气网络控制室合并的平面布置图。从值长台看去，BTG 屏、网控屏呈Ⅱ形，网络控制屏在中间。

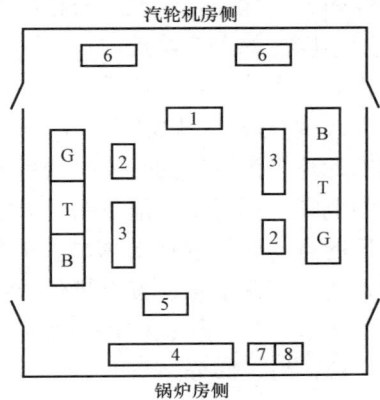

图 11.6　单元控制室的平面布置图
B、T、G—炉、机、电控制屏
1—值长台；2—汽轮机电液控制操作员站；
3—操作员站；4—网络控制屏；5—远动
通信台；6—打印机；7—消防控制盘；
8—暖通报警盘

11.3.3　电气网络控制屏屏面布置

　　电气网络控制屏通常选用制造厂的定型产品，BTG 屏应统一配套。控制屏上一般有开关控制手柄或按钮、指示灯、光字牌、仪表、调节手柄等设备。操作设备与安装单位的模拟接线相对应，功能相同的操作设备，布置在相对应的位置上，为避免运行人员误操作，操作方向全厂应一致。

　　图 11.7 所示为一种电气网络控制屏的屏面布置图。此屏模拟接线为一台半断路器接线。与发电机—变压器组有关的 500kV 进线断路器的控制设在发电机 BTG 屏上，在电气网络控制屏上只设模拟灯光信号。500kV 进线的母线侧断路器控制开关，为手柄带灯的不对应指示接入式操作开关。正常时手柄灭灯表示运行，当被控对象的状态位置与手柄指示位置不一致时，指示灯亮灯。

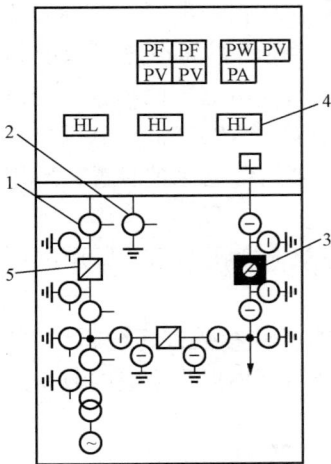

图 11.7　网控屏屏面布置图
1—隔离开关位置指示器；2—接地开关
位置指示器；3—同步选择开关（控制
开关）；4—光字牌；5—500kV
断路器灯光模拟

11.4 火电厂的计算机监控系统

电力系统在正常运行时，需要记录大量的运行参数，当负荷发生变动时，需要进行必要的调整、控制和操作。当电力系统中发生故障时，系统参数变化量很多，且变化速度很快。随着我国电力系统的不断发展，发电厂的单机容量和总装机容量在日益增大，对可靠性、经济性和灵活性的要求也越来越高，仅仅由运行人员依靠人工监控方式完成上述任务已几乎不可能，以往的人工监控方式正逐步被计算机实时监控方式所取代。在大型火力发电厂中，计算机监控系统已得到广泛应用，使发电厂的自动化水平达到了一个崭新的高度。

20世纪80年代以后，大型火电厂的机组热力设备控制从传统的常规监控系统，逐步采用以计算机为基础的分散控制系统（DCS）。随后，电气监控系统也逐步纳入了分散控制系统的范围。近年来，随着新建火电厂的规模越来越大，电力市场的初步形成和不断完善，火电厂的自动化程度越来越高，火电厂的监控系统涉及的范围不再仅仅是生产过程状况的监控，还与管理信息、发电报价等系统密切相关。

火电厂的计算机监控系统可分为两部分：一部分是以热工为主的计算机分散控制系统（DCS），另一部分是与电气主系统有关的网络计算机监控系统（NCS）。

11.4.1 火电厂分散控制系统（DCS）的基本电气监控功能

从电气监控的角度来说，以计算机和可编程序控制器（PLC）为基础的火电厂监控系统的功能，一般包括数据的采集和处理、发电机—变压器组或发电机—变压器—线路组顺序控制、厂用电源系统的顺序控制、通过CRT和键盘（或鼠标）实现的软手操、事故顺序记录和追忆、自动发电控制、自动电压控制、故障和异常及越限报警、在线显示、实时打印和拷贝、操作指导与培训、系统自诊断和自恢复、时钟同步、性能计算和统计报表等。

按目前的控制及设备水平，DCS对电气设备的控制通常采用如下方式。DCS通过I/O或网络将控制指令发送到电气控制装置上，DCS仅实现高层次的逻辑，如与热工系统的连锁、操作员发出的手动操作命令的合法逻辑检查等。其他操作逻辑均由电气控制装置自身来实现。目前，DCS控制的主要电气控制装置包括电压自动调整装置（AVR）、发电机自动准同期装置（ASS）、厂用电自动切换装置（ATS）、发电机—变压器组继电保护装置、厂用电继电保护装置、断路器防跳回路等。

在单元控制室由DCS实现监测和控制的电气设备包括发电机—变压器组、厂用电源系统、主厂房内高低压交流电动机和直流电动机等。

电气量纳入DCS控制时，由DCS根据所采集的电气设备的各种参数进行分析、判断，作出决定，并对某个设备发出指令；或者对运行人员输入的某个指令根据所采集的数据进行分析判断，决定是否执行该指令。

DCS应主要实现以下控制功能：

（1）发电机—变压器组的顺序控制和软手操（键盘或鼠标）控制，使发电机由零起升速、升压直至并网带初始负荷，还应能实现发电机自动停机。

（2）对厂用电系统，应能按启动/停止阶段的要求实现程序控制或软手操控制，实现从工作电源到备用电源或从备用电源到工作电源的程序切换或软手操切换。

（3）应能实时显示监督和记录发电机系统和厂用电系统的正常运行、异常运行和事故情况下的各种数据和状态，并提供操作指导和应急处理措施。

（4）电气公用系统能在各机组的分散控制系统上进行监视和控制，并确保在任何时候只能在一个地点发出操作指令。

数据采集与处理（DAS）是实现实时监控的基础，对各系统的数据采集应能实现 DCS 系统对各电气系统的实时监测和控制。

数据采集包括模拟量、开关量、脉冲量的采集，其中开关量应分为一般开关量和事件顺序记录量（SOE）。纳入 DCS 监测的电气量包括：

（1）发电机电压、电流、频率、功率、功率因数、电量等；

（2）封闭母线温度、压力；

（3）主变压器电压、电流、功率、电量、温度、油位等；

（4）启动/备用变压器电压、电流、功率、电量、温度、油位等；

（5）厂用高压变压器电压、电流、功率、电量、温度、油位等；

（6）发电机—变压器组主断路器状态、油压等；

（7）启动/备用变压器高压侧断路器状态、油压等；

（8）励磁系统电压、电流、磁场开关、起励开关等开关状态；

（9）以上系统各种保护设备的动作状态；

（10）厂用高压侧 3～10kV 各段母线电压；

（11）厂用低压工作变压器、公用变压器、照明变压器、检修变压器等电流、功率、温度等；

（12）厂用低压变压器高低压侧断路器状态；

（13）厂用低压各段母线电压，各分段断路器状态等；

（14）以上厂用电源系统各保护设备的动作状态；

（15）保安电源及柴油发电机电压、电流、功率、功率因数、电量等；

（16）保安电源及柴油发电机各个开关状态等；

（17）直流系统各开关、蓄电池充电设备各开关状态及保护设备动作状态；

（18）UPS 系统各设备状态及电压、电流、功率等状态。

11.4.2　火电厂的网络计算机监控系统

按相关规程规定，大型火力发电厂的网控室均要求配置网络计算机监控系统，其主要功能是完成网络控制系统所要求的全部控制、测量、信号、操作闭锁、事故记录、统计报表、打印记录等功能。

在某些火电厂中采用了常规监控系统和计算机监控装置双重设置的方式，其主要特点为：

（1）采用常规的强电一对一的控制、信号方式，常规的测量仪表直接从电压互感器 TV、电流互感器 TA 测量或经变送器测量。

（2）设置一套单机或双机的计算机监测装置，具有测量、信号显示、事故记录及追忆、打印等功能。

（3）设置独立远动装置，单独采集数据和信号，向调度所发送信息，与当地常规监控系统不发生关系。

（4）继电保护装置独立设置，继电保护动作信号同时送至中央信号及网控计算机。

近年来，随着计算机技术的迅速发展，计算机型继电保护装置和计算机控制系统的技术得到了很大的提高。在国内，网络计算机监控系统出现了如下变化：

1）网控计算机采用开放式、分散式网络；

2）网控计算机具有远动功能，不再另设独立的远动装置 RTU；

3）采用计算机型继电保护装置，继电保护通过软接口与网控计算机系统相连。

在国外，网络计算机监控系统出现了如下变化：

1）网控计算机采用开放、分散式网络；控制装置就地布置，做到功能分散，地点分散。

2）网控计算机具有远动功能，不再另设独立的 RTU。

3）保护设备下放。

11.4.3　大型火电厂计算机监控系统的结构

对大型火电厂而言，单机容量大，机组台数多，除了各单元机组 DCS、公用系统/辅助车间 DCS 用于实时监控外，一般还应配置厂级监控信息系统（SIS）用于实时生产过程管理。大型火电厂计算机监控系统的结构图如图 11.8 所示。该系统为开放式、分层分布式结构，由厂级监控级、单元机组/公用系统/辅助车间监控级、功能组控制级和现场驱动层（图中未画出）组成。

厂级监控级即厂级监控信息系统（SIS）主要实现全厂实时生产过程管理，包括实时数据服务、全厂综合性能计算与分析、全厂有功负荷和无功负荷优化调度、机组优化控制、机组寿命管理、状态监视、故障诊断和操作指导等，同时还兼有根据电网调度指令进行机组实时负荷分配，实施自动发电控制（AGC）的功能。厂级监控信息系统可通过远程数据通道与电网调度系统相连，还为厂级管理信息系统（包括发电侧报价辅助系统）提供生产过程信息。

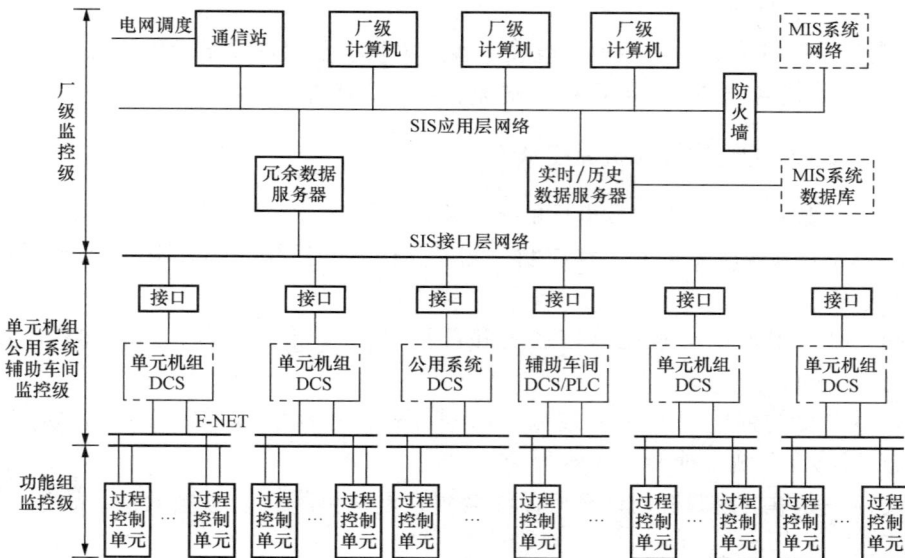

图 11.8　大型火电厂计算机监控系统结构图

　　单元机组或辅助车间监控级是以计算机为基础的分散控制系统 DCS 或 PLC，电气监控方面的功能有数据采集与处理、电气系统顺序控制、软手操、事故顺序记录和追忆、故障和异常及越限报警、在线显示、实时打印和拷贝、系统自诊断和自恢复、时钟同步与人机接口等，主厂房电气监控功能纳入单元机组 DCS，公用系统或辅助车间的电气监控功能由相应DCS 或 PLC 实现，或以子系统的形式纳入单元机组 DCS。

　　功能组控制级由一系列过程控制单元或智能模件组成，属于电气控制方面的有电气继电保护系统、自动准同期装置、自动电压调整装置、高压厂用电源自动切换装置、机组及高压启动/备用变压器故障录波装置、高压启动/备用变压器有载调压装置控制系统等。发电机—变压器组和厂用电系统的顺序控制系统可作为单元机组 DCS 顺序控制系统的子系统，具有专用的现场采控装置，并有可靠的冗余配置。厂用 6kV 系统的电气量采用具有控制、测量、保护、计量及故障录波、通信功能的智能终端，以现场总线方式组网，用光纤或双绞线直接进入 DCS 主网，或者先进入 DCS 的多功能处理单元，再进入 DCS 主网。

11.5　变电所的计算机监控系统

11.5.1　变电所综合自动化

　　随着微电子技术、计算机技术和通信技术的发展，变电所综合自动化技术也得到了迅速发展。

　　变电所综合自动化是将变电所的测量仪表、信号系统、继电保护、自动装置和远动装置等二次设备经过功能的组合和优化设计，利用先进的计算机技术、现代电子技术、通信技术和信号处理技术，实现对全变电所的主要设备和输、配电线路的自动监视、测量、自动控制和计算机保护，以及与调度通信等综合性的自动化功能。

　　变电所综合自动化系统是指利用多台微型计算机和大规模集成电路组成的自动化系统，代替常规的测量和监视仪表，代替常规控制屏、中央信号系统和远动屏，用计算机保护代替常规的继电保护屏。改变常规的继电保护装置不能与外界通信的缺陷。变电所综合自动化系统可以采集到比较齐全的数据和信息，利用计算机的高速计算能力和逻辑判断功能，可方便地监视和控制变电所内各种设备的运行和操作。

　　变电所综合自动化系统的优越性主要表现在以下几个方面：

　　(1) 变电所综合自动化系统利用当代计算机技术和通信技术，提供了先进技术的设备，改变了传统的二次设备模式，信息共享，简化了系统，减少了连接电缆，减少了占地面积，降低了造价，改变了变电所的面貌；

　　(2) 提高了自动化水平，减轻了值守员的操作量，减少了维修工作量；

　　(3) 为各级调度中心提供了更多变电所的信息，使其能够及时掌握电网及变电所的运行情况；

　　(4) 提高变电所的可控性，可以更多地采用远方集中控制、操作、反事故措施等；

　　(5) 采用无人值守管理模式，提高了劳动生产率，减少了人为误操作的可能；

　　(6) 全面提高了运行的可靠性和经济性。

　　变电所综合自动化的内容应包括电气量的采集和电气设备（如断路器等）的状态监视、

控制和调节。实现变电所正常运行的监视和操作，保证变电所的正常运行和安全。发生事故时，由继电保护和故障录波等完成瞬态电气量的采集、监视和控制，并迅速切除故障和完成事故后的恢复正常操作。综合自动化系统的内容还包括高压电器设备本身的监视信息（如断路器、变压器和避雷器等的绝缘和状态监视等）。除了需要将变电所所采集的信息传送给调度中心外，还要送给运行方式科和检修中心，以便为电气设备的监视和制定检修计划提供原始数据。

变电所综合自动化系统需完成的功能归纳起来可分为以下几种功能组：①控制、监视功能；②启动控制功能；③测量表计功能；④继电保护功能；⑤与继电保护有关功能；⑥接口功能；⑦系统功能。

结合我国的情况，变电所综合自动化系统的基本功能体现在计算机监控子系统、计算机保护子系统、电压/无功综合控制子系统、计算机低频减负荷控制子系统和备用电源自投控制子系统等五个子系统的功能中。

11.5.2　变电所计算机监控子系统的功能

变电所计算机监控系统取代常规的测量系统（变送器、录波器、指针式仪表等）、常规的操作方式（操作盘、模拟盘、手动同期及手控无功补偿等装置）、常规的信号报警装置（中央信号系统、光字牌等）、常规的电磁式和机械式防误操动闭锁装置及常规远动装置等。其功能包括以下几部分内容。

一、数据采集

变电所的数据包括模拟量、开关量和电能量。

（1）模拟量的采集。变电所需采集的模拟量包括各段母线电压、线路电压、电流、有功功率、无功功率，主变压器电流、有功功率和无功功率，电容器的电流、无功功率，馈出线的电流、电压、功率及频率、相位、功率因数等。此外，模拟量还有主变压器油温、直流电源电压、所用变压器电压等。

（2）开关量的采集。变电所的开关量包括断路器的状态、隔离开关状态、有载调压变压器分接头的位置、同期检测状态、继电保护动作信号、运行告警信号等。这些信号都以开关量的形式，通过光电隔离电路输入至计算机。

（3）电能计量。电能计量即指对电能量（包括有功电能和无功电能）的采集。对电能量的采集，传统的方法是采用机械式的电能表，由电能表盘转动的圈数来反映电能量的大小。这些机械式的电能表，无法和计算机直接接口。为了使计算机能够对电能量进行计量，一般采用电能脉冲计量法和软件计算方法。

二、事件顺序记录

事件顺序记录（Sequence Of Events，SOE）包括断路器跳合闸记录、保护动作顺序记录、各种异常告警记录等。以事件发生的时间为序进行自动记录。监控系统和计算机保护装置的采集环节必须有足够的内存，能存放足够数量或足够长时间段的事件顺序记录，确保当后台监控系统或远方集中控制中心通信中断时，不会丢失事件信息。

三、故障记录、故障录波和测距

（1）故障录波与测距。110kV及以上的重要输电线路距离长、发生故障影响大，必须尽快查找出故障点，以便缩短修复时间，尽快恢复供电，减少损失。设置故障录波和故障测距是解决此问题的最好途径。变电所的故障录波和测距可采用两种方法实现。一种是由计算机保护装置兼作故障记录和测距，再将记录和测距的结果送监控机存储及打印输出或直接送调度主站。这种方法可节约投资，减少硬件设备，但故障记录的量有限。另一种方法是采用专用的计算机故障录波器，并且故障录波器应具有串行通信功能，可以与监控系统通信。

（2）故障记录。故障记录是指记录继电保护动作前后与故障有关的电流量和母线电压。

四、操作控制功能

无论是无人值守还是少人值守变电所，操作人员都可通过 CRT 屏幕对断路器和隔离开关（如果允许电动操作的话）进行分、合操作，对变压器分接开关位置进行调节控制，对电容器进行投、切控制，同时要能接受遥控操作命令，进行远方操作；为防止计算机系统故障时，无法操作被控设备，在设计时保留了人工直接跳、合闸手段。

五、安全监视功能

监控系统在运行过程中，对采集的电流、电压和主变压器温度、频率等量，要不断进行越限监视，如发现越限，立刻发出告警信号，同时记录和显示越限时间和越限值。另外，还要监视保护装置是否失电，自控装置工作是否正常等。

六、人机联系功能

（1）变电所采用计算机监控系统后，无论是有人值守还是无人值守，最大的特点之一是操作人员或调度员只要面对 CRT 显示器的屏幕通过操作鼠标或键盘，就可对全站的运行工况和运行参数一目了然，可对全站的断路器和隔离开关等进行分、合操作，彻底改变了传统的依靠指针式仪表和依靠模拟屏或操作屏等手段的操作方式。

（2）作为变电所人机联系的主要桥梁和手段的 CRT 显示器，不仅可以取代常规的仪器、仪表，而且可实现许多常规仪表无法完成的功能。CRT 可以显示的内容归纳起来有以下几个方面：

1）显示采集和计算的实时运行参数。监控系统所采集和通过采集信息所计算出来的 U、I、P、Q、$\cos\varphi$ 及主变压器温度 T、系统频率 f 等，都可在 CRT 的屏幕上实时显示出来。

2）显示实时主接线图。主接线图上断路器和隔离开关的位置要与实际状态相对应。进行对断路器或隔离开关的操作时，在所显示的主接线图上，对所要操作的对象应有明显的标记（如闪烁等）。各项操作都应有汉字提示。

3）事件顺序记录（SOE）显示。显示所发生的事件内容及发生事件的时间。

4）越限报警显示。显示越限设备名、越限值和发生越限的时间。

5）值守记录显示。

6）历史趋势显示。显示主变压器负荷曲线、母线电压曲线等。

7）保护定值和自控装置的设定值显示。

8）故障记录显示、设备运行状况显示等。

（3）变电所投入运行后，随着送电量的变化，保护定值、越限值等需要修改，甚至由于负荷的增长，需要更换原有的设备，如更换 TA 变比。因此在人机联系中，必须有输入数据的功能。需要输入的数据至少有以下几种内容：

1）TA 和 TV 变比；

2）保护定值和越限报警定值；

3）自控装置的设定值；

4）运行人员密码。

七、打印功能

对于有人值守的变电所，监控系统可以配备打印机，完成以下打印记录功能：①定时打印报表和运行日志；②开关操作记录打印；③事件顺序记录打印；④越限打印；⑤召唤打印；⑥抄屏打印；⑦事故追忆打印。

对于无人值守变电所，可不设当地打印功能，各变电所的运行报表集中在控制中心打印输出。

八、数据处理与记录功能

监控系统除了完成上述功能外，数据处理和记录也是很重要的环节。历史数据的形成和存储是数据处理的主要内容。此外，为满足继电保护专业和变电所管理的需要，必须进行一些数据统计，其内容包括：①主变压器和输电线路有功和无功功率每天的最大值和最小值，以及相应的时间；②母线电压每天定时记录的最高值和最低值以及相应的时间；③计算受配电电能平衡率；④统计断路器动作次数；⑤断路器切除故障电流和跳闸次数的累计数；⑥控制操作和修改定值记录。

11.5.3　变电所综合自动化系统的结构

变电所综合自动化系统的结构示例如图 11.9 所示。该系统为分级分布式系统集中组屏的结构形式。

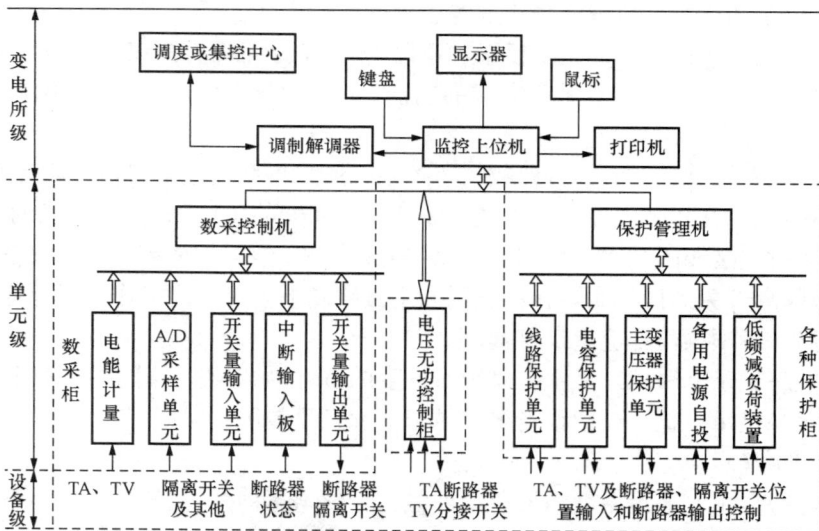

图 11.9　分级分布式系统集中组屏的变电所综合自动化系统的结构图

分级分布式的多 CPU 的体系结构每一级完成不同的功能，每一级由不同的设备或不同的子系统组成。一般来说，整个变电所的一、二次设备可分为 3 级，即变电所级、单元级和设备级。图 11.10 为变电所一、二次设备分级结构示意图。

变电所级称为 2 级，单元级为 1 级，设备级为 0 级。

设备级主要指变电所内的变压器和断路器、隔离开关及其辅助触点，电流、电压互感器等一次设备。变电所综合自动化系统主要位于 1 级和 2 级。

单元级一般按断路器间隔划分，具有测量、控制部件或继电保护部件。测量、控制部件负责该单元的测量、监视、断路器的操作控制和连锁以及事件顺序记录等；保护部件负责该单元线路或变压器或电容器的保护、故障记录等。因此，单元级本身是由各种不同的单元装置组成，这些独立的单元装置直接通过局域网络或串行总线与变电所级联系；也可能设有数采管理机或保护管理机，分别管理各测量、监视单元和各保护单元，然后集中由数采管理机和保护管理机与变电所级通信。单元级本身实际上就是两级系统的结构。

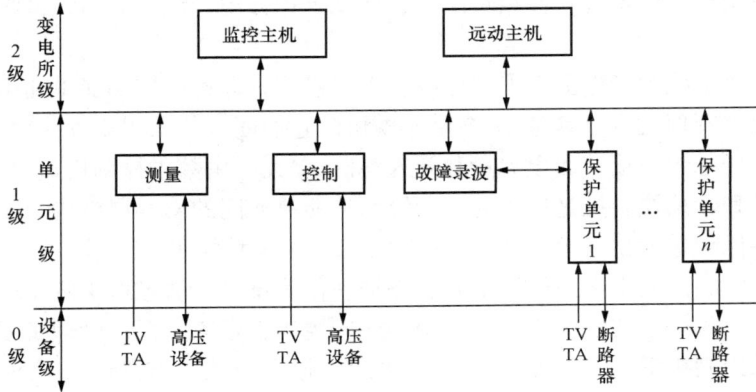

图 11.10　变电所一、二次设备分级结构示意图

变电所级包括全站性的监控主机、远动通信机等。变电所级设现场总线或局域网，供各主机之间和监控主机与单元级之间交换信息。

分级分布式系统集中组屏的结构是把整套综合自动化系统按其不同的功能组装成多个屏（或称柜），如主变压器保护屏（柜）、线路保护屏、数采屏、出口屏等。

图 11.9 中保护用的计算机大多数采用 16 位或 32 位单片机，保护单元是按对象划分的，即一回线或一组电容器各用一台单片机，再把各保护单元和数采单元分别安装于各保护屏和数采屏上，由监控主机集中对各屏（柜）进行管理，然后通过调制解调器与调度中心联系。其集中配屏布置示意图如图 11.11 所示。

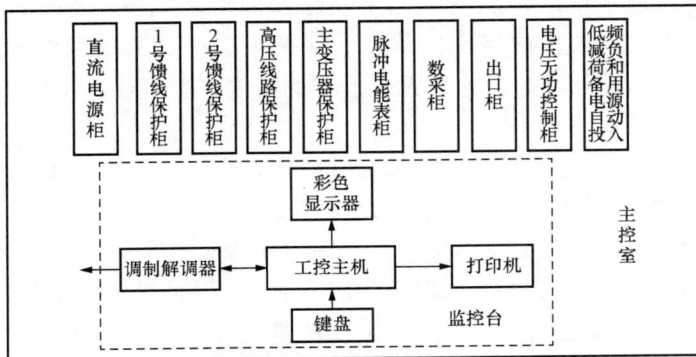

图 11.11　集中配屏布置示意图

分级分布式系统集中组屏结构的特点如下。

（1）分层（级）分布式的配置。为了提高综合自动化系统整体的可靠性，图11.9所示的系统采用按功能划分的分布式多CPU系统，其功能单元有各种高、低压线路保护单元，电容器保护单元，主变压器保护单元，备用电源自投控制单元，低频减负荷控制单元，电压、无功综合控制单元，数据采集处理单元，电能计量单元等。每个功能单元基本上由一个CPU组成，多数采用单片机，有一个功能单元由多个CPU完成的，例如主变压器保护，有主保护和多种后备保护，因此往往由两个或两个以上CPU完成不同的保护功能，这种按功能设计的分散模块化结构具有软件相对简单、调试维护方便、组态灵活、系统整体可靠性高等特点。

在综合自动化系统的管理上，采取分级管理的模式，即各保护功能单元由保护管理机直接管理。一台保护管理机可以管理32个单元模块。它们间可以采用双绞线用RS-485接口连接，也可通过现场总线连接；而模拟量和开入/开出单元，由数采控制机负责管理。

保护管理机和数采控制机是处于变电所级和功能单元间的第2层结构。正常运行时，保护管理机监视各保护单元的工作情况，一旦发现某一单元本身工作不正常，立即报告监控机，并报告调度中心。如果某一保护单元有保护动作信息，也通过保护管理机，将保护动作信息送往监控机，再送往调度中心。调度中心或监控机也可通过保护管理机下达修改保护定值等命令。数采控制机则将各数采单元所采集的数据和开关状态送给监控机和送往调度中心，并接受调度或监控机下达的命令。总之，第2级管理机的作用是可以明显地减轻监控机的负担，帮助监控机承担对单元级的管理。

变电所级的监控机通过局部网络与保护管理机和数采控制机通信。在无人值守的变电所，监控机的作用主要负责与调度中心的通信，使变电所综合自动化系统具有RTU的功能；完成"四遥"的任务。在有人值守的变电所，除了仍然负责与调度中心通信外，还负责人机联系，使综合自动化系统通过监控机完成当地显示、制表打印、开关操作等功能。

（2）继电保护相对独立。继电保护装置是电力系统中对可靠性要求非常严格的设备，在综合自动化系统中，继电保护单元宜相对独立，其功能不依赖于通信网络或其他设备。各保护单元要有独立的电源，保护的输入仍由电流互感器和电压互感器通过电缆连接，输出跳闸命令也要通过常规的控制电缆送至断路器的跳闸线圈，保护的启动、测量和逻辑功能独立实现，不依赖通信网络交换信息。保护装置通过通信网络与保护管理机传输的只是保护动作信息或记录数据。为了无人值守的需要，也可通过通信接口实现远方读取和修改保护整定值。

（3）具有与系统控制中心通信功能。综合自动化系统本身已具有对模拟量、开关量、电能脉冲量进行数据采集和数据处理的功能，也具有收集继电保护动作信息、事件顺序记录等功能，因此不必另设独立的RTU装置，不必为调度中心单独采集信息，而将综合自动化系统采集的信息直接传送给调度中心，同时接受调度中心下达的控制操作命令。

（4）模块化结构，可靠性高。由于各功能模块都由独立的电源供电，输入/输出回路都相互独立，任何一个模块故障只影响局部功能，不影响全局，而且由于各功能模块基本上是面向对象设计的，因而软件结构相对简单，因此调试方便，也便于扩充。

（5）室内工作环境好，管理维护方便。分级分布式系统采用集中组屏结构，全部屏

（柜）安放在室内，工作环境较好，电磁干扰相对开关柜附近较弱，而且管理和维护方便。

11.6　智能变电所的控制方式

11.6.1　智能变电所的定义及特点

智能变电所是指采用先进、可靠、集成、低碳、环保的智能设备，以全站信息数字化、通信平台网络化、信息共享标准化为基本要求，自动完成信息采集、测量、控制、保护、计量和监测等基本功能，并可根据需要支持电网实时自动控制、智能调节、在线分析决策、协同互动等高级功能的变电所。

智能变电所的特点是能够完成比常规变电所范围更宽、层次更深、结构更复杂的信息采集和信息处理，变电所内、站与调度、站与站之间、站与大用户和分布式能源的互动能力更强，信息的交换和融合更方便快捷，控制手段更灵活可靠。智能变电所设备具有信息数字化、功能集成化、结构紧凑化、状态可视化等主要技术特征，符合易扩展、易升级、易改造、易维护的工业化应用要求。

11.6.2　智能变电所的自动化系统结构

智能变电所的自动化系统结构继承了分层分布式变电所综合自动化系统的结构优点，同时由于高速以太网、新型传感器、智能开关技术以及 IEC 61850 协议的运用，对智能化变电所的体系结构产生了重大的影响。

IEC 61850 协议是基于网络通信平台的变电所自动化系统的唯一国际标准，满足变电所内保护、控制、自动化、测量、监视和记录等各功能和应用的要求，支持与上述功能相关工程、运行、调试、维护、事件分析和安全的各个任务。

智能变电所自动化系统可以划分为站控层、间隔层和过程层三层。

（1）站控层部分包含自动化站级监视控制系统、站域控制、通信系统、对时系统等子系统，实现面向全站设备的监视、控制、告警及信息交互功能，完成数据采集和监视控制（SCADA）、操作闭锁以及同步相量采集、电能量采集、保护信息管理等相关功能。

（2）间隔层设备一般指继电保护装置、系统测控装置、监测功能组的主智能电子设备（IED）等二次设备，实现使用一个间隔的数据并且作用于该间隔一次设备的功能。

（3）过程层设备包括变压器、断路器、隔离开关、电流/电压互感器等一次设备及其所属的智能组件以及独立的智能电子设备。

图 11.12 所示为采用直采直跳配置方案的智能变电所自动化系统结构图。

智能变电所继电保护直采直跳配置是指智能电子设备（IED）间不经过以太网交换机而以点对点连接方式直接进行采样值传输，直接跳闸是指 IED 间不经过以太网交换机而以点对点连接方式直接进行跳合闸信号的传输。

下面说明采用直采直跳配置方案的智能变电所自动化系统各部分组成及用途。

（1）过程层设备的组成及用途。在图 11.12 中，过程层设备包括 110、220kV 的一次设备，电子式电流/电压互感器 ECVT，合并单元和智能终端。

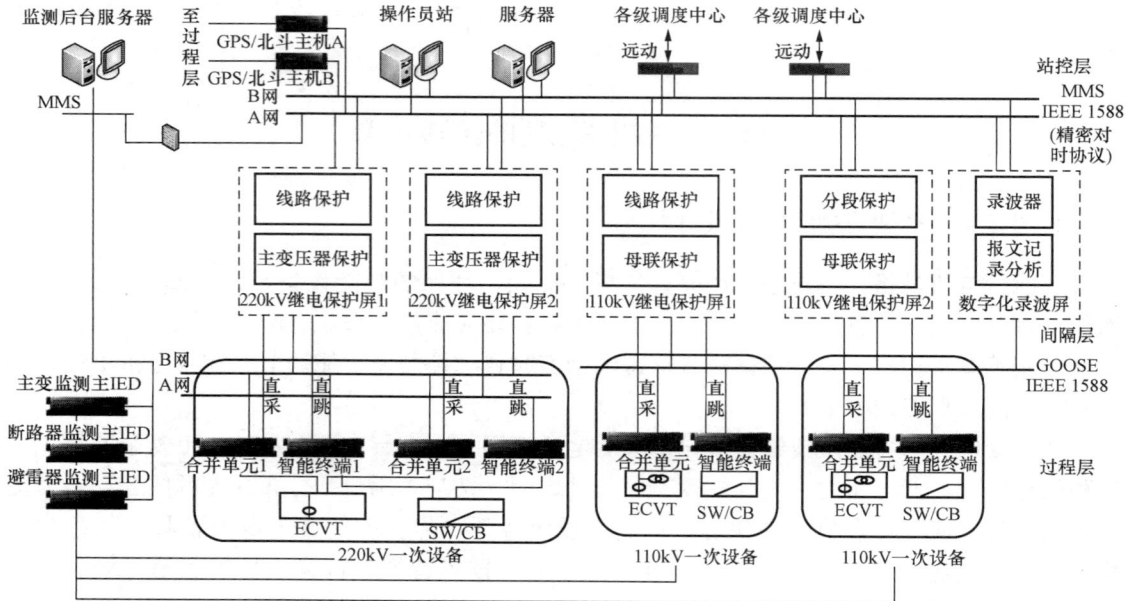

图 11.12　采用直采直跳配置方案的智能变电所自动化系统结构图

合并单元是过程层的关键设备，可以实现对电子式电流/电压互感器 ECVT 的采集器单元输出的数字量进行合并和处理，并按 IEC 61850 标准转换成数字信号，满足保护信息的直采要求。

智能终端的主要作用是将传统的一次设备改造为满足 IEC 61850 标准的智能化设备，负责采集一个间隔内一次设备的位置状态和告警信息并上传到间隔层设备，同时接受来自间隔层设备的 GOOSE 命令，采用电缆直接跳闸，完成对一次设备的智能控制。智能终端中的 SW 表示开关，CB 表示可控制断路器。

（2）间隔层设备的组成及用途。在图 11.12 中，间隔层设备包括 110、220kV 继电保护屏和主变压器、断路器、避雷器监测主 IED（智能组件）、数字化录波屏等。

在 110、220kV 继电保护屏中，安装有微机线路保护装置、微机变压器保护装置、微机母线保护装置、微机母联保护装置、微机分段保护装置，用于实现对线路、变压器、母线的保护。

主变压器、断路器、避雷器监测主 IED（智能组件）是由若干智能电子设备集合组成，安装于宿主设备（描述智能组件与高压设备隶属关系时对高压设备的别称）旁，承担与宿主设备相关的测量、控制和监测等基本功能。

在满足相关标准要求时，智能组件还可承担相关计量、保护等功能。同一间隔电子式互感器的合并单元、传统互感器的数字化测量与合并单元以及相关继电保护装置也可作为智能组件的扩展功能。

图 11.13 为智能组件的结构示意图。它将随着技术的发展逐步优化。

数字化录波屏中录波器的作用包括：遥测采集站内各间隔的模拟量和遥信采集开关量信号，连续记录存储 7 天的数据，对各种扰动及时标记，对扰动定值进行管理，记录数据的分析与管理，链路状态检测等。

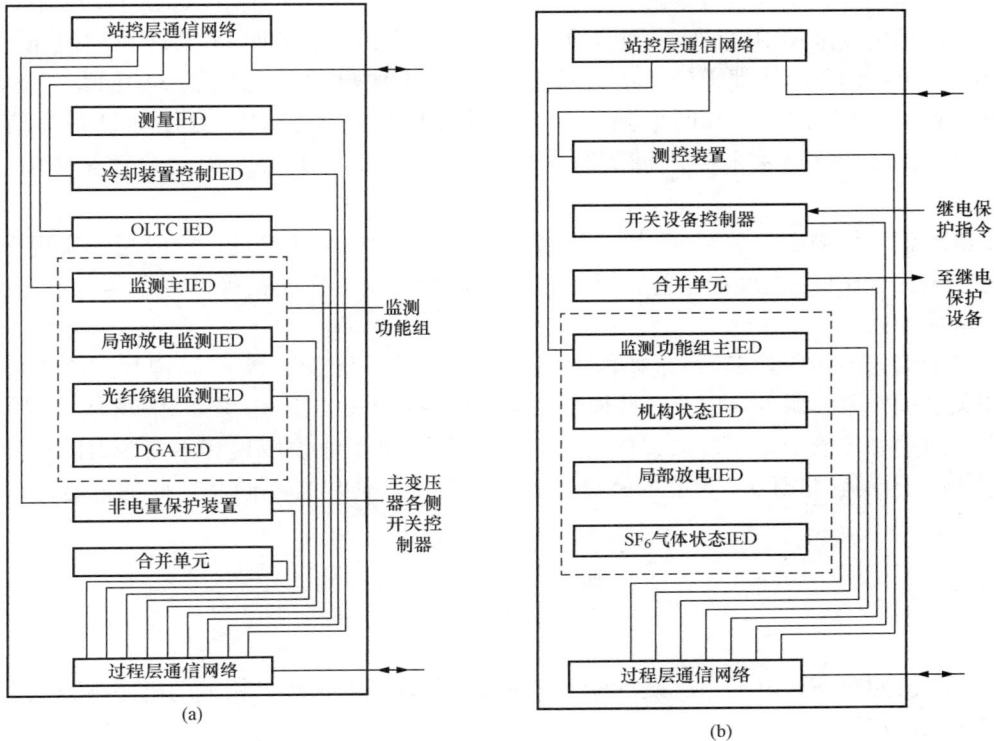

图 11.13　智能组件的结构示意图

(a) 变压器智能组件；(b) 开关设备智能组件

　　报文记录分析系统通过在线分析系统网络内的所有通信报文，实时监视自动化系统的运行状况并及时对异常进行报警，并可根据所记录的系统通信报文进行离线分析，从而查找系统存在的隐患和异常、分析系统异常和错误的原因，指导有关人员定位排除系统隐患和故障。

　　报文记录分析装置从记录装置获取记录信息，完成系统通信分析和诊断功能，可根据需要对通信系统进行在线监视和离线诊断，从多层次、多角度解析通信报文、分析通信过程，并提交分析报告。

　　(3) 站控层设备的组成及用途。在图 11.12 中，站控层设备是由传统意义上的监测后台服务器、操作员站、远动主站、GPS/北斗主机等构成。

　　利用操作员站可进行整个变电所的监控。操作员站监控系统软件提供了整个监控系统的平台，包括图形管理子系统、通信处理子系统、数据库管理子系统、基础业务处理子系统、报表综合查询统计子系统、商业智能引擎、Web 服务等几个重要组成部分。

　　远动主站作为变电所对外的通信控制器，直采直送，全部功能的实现独立，采用IEC 61850 规约作为现场通信规约，可以接入采用该规约的任何设备。

　　为保证智能变电所自动化系统全网设备和系统的时间一致性以及变电所的正常运行，站内必须配置满足要求的时间系统。GPS/北斗主机可以提供基于北斗系统/GPS 的变电所统一时钟。

（4）采用直采直跳配置方案的智能变电所自动化系统的信息通信。在图 11.12 中，整个变电所的信息传输采用 IEC 61850 变电所通信网络和系统国际标准，过程层采样值和跳闸信息采用点对点传输，其他 GOOSE 信息采用网络传输模式。过程层 SV 网络、过程层 GOOSE 网络、站控层 MMS 网络独立配置。站控层与间隔层保护测控等设备通信采用 IEC 61850 协议，过程层采样值报文通信采用 IEC 61850，开关量报文通信采用 GOOSE 协议。

变电所信息传输中，GOOSE 是一种面向通用对象的变电所事件，主要用于实现在多个智能电子设备（IED）之间的信息传递，包括传输跳合闸、连闭锁等多种信号（命令），具有高传输成功概率。

变电所信息传输中，SV 是采样值，它基于发布/订阅机制，交换采样数据集中的采样值的相关模型对象和服务，以及这些模型对象和服务到 ISO/IEC 8802—3 帧之间的映射。

变电所信息传输中，制造报文规范（MMS）规范了工业领域具有通信能力的智能传感器、智能电子设备（IED）、智能控制设备的通信行为，使出自不同制造商的设备之间具有互操作性。

小　结

（1）二次回路图。电气二次设备按一定顺序和要求相互连接，构成的电路称为二次回路图（又称二次接线图）。

二次回路图一般分为三类，即归总式原理接线图、展开式原理接线图和安装接线图。

采用国际通用的图形符号和文字符号来表示的二次回路图，根据表达对象和用途的不同，一般可分为单元接线图、互连接线图、端子接线图和电缆配置图。

（2）二次回路图中的图形符号和文字符号。二次回路图中，任何一个设备或元件，须用具有一定特征的图形符号来表示，使接线图清晰实用。二次回路图中的图形符号、文字符号和回路编号范围都有国家统一规定。

（3）以断路器的控制与信号接线为例，说明了单元接线图的内容及工作情况。

（4）发电厂的控制方式包括主控制室的控制方式和单元控制室的控制方式。

主控制室的控制方式是把全厂的主要电气设备集中在一起控制，锅炉设备及汽机设备则分别安排在锅炉间和汽机间的控制室或控制屏上进行控制。

单元控制室的控制方式是将单机容量为 20 万 kW 及以上大型机组的机、炉、电的主要设备集中在一个单元控制室控制。集中控制的范围，包括主厂房内的汽轮机、发电机、锅炉、厂用电以及与它们有密切联系的制粉、除氧、给水系统等，以便让运行人员注意主要的生产过程。

（5）发电厂的计算机监控可分为两部分：一部分是以热工为主的计算机"分散控制系统（DCS）"，另一部分是与电网有关的"网络计算机监控系统（NCS）"。

火电厂计算机监控系统的基本电气监控功能。以微机和可编程序控制器（PLC）为基础的火电厂监控系统的功能，一般包括数据的采集和处理、发电机—变压器组或发电机—变压器—线路组顺序控制、厂用电源系统的顺序控制、通过 CRT 和键盘（或鼠标）实现的软手操、事故顺序记录和追忆、自动发电控制、自动电压控制、故障和异常及越限报警、在线显示、实时打印和拷贝、操作指导与培训、系统自诊断和自恢复、时钟同步、性能计算和统计报表等。

（6）变电所自动化将变电所的二次设备经过功能的组合和优化设计，利用先进的计算机技术、通信技术、信号处理技术，实现对全变电所的主要设备和输、配电线路的自动监视、测量、控制、保护，并与上级调度通信的综合性自动化功能。

变电所综合自动化系统需完成的功能归纳起来可分为以下几种功能组：①控制、监视功能；②启动控制功能；③测量表计功能；④继电保护功能；⑤与继电保护有关功能；⑥接口功能；⑦系统功能。

结合我国的情况，变电所综合自动化系统的基本功能体现在微机监控子系统、微机保护子系统、电压、无功综合控制子系统、微机低频减负荷控制子系统和备用电源自投控制子系统、通信子系统等六个子系统的功能中。

（7）智能变电所自动化系统可以划分为站控层、间隔层和过程层三层。

思 考 题

11.1　什么是二次回路？二次回路主要包括哪些回路？

11.2　二次回路图中的文字符号是如何规定的？

11.3　二次回路图有几种形式？总归式原理接线图、展开接线图和安装接线图的作用各是什么？

11.4　根据表达对象和用途的不同，二次回路图一般可分为哪几种形式？

11.5　试分析 10kV 高压开关柜断路器的控制与信号动作过程。

11.6　发电厂的控制方式有哪几种？大、中型发电厂各采用哪种控制方式？

11.7　火电厂计算机监控系统的基本电气监控功能包括哪些内容？

11.8　什么是变电所综合自动化？变电所综合自动化系统的优越性有哪些？

11.9　变电所综合自动化系统需完成的功能包括哪些方面？

11.10　变电所微机监控子系统的功能包括哪些方面？

11.11　分级分布式系统集中组屏的变电所综合自动化系统的特点是什么？

11.12　什么是智能化变电所？

11.13　智能化变电所的自动化系统是如何构成的？

11.14　智能组件的基本功能是什么？

11.15　合并单元的基本功能是什么？

附录1　发电厂变电所电气部分模拟试卷（1）

一、填空题（本大题共 13 小题，每空 1 分，共 20 分）

1. 直接生产、转换和（　　）电能的电气设备，称为一次设备。

2. 交流电弧的熄灭条件是电流自然过零后，弧隙介质强度永远高于（　　）。

3. 电子式电压互感器的基本原理主要分为基于电光效应、基于（　　）效应和基于分压效应三种。

4. 单母线分段的作用是（　　）。

5. 在单断路器的双母线带旁路母线接线中，设置旁路设施的作用是（　　）。

6. 厂用电动机自启动分为空载自启动、（　　）自启动和（　　）自启动。

7. 屋外配电装置的种类分为普通中型、（　　）、（　　）和半高型。

8. 成套配电装置分为低压配电屏、（　　）、（　　）和箱式变电所等。

9. 电气设备要能可靠工作，必须按正常工作条件进行选择，并按（　　）状态来校验动、热稳定性。

10. 短路时最大电动力产生于三相导体中的（　　）相，短路形式为（　　）短路。

11. 开关电器的短路热效应计算时间宜采用（　　）保护动作时间加上断路器的分闸时间。

12. 火力发电厂的控制方式可分为主控制室控制方式和（　　）控制方式。

13. 绘制展开图时一般把整个二次回路分成交流电流回路、（　　）回路、直流操作回路和（　　）回路等几个组成部分。

14. 常用电气设备文字符号中，TA 代表（　　）互感器，QF 代表（　　）。

二、名词解释（本大题 5 小题，每小题 4 分，共 20 分）

1. 真空断路器。

2. 电流互感器的电流误差。

3. 一台半断路器接线。

4. 配电装置的最小安全净距 A 值。

5. 智能变电所。

三、简答题（本大题共 4 小题，每小题 5 分，共 20 分）

1. 熄灭交流电弧的方法有哪些？（5 分）

2. 厂用备用电源的引接方式有哪些？（5 分）

3. 写出采用实用计算法和 A-θ 曲线求导体短时最高发热温度的计算步骤。（5 分）

4. 变电所微机监控子系统的功能包括哪些？（5 分）

四、综合题（本大题共 2 小题，每小题 10 分，共 20 分）

1. 画出具有 2 回电源进线、4 回出线并设置专用旁路断路器的双母线带旁路母线的电气主接线图，并说明用旁路断路器代替出线断路器的倒闸操作步骤。（要求进线不上旁路）（10 分）

2. 画出电子式互感器的通用结构图，并说明各部分作用。（10 分）

五、计算题（10 分）

某高温高压火电厂高压厂用备用变压器为分裂低压绕组变压器，调压方式为有载调压，高压绕组额定容量为 40MV·A，低压绕组额定容量为 20MV·A，以高压绕组额定容量为基准的半穿越电抗 $U_{k12}\%=17.5$。高压厂用变压器已带负荷 7000kV·A，高压母线上参加自启动的电动机容量为 14MW，高压电动机的启动电流平均倍数 $K_{av1}=5$，$\cos\varphi_1=0.8$，效率 $\eta_1=0.93$，高压厂用母线电压 $U_*=1.1$（有载调压）。低压厂用变压器额定容量为 1600 kV·A，短路电压 $U_{k2}\%=4.5$。低压母线上参加自启动的电动机容量为 500kW。低压电动机启动电流平均倍数为 $K_{av2}=5$，$\eta_2\cos\varphi_2=0.8$。试计算自投高、低压母线串接自启动时，能否实现自启动？（高压厂用母线自启动要求的最低母线电压为额定电压的 65%，低压厂用母线自启动要求的最低母线电压为额定电压的 55%）

六、计算题（10 分）

已知某发电厂主变压器高压侧 220kV 断路器的长期最大工作电流为 248A，流过断路器的最大短路电流次暂态值 $I''=1.16$kA，断路器的全开断时间 $t_{off}=0.2$s。继电保护的后备保护动作时间 $t_{b2}=3$s。若选择 LW6-220/3150 型断路器，额定开断电流为 40kA，额定关合电流为 100kA，额定动稳定电流为 100kA，4s 热稳定电流 $I_r=40$kA。试列表校验该断路器是否满足要求并写出计算过程。（计算中电力系统可作为无限大容量电力系统考虑）

附录 2 　发电厂变电所电气部分模拟试卷（2）

一、填空题（本大题共 15 小题，每空 1 分，共 20 分）

1. SF_6 断路器采用（　　　）作为灭弧介质。

2. 隔离开关的主要用途是（　　　）和（　　　）。

3. 电流互感器产生误差的根本原因是存在（　　　）。

4. 在电气主接线中母线的作用是（　　　）。

5. 外桥接线适用于线路短，（　　　）需频繁切换或有穿越功率通过的场合。

6. 单元接线中的主变压器容量 S_N 应按发电机额定容量扣除本机组的（　　　）后，留有 10% 的裕度选择。

7. 在我国火力发电厂中，厂用电一般采用高压和低压两种电压等级供电。高压厂用电电压一般采用（　　　）kV 和 10kV。低压厂用电电压一般采用（　　　）V。

8. 大型火力发电厂的厂用电电源包括厂用工作电源、厂用（　　　）电源、事故保安电源及（　　　）电源。

9. 箱式变电所主要由高压配电室、（　　　）和低压配电室等三部分组成。

10. 大型发电机中性点经消弧线圈接地时，消弧线圈必须采用（　　　）补偿方式运行。

11. 发热对电器产生的不良影响包括使机械强度下降、（　　　）增加和机械性能降低。

12. 为进行电气设备校验而进行短路计算时，短路计算点应选择通过电器的短路电流为（　　　）的那些点。

13. 开关电器的开断计算时间应采用主保护动作时间加上断路器的（　　　）时间。

14. 单元控制室的控制方式通常适用于单机容量为（　　　）kW 以上的大型机组。

15. 根据表达对象和用途的不同，二次接线图可分为单元接线图、（　　　）接线图、端子接线图和（　　　）配置图。

16. 智能变电所自动化系统可以划分为站控层、（　　　）和过程层三层。

二、名词解释（本大题共 5 小题，每小题 4 分，共 20 分）

1. 重合器。

2. 一台半断路器接线中的交替布置。

3. 大型火力发电厂的事故保安电源。

4. 电流互感器的 10% 误差曲线。

5. 分相中型配电装置。

三、简答题（本题共 4 小题，每小题 5 分，共 20 分）

1. 智能化高压开关电器的基本构成是什么？（5 分）

2. 基于电光效应的电压互感器的工作原理是什么？（5 分）

3. 限制短路电流的方法有哪些？（5 分）

4. 智能化全封闭组合电器的含义及内容是什么？（5 分）

四、综合题（本题共 2 小题，每小题 10 分，共 20 分）

1. 画出具有 2 回电源进线、4 回出线的单母线分段带旁路母线、采用分段断路器兼作旁路断路器的电气主接线图，并说明用分段断路器替代出线断路器的倒闸操作过程。（10 分）

2. 画出数字输出型电子式互感器的数字接口框图，并说明合并单元的功能。（10 分）

五、计算题（10 分）

试校验某高温高压火电厂高压厂用备用变压器容量能否适应失压自启动要求。相关参数为：高压备用变压器容量为 12500kV·A，调压方式为有载调压，$U_k\% = 8$；要求同时参加自启动的电动机容量为 11400kW，电动机启动电流平均倍数为 5，$\cos\varphi = 0.8$，效率 $\eta = 0.9$，自启动要求的最低母线电压为额定电压的 70%。

六、计算题（10 分）

某降压变电所 10kV 屋内配电装置的母线采用矩形截面的铝母线，三相垂直布置，母线在绝缘子上立放。母线的允许应力 $\sigma_y = 70 \times 10^6$ Pa，每相母线的截面尺寸为 120mm×8mm，母线支持绝缘子之间的跨距 $L = 1.5$m，母线的相间距离 $a = 0.65$m，发生短路故障时，流过母线的最大冲击电流 $i_{sh} = 35.7$kA。试校验母线在发生短路时的动稳定，并求出绝缘子间最大的允许跨距是多少？（母线抗弯矩 $W = bh^2/6$，母线的动态应力系数 $\beta = 1$。）

附录3　常用电气设备数据与系数表

附表 3.1　　　　　　　　**10kV 干式变压器技术数据**

型　号	额定容量 (kV·A)	额定电压（kV）高压	低压	连接组	损耗（kW）空载	短路	空载电流（%）	阻抗电压（%）	总体质量（kg）
S9-30/10	30				0.13	0.60	2.4		355
S9-50/10	50				0.17	0.87	2.2		470
S9-63/10	63				0.20	1.04	2.2		515
S9-80/10	80				0.25	1.25	2.0		605
S9-100/10	100				0.29	1.50	2.0		670
S9-125/10	125				0.35	1.75	1.8	4	760
S9-160/10	160				0.42	2.10	1.7		895
S9-200/10	200				0.50	2.50	1.7		1010
S9-250/10	250	6，6.3，10 ±5%	0.4	Yyn0	0.59	2.95	1.5		1200
S9-315/10	315				0.70	3.50	1.5		1385
S9-400/10	400				0.84	4.20	1.4		1640
S9-500/10	500				1.0	5.0	1.4		1880
S9-630/10	630				1.23	6.0	1.2		2830
S9-800/10	800				1.45	7.20	1.2		3260
S9-1000/10	1000				1.72	10.0	1.1	4.5	3820
S9-1250/10	1250				2.0	11.8	1.1		4525
S9-1600/10	1600				2.45	14.0	1.0		5185
S7-630/10	630				1.30	8.1	2.0	4.5	2385
S7-800/10	800				1.54	9.9	1.7		3060
S7-1000/10	1000				1.80	11.6	1.4		3530
S7-1250/10	1250				2.20	13.8	1.4		3795
S7-1600/10	1600				2.65	16.5	1.3		4800
S7-2000/10	2000	10±5%	6.3	Yd11	3.10	19.8	1.2		5395
S7-2500/10	2500				3.65	23	1.2	5.5	6340
S7-3150/10	3150				4.40	27	1.1		7775
S7-4000/10	4000				5.30	32	1.1		9210
S7-5000/10	5000				6.40	36.7	1.0		10765
S7-6300/10	6300				7.50	41	1.0		13045
SF7-8000/10	8000				11.5	45	0.8	10	17290
SF7-10000/10	10000	10±2×2.5%	6.3	Yd11	13.6	53	0.8	7.5	19070
SF7-16000/10	16000				19	77	0.7	7	28300
SZ9-200/10	200				0.52	2.60	1.6		1180
SZ9-250/10	250				0.61	3.09	1.5		1370
SZ9-315/10	315				0.73	3.60	1.4	4	1555
SZ9-400/10	400				0.87	4.40	1.3		1780
SZ9-500/10	500	6，6.3，10 ±4×2.5%	0.4	Yyn0	1.04	5.25	1.2		2030
SZ9-630/10	630				1.27	6.30	1.1		2960
SZ9-800/10	800				1.51	7.56	1.0		3360
SZ9-1000/10	1000				1.78	10.50	0.9	4.5	4090
SZ9-1250/10	1250				2.08	12.00	0.8		4800
SZ9-1600/10	1600				2.54	14.70	0.7		5350

注　1. S—三相。
2. 冷却方式：F—风冷。
3. 调压方式：Z—有载调压。

附表 3.2　　　　　　　　　**35kV 双绕组变压器技术数据**

型　号	额定容量 (kV·A)	额定电压 (kV)		连接组	损耗 (kW)		空载电流 (%)	阻抗电压 (%)	总体质量 (t)
		高压	低压		空载	短路			
S9-50/35	50				0.25	1.18	2.0		0.84
S9-100/35	100				0.35	2.10	1.9		1.17
S9-125/35	125				0.40	1.95	2.0		1.33
S9-160/35	160				0.45	2.80	1.8		1.34
S9-200/35	200				0.53	3.30	1.7		1.44
S9-250/35	250				0.61	3.90	1.6		1.66
S9-315/35	315	35（±5% 或±2×2.5%）	0.4	Yyn0	0.72	4.70	1.5	6.5	1.85
S9-400/35	400				0.88	5.70	1.4		2.15
S9-500/35	500				1.03	6.90	1.3		2.48
S9-630/35	630				1.25	8.20	1.2		3.22
S9-800/35	800				1.48	9.50	1.1		3.87
S9-1000/35	1000				1.75	12.00	1.0		4.60
S9-1250/35	1250				2.10	14.50	0.9		4.96
S9-1600/35	1600				2.50	14.50	0.8		5.90
S9-800/35	800				1.48	8.80	1.1		3.87
S9-1000/35	1000				1.75	11.00	1.0		4.60
S9-1250/35	1250	35（±5% 或±2×2.5%）	3.15 6.3 10.5	Yd11	2.10	14.50	0.9	6.5	4.96
S9-1600/35	1600				2.50	16.50	0.8		5.90
S9-2000/35	2000				3.20	16.80	0.8		6.26
S9-2500/35	2500				3.80	19.50	0.8		6.99
S9-3150/35	3150				4.50	22.50	0.8		8.90
S9-4000/35	4000	35，38.5 （±5% 或±2×2.5%）			5.40	27.00	0.8	7	9.60
S9-5000/35	5000				6.50	31.00	0.7		11.15
S9-6300/35	6300				7.90	34.5	0.7	7.5	13.10
SF7-8000/35	8000				11.5	45	0.8		16.50
SF7-10000/35	10000				13.6	53	0.8	7.5	19.63
SF7-12500/35	12500	35±2×2.5% 38.5± 2×2.5%	6.3 6.6 10.5 11	YNd11	16.0	63	0.7		21.41
SF7-16000/35	16000				19.0	77	0.7		29.39
SF7-20000/35	20000				22.5	93	0.7		
SF7-25000/35	25000				26.5	110	0.7	8	
SF7-31500/35	31500				31.6	132	0.6		41.32
SF7-40000/35	40000				38.0	174	0.6		47.90
SF7-75000/35	75000	35±2×2.5%	6.3	YNd11	57.0	310		10.5	79.50
SSP7-8000/35	8000	38.5±2×2.5%	10.5		11.5	45		7.5	
SZ7-1600/35	1600				3.05	17.65	1.4	6.5	
SZ7-2000/35	2000	35±3×2.5%	6.3 10.5	Yd11	3.60	20.80	1.4		7.35
SZ7-2500/35	2500				4.25	24.15	1.4		8.85
SZ7-3150/35	3150				5.05	28.90	1.3		9.23
SZ7-4000/35	4000	35±3×2.5%	6.3	Yd11	6.05	34.10	1.3	7	10.91
SZ7-5000/35	5000	38.5±3×2.5%	10.5		7.25	40.00	1.2		13.25
SZ7-6300/35	6300				8.80	43.00	1.2	7.5	15.10
SFZ7-8000/35	8000				12.3	47.5	1.1	7.5	16.8
SFZ7-10000/35	10000		6.3		14.5	56.2	1.1		
SFZ7-12500/35	12500	35±3×2.5%	6.6	YNd11	17.1	66.5	1.0		27.9
SFZ7-16000/35	16000	38.5±3×2.5%	10.5		20.1	80.8	1.0	8	
SFZ7-20000/35	20000		11		23.8	97.6	0.9		
SFZ7-25000/35	25000				28.2	115.5	0.9		

附表 3.3　　　　　　　　　　　　　**63kV 双绕组变压器技术数据**

型　号	额定容量 (kV·A)	额定电压 (kV)		连接组	损耗 (kW)		空载电流 (%)	阻抗电压 (%)	总体质量 (t)
		高压	低压		空载	短路			
S7-630/63	630		6.3，6.6，10.5，11	Yd11	2.0	8.4	2.0		5.32
S7-1000/63	1000			Yd11	2.8	11.6	1.9		6.40
S7-1250/63	1250		10.5，11		3.2	14.0	1.8		7.02
S7-1600/63	1600	60	3.15，6.3，6.6，10.5，11	YNd11	3.9	16.5	1.8		8.01
S7-2000/63	2000	63		Yd11	4.6	19.5	1.7	8.0	9.49
S7-2000/63	2000	66		Yyn0	4.6	19.5	1.7		9.49
S7-2500/63	2500		6.3，6.6，10.5，11		4.6	19.5	1.6		
S7-3150/63	3150			Yd11	6.4	27.0	1.5		11.04
S7-4000/63	4000				7.6	32.0	1.4		13.17
S7-5000/63	5000				9.0	36.0	1.3		14.71
S7-630/63	630		0.4	Yyn0	2.0		2.0		5.29
S7-1000/63	1000			YNd11	2.8	11.6	1.9		6.28
S7-2000/63	2000			Yd11	4.6	19.5	1.7		9.59
S7-6300/63	6300				11.6	40.0	1.2		18.62
S7-8000/63	8000				14.0	47.5	1.1		21.10
S7-10000/63	10000				16.5	56.0	1.1		26.60
S7-12500/63	12500				19.5	66.5	1.1		
S7-16000/63	16000		6.3，6.6，10.5，11		23.5	81.7	1.0		
S7-20000/63	20000				27.5	99.0	0.9		40.08
S7-25000/63	25000				32.5	117.0	0.9		
S7-31500/63	31500	60			38.5	141.0	0.9		49.8
SF7-8000/63	8000	63			14.0	47.5	1.1		19.90
SF7-10000/63	10000	66			14.0	47.5	1.1		19.90
SF7-10000/63	10000	(±2× 2.5%)		YNd11	16.5	56.0	1.1	9.0	22.74
SF7-12500/63	12500		3.3		19.5	66.5	1.0		25.7
SF7-16000/63	16000				23.5	81.7	0.9		26.7
SF7-20000/63	20000				27.5	99.0	0.9		34.7
SF7-25000/63	25000				32.5	117.0	0.9		37.9
SF7-31500/63	31500				38.5	141.0	0.8		50.0
SF7-40000/63	40000		6.3，6.6，10.5，11		46.0	165.5	0.8		53.0
SF7-50000/63	50000				55.0	205.0	0.7		
SF7-6300/63	6300				65.0	247.0	0.7		
SFP7-50000/63	50000				55.0	205.0	0.7		67.1
SFP7-63000/63	63000				65.0	260.0	0.7		81.3
SFP7-90000/63	90000				68.0	320.0	1.0		100.4

| 型　号 | 额定容量 (kV·A) | 额定电压 (kV) | | 连接组 | 损耗 (kW) | | 空载电流 (%) | 阻抗电压 (%) | 总体质量 (t) |
		高压	低压		空载	短路			
SL7-630/63	630				2.0	8.4	2.0		
SL7-1000/63	1000				2.8	11.6	1.9		6.62
SL7-1600/63	1600	60		Yd11 YNd11	3.9	16.5	1.8		
SL7-2000/63	2000	63			4.6	19.5	1.7		
SL7-2500/63	2500	66			5.4	23.0	1.6	8.0	
SL7-3150/63	3150	(±5%)			6.4	27.0	1.5		10.45
SL7-4000/63	4000				7.6	32.0	1.4		
SL7-5000/63	5000				9.0	36.0	1.3		
SL7-6300/63	6300		6.3, 6.6, 10.5, 11		11.0	40.0	1.2		16.90
SL7-8000/63	8000				14.0	47.5	1.1		19.80
SL7-10000/63	10000				16.5	56.0	1.1		23.90
SL7-12500/63	12500	60		YNd11	19.5	66.5	1.0		29.60
SL7-16000/63	16000	63			23.5	81.7	1.0		36.30
SL7-20000/63	20000	66			27.5	99.0	0.9	9.0	40.10
SL7-25000/63	25000	(±2× 2.5%)			32.5	117.0	0.9		45.14
SL7-31500/63	31500				38.5	141.0	0.8		53.96
SL7-40000/63	40000				46.0	165.0	0.8		64.8
SL7-50000/63	50000				55.0	205.0	0.7		
SL7-63000/63	63000				65.0	247.0	0.7		
SZ7-6300/63	6300				12.5	40.0	1.3		24.0
SZ7-8000/63	8000				15.0	47.5	1.2		
SZ7-10000/63	10000				17.8	56.0	1.1		31.01
SZ7-12500/63	12500				21.0	66.5	1.0		33.8
SZ7-16000/63	16000				25.3	81.7	1.0		36.2
SZ7-20000/63	20000				30.0	99.0	0.9		45.2
SZ7-25000/63	25000	60			35.5	117.0	0.9		46.07
SZ7-31500/63	31500	63			42.2	141.0	0.8		108.4
SFZ7-6300/63	6300	66	6.3, 6.6, 10.5, 11	YNd11	12.5	40.0	1.3	9.0	
SFZ7-8000/63	8000	(±8× 1.25%)			15.0	47.5	1.2		
SFZ7-10000/63	10000				17.8	56.0	1.1		31.01
SFZ7-12500/63	12500				21.0	66.5	1.0		33.8
SFZ7-16000/63	16000				25.3	81.7	1.0		36.2
SFZ7-20000/63	20000				30.0	99.0	0.9		45.2
SFZ7-25000/63	25000				35.5	117.0	0.9		46.07
SFZ7-31500/63	31500				42.2	141.0	0.8		108.4
SFZ7-40000/63	40000				50.5	165.5	0.8		

续表

型　号	额定容量（kV·A）	额定电压（kV）高压	低压	连接组	损耗（kW）空载	短路	空载电流（%）	阻抗电压（%）	总体质量（t）
SFZ7-50000/63	50000	60 63 66 （±8×1.25%）	6.3，6.6，10.5，11	YNd11	59.7	205.0	0.7	9.0	81.1
SFZ7-63000/63	63000				71	247	0.7		73.1
SFPZ7-63000/63	63000	60，63，66	6.3，6.6，10.5，11	YNd11	71	247	0.7		73.1
SFZL7-31500/63	31500				141	422	0.8		67.5
SFZ8-5000/69	5000	69	13.2	Dyn1	9.5	40	1.3	9.0	17.62
SFZ10-10000/69	10000				13.3	56.8	1.1	7.5	26.62

附表 3.4　　　　　　　　110kV 双绕组变压器技术数据

型　号	额定容量（kV·A）	额定电压（kV）高压	低压	连接组	损耗（kW）空载	短路	空载电流（%）	阻抗电压（%）	总体质量（t）
SF7-6300/110	6300	110±2×2.5% 121±2×2.5%	6.3，6.6 10.5，11	YNd11	11.6	41	1.1	10.5	21.7
SF7-8000/110	8000				14.0	50	1.1		
SF7-10000/110	10000				16.5	59	1.0		26.1
SF7-12500/110	12500				19.6	70	1.0		29.8
SF7-16000/110	16000				23.5	86	0.9		31.5
SF7-20000/110	20000				27.5	104	0.9		39.3
SF7-25000/110	25000				32.5	123	0.8		
SF7-31500/110	31500				38.5	148	0.8		58.6
SF7-40000/110	40000				46.5	174	0.8		31.4
SF7-75000/110	75000				75.5	300	0.6		89.2
SFP7-50000/110	50000				55.0	216	0.7		69.4
SFP7-63000/110	63000				65.0	260	0.6		80.4
SFP7-90000/110	90000				85.0	340	0.6		
SFP7-120000/110	120000				106.0	422	0.5		
SFP7-120000/63	120000		13.8		106.0	422	0.5		101.7
SFP7-180000/63	180000	121±2×2.5%	15.75		110.0	550			128.9
SFQ7-20000/110	20000				27.5	104	0.9		
SFQ7-25000/110	25000				32.5	123	0.8		
SFQ7-31500/110	31500	110±2×2.5% 121±2×2.5%	6.3，6.6 10.5，11		38.5	148	0.8		
SFQ7-40000/110	40000				46.0	174	0.7		
SFPQ7-50000/110	50000				55.0	216	0.7		
SFPQ7-63000/110	63000				65.0	260	0.6		
SZ7-6300/110	6300	110±8×1.25%	6.3，6.6 10.5，11	YNd11	12.5	41	1.4		30.3
SZ7-8000/110	8000				15.0	50	1.4		
SFZ7-10000/110	10000				17.8	59	1.3		
SFZ7-12500/110	12500				21.0	70	1.3		

型　号	额定容量（kV·A）	额定电压（kV）高压	额定电压（kV）低压	连接组	损耗（kW）空载	损耗（kW）短路	空载电流（%）	阻抗电压（%）	总体质量（t）
SFZ7-16000/110	16000				25.3	86	1.2		40.9
SFZ7-20000/110	20000				30.0	104	1.2		45.4
SFZ7-25000/110	25000	110±8×1.25%			35.5	123	1.1		
SFZ7-31500/110	31500				42.2	148	1.1		50.3
SFZ7-40000/110	40000				50.5	174	1.0		
SZ7-8000/110	8000		6.3,6.6		15.0	50	1.4		
SFZ7-10000/110	10000		10.5,11		17.8	59	1.3		25.4
SFZ7-12500/110	12500	110±3×2.5%			21.0	70	1.3		
SFZ7-16000/110	16000	121±3×2.5%			25.3	86	1.2		
SFZ7-20000/110	20000	110±$\frac{4}{2}$×2.5%			30.0	104	1.2		38.6
SFZ7-25000/110	25000	121±$\frac{4}{2}$×2.5%			35.5	123	1.1		
SFZ7-31500/110	31500			YNd11	42.2	148	1.1		50.0
SFZ7-40000/110	40000				50.5	174	1.0		69.0
SFZ7-63000/110	63000	110±$\frac{7}{6}$×1.25%	38.5		71.0	260	0.9		98.1
SFPZ7-50000/110	50000				59.7	216	1.0		81.1
SFPZ7-63000/110	63000				59.7	260	0.9		94.0
SFZQ7-20000/110	20000	121±2×2.5%			30.0	104	1.2		
SFZQ7-25000/110	25000				35.5	123	1.1		75.3
SFZQ7-31500/110	31500		6.3,6.6,		42.2	148	1.1	10.5	68.2
SFZQ7-31500/110	31500	115±8×1.25%	10.5,11		42.2	148	1.1		
SFZQ7-40000/110	40000				50.5	174	1.0		
SFPZQ7-50000/110	50000	110±8×1.25%			59.7	216	1.0		
SFPZQ7-63000/110	63000				71.0	260	0.9		

附表 3.5　　　　　　　　　　　220kV 双绕组变压器技术数据

型　号	额定容量（kV·A）	额定电压（kV）高压	额定电压（kV）低压	连接组	损耗（kW）空载	损耗（kW）短路	空载电流（%）	阻抗电压（%）	总体质量（t）
SFP7-31500/220	31500				44	150	1.1	12.0	
SFP7-40000/220	40000		6.3,6.6		52	175	1.1	12.0	95
SFP7-50000/220	50000	220±2×2.5%	10.5,11		61	210	1.0	12.0	103
SFP7-63000/220	63000	242±2×2.5%			73	245	1.0	13.0	119
SFP7-90000/220	90000		10.5,11		96	320	0.9	12.5	154
SFP7-120000/220	120000		13.8	YNd11	118	385		12.0	171
SFP7-120000/220	120000		10.5		118	385		11.2	144
SFP7-120000/220	120000	242±2×2.5%	13.8		118	385		13.6	140
SFP7-150000/220	150000	230±2×2.5%	10.5		140	450		13.6	152
SFP7-150000/220	150000	220±2×2.5%	11,13.8		140	450	0.8	13.0	199
SFP7-180000/220	180000	242±2×2.5%	13.8		160	510		13.3	167
SFP7-180000/220	180000	242±2×2.5%	66		130	571		13.1	166

续表

| 型　号 | 额定容量 (kV·A) | 额定电压 (kV) | | 连接组 | 损耗 (kW) | | 空载电流 (%) | 阻抗电压 (%) | 总体质量 (t) |
		高压	低压		空载	短路			
SFP7-180000/220	180000	242±2×2.5%			160	510		14.0	226
SFP7-240000/220	240000		15.75		200	630		14.0	197
SFP7-240000/220	240000	242±$\frac{1}{3}$×1.25%			200	630	0.7	14.0	251
SFP7-250000/220	250000	220±4×2.5%		YNd11	162	615		13.1	274
SFP7-360000/220	360000	242±4×2.5%	18		195	860		14.0	252
SFP7-360000/220	360000		20		195	860		14.0	246
SFP7-360000/220	360000	236±4×2.5%			180	828		13.1	263
SFPZ7-31500/220	31500		6.3,6.6, 10.5,11, 35,38.5		48	150	1.1		
SFPZ7-40000/220	40000				57	175	1.0		
SFPZ7-50000/220	50000	220±8×1.25%			67	210	0.9		
SFPZ7-63000/220	63000				79	245	0.9	12～14	
SFPZ7-90000/220	90000		10.5,11, 35,38.5	YNd11	101	320	0.8		
SFPZ7-120000/220	120000				124	385	0.8		
SFPZ7-150000/220	150000				146	450	0.7		
SFPZ7-180000/220	180000				169	520	0.7		
SFPZ7-90000/220	90000	230±8×1.25%	69		104	359		13.4	158
SFPZ7-120000/220	120000				124	385		15.0	171
SFPZ7-120000/220	120000	220±8×1.25%	38.5		124	385	0.8	13.0	196
SFPZ7-180000/220	180000		69		169	520	0.7	14.0	234

附表 3.6　　　　　　　　　　330～500kV 双绕组变压器技术数据

| 型　号 | 额定容量 (kV·A) | 额定电压 (kV) | | 连接组 | 损耗 (kW) | | 空载电流 (%) | 阻抗电压 (%) | 总体质量 (t) |
		高压	低压		空载	短路			
SFP7-90000/330	90000		10.5		90	303	0.60		
SFP7-120000/330	120000		13.8		112	375	0.60		
SFP7-150000/330	150000		13.8		133	445	0.55		
SFP7-180000/330	180000	363±2×2.5%	15.75	YN	153	510	0.55	14～15	
SFP7-240000/330	240000	345±2×2.5%	15.75	yn0	190	635	0.50		
SFP7-360000/330	360000		20	d11	260	890	0.50		
SFP1-240000/550	240000	550±2×2.5%	15.75	YNd11	165	680	0.23	14	265
DFP-240000/550	240000	550/$\sqrt{3}$	20		162	600	0.7	14	235

附表 3.7　　　　　　　　110kV 三绕组变压器技术数据

型　号	额定容量 (kV·A)	额定电压（kV） 高压	中压	低压	连接组	损耗（kW） 空载	短路	空载电流(%)	阻抗电压（%） 高中	高低	中低	总体质量(t)
SS7-6300/110	6300	$110\pm^7_6\times1.25\%$		38.5		14.0	53	1.3				
SS7-8000/110	8000					16.5	63	1.3				
SFS7-10000/110	10000					19.8	74	1.2				34.2
SFS7-12500/110	12500					23.0	87	1.2				
SFS7-16000/110	16000			6.3		28.0	106	1.1				40.4
SFS7-20000/110	20000	$110\pm2\times2.5\%$	$35\pm2\times2.5\%$	6.6		33.0	125	1.1				50.0
SFS7-25000/110	25000	$121\pm2\times2.5\%$	$38.5\pm2\times2.5\%$	10.5		38.2	148	1.0				55.1
SFS7-31500/110	31500			11		46.0	175	1.0	10.5	17~18		61.1
SFS7-40000/110	40000					54.5	210	0.9				
SFS7-31500/110	31500	$110\pm^3_1\times2.5\%$	$38.5\pm2\times2.5\%$	10.5		46.0	162					61.0
SFPS7-50000/110	50000					65.0	250	0.9				
SFPS7-63000/110	63000			6.3		77.0	300	0.8				
SFSQ7-20000/110	20000	$110\pm2\times2.5\%$	$35\pm2\times2.5\%$	6.6		33.0	125	1.1				
SFQ7-25000/110	25000	$121\pm2\times2.5\%$	$38.5\pm2\times2.5\%$	10.5	YNyn0d11	38.5	148	1.0			6.5	
SFSQ7-31500/110	31500			11		46.0	175	1.0				
SFSQ7-40000/110	40000					54.5	210	0.9				
SFSQ7-16000/110	16000	$110\pm2\times2.5\%$	$38.5\pm2\times2.5\%$	6.3		28.0	106		10.5	18		41.4
SFSQ7-31500/110	31500			10.5		46.0	175		17.5	10.5		70.3
SFPSQ7-50000/110	50000	$110\pm2\times2.5\%$	$35\pm2\times2.5\%$	6.3,6.6		65.0	250	0.9				
SFPSQ7-63000/110	63000	$121\pm2\times2.5\%$	$38.5\pm2\times2.5\%$	10.5,11		77.0	300	0.8				
SSZ7-6300/110	6300			6.3		15.0	53	1.7				
SSZ7-8000/110	8000	$110\pm8\times12.5\%$	$38.5\pm2\times2.5\%$	6.6		18.0	63	1.7				
SFSZ7-10000/110	10000			10.5		21.3	74	1.6	10.5	17~18		44.9
SFSZ7-12500/110	12500			11		25.2	87	1.6				44.1
SFSZ7-16000/110	16000			6.3		30.3	106	1.5				
SFSZ7-20000/110	20000			6.6		35.8	125	1.5				59.8
SFSZ7-25000/110	25000	$110\pm8\times1.25\%$	$38.5\pm2\times2.5\%$	10.5		42.3	148	1.4				
SFSZ7-31500/110	31500			11		50.3	175	1.4				70.8
SFSZ7-40000/110	40000					54.5	210	1.3				103.4
SFSZ7-31500/110	31500	$110\pm8\times1.25\%$	$38.5\pm^1_3\times2.5\%$	11		50.3	175	1.4	10.5	17~18	6.5	84.8
SFSZ7-31500/110	31500	$110\pm^{10}_6\times1.25\%$	10.5	6.3		50.3	175	1.4				72.7
SFSZ7-31500/110	31500	$110\pm8\times1.25\%$				50.3	175		16.5	10	6	69.0
SFSZ7-40000/110	40000	$110\pm^{10}_6\times1.25\%$	$37\pm5\%$	6.3		54.5	210	1.3				103.4
SFSZ7-50000/110	50000	$110\pm8\times1.25\%$	$38.5\pm5\%$	10.5		71.2	250		10.5	18	6.5	85.8
SFSZ7-63000/110	63000	$110\pm^{10}_6\times1.25\%$	$37.5\pm2.67\%$	10.5,11	YNyn0d11	84.0	300					127.5
SFSZ7-8000/110	8000					18.0	63	1.7	降压 1.5	降压 17~18		
SFSZ7-10000/110	10000	$110\pm^4_2\times2.5\%$				21.3	74	1.6			6.5	
SFSZ7-12500/110	12500	$121\pm^4_2\times2.5\%$	$38.5\pm2\times2.5\%$	10.5		25.2	87	1.6	升压 17~18	升压 10.5		
SFSZ7-16000/110	16000	$110\pm3\times1.25\%$				30.3	106	1.5				44.3
SFSZ7-20000/110	20000					35.8	125	1.5				50.3

续表

型号	额定容量 (kV·A)	额定电压 (kV) 高压	中压	低压	连接组	损耗 (kW) 空载	短路	空载电流 (%)	阻抗电压 (%) 高中	高低	中低	总体质量 (t)
SFSZ7-25000/110	25000	121±3×2.5%		10.5		42.3	148	1.4	降压 10.5 升压 17~18	降压 17~18 升压 10.5	6.5	
SFSZ7-31500/110	31500					50.3	175	1.4				66.3
SFSZ7-16000/110	16000		38.5±2×2.5%			30.3	106	1.5				58.7
SFSZ7-20000/110	20000					35.8	125	1.5				
SFSZ7-25000/110	25000	110±8×1.5%		6.3		42.3	148	1.4				
SFSZ7-31500/110	31500	110±8×1.25%		6.6		50.3	175	1.4				77.1
SFSZ7-40000/110	40000	121±8×1.36%		10.5		60.2	210	1.3				82.1
SFSZ7-50000/110	50000	121±8×1.25%	38.5±5%	11		71.2	250	1.3				96.5
SFSZ7-63000/110	63000					84.7	300	1.2				110.8
SFPSZ7-50000/110	50000	110±8×1.25%	38.5±2×2.5%	6.3,6.6	YNyn0d11	71.2	250	1.3	10.5	17~18		107.2
SFPSZ7-63000/110	63000			10.5,11		94.7	300	1.2				127.2
SFPSZ7-63000/110	63000	$110\pm{}^{10}_{6}\times1.25\%$	37.5±2.67%	10.5		84.0	300			18		127.5
SFPSZ7-75000/110	75000	110±8×1.25%	38.5±5%	10.5		80.0	385		22.5	13	8	124.5
SFSZQ7-20000/110	20000					35.8	125	1.5				
SFSZQ7-25000/110	25000		38.5±2×2.5%	6.3		42.3	148	1.4				
SFSZQ7-31500/110	31500	110±8×1.25%		6.3		47.7	166	1.4	10.5	17~18	6.5	86.4
SFSZQ7-40000/110	40000			10.5		60.2	200	1.3				107.2
SFPSZQ7-50000/110	50000		38.5±5%	11		71.2	250	1.3				
SFPSZQ7-63000/110	63000					84.7	300	1.2				

附表 3.8　　　　220kV 三绕组变压器技术数据

型号	额定容量 (kV·A)	容量比 (%)	额定电压 (kV) 高压	中压	低压	连接组	损耗 (kW) 空载	短路	空载电流 (%)	阻抗电压 (%) 高中	高低	中低	总体质量 (t)
SFPS7-120000/220	120000	100/100/100		121	38.5					14.4	24.0	7.6	175
SFPS7-120000/220	120000	100/100/67	$220\pm{}^{3}_{1}\times2.5\%$	115	38.5	YNyn0d11	133	480	0.8	14.0	23.0	7.0	197
SFPS7-120000/220	120000	100/100/50		121	10.5,11					14.0	23.0	7.0	197
SFPS7-150000/220	150000	100/100/100	242±2×2.5%	121	38.5		157	570		22.9	13.6	8.0	
SFPS7-150000/220	150000	100/100/50	$220\pm{}^{3}_{1}\times2.5\%$	38.5±5%	11	YNd11yn0	157	570		22.5	14.2	7.9	188
SFPS7-180000/220	180000	100/100/67		115	37.5		200	650	0.7	13.6	23.1	7.6	214
SFPS7-180000/220	180000	100/100/50	220±2×2.5%	121	10.5		178	650		14.0	23.0	7.0	247
SFPS7-240000/220	240000	100/100/100	242±2×2.5%	121	15.75		175	800		25.0	14.0	9.0	258
SFPS3-120000/220	120000	100/100/100	242±2×2.5%	121	10.5		148	640	0.9	22~24	12~14	7~9	203
SSPS3-120000/220	120000	100/100/100	$240\pm{}^{3}_{3}\times2.5\%$										
SFPSZ7-63000/220	63000			38.5±5%	11	YNyn0d11	79	290		13.3	21.5	7.1	140
SFPSZ7-90000/220	90000			121	38.5		92	390		14.4	24.2	7.8	168
SFPSZ7-120000/220	120000	100/100/67	220±8×1.25%	121	10.5,11		144	480		14.5	23.2	7.2	168
SFPSZ7-120000/220	120000	100/100/50		121	11		144	480	0.8	12.6	22.0	7.6	173
SFPSZ7-120000/220	120000			121	38.5		144	480	0.8	12.6	22.0	7.2	173
SFPSZ7-120000/220	120000	100/100/100		115	10.5		90	425	0.8	13.3	23.5	7.7	168

续表

型号	额定容量 (kV·A)	容量比 (%)	额定电压 (kV) 高压	中压	低压	连接组	损耗 (kW) 空载	短路	空载电流(%)	阻抗电压 (%) 高中	高低	中低	总体质量量(t)
SFPSZ7-120000/220	120000	100/100/67	$220\pm8\times1.25\%$	115	38.5		144	480	0.9	14.0	23.0	7.0	221
SFPSZ7-120000/220	120000	100/100/50		121	10.5, 11		118	425	0.8	14.0	23.0	7.0	186
SFPSZ7-120000/220	120000	100/100/100	$220\pm8\times1.5\%$	121	11,38.5		144	480	0.9	13.0	22.0	7.0	221
SFPSZ7-120000/220	120000			121	11,38.5		144	480		14.0	24.0	7.6	189
SFPSZ7-150000/220	150000			121	11,38.5	YNyn0d11	170	570		24.4	14.2	8.4	247
SFPSZ7-150000/220	150000		$220\pm8\times1.25\%$	115	10.5		170	570		12.4	22.8	8.4	201
SFPSZ7-150000/220	150000		$38.5\pm5\%$		10.5		144	480		13.7	23.8	8.1	175
SFPSZ4-90000/220	90000	100/100/100	$220\pm8\times1.5\%$	121	11		121	414	1.2	12~	22~	7~9	182
SFPSZ4-120000/220	120000	100/100/100	$220\pm8\times1.25\%$	121	10.5,38.5		155	640	1.2	14	24		231

附表 3.9　　　　　　　　　　220kV 三绕组自耦变压器技术数据

型号	额定容量 (kV·A)	容量比 (%)	额定电压 (kV) 高压	中压	低压	连接组	损耗 (kW) 空载	短路 高中	高低	中低	空载电流(%)	阻抗电压 (%) 高中	高低	中低
OSFPS3-63000/220	63000		$220\pm\frac{1}{3}\times2.5\%$	121	38.5	YNa0yn0	39.6	220	190	186	0.43	9.1	33.5	22
OSFPS3-90000/220	90000		$220\pm\frac{1}{3}\times2.5\%$	121	11	YNa0d11	49.2	290	216.9	242.3	0.5	9.23	34.5	22.7
OSFPS3-90000/220	90000	100/100/50	$360\pm2\times2.5\%$	110	37	YNa0d11 YNa0yn0	50	310			0.6	8~10	28~34	18~24
OSFPS3-90000/220	90000		$220\pm2\times2.5\%$											
OSFPS7-120000/220	120000	100/100/50	$220\pm2\times2.5\%$	121	38.5	YNa0d11 YNa0yn0	70	320			0.6	8~10	28~34	18~24
OSFPS7-120000/220	120000		$220\pm^{3}_{1}\times2.5\%$											
OSFPS7-120000/220	120000													
OSFPS7-120000/220	120000													
OSFPS3-120000/220	120000	100/100/50	$220\pm2\times2.5\%$	121	11	YNa0d11	59.7	359.3	354	285	0.8	8.7	33.6	22
OSFPS3-120000/220	120000		$220\pm2\times2.5\%$	121	10.5		69.6	428			0.7	12.4	11.1	16.3
OSFPS7-120000/220	120000		$220\pm2\times2.5\%$	121	38.5	YNa0yn0	71	340				9.0	32	22
OSFPS7-120000/220	120000	100/100/50	$220\pm^{3}_{1}\times2.5\%$	121	38.5	YNa0yn0	70	320				8.2	33	22
OSFPS7-120000/220	120000		$220\pm^{10}_{7}\times2.5\%$	121	38.5	YNa0d11	82	320			0.6	8.5	37	25
OSFPS7-150000/220	150000		$220\pm2\times2.5\%$		11	YNa0d11	82	380				10	17	11
OSFPS7-180000/220	180000	100/100/67	$220\pm2\times2.5\%$	115	37.5	YNa0d11	105	515				13.0	13	18

附表 3.10　　　　　　　　　　分裂低压绕组变压器技术数据

型号	额定容量 (kV·A)	容量比 (%)	额定电压 (kV) 高压	低压	连接组	损耗 (kW) 空载	短路	空载电流(%)	阻抗电压 (%) 半穿越阻抗	全穿越阻抗	分裂系数
SFFL3-25000/20	25000	25000/2×12500	$15.75\pm5\%$	6.3-6.3	Dd0d0	27.0	153	0.9	18.5		
SFF-31500/15.75	31500	31500/2×16000	$15.75\pm2\times2.5\%$	6.3-6.3	Dd0d0	17.5	250	0.6	17.57	10.57	3.4
SFF7-31500/15.75	31500	31500/2×20000	$15.75\pm2\times2.5\%$	6.3-6.3	Dd0d0	28	150	0.5	16.6	9.5	
SFFL3-31500/20	31500	31500/2×15750	$15.75\pm5\%$	6.3-6.3	Dd0d0	32	192.5	0.5	18.5		
SFFL3-25000/20	25000	25000/2×12500	$18\pm5\%$	6.3-6.3	Dd0d0	27.0	153	0.9		18.5	

续表

型　号	额定容量（kV·A）	容量比（%）	额定电压（kV）高压	低压	连接组	损耗（kW）空载	短路	空载电流（%）	半穿越阻抗	全穿越阻抗	分裂系数
SFPF-31500/18	31500	31500/2×16000	18±2×2.5%	6.3-6.3	Dd0d0	30.2	153	0.756	13.36	7.076	3.657
SFPFZ-31500/18	31500	31500/2×20000	18±$\frac{1}{5}$×2.5%	6.3-6.3	Dd0d0	33	145	0.98	15.3	8.18	3.74
SFPF7-40000/20	40000	40000/2×20000	18±2×2.5%	6.3-6.3	Dd0d0	29.4	177.7	0.8	15.3	8.18	3.74
SFF7-40000/20	40000	40000/2×20000	20±2×2.5%	6.3-6.3	Dyn1yn1	31.1	184.3	0.23	12.71	6.76	
SFFL1-31500/60	31500	31500	66±2×2.5%	6.3-6.3	Yd11d11	43.5	214	2.8	22	12	
SFFL6-25000/60	25000	25000/2×12500	110,121±2×2.5%	6.3-6.3	$Y_Nd11d11$	41.2	158.6	3.2	18	10	
SFFQ7-31500/110	31500	31500/2×15750	110±2×2.5%	6.3-6.3	$Y_Nd11d11$	33	155	0.9	18.5	10.4	
SFFZL3-31500/110	31500	31500/2×15750	110±7×2.14%	6.3-6.3	$Y_Nd11d11$	36	200	1	19		
SFPSZ7-40000/110	40000	40000/2×25000	115±6×1.46%	6.3-6.3	$Y_Nd11d11$	44	164	1.0	12.75	6.75	3.78
SFPFL3-31500/220	31500	31500/2×15750	210±2×2.5% 210±2×2.5% 230±2×2.5%	6.3-6.3	$Y_Nd11d11$	55.7	169.3 169 169.8	1.2	11.9		
SFPFZL3-31500/220	31500	31500/2×15750	210±7×1.43% 220±7×1.43% 230±7×1.43%	6.3-6.3	Y_Nd11-d11	54.3	173 172.5 174	1.2	22.406	12.32	
		31500/2×20000	220±7×1.43%			54.49	132.4	0.8	18.97	10.68	
SFFZ-32000/220	32000	32000/2×16000	220±8×1.25%	6.3-6.3	Y_Nd11-d11	51	145	0.82	71.85	21.21	
SFPSZ1-40000/220	40000	40000/2×25000	220±$\frac{5}{3}$×2%			57.2	165.4	1.2	21.75	12.02	
SFFZ7-40000/220	40000	40000/2×25000	220±8×1.25%			46.4	219.5		20.3	11.3	

附表 3.11　　　　　钢芯铝绞线长期允许载流量（A）

导线型号	最高允许温度（℃）+70	+80	导线型号	最高允许温度（℃）+70	+80
LGJ-10	86		LGJQ-150	450	455
LGJ-16	108	105	LGJQ-185	505	518
LGJ-25	138	130	LGJQ-240	605	651
LGJ-35	183	175	LGJQ-300	690	708
LGJ-50	215	210	LGJQ-300（1）		721
LGJ-70	260	265	LGJQ-400	825	836
LGJ-95	352	330	LGJQ-400（1）		857
LGJ-95*	317		LGJQ-500	945	932
LGJ-120	401	380	LGJQ-600	1050	1047
LGJ-120*	351		LGJQ-700	1220	1159
LGJ-150	452	445	LGJJ-150	450	468
LGJ-185	531	510	LGJJ-185	515	539
LGJ-240	613	610	LGJJ-240	610	639
LGJ-300	765	690	LGJJ-300	705	758
LGJ-400	840	835	LGJJ-400	850	881

注　1. 最高允许温度+70℃的载流量，基准环境温度为+25℃，无日照。

2. 最高允许温度+80℃的载流量，系按基准环境温度为+25℃、日照 0.1W/cm² 、风速 0.5m/s、海拔 1000m、辐射散热系数及吸热系数为 0.5 条件计算的。

3. 某些导线有两种绞合结构。带 * 者铝芯根数少（LGJ 型为 7 根，LGJQ 型为 24 根），但每根铝芯截面较大。

附表 3.12　　　　　　　铝锰合金管导体长期允许载流量及计算用数据

导体尺寸 D/d (mm)	导体截面积 (mm^2)	导体最高允许温度为下值时的载流量（A）		截面系数 W (cm^3)	惯性半径 r_1 (cm)	截面惯性矩 I (cm^4)
		+70℃	+80℃			
$\phi30/25$	216	572	565	1.37	0.976	2.06
$\phi40/35$	294	770	712	2.60	1.33	5.20
$\phi50/45$	373	970	850	4.22	1.68	10.6
$\phi60/54$	539	1240	1072	7.29	2.02	21.9
$\phi70/64$	631	1413	1211	10.2	2.37	35.5
$\phi80/72$	954	1900	1545	17.3	2.69	69.2
$\phi100/90$	1491	2350	2054	33.8	3.36	169
$\phi110/100$	1649	2569	2217	41.4	3.72	228
$\phi120/110$	1806	2782	2377	49.9	4.07	299
$\phi130/116$	2705	3511	2976	79.0	4.36	513
$\phi150/136$			3140			

注　1. 最高允许温度+70℃的载流量，系按基准环境温度为+25℃，无日照、辐射散热系数及吸热系数为 0.5、不涂漆条件计算的。

　　2. 最高允许温度+80℃的载流量，系按基准环境温度为+25℃、日照 0.1W/cm^2、风速 0.5m/s、海拔 1000m、辐射散热系数及吸热系数为 0.5、不涂漆条件计算的。

　　3. 导体尺寸中，D 为外径，d 为内径。

附表 3.13　　　　　　　矩形铝导体长期允许载流量（A）

导体尺寸 $h \times b$ (mm×mm)	单　条		双　条		三　条		四　条	
	平放	竖放	平放	竖放	平放	竖放	平放	竖放
40×4	480	503						
40×5	542	562						
50×4	586	613						
50×5	661	692						
63×6.3	910	952	1409	1547	1866	2111		
63×8	1038	1085	1623	1777	2113	2379		
63×10	1168	1221	1825	1994	2381	2665		
80×6.3	1128	1178	1724	1892	2211	2505	2558	3411
80×8	1274	1330	1946	2131	2491	2809	2863	3817
80×10	1427	1490	2175	2373	2774	3114	3167	4222
100×6.3	1371	1430	2054	2253	2633	2985	3032	4043
100×8	1542	1609	2298	2516	2933	3311	3359	4479
100×10	1728	1803	2558	2796	3181	3578	3622	4829
125×6.3	1674	1744	2446	2680	2079	3490	3525	4700
125×8	1876	1955	2725	2982	3375	3813	3847	5129
125×10	2089	2177	3005	3282	3725	4194	4225	5633

注　1. 载流量系按最高允许温度+70℃，基准环境温度为+25℃，无风、无日照条件计算的。

　　2. 导体尺寸中，h 为宽度，b 为厚度。

　　3. 当导体为四条时，平放、竖放第 2、3 片间距离皆为 50mm。

附表 3.14　　裸导体载流量在不同海拔高度及环境温度下的综合校正系数

导体最高允许温度（℃）	适用范围	海拔高度（m）	实际环境温度（℃）						
			+20	+25	+30	+35	+40	+45	+50
+70	屋内矩形、槽形、管形导体和不计日照的软导线		1.05	1.00	0.94	0.88	0.81	0.74	0.67
+80	计及日照时屋外软导线	1000 及以下	1.05	1.00	0.95	0.89	0.83	0.76	0.69
		2000	1.01	0.96	0.91	0.85	0.79		
		3000	0.97	0.92	0.87	0.81	0.75		
		4000	0.93	0.89	0.84	0.77	0.71		
	计及日照时屋外管形导体	1000 及以下	1.05	1.00	0.94	0.87	0.80	0.72	0.63
		2000	1.00	0.94	0.88	0.81	0.74		
		3000	0.95	0.90	0.84	0.76	0.69		
		4000	0.91	0.86	0.80	0.72	0.65		

附表 3.15　　　　　　　　　10kV 高压断路器技术数据

型　号	额定电压（kV）	最高工作电压（kV）	额定电流（A）	额定短路开断电流（kA）	额定关合电流（kA）	动稳定电流（kA）	4s 热稳定电流（kA）	合闸时间（s）	分闸时间（s）	额定操作顺序
SN10-10 I	10	11.5	630，1000	16	40	40	16	0.2≤	0.06≤	分—0.5s—合 分—180s—合分
SN10-10 II	10	11.5	1000	31..5	80	80	31.5	0.2≤	0.06≤	分—0.5s—合 分—180s—合分
SN10-10 III	10	11.5	1250，2000，3000	40	125	125	40	0.2≤	0.07≤	分—180s—合 分—180s—合分
LN2-10	10	11.5	1250	25	63	63	25	0.15≤	0.06≤	分—0.3s—合 分—180s—合分
LW3-10	10	11.5	400，630	6.3，8，12.5	16，20，31.5	16，20，31.5	6.3，8，12.5	0.06≤	0.06≤	分—0.3s—合 分—180s—合分
HB10，□，25	10	12	1250，1600，2000，2500	25	63	63	25（3s）	0.06≤	0.06≤	分—0.3s—合 分—180s—合分
HB10，□，40	10	12	1250，1600，2000，2500	40	100	100	40（3s）	0.06≤	0.06≤	分—0.3s—合 分—180s—合分
ZN5-10	10	11.5	630，1000	20	50	50	20（2s）	0.1≤	0.05≤	分—0.3s—合 分—180s—合分
ZN7-10	10	11.5	630～3150	12.5～40	31.5～125	31.5～125	12.5～40	0.2≤	0.06≤	分—0.3s—合 分—180s—合分
ZN10.13.16.19-10	10	11.5	1250	31.5	80	80	31.5	0.2≤	0.08≤	分—0.5s—合 分—180s—合分
ZN12-10 I-IV	10	11.5	1250，1600，2000，2500	31.5	80	80	31.5	0.075≤	0.065≤	分—180s—合 分—180s—合分
ZN12-10 V-X	10	11.5	1600，2000，3150	40，50	100，125	100，125	40（3s）	0.06≤	0.06≤	分—0.3s—合 分—180s—合分

续表

型　号	额定电压 (kV)	最高工作电压 (kV)	额定电流 (A)	额定短路开断电流 (kA)	额定关合电流 (kA)	动稳定电流 (kA)	4s热稳定电流 (kA)	合闸时间 (s)	分闸时间 (s)	额定操作顺序
ZN15.32-10	10	11.5	2000, 2500, 3150	40	100	100	40	0.2≤	0.08≤	分—0.3s—合 分—180s—合分
ZN18-10	10	11.5	630, 2000	25, 40	63, 100	63, 100	25, 40 (3s)	0.045≤	0.03≤	分—0.3s—合 分—180s—合分
ZN21-10	10	11.5	1250～3150	31.5	80, 100	80, 100	31.5, 40 (3s)			分—0.3s—合 分—180s—合分
ZN28-10	10	11.5	630	12.5	31.5	31.5	12.5	0.06≤	0.06≤	分—0.3s—合 分—180s—合分
ZN28-10	10	11.5	1000, 1250	20, 25	50, 63	50, 63	20, 25	0.06≤	0.06≤	分—0.3s—合 分—180s—合分
ZN28-10	10	11.5	1250, 1600, 2000	31.5	80	80	31.5	0.06≤	0.06≤	分—180s—合 分—180s—合分
ZN28-10	10	11.5	2000, 3150	40	100	100	40	0.06≤	0.06≤	分—0.3s—合 分—180s—合分
ZN40-10	10	11.5	630, 1250	16, 20, 31.5	40, 50, 80	40, 50, 80	16, 20, 31.5	0.1≤	0.08≤	分—0.3s—合 分—180s—合分
ZN41-10	10	11.5	2000, 2500, 3150	40	100	100	40	0.1≤	0.08≤	分—0.3s—合 分—180s—合分
ZW1-10	10	11.5	630	12.5	31.5	31.5	12.5	0.1≤	0.06≤	分—0.3s—合 分—180s—合分

注　1. SN—户内少油式；ZN—户内真空式；ZW—户外真空式；HB—引进 ABB 技术生产的 SF₆ 断路器。
　　2. （3s）表示为 3s 的热稳定电流值。

附表 3.16　　　　　　　　　　**35～110kV 高压断路器技术数据**

型　号	额定电压 (kV)	最高工作电压 (kV)	额定电流 (A)	额定短路开断电流 (kA)	额定关合电流 (kA)	动稳定电流 (kA)	4s热稳定电流 (kA)	合闸时间 (s)	分闸时间 (s)	额定操作顺序
SN10-35	35	40.5	1250	20	50	50	20	0.2≤	0.06≤	分—0.5s—合 分—180s—合分
SW2-35	35	40.5	1500, 2000	25	63	63	25	0.25≤	0.06≤	分—0.5s—合 分—180s—合分
SW3-35	35	40.5	600, 1000	6.6, 16.5	42		16.5	0.35≤	0.08≤	分—0.5s—合 分—180s—合分
SW4-35	35	40.5	1250	25	42	42	16.5	0.16≤	0.06≤	分—0.3s—合 分—180s—合分
LN2-35	35	40.5	1600	25, 31.5	63, 80	42	25, 31.5	0.15≤	0.06≤	分—0.3s—合 分—180s—合分
LW16-35	35	40.5	1600	25, 31.5	63	63, 80	25	0.06≤	0.06≤	分—0.3s—合 分—180s—合分

续表

型　号	额定电压（kV）	最高工作电压（kV）	额定电流（A）	额定短路开断电流（kA）	额定关合电流（kA）	动稳定电流（kA）	4s热稳定电流（kA）	合闸时间（s）	分闸时间（s）	额定操作顺序
HB35	35	40.5	1250，1600，2000	25	63	63	25（3s）	0.06≤	0.06≤	分—0.3s—合分—180s—合分
ZN23-35	35	40.5	1600	25	63	63	25		0.08≤	分—0.3s—合分—180s—合分
ZN12-35	35	40.5	1250，1600，2000	25，31.5	63，80	63	25，31.5	0.09≤	0.075≤	分—0.3s—合分—180s—合分
ZN□-35	35	40.5	1250，1600，2000	25，31.5	63，80	63，80	25，31.5	0.09≤	0.075≤	分—180s—合分—180s—合分
ZW12-35	35	40.5	1250，1600，2000	25，31.5	63，80	63，80	25，31.5	0.09≤	0.075≤	分—0.3s—合分—180s—合分
SW2-63	63	72.5	1600	31.5	80	80	31.5	0.5≤	0.08≤	分—0.3s—合分—180s—合分
LN3-66	66	72.5	2500	31.5	80	80	31.5	0.15≤	0.03≤	分—0.3s—合分—180s—合分
LW6-63	63	72.5	2500	25，31.5，40	125	125	25，31.5，40	0.09≤	0.03≤	分—0.3s—合分—180s—合分
LW9-63	63	72.5	2500	31.5	80	80	31.5	0.15≤	0.03≤	分—180s—合分—180s—合分
LW□-63	63	72.5	1250，1600	25，31.5	63，80	63，80	25，31.5	0.12≤	0.03≤	分—0.3s—合分—180s—合分
LW□-63	63	72.5	2000，3150，4000	25，31.5，40	63，80，100	63，80，100	25，31.5，40	0.12≤	0.03≤	分—0.3s—合分—180s—合分
SW2-110	110	126	1600，20000	21，31.5，40	54，80，100	54，80，100	21，31.5，40	0.25≤	0.06≤	分—0.3s—合分—180s—合分
SW3-110	110	126	1000，1200	15.8，21	41，55	41，55	15.8，21	0.43≤	0.07≤	分—0.3s—合分—180s—合分
SW4-110	110	126	1250	21，31.5	55，80	55，80	21，31.5	0.5≤	0.07≤	分—0.3s—合分—180s—合分
SW4-110G	110	126	1250	21	55	55	21	0.25≤	0.06≤	分—0.3s—合分—180s—合分
SW6-110	110	126	1250～2000	31.5～40	80～100	80～100	31.5～40	0.2≤	0.05≤	分—0.3s—合分—180s—合分
SW7-110	110	126	1250	21	32，55	32，55	31	0.22≤	0.045≤	分—0.3s—合分—180s—合分
LW□-110	110	126	1250～4000	25～50	63～125	63～125	25～50(3s)	0.15≤	0.04≤	分—0.3s—合分—180s—合分

注　1. S—少油断路器；Z—真空断路器；L—SF$_6$断路器；N—户内式；W—户外式。

　　2.（3s）表示3s的热稳定电流值。

附表 3.17　　　　　　　　　**220kV 高压断路器技术数据**

型　号	额定电压（kV）	最高工作电压（kV）	额定电流（A）	额定短路开断电流（kA）	额定关合电流（kA）	动稳定电流（kA）	4s 热稳定电流（kA）	合闸时间（s）	分闸时间（s）	额定操作顺序
SW2-220	220	252	1600, 2000	31.5, 40	80, 100	80, 100	31.5, 40	0.2≤	0.045≤	分—0.3s—合 分—180s—合分
SW4-220	220	252	1250	31.5	80	80	31.5	0.18≤	0.045≤	分—0.3s—合 分—180s—合分
SW6-220	220	252	1250～2000	31.5～40	80～110	80～100	31.5～40	0.2≤	0.035≤	分—0.3s—合 分—180s—合分
SW7-220	220	252	1600	20	55	55	21	0.2≤	0.042≤	分—0.3s—合 分—180s—合分
LW6-220	220	252	3150	40, 50	100, 125	100, 125	40, 50(3s)	0.09≤	0.028≤	分—0.3s—合 分—180s—合分
LW7-220	220	252	3150	40	100	100	40	0.15≤	0.04≤	分—0.3s—合 分—180s—合分
LW11-220	220	252	3150, 4000	50	125	125	50(3s)	0.15≤	0.035≤	分—0.3s—合 分—180s—合分
LW12-220	220	252	2000, 3150, 4000	40, 50	100, 125	100, 125	40, 50(3s)	0.12≤	0.03≤	分—0.3s—合 分—180s—合分
LW□（SFM）-220	220	252	20000～4000	31.5～50	80～125	80～125	31.5～50(3s)	0.1≤	0.03≤	分—0.3s—合 分—180s—合分
LW□（OFPI）-220	220	252	1250, 1600, 2000 3150, 4000	31.5, 40, 50 63	80, 100 125	80, 100 125	31.5, 40, 50 63(3s)	0.12≤	0.0≤	分—0.3s—合 分—180s—合分
LW□（SFMT）-220	220	252	2000, 2500, 3150	31.5, 40, 50	80, 100 125	80, 100 125	31.5, 40, 50 （3s）	0.1≤	0.03≤	分—0.3s—合 分—180s—合分
LW□（SFPT（B））-220	220	252	1250, 1600, 2000 3150, 4000	31.5, 40, 50 63	80, 100 125, 160	80, 100 125, 160	31.5, 40, 50 63(3s)	0.12≤	0.03≤	分—0.3s—合 分—180s—合分

注　1. S—少油断路器；L—SF_6 断路器；W—户外式。

　　2. （3s）表示 3s 的热稳定电流值。

附表 3.18　　　　　　　　**高压隔离开关技术数据**

型　号	额定电压（kV）	额定电流（A）	动稳定电流（kA）	4s 热稳定电流（kA）	热稳定时间（s）	备　注
GN2-10	10	2000	100	40	2	
GN2-27.5	27.5	1000	63	25	4	
GN2-35	35	400～1000	40～63	16～25	4	
GN10-20	20	5000～9100	224	74	10	
GN16-35	35	630～2000	40～64	16, 25	4	
GN19-10	10	400～1250	31.5～100	12.5～40	4	
GN19-35	35	360, 1250	50, 80	20, 31.5	4	

续表

型　号	额定电压（kV）	额定电流（A）	动稳定电流（kA）	4s 热稳定电流（kA）	热稳定时间（s）	备　注
GN21-20	20	10000~12500	400	149	2	
GN23-20	20	2500~8000	125~300	50~120	3	
GN24-10	10	630，1000	50，80	20，31.5	4	组合式
GN30-10	10	630，1000	50，80	20，31.5	4	旋转式
GW4-35	35	630~2500	50，80，100	20，31.5，40	4	Ⅱ形水平回转式
GW4-63	63	630~2500	50，80，100	20，31.5，40	4	Ⅱ形水平回转式
GW4-110	110	630~2500	50，80，100	20，31.5，40	4	Ⅱ形水平回转式
GW4-220	220	1250~2500	80，100，125	3.15，40，50	4	Ⅱ形水平回转式
GW5-35	35	630，1250，1600	50，80	20，31.5	4	Ⅴ形水平回转式
GW5-63	63	630，1250，1600	50，80	20，31.5	4	Ⅴ形水平回转式
GW5-110	110	630，1250，1600	50，80	20，31.5	4	Ⅴ形水平回转式
GW6-220	220	1250~3150	100，125	40，50	3	垂直伸缩式
GW6-330	330	2000~2500	80	40	3	垂直伸缩式
GW6-500	500	2500~4000	125	50	3	垂直伸缩式
GW7-220	220	1250，2000，3150	125	50	2（3）	水平回转式
GW10-220	220	1600，2500，3150	100，125	40，50	3	垂直伸缩式
GW10-330	330	1600，2500	100	40	3	垂直伸缩式
GW10-500	500	2500，3150	125	50	3	垂直伸缩式
GW11-220	220	1600，2500，3150	100，125	40，50	3	水平伸缩式
GW11-330	330	1600，2500	100	40	3	水平伸缩式
GW11-500	500	2500，3150	125	50	3	水平伸缩式
GW12-35	35	4000	125	50	3	Ⅱ形立开伸缩式
GW12-220	220	1600~3150	100，125	40~50	3	Ⅱ形立开伸缩式
GW12-330	330	3150~4000	125	50	3	Ⅱ形立开伸缩式
GW12-500	500	3150~4000	125	50	3	Ⅱ形立开伸缩式
GW17-220	220	1250~3150	125	50	3	垂直伸缩式
GW17-330	330	2500~3150	125	50	3	垂直伸缩式
GW17-500	500	2500~3150	125	50	3	垂直伸缩式

注　GN—户内型隔离开关；GW—户外型隔离开关。

附表 3.19　　　　　　　　　电流互感器技术数据

型　号	额定电流比	级次组合	二次负荷（V·A）						准确限值系数	10%倍数	短时热电流（倍数）	动稳定电流（倍数）	备注
			0.2	0.5	1	3	5P	10P					
LB-10	5~300/5	0.5/10P		15				20	25		(60)	(150)	
LB-10	5~1200/5	0.5/10P		10				15	15		(90)	(225)	
LAN-35	15~1000/5	0.5/3		50		50				28	(65)	(100)	部分油浸式电流互感器
LDB-35	750~3000/5	0.5/10P/10P/10P		50				50	20		(30)	(75)	
LDB-60	750~1500/5	0.5/10P/10P		40				40	20		25kA	63kA	
LB1-110	2×50~2×600/5	0.5/10P/10P/10P		40				40	15		3.75~42 kA	8.9~110 kA	
LB6-220	600~1200/5	0.5/10P/10P/10P/10P		50				50	20		2×21 kA	2×55 kA	

续表

型　号	额定电流比	级次组合	二次负荷（V·A）						准确限值系数	10%倍数	短时热电流（倍数）	动稳定电流（倍数）	备　注
			0.2	0.5	1	3	5P	10P					
LDZJ1-10	600~1500/5	0.5/10P					30	40	15		39、55 kA/3s	72、100 kA	环氧树脂浇注式电流互感器
LDZBJ-15	600~1500/5	0.5/10P					30	40					
LZZB-35	20~1000/5	0.5/10P					50	20	25		1.3~65 kA	1.2~141 kA	
LVQB-220W2	2500/5	0.5/10P					60	60	15		50 kA	125 kA	气体式电流互感器
LM-252	300~2500/5	0.2/0.5/5P/10P	15~30	15~30			15~30	15~30					母线式电流互感器

注　（3s）表示 3s 的短时热电流值。

附表 3.20　　　　　　　　　　油浸式电压互感器技术数据

型　号	额定电压（kV）				二次绕组1额定负荷（V·A）				二次绕组2额定负荷（V·A）		剩余电压绕组额定负荷（V·A）		最大容量（V·A）
	一次绕组	二次绕组1	二次绕组2	剩余绕组	0.2	0.5	1	3	3P	6P	3P	6P	
JD-10	10		0.1			80	150	320					640
JSXN-10	10		0.1	0.1/3		120	200	400				40	960
JDXN2-10	10/√3		0.1/√3	0.1/3		50	80	200				40	350
JDX-10	10/√3		0.1/√3	0.1/3	100	100							1000
JDN-35	35		0.1			150	250	500					1000
JDXN-35	35/√3		0.1/√3	0.1/3		150	250	500				100	1000
JDXF-35GYW1	35/√3		0.1/√3	0.1/3	30 (150)	75 (250)			30 (150)			100	
JDX-63	66/√3		0.1/√3	0.1/3	80	200	400		400		300		
JDCF-63	66/√3	0.1/√3	0.1/√3	0.1/3	50	100			400		100		2000
JDX1-63W1	66/√3	0.1/√3	0.1/√3	0.1/3	100	200			600		100		2000
JDCF-110	110/√3	0.1/√3	0.1/√3	0.1		100	100		500		300		
JDX-220	220/√3	0.1/√3	0.1/√3	0.1		200	400		400		300		
JDC7-220W	220/√3	0.1/√3	0.1/√3	0.1		150	400		250		200		2000

附表 3.21　　　　　　　　　　电容式电压互感器技术数据

型　号	额定电压（kV）				二次绕组1额定负荷（V·A）			二次绕组2额定负荷（V·A）		剩余绕组额定负荷（V·A）	阻尼器类型
	一次绕组	二次绕组1	二次绕组2	剩余绕组	0.2	0.5	1	3P	6P	3P	
TYD66/√3-0.01H	66/√3	0.1/√3		0.1		150	300	100		100	谐振型
TYD66/√3-0.015H	66/√3	0.11/√3	0.11/√3	0.1	80	100	200	100		100	速饱和电抗器型
TYD110/√3-0.007H	110/√3	0.1/√3		0.1		300	100			100	电阻型

续表

型　号	额定电压（kV）				二次绕组 1 额定负荷（V·A）			二次绕组 2 额定负荷（V·A）		剩余绕组 额定负荷（V·A）	阻尼器 类型
	一次绕组	二次绕组 1	二次绕组 2	剩余绕组	0.2	0.5	1	3P	6P	3P	
TYD₂110/√3-0.015H	110/√3	0.1/√3	0.1/√3	0.1	50	100	150	100		100	谐振型
TYD110/√3-0.025H （母线型）	110/√3	0.1/√3	0.1/√3	0.1	200	200		100		100	速饱和 电抗器型
TYD220/√3-0.0035H	220/√3	0.1/√3		0.1			300	100		100	电阻型
TYD220/√3-0.01H	220/√3	0.1/√3	0.1/√3	0.1	60	200		100		100	谐振型
TYD220/√3-0.025H （母线型）	220/√3	0.1/√3	0.1/√3	0.1	200	200		100		100	速饱和 电抗器型
TYD330/√3-0.005H	330/√3	0.1/√3		0.1	100	250	500	100		100	谐振型
TYD330/√3-0.075H （母线型）	330/√3	0.1/√3	0.1/√3	0.1	100	150	300	100		100	速饱和 电抗器型
TYD500/√3-0.005H	500/√3	0.1/√3	0.1/√3	0.1	50	50	100	100		100	谐振型
TYD500/√3-0.01H （母线型）	500/√3	0.1/√3	0.1/√3	0.1	100	150	200	200		100	速饱和 电抗器型

附表 3.22　　　　10kV NKSL 系列混凝土柱式普通限流电抗器技术数据

型　号	额定电压 （kV）	额定电流 （A）	电抗率 （%）	三相通 过容量 （kV·A）	单相无 功容量 （kvar）	动稳定 电流 （A）	热稳定 电流 （A·√s）	单相损耗 （75℃）（W）
NKSL-10-150-3			3		26	9750	9200	1550
NKSL-10-150-4			4		34	9560	9300	1850
NKSL-10-150-5	10	150	5	3×866	43	7650	9250	2240
NKSL-10-150-6			6		52	6370	9280	2500
NKSL-10-150-8			8		69	4780	9220	2980
NKSL-10-200-4			4		46.2	12750	14130	1976
NKSL-10-200-5	10	200	5	3×1155	57.6	10200	14000	2329
NKSL-10-200-6			6		69.4	8500	14120	2587
NKSL-10-200-8			8		92.5	6370	14000	3119
NKSL-10-400-4			4		92.4	25500	27560	3196
NKSL-10-400-5	10	400	5	3×2309	115.5	20400	22440	3447
NKSL-10-400-6			6		138.5	17000	21650	3877
NKSL-10-400-8			8		184.7	12750	21220	4740
NKSL-10-500-3			3		86	32500	27000	3290
NKSL-10-500-4			4		115	31900	27000	4000
NKSL-10-500-5	10	500	5	3×2890	144	25500	21000	5640
NKSL-10-500-6			6		173	21200	20600	6290
NKSL-10-500-8			8		231	15900	20500	7580

续表

型　号	额定电压 （kV）	额定电流 （A）	电抗率 （%）	三相通 过容量 （kV·A）	单相无 功容量 （kvar）	动稳定 电流 （A）	热稳定 电流 （A·√s）	单相损耗 （75℃）（W）
NKSL-10-600-4			4		138.6	38250	46810	3327
NKSL-10-600-5	10	600	5	3×3464	173.2	30600	41410	4280
NKSL-10-600-6			6		207.8	25500	33000	5775
NKSL-10-600-8			8		277.0	19125	33230	7014
NKSL-10-750-5			5		216	38200	32100	6180
NKSL-10-750-6	10	750	6	3×4340	260	31900	31600	6770
NKSL-10-750-8			8		347	23900	31600	8100
NKSL-10-750-10			10		432	19150	30300	9870
NKSL-10-800-4			4		184.8	51000	42620	4705
NKSL-10-800-5	10	800	5	3×4619	230.9	40800	42500	5536
NKSL-10-800-6			6		277.1	34000	35940	7193
NKSL-10-800-8			8		369.5	25500	36560	8632
NKSL-10-1000-6			6		346.4	42500	47280	7243
NKSL-10-1000-8	10	1000	8	3×5774	462.0	31900	46760	8650
NKSL-10-1000-10			10		578.0	25500	45740	10579
NKSL-10-1500-6			6		519.6	63750	87860	8486
NKSL-10-1500-8	10	1500	8	3×8660	692.8	47800	84700	10467
NKSL-10-1500-10			10		866.0	38250	86230	11843
NKSL-10-2000-6			6		692.8	85000	92780	11190
NKSL-10-2000-8	10	2000	8	3×11547	923.8	63750	92060	13520
NKSL-10-2000-10			10		1155.0	51000	90750	15829
NKSL-10-3000-8			8		1386.0	95600	140460	17875
NKSL-10-3000-10	10	3000	10	3×17320	1732.0	76500	144030	20206
NKSL-10-3000-12			12		2078.4	63750	141740	23116
NKSL-10-3150-8			8		1415	95600	144300	20100
NKSL-10-3150-10	10	3150	10	3×18200	1600	76500	145000	22080
NKSL-10-3150-12			12		1840	64500	154800	25100
NKSL-10-4000-10	10	4000	10	3×23102	2150	117000	173000	28510
NKSL-10-4000-12			12		2430	96800	193000	31410

附表 3.23　　10kV FKL、FK 系列混凝土柱式分裂限流电抗器技术数据

型　号	额定电压 （kV）	额定电流 （A）	电抗率 （%）	三相通 过容量 （kV·A）	单相无 功容量 （kvar）	动稳定 电流 （A）	两臂同时 反相动稳 定电流 （峰值） （A）	热稳定 电流 （A·√s）	单相损耗 （75℃） （W）
FKL-10-2×1500-6			6		3×522	63750	18900	60500	21120
FKL-10-2×1500-8	10	2×1500	8	3×17320	3×693	47800	18540	72610	20980
FKL-10-2×1500-10			10		3×866	38300	11900	59800	28000
FK-10-2×1500-10	10	2×2000	10	3×23100	3×1156	51000	14250	83300	32200
FK-10-2×3000-8	10	2×3000	8	3×34700	3×1380	95625	25370	130000	38600
FK-10-2×3000-10			10		3×1735	76500	22200	124000	43330

附表 3.24 　　　　　　**密集型和集合式并联补偿电容器技术参数**

型号	额定电压 (kV)	额定容量 (kvar)	额定电容 (μF)	相数	质量 (kg)	外形尺寸 (mm×mm×mm) (宽×深×高)
BFF6.7—900—3W	6.7	900	63.8	3	800	1000×520×850
BFF11/√3—750—1W	11/√3	750	59.2	1	658	1000×450×700
BFF11/√3—1000—1W	11/√3	1000	78.92	1	875	1000×520×850
BFF11/√3—1200～1600—1W	11/√3	1200～1600		1	1500	1140×1090×2295
BFF11/√3—1200～1600—3W	11/√3	1200～1600		3	140	1300×1100×1855
BFF11/√3—1800—1W	11/√3	1800		1	1500	1140×1090×2295
BFF11/√3—1800—3W	11/√3	1800		3	1500	1300×1100×1955
BFF11/√3—2000—1W	11/√3	2000		1	1750	1145×1090×2660
BFF11/√3—2000—3W	11/√3	2000		3	1500	1300×1100×1955
BFF11/√3—2400—1W	11/√3	2400		1	2000	1145×1090×3025
BFF11/√3—2400—3W	11/√3	2400		3	1700	1300×1100×2055
BFF2×12—1667—1W	2×12	1667		1	1600	1355×1230×2515
BFF2×12—2000—1W	2×12	2000		1	1870	1510×1360×2515
BFF2×12—3334—1W	2×12	3334		1	3000	1355×1330×3275
BFF2×12—4000—1W	2×12	4000		1	3500	1510×1360×3275

注　1. B—并联电容器；F—二芳基乙烷（第二字母）；F—膜纸复合介质；W—户外式。

　　2. BFF11/√3密集型并联电容器系列除上表列出额定容量外，还有 2500、3000、3334、3600、4800、5000kvar……

附表 3.25 　　　　　　**浸渍型并联补偿电容器技术参数**

型号	额定电压 (kV)	额定容量 (kvar)	额定电容 (μF)	相数	质量 (kg)	外形尺寸 (mm×mm×mm) (宽×深×高)
BW6.3—18—1W	6.3	18	1.44	1	26	375×122×365
BW11/√3—18—1W	11/√3	18	1.42	1	25	380×110×560
BWF6.3—30—1W	6.3	30	2.407	1	25	380×115×574
BWF11/√3—30—1W	11/√3	30	2.369	1	26	380×115×598
BWF6.3—50—1W	6.3	50	4.01	1	49	380×136×170
BWF11/√3—50—1W	11/√3	50	3.95	1	43	315×135×700
BWF10.5—50—1W	10.5	50	1.444	1	34	380×165×602
BGF11/√3—100—3W	11/√3	100	7.9	3	65	665×165×624
BGF11/√3—100—1W	11/√3	100	7.89	1	57	380×135×920
BFF11/√3—100—1W	11/√3	100	7.9	1	49	560×165×375
BFF11/√3—100—1W	11/√3	100	7.89	3	65	665×165×630

注　1. B—并联电容器；W—烷基苯浸纸介质；WF—烷基苯浸复合介质；GF—硅油浸复合介质；FF—二芳基乙烷浸复合介质。

　　2. 浸渍型并联电容器系列除上表列出额定容量外，还有 12、13、14、15、16、20、22、25、26、40、60、65、80、120、134、167、200kvar……

附表 3.26   高压熔断器主要技术数据

型　号	额定电压(kV)	最高电压(kV)	额定电流(kA)	额定断流容量(MV·A)		熔丝(管)额定电流(A)	备　注
RN1	3～35	3.5～40.5	2～400	200			用于变压器或线路短路保护
RN2	3	3.5	0.5	500			保护电压互感器用限流熔断器
RN2	6～35	6.9～40.5	0.5	1000			
RN3	3	3.5	50, 75, 200	200		2～200	用于变压器或线路短路保护
RN3	3～10	3.5～11.5	50, 75, 200	200		2～200	
RN3	35		7.5	200		2, 3, 5, 7.5	保护电压互感器用限流熔断器
RN4	20	23	0.35	4500			
RN5	10	11.5	1	500			
RW3-10	10	11.5	100	75, 100 (上)	10 (下)	7.5～100	高压跌落式
RW3-10Ⅱ	10	11.5	200	150 (上)	30 (下)	10～200	
RW33-10	10	11.5	100	100 (上)	10 (下)	7.5～100	
RW5-35Ⅰ	35	40.5	100	300 (上)	60 (下)	10～100	

附表 3.27   单芯导体交联聚乙烯绝缘电力电缆载流量（A）

标称截面(mm²)	3.6/6kV 铜 在空气中	铜 在土壤中	铝 在空气中	铝 在土壤中	6/6,6/10kV 铜 在空气中	铜 在土壤中	铝 在空气中	铝 在土壤中	8.7/10,8.7/15kV 铜 在空气中	铜 在土壤中	铝 在空气中	铝 在土壤中	标称截面(mm²)	21/35kV 铜 在空气中	铜 在土壤中	铝 在空气中	铝 在土壤中	26/35kV 铜 在空气中	铜 在土壤中	铝 在空气中	铝 在土壤中
25	179	190	136	151	178	190	136	151	177	189	135	150	25	179	190	136		258	281	206	182
35	215	230	173	185	214	229	172	184	213	228	172	183	35	215	230	173		330	303	258	237
50	257	269	205	207	256	268	204	206	255	266	203	205	50	257	269	205		397	358	309	281
70	320	330	257	263	319	330	256	262	317	327	253	261	70	320	330	257		458	402	355	314
95	383	386	310	308	381	385	306	307	380	383	307	305	95	383	386	310		520	451	407	352
120	436	431	352	347	434	429	350	346	432	427	348	344	120	436	431	352		587	506	458	396
150	483	470	399	386	481	468	397	385	478	466	395	383	150	483	470	399		685	583	541	462
185	541	521	441	426	538	518	439	424	536	516	437	422	185	541	521	441				618	517
240	620	594	520	487	617	591	517	485	614	588	515	482	240	620	594	(520)					
300	688	650	583	538	684	647	580	535	681	644	577	533	300	688	650	583					

附表 3.28   三芯导体交联聚乙烯绝缘电力电缆载流量（A）

标称截面(mm²)	3.6/6kV 铜 在空气中	铜 在土壤中	铝 在空气中	铝 在土壤中	6/6,6/10kV 铜 在空气中	铜 在土壤中	铝 在空气中	铝 在土壤中	8.7/10,8.7/15kV 铜 在空气中	铜 在土壤中	铝 在空气中	铝 在土壤中	21/35kV 铜 在空气中	铜 在土壤中	铝 在空气中	铝 在土壤中	26/35kV 铜 在空气中	铜 在土壤中	铝 在空气中	铝 在土壤中
3×25	137	151	110	118	137	151	110	118	137	151	110	118								
3×35	168	184	137	134	168	184	137	134	168	184	137	134								

续表

标称截面（mm²）	3.6/6kV				6/6，6/10kV				8.7/10，8.7/15kV				21/35kV				26/35kV			
	铜		铝		铜		铝		铜		铝		铜		铝		铜		铝	
	在空气中	在土壤中	在空气中	在土壤中	在空气中	在土壤中	在空气中	在土壤中	在空气中	在土壤中	在空气中	在土壤中	在空气中	在土壤中	在空气中	在土壤中	在空气中	在土壤中	在空气中	在土壤中
3×50	205	224	163	179	205	224	163	179	205	224	163	179	235	202	170	168	220	215	171	167
3×70	252	269	189	213	252	269	189	213	252	269	189	213	269	263	209	204	272	264	211	205
3×95	299	325	231	252	299	325	231	252	299	325	231	252	324	316	251	245	329	316	255	245
3×120	341	364	268	280	341	364	268	280	341	364	268	280	372	357	288	277	375	358	291	278
3×150	394	414	305	325	394	414	305	325	394	414	305	325	423	402	327	311	426	403	330	312
3×185	436	459	341	358	436	459	341	358	436	459	341	358	481	456	372	353	488	456	378	354
3×240	520	532	404	414	520	532	404	414	520	532	404	414	568	529	440	410	572	527	444	408
3×300	593	605	462	470	593	605	462	470	593	605	462	470	646	599	500	464	656	603	508	467

附表 3.29　　　　　　　环境温度变化时电缆载流量的修正系数 k_1

缆芯工作温度（℃）	不同环境温度（℃）下载流量的修正系数								
	+5	+10	+15	+20	+25	+30	+35	+40	+45
+80	1.17	1.13	1.09	1.04	1.0	0.954	0.905	0.853	0.798
+60	1.22	1.17	1.12	1.06	1.0	0.935	0.865	0.791	0.707
+60	1.25	1.20	1.13	1.07	1.0	0.926	0.845	0.756	0.655
+50	1.34	1.26	1.18	1.09	1.0	0.895	0.775	0.623	0.447

附表 3.30　　　　　电线电缆在空气中多根并列敷设时载流量的修正系数 k_2

线缆根数		1	2	3	4	6	4	6
排列方式		○	○○	○○○	○○○○	○○○○○○	○○ ○○	○○○ ○○○
线缆中心距离	s=d	1.0	0.9	0.85	0.82	0.80	0.8	0.75
	s=2d	1.0	1.0	0.98	0.95	0.90	0.9	0.90
	s=3d	1.0	1.0	1.0	0.98	0.96	1.0	0.96

注　本表系产品外径相同时的载流量修正系数，当电缆外径 d 不同时，d 值建议取各产品外径的平均值。

附表 3.31　　　　　不同土壤热阻系数时载流量的修正系数 k_3

标称截面（mm²）	不同土壤热阻系数时载流量的修正系数				
	60℃·cm/W（3.33m·K/W）	80℃·cm/W（3.53m·K/W）	120℃·cm/W（3.93m·K/W）	160℃·cm/W（4.33m·K/W）	200℃·cm/W（3.73m·K/W）
2.5～16	1.06	1.0	0.9	0.83	0.77
25～95	1.08	1.0	0.88	0.80	0.73
120～240	1.09	1.0	0.78	0.78	0.71

注　土壤热阻系数的选取：潮湿地区取 60～80，指沿海、湖、河畔地带雨量多地区，如华东、华南地区等；普通土壤取 120，如平原地区东北、华北等；干燥土壤取 160～200，如高原地区、雨量少的山区、丘陵干燥地带。

附表 3.32　　　　　电线电缆在土壤中多根并列敷设时载流量的修正系数 k_4

线缆间净距（mm）	不同敷设根数时的载流量修正系数				
	1 根	2 根	3 根	4 根	6 根
100	1.0	0.88	0.84	0.80	0.75
200	1.0	0.90	0.86	0.83	0.80
300	1.0	0.92	0.89	0.87	0.85

参 考 文 献

[1]　江日洪. 配电设备特性及选型. 北京：中国电力出版社，2002.

[2]　刘健. 城乡电网建设与改造指南. 北京：中国水利水电出版社，2001.

[3]　周裕厚. 变配电所常见故障处理及新设备应用. 河南：中国物质出版社，2002.

[4]　能源部西北电力设计院. 电力工程电气设计手册（1、2册）. 北京：中国电力出版社，1999.

[5]　周文俊. 电气设备使用手册（上、下册）. 北京：中国水利水电出版社，2001.

[6]　熊信银，朱永利. 发电厂电气部分. 3 版. 北京：中国电力出版社，2004.

[7]　金疏军. 火力发电厂 200MW 机组运行培训教程（电气分册）. 沈阳：辽宁科学技术出版社，2000.

[8]　涂先渝. 汽轮发电机及电气设备（第三分册）. 北京：中国电力出版社，1998.

[9]　刘振亚. 智能电网知识问答. 北京：中国电力出版社，2010.

[10]　王章启，顾霓鸿. 配电自动化开关设备. 北京：中国电力出版社，1999.

[11]　方富淇. 配电网自动化. 北京：中国电力出版社，2000.

[12]　黄益庄. 变电所综合自动化技术. 北京：中国电力出版社，2000.

[13]　陈化钢. 城乡电网改造实用技术问答. 北京：中国水利水电出版社，1999.

[14]　西北电力设计院. 发电厂变电所电气接线和布置（上册）. 北京：水利电力出版社，1984.

[15]　蓝增玉，叶景星. 500kV 变电所电气部分设计与运行（上、下册）. 北京：水利电力出版社，1984.

[16]　国家经济贸易委员会. 火力发电厂设计技术规程（DL 5000—2000）. 北京：中国电力出版社，2000.

[17]　国家经济贸易委员会. 火力发电厂厂用电设计技术规定（DL/T 5153—2002）. 北京：中国电力出版社，2002.

[18]　中华人民共和国国家发展和改革委员会. 电流互感器和电压互感器选择和计算导则（DL/T 866—2004）. 北京：中国电力出版社，2004.

[19]　中华人民共和国水利电力部. 导体和电器选择设计技术规定（SDGJ14—1986）. 北京：水利电力出版社，1987.

[20]　中华人民共和国能源部. 220～500kV 变电所设计技术规程（SDJ2—1988）. 北京：水利电力出版社，1988.

[21]　中华人民共和国水利电力部. 高压配电装置设计技术规程（SDJ5—1985）. 北京：水利电力出版社，1985.

[22]　徐雁. 光电互感器的应用及接口问题. 电力系统自动化，2001，12：45-48.

[23]　王廷云. 电力系统中光电电流互感器研究. 电力系统自动化，2000，1：38-41.

[24]　陈瑜，李阳阳. 光电互感器的原理与结构. 山东电子，2001，4：32-34.

[25]　陈海清，郭守珠. 高电压领域中的光电式电流互感器. 高电压技术，1998，6：70-72.

[26]　平绍勋，黄仁山. 光电互感器原理和结构. 变压器，2000，9：18-22.

[27]　乔峨等. 光电式电流互感器的开发与应用——21 世纪互感器技术展望. 变压器，2000，1：40-43.

[28]　张艳. 光电互感器二次侧计量输出接口的实现. 高电压技术，2003，4：11-12.

[29]　ZN12-19 型真空断路器常见故障的原因分析及处理. 高压电器，2002，2：48-51.

[30]　杨济川，闫林妹. 屋外高压配电装置的改革. 供用电，2001，12：19-21.

[31]　上海超高压输变电公司. 常用中高压断路器及其运行. 北京：中国电力出版社，2004.

[32]　李建基. 高压断路器及其应用. 北京：中国电力出版社，2004.